KB273724

교양인을 위한

수학사 강의

TAMING THE INFINITE

교양인을 위한 { 수학사 강의 }

TAMING THE INFINITE

이언 스튜어트 지음 | 노태복 옮김

수의 탄생에서 카오스 이론까지
20가지 주제로 살펴보는 수학의 역사

반니

Contents **차례**

서문

수학은 완전한 형태를 갖춘 채로 불쑥 나타나지 않았다. 서로 다른 언어를 사용하는 여러 문화권에서 수많은 사람의 노력이 오랜 기간 축적되어 이루어진 것이다. 오늘날 쓰이는 수학적 개념들은 무려 4천 년 이전으로 거슬러 올라간다.

역사상 인류가 발명해낸 많은 것이 단명했다. 가령, 이집트 신왕국 시대에 발명된 이륜전차 바퀴는 당시에는 매우 혁신적이었지만, 오늘날의 기술에 비하면 시시하기 그지없다. 이와 달리 수학은 영원하다. 어떤 수학적 내용이 일단 발견되고 나면 그 자체의 생명력을 획득하며, 누구라도 그것을 이용할 수 있다. 훌륭한 수학적 개념은 좀처럼 시대에 뒤떨어지지 않는다. 설령 개념이 실제로 구현되는 양상이 판이하게 달라질 수는 있더라도 말이다. 예를 들어 고대 바빌로니아인들이 발견한 방정식 해법은 지금도 쓰이고 있다. 비록 표기법이 달라지기는 했지만, 오랜 세월이 흘렀어도 기본적인 내용은 그때나 지금이나 마찬가지다. 학교에서 가르치는 수학의 대부분은 200년 이전의 것이다. 1960년대에 도입된

'현대적' 수학 교과목의 출현도 기본 내용은 19세기의 것이다. 하지만 이런 겉보기와 달리 수학은 여전히 진행형이다. 바빌로니아인들이 거의 2천 년에 걸쳐 내놓은 것보다 훨씬 더 많은 수학 개념이 매주 새로 탄생하고 있다.

인류문명과 수학은 서로 손을 맞잡고 일어났다. 그리스와 아랍 그리고 인도에서 발견된 삼각법이 없었더라면, 망망한 바다를 항해하는 일은 무척 위험했을 것이다. 삼각법 덕분에 뛰어난 뱃사람들은 여섯 개 대륙을 휘젓고 다닐 수 있었다. 그러므로 중국과 유럽 사이 또는 인도네시아와 아메리카 사이의 교역로들은 보이지 않는 수학의 실타래로 연결되어 있었던 셈이다.

요즘 세상은 수학 없이는 돌아가지 않는다. 현재 우리가 당연하게 여기는 거의 모든 것이 수학적 개념과 방법에서 나왔다. 텔레비전에서부터 휴대전화, 대형여객기, 자동차의 GPS, 기차 운행 일정표 그리고 의료용 스캔 장비에 이르기까지 모두 수학에 바탕을 둔다. 어떤 수학적 발견은 수천 년이 된 것도 있고 아주 최근에 이루어진 것도 있다. 우리들 대다수는 수학이 항상 작동하고 있음을 알아차리지 못한다. 현대 기술 문명의 이러한 기적들을 수학이 장막 뒤에 숨어서 실현시키고 있음을 실감하지 못하는 것이다.

안타까운 일이 아닐 수 없다. 그런 까닭에 우리는 기술이 마법으로 작동한다고 여겨, 일상생활에 새로운 기적이 나타나도 그런가 보다 하고 넘어간다. 어찌 보면 당연한 일이기도 하다. 별 생각 없이 손쉽게 이런 기적들을 일상에서 사용할 수 있으니까. 사용자가 기적을 현실로 만드는 숨은 원리까지를 굳이 알 필요는 없다. 만약 비행기 승객이 탑승 전에 삼각법 시험에 모두 통과해야 한다면, 하늘로 날아오르는 사람은 극소수일 것이다. 그러면 탄소발자국이 줄기는 하겠지만, 이 세상은 아주 작고 편협한 곳이 되고 말 것이다.

수학사를 다루는 책을 정말로 광범위하게 쓰기란 사실상 불가능하다. 너무 폭넓고 복잡하고 전문적인 주제여서, 설령 그런 책이 나오더라도 전문가조차 읽기 어려울 것이다. 모리스 클라인은 고대에서부터 현대에 이르기까지 장대한 수학적 사상들을 집대성했다. 작은 글씨로 1,200쪽이 넘는 책인데도, 지난 100년 동안 나온 내용은 대부분 제외할 수밖에 없었다.

이 책은 그보다 훨씬 짧다. 당연히 내용을 선별해서 실었다. 특히 20세기와 21세기의 수학이 그렇다. 중요하다는 걸 뻔히 알면서도 많은 주제를 뺄 수밖에 없었다. 대수기하학도, 코호몰로지cohomology 이론도, 유한요소해석도 그리고 웨이블릿wavelet 이론도 다루지 않았다. 제외시킨 내용의 목록이 실린 내용의 목록보다 훨씬 더 길다. 책에 실을 내용을 선별할 때 나는 독자들의 배경지식과 더불어 간결한 설명이 가능한 개념인지를 기준으로 삼았다.

장場마다 이야기는 기본적으로 시간 순으로 진행되지만, 장은 주제별로 나누어져 있다. 이야기의 흐름을 일관적으로 진행하기 위해서다. 만약 모든 내용을 시간 순으로만 배치하면, 한 주제에서 다른 주제로 논의가 이리저리 옮겨 다녀 방향성을 잃기 쉽다. 물론 그러면 실제 역사에는 더 가까워지겠지만, 책을 읽어내기는 더 어려워진다. 따라서 각 장은 과거의 이야기에서부터 시작해서 이후의 발전을 거쳐 역사적 이정표가 되었던 내용들을 다룬다. 초반의 여러 장들은 과거 속으로 깊숙이 파고들지만, 후반의 장들은 때때로 현재까지 이루어진 수학의 발전을 훑어본다.

나는 현대수학의 맛을 보여주고자 애썼다. 즉 대략 지난 100년 동안 이루어진 수학을 다루었다는 뜻이다. 이를 위해 독자들이 들어봤을 법한 주제들을 골라서 전반적인 수학적 경향을 제시했다. 그러니 어떤 한 주제를 빠트렸다고 해서 그 주제가 중요하지 않다는 뜻은 아니다. 다만, 비가환기하학보다는 페르마의 마지막 정리에 관한 앤드루 와일스의 증명을 몇 쪽에 걸쳐 다루는 편이 책의 주제에 더 타당했다는 의미다. 전자는 배경지식만 해도 여러 장에 걸쳐 설명해야 하는 분야지만, 후자는 대다수 독자들이 들어보긴 했을 테니 말이다.

이 책은 역사의 일부일 뿐 역사 자체가 아니다. 그리고 과거의 이야기를 알려준다는 의미에서 역사책일 뿐이다. 전문적인 역사학자를 대상으로 삼지 않았기에, 그런 학자들이 필요하다고 여기는 명확한 개념 구분도 하지 않았다. 또한 종종 과거의 수학적 개념들을 현재의 시각에서 살피기도 했다. 이 관점은 역사학자가 보기에는 중대한 잘못일 수도 있다. 왜냐하면 과거의 개념들이 마치 현재의 사고방식에 맞춰 일부러 지어진 듯한 인상을 주기 때문이다. 하지만 내가 보기엔, 이 관점은 타당하며 필수적이기까지 하다. 이 책의 주된 목적이 우리가 지금 알고 있는 바에서 시작해, 그런 개념들이 어떻게 생겨났는지를 살피는 것이기 때문이다. 고대 그리스인들이 타원을 연구한 까닭이 행성 궤도에 관한 케플러의 이론을 내놓기 위함은 아니었다. 마찬가지로 케플러의 세 가지 행성 운동 법칙도 뉴턴의 중력법칙을 구성하기 위함은 아니었다. 하지만 결과적으로 뉴턴의 법칙은 고대 그리스의 타원에 관한 연구와 더불어 관측 자료에 대한 케플러의 분석에 크게 의존하고 있다.

아울러 이 책의 곁가지 주제는 수학을 실제로 사용하는 면면을 살펴보는 일이다. 이 책은 과거와 현재를 통틀어 매우 다양한 응용 사례를 제시한다. 다시 한 번 말하지만, 여기서 빠진 주제라고 해서 결코 중요하지 않다는 뜻은 아니다.

수학은 인류 역사에서 소홀하게 여겨졌지만, 오랜 세월에 걸쳐 소중한 역할을 해왔다. 수학이 인류 문화의 발전에 끼친 영향은 이루 헤아릴 수 없다. 만약 이 책이 그런 장대한 이야기의 극히 일부라도 전해줄 수 있다면, 내가 의도한 목적은 달성된 것이리라.

물표, 눈금
그리고 서판

수의 탄생

수학은 수와 함께 시작했다. 수학 분야가 더 이상 수치 계산에만 한정되지 않는 지금에도 근본적으로 수는 중요하다. 수의 기초에 관해 더욱 정교한 개념을 세워나감에 따라, 수학자들은 폭넓고 다양한 사고 분야를 발전시켰다. 덕분에 이제는 학교 수업시간에 접하는 내용을 훨씬 넘어서는 많은 분야가 등장했다. 오늘날의 수학은 수 자체보다는 수의 구조, 패턴 그리고 유형을 다루는 학문이다. 수학의 방법론은 매우 개념적이고 때로는 추상적이기도 하다. 또한 수학은 과학, 산업, 상업 그리고 심지어 예술에도 응용되며, 보편적이어서 어디에나 깃들어 있다.

수에서 시작하다 ∞

오랜 세월에 걸쳐 여러 문화권의 많은 수학자가 수의 기초를 바탕으로 광범위한 수학 분야를 개척해냈다. 기하학, 미적분학, 역학, 확률론, 위상기하학, 카오스 이론, 복잡계 이론 등이 그런 예다. 새로 나온 수학 발간물을 모조리 검토하는 〈매스메티컬 리뷰Mathematical Review〉라는 잡지는 수학의 주요 분야를 무려 100가지로 나누고 있으며, 세부 전공 분야는 수천 가지나 된다. 전 세계에는 전문적인 수학 연구자가 5만 명 이

상이며, 새로운 수학 연구의 결과물을 담아 이들이 펴내는 발간물의 분량은 매년 100만 쪽이 넘는다. 아주 새로운 수학이 기존의 수학에 비해 결코 적은 양이 아닌 셈이다.

수학자들은 수학의 논리적 토대도 파고들었다. 덕분에 수보다 훨씬 더 근본적인 개념들, 가령 수리논리학과 집합론을 발견해냈다. 하지만 모든 수학 분야가 흘러나오는 주된 동기이자 출발점은 여전히 수의 개념이다.

수가 매우 단순하고 뻔한 것처럼 보이지만, 이런 겉보기에 속아서는 안 된다. 수로 하는 계산이 어려울 수 있으며, 올바른 수를 얻기 어려울 때도 있다. 설령 그렇더라도 수가 진정으로 무엇을 뜻하는지 이해하기보다는 그냥 수를 이용하는 것이 훨씬 더 쉽다. 수를 이용해 사물을 헤아리지만 그렇다고 수가 사물은 아니다. 컵 두 개를 손으로 집을 수는 있지만 '2'라는 수를 집을 수는 없다는 말이다. 수는 기호로 표시되는데, 똑같은 수라도 문화가 다르면 다른 기호로 표시된다. 수는 추상적이다. 그럼에도 우리 문명은 수를 바탕으로 하여 세워졌으며 수 없이는 제대로 굴러가지 않을 것이다. 수는 일종의 정신적 구성물이다. 그런데도 우리는 마치 전 세계에 재앙이 닥쳐 수를 생각할 인간이 깡그리 사라지더라도 수는 계속 남아 있을 듯이 여긴다.

수 표시하기 ∞

수학의 역사는 수를 표시하기 위한 기호의 발명과 함께 시작한다. 0, 1, 2, 3, 4, 5, 6, 7, 8, 9로 시작해, 어떤 크기라도 상상가능한 모든 수를 표시하는 우리의 수 체계는 비교적 최근에 발명된 것이다. 대략 1500년 전에 나타났던 이 체계가 십진법으로 확장되어 고도로 정확하게 수를 표시할 수 있게 된 것은 고작 450년밖에 되지 않는다. 그런데 오늘날에는 컴퓨터에 의한 수학 계산이 우리 생활 깊숙이 스며들어 있어, 그런 계산이 존재하는지조차 잘 인식하지 못한다. 하지만 정작 컴퓨터가 우리와 함께 한 기간은 50년 정도다. 게다가 가정과 사무실에서 유용하게 쓰일 정도로 계산 속도가 빠른 고성능 컴퓨터가 널리 퍼진 건 겨우 20년 전부터다.

수가 없다면, 지금과 같은 문명은 존재할 수 없다. 수는 어디에나 있지만, 장막 뒤에 숨어서 활동하는 은밀한 하인처럼 행동한다. 메시지를 전달하고, 입력한 글자의 오류를 수정하고, 상품들을 추적하고, 또한 우리가 먹는 약이 안전하고 효험이 있도록 보장한다. 그리고 핵무기를 만들게도 하며, 폭탄과 미사일이 목표물에 도달하도록 유도한다. 이런 점에서 보면, 수학의 응용 사례가 전부 인간의 삶을 향상시켜 주는 것은 아니다.

어쨌든 이와 같이 수에 기반을 둔 엄청난 산업들은 어떻게 생겨났을까? 이 모든 것은 1만 년 전 극동에서 나타난 작은 찰흙 물표token에서 시작되었다.

그 무렵에도 재산관리인들은 누가 어떤 것을 얼마나 소유하고 있는지를 추적했다. 문자조차 발명되기 이전이었기에 수를 나타내는 기호도 없었다. 하지만 고대의 재산관리인들은 수를 나타내는 기호 대신 작은 점토 물표를 사용했다. 물표에는 원뿔, 구 그리고 달걀 모양이 있었다. 또한 원기둥, 원반 그리고 피라미드 모양도 있었다. 고고학자 데니스 슈만트 베세라트Denise Schmandt-Besserat의 추론에 의하면, 이런 물표들은 당시의 기본적인 생산물을 나타낸다고 한다. 구형 찰흙은 곡식을, 원기둥 모양은 가축을 그리고 달걀 모양은 기름 단지를 가리켰다. 1만 년 전에 처음 나타난 물표는 이후 5천 년에 걸쳐 흔히 쓰였다.

시간이 지나면서 물표는 더욱 정교해지고 세분화되었다. 장식을 가미한 원뿔 모양이 빵 덩이를 나타냈고, 다이아몬드 모양의 평평한 판이 맥주를 나타냈다. 슈만트 베세라트는 이런 물표들이 숫자 헤아리기 도구를 훨씬 뛰어넘는 것임을 알아차렸다. 수를 나타내는 기호 역할을 함으로써 수학으로 나아가는 길의 중요한 첫 단계였던 것이다. 하지만 그 시작은 꽤 이상했으며, 우연히 일어난 듯하다.

물표는 기록을 남기기 위해 사용되었다. 아마도 세금 징수나 금융 거래 내지는 재산에 대한 공식적 증거를 남기는 것이 목적이었던 듯하다. 물표는 재산관리인이 유형별로 재빨리 배열하여, 어떤 이가 가축과 곡식을 얼마나 많이 소유했는지 또는 빌렸는지를 쉽게 파악할 수 있다는 장점이 있었다. 단점은 위조가 가능했다는 것이다. 따라서 아무도 재산관리인을 방해할 수 없게, 찰흙으로 만든 덮개로 물표를 감쌌다. 일종의 봉인을 한 셈이었다. 재산관리인은 덮개를 깨뜨려서 어떤 종류의 물표가 몇 개 들어 있는지 알아낼 수 있었고, 다시 보관하기 위해서는 덮개를 새로 만들어야 했다.

이처럼 매번 속에 무엇이 들었는지 알아내려고 덮개를 깨뜨렸다가 다시 새 덮개를 만드는 일은 무척 번거로웠다. 그래서 고대 메소포타미아의 당국자들은 더 나은 방법을 궁리했고, 마침내 덮개 속에 든 물표에 관한 정보를 덮개 위에 기호로 새겨 넣었다. 가령 덮개 속에 일곱 개의 구형 물표가 들어 있으면, 찰흙 덮개가 마르기 전에 일곱 개의 동그라미를 그려 넣었다.

그러다가 문득 메소포타미아 당국자들은 일단 덮개 표면에 기호를 그려 놓으면 실제로 그 안에 내용물이 없어도 괜찮다는 사실을 깨달았다.

굳이 속에 무엇이 들었는지 보려고 덮개를 깰 필요도 없었다. 결정적으로 중요한 이 단계 덕분에 숫자를 적는 일련의 기호가 만들어졌다. 기호들은 다양한 물건 별로 다양한 모양을 대응시킨 것이었다. 오늘날 우리가 사용하는 수를 포함하여 다른 모든 수는 이 고대의 관료주의적 도구의 지적 후손이다. 사실, 물표 대신에 기호가 쓰이면서 문자도 탄생하게 되었다.

빗줄 눈금 ∞

찰흙 표시가 수를 기호로 적은 최초의 사례는 결코 아니다. 사실 최초의 사례는 눈금, 즉 여러 개 긁은 자국으로 수를 기록하는 표시였다. 가령 |||||||||||||으로 13을 나타내는 식이다. 이런 유형의 가장 오래된 표시는 약 3만 7천 년 전에 나타났는데, 원숭이의 다리뼈에 29개의 홈을 판 것이었다. 이 뼈는 스와질란드와 남아프리카공화국의 접경지대에 있는 레봄보 산의 한 동굴에서 발견

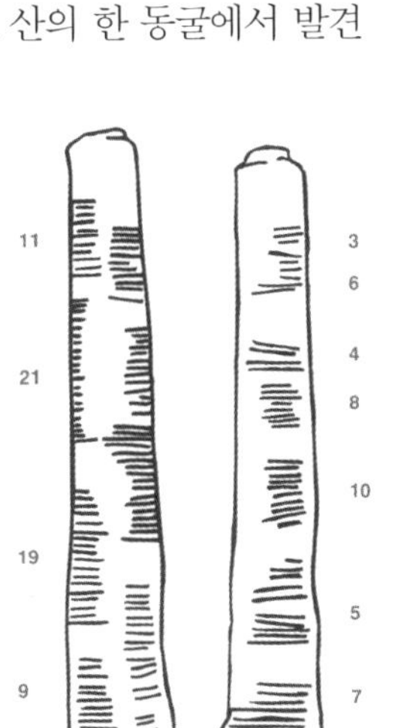

이상고 뼈(1960년에 콩고에서 발견된 원숭이 뼈_옮긴이)에는 숫자를 나타내는 것으로 보이는 표시 패턴이 새겨져 있다.

빗줄 눈금의 장점은 오랜 시간이 흘러도 이전 표시를 지우지 않고, 하나씩 커질 수 있다는 것이다. 빗줄 눈금은 오늘날에도 쓰이는데, 보통 다섯을 한 묶음으로 한다. 이때 다섯 번째 눈금은 이전의 네 눈금을 대각선으로 가로지른다.

빗줄 눈금은 현대의 수에도 깃들어 있다. 지금 쓰이는 1, 2, 3이라는 수에는 각각 하나의 수평 눈금, 두 개의 수평 눈금과 하나의 사선 눈금, 세 개의 수평 눈금과 두 개의 사선 눈금으로 이루어져 있다.

되었다. 그래서 이 동굴은 보더 케이브Border Cave('국경 동굴'이란 뜻_옮긴이)라 불리고, 뼈는 레봄보 뼈로 불린다. 타임머신이 없는 한, 이 표시가 무슨 뜻인지 확실히 알아낼 수는 없지만, 추측을 해볼 수는 있다. 음력으로 한 달은 28일이기에 이 홈은 달의 위상과 관련이 있을지 모른다.

고대 유럽에도 비슷한 유물이 있다. 이전에 체코슬로바키아 지역에서 발견된 약 3만 년 전의 늑대 뼈에 57개의 표시가 배열되어 있었다. 다섯 개씩 11묶음에 두 개의 표시가 더 있었는데, 이번에도 무슨 표시인지는 짐작할 도리가 없다. 하지만 의도적으로 쓴 표시처럼 보이므로, 분명 어떤 목적에 따라 새겨진 것임이 틀림없다.

고대에 새겨진 수 표시의 또 한 가지 사례인 콩고의 이상고 뼈는 2만 5천 년 전의 것이다(이전에는 6천~9천 년 전일 것으로 추정했으나 1995년에 시기를 바로잡았다). 언뜻 보면 이 뼈의 가장자리를 따라 나 있는 표시는 아무렇게나 새겨진 듯하다. 하지만 자세히 보면 숨겨진 패턴이 드러난다. 한 줄에는 10과 20 사이의 소수들, 즉 11, 13, 17 그리고 19가 적혀 있다. 이 수들의 합은 60이다. 또 다른 줄에는 9, 11, 19 그리고 21이 적혀 있는데, 이 수들의 합도 60이다. 세 번째 줄에는 어떤 수에 2를 곱하거나 나누어 곱셈과 나눗셈을 한 듯한 방식이 엿보인다. 하지만 이런 겉보기 패턴은 우연의 일치일지도 모른다. 이샹고 뼈가 음력을 나타내는 것으로 보는 견해도 있다.

최초의 수 ∞

재산관리인의 물표에서부터 현대적인 수가 나타나기까지는 오랜 시간이 걸렸으며 우여곡절도 많았다. 수천 년의 세월이 지나면서 메소포타미아 사람들은 농업을 발전시켰다. 그리하여 유목 생활을 마감하고 정착 문화가 자리 잡으면서 바빌론, 에리두, 라가시, 수메르 및 우르 등 여러 도시 국가들이 생겨났다. 젖은 찰흙 판에 새겨진 초기의 기호들은 상형문자로 바뀌었다. 상형문자는 단순한 그림으로 의미를 전달하는 문자를 가리킨다. 작은 개수의 쐐기 모양 표시들을 날카로운 갈대 끝 부분을 이용해 찰흙에 새김으로써 상형문자는 더욱 단순해졌고, 갈대를 여러 가지 방법으로 쥠으로써 다양한 유형의 쐐기 모양을 표시할 수 있었

1~59까지의 바빌로니아 수

다. BC3000년에 수메르 인들이 정교한 형태의 문자를 개발했는데, 이를 가리켜 설형문자라고 한다. 쐐기 모양의 문자라는 뜻이다.

그 무렵의 역사는 꽤 복잡해서 여러 도시가 서로 다른 시기에 지배력을 행사했다. 특히 바빌론 세력이 강했는데, 약 100만 개의 찰흙 판이 메소포타미아 사막 지대에서 발굴되었다. 그중 수백 개가 수학과 천문학에 관한 내용이었다. 이는 당시 두 학문에 관한 바빌로니아의 지식이 광범위했음을 보여준다. 특히 바빌로니아인들은 천문학에 밝았기에, 천문 관측 자료를 매우 정밀하게 표현할 수 있는 체계적이고 정교한 숫자 기호를 발달시켰다.

바빌로니아의 숫자 기호는 단순한 눈금 체계를 훌쩍 뛰어넘는 최초의 기호 체계다. 두 가지 종류의 쐐기가 사용되었는데, 가느다란 수직 쐐기는 수 1을 나타냈고, 평평한 수평 쐐기는 10을 나타냈다. 이런 쐐기들을 묶음으로 배열하여 2~9 그리고 20~50을 나타냈다. 하지만 이 패턴은 59에서 멈추고, 이후로 나타나는 가느다란 쐐기는 두 번째, 즉 60을 의미한다.

바빌로니아의 수 체계는 '육십진법'이다. 즉 하나의 기호는 어떤 수를 나타내기도 하고, 위치에 따라 그 수의 60배, 그 수의 60배의 60배 등을 나타낼 수 있다. 이것은 우리에게 익숙한 십진법과 비슷하다. 십진법 역시 어떤 숫자의 값이 어디에 위치하느냐에 따라 10, 100 또는 1,000 등이 곱해진 값이 된다. 가령, 777이라는 수에서 첫 번째 7은 '700'을, 두 번째 7은 '70'을 그리고 세 번째 7은 '7'을 뜻한다. 하지만 바빌로니아 인의 '7'을 뜻하는 기호 ▼가 세 번 반복된 ▼▼▼은 십진법과는 다른 값이 된다. 첫 번째 기호는 $7 \times 60 \times 60$으로 25,200을, 두 번째 기호는 7×60으로 420을 그리고 세 번째 기호는 7을 뜻한다. 따라서 이 기호를 십진법으로 표시하면 25,200 + 420 + 7 = 25,627이다. 바빌론에서 쓰인 육십진법의 자취는 오늘날에도 남아 있다. 1분이 60초, 1시간이 60분 그리고 원의 각도가 360°인 것은 전부 고대 바빌론에서 비롯되었다.

설형문자를 그대로 적는 것은 불편하기에, 학자들은 우리가 사용하는 십진법과 바빌로니아인의 육십진법을 혼합하여 바빌로니아의 숫자를 적는다. 가령 7을 나타내는 쐐기문자가 세 번 반복되는 수는 7, 7, 7로 적는다. 그리고 23, 11, 14 같은 경우는 각각 23, 11, 14를 나타내는 바빌로니아의 숫자들을 순서대로 적어놓은 것이므로, 그 값을 십진법으로

그들은 수를 어떻게 활용했을까?

바빌로니아의 목성 서판. 바빌로니아 인들은 일상의 상행위와 셈을 하기 위해 수를 사용하기도 했지만, 더욱 정교한 목적인 천문학을 위해서도 수를 사용했다. 그러기 위해서는 매우 정밀하게 분수를 나타내는 바빌로니아의 수 체계가 핵심적인 역할을 했다. 행성에 관한 데이터를 기 록한 수백 개의 서판이 지금까지도 남아 있다. 그중 한 서판은 크게 파손되긴 했지만, 약 400일에 걸쳐 목성의 움직임을 매일 자세하게 기록하고 있다. BC163년경 바빌론에서 만들어진 서판으로, 도표에 자주 기록된 내용은 숫자 126 8 16;6,46,58 −0;0,45,18 −0;0,11,42 +0;0,0,10인데 이 수들은 목성의 위치를 계산하는 데 이용된 여러 가지 양에 해당된다. 주목할 점으로, 이 수들은 육십진법의 세 자릿수로 적혀 있는데, 십진법의 다섯 자릿수로 적는 것보다 좀 더 나은 방식이다.

환산하면 $(23 \times 60 \times 60) + (11 \times 60) + 14$, 즉 83,474다.

작은 수를 표시하는 기호 ∞

우리는 열 개의 기호를 이용하여 임의의 큰 수를 나타낼 뿐 아니라 이 열 개의 기호로 임의의 작은 수를 나타내기도 한다. 그렇게 하려면 소수점이라는 작은 점이 필요하다. 소수점의 왼쪽에 오는 수는 정수를 나타내고 오른쪽에 오는 수는 소수小數를 나타낸다. 소수는 10분의 1, 100분의 1 등의 배수다. 따라서 25.47은 $2 \times 10 + 5 + 4 \times 1/10 + 7 \times 1/100$이다.

바빌로니아인들도 이런 원리를 알고서 천문 관측에 효과적으로 이용했다. 지금 학자들은 소수점에 해당하는 바빌로니아의 표시를 세미콜론(:)으로 나타낸다. 물론 이때는 육십진법의 소수 표시이므로 세미콜론의 오른쪽에 나오는 수는 $1/60$이나 $(1/60 \times 1/60)$ 등의 배수다. 예를 들어 12,59;57,17은 아래와 같은 값이다.

$$12 \times 60 + 59 + 57/60 + 17/3{,}600$$

이 값은 대략 779.955이다.

행성에 관한 정보를 담은 바빌로니아의 서판은 2천 개 남짓이 알려져 있다. 그중 다수는 꽤 지루한 내용인데, 식蝕을 예측하는 방법에 대한 설명이나 정기적인 천문 현상에 관한 자료와 짧은 설명글로 이루어져 있다. 하지만 약 300개의 서판은 다채롭고 흥미진진한 내용이 담겨 있다. 가령 수성, 화성, 목성 그리고 토성의 운동을 관찰한 자료 등이다.

그 자체로서도 흥미롭지만 바빌로니아 천문학은 우리가 다루는 주제, 즉 바빌로니아의 순수 수학과도 꽤 깊은 관련이 있다. 하지만 수학의 더욱 지적인 분야들은 아마도 천문학 연구를 위해 촉진되었던 듯하다. 따라서 바빌로니아 천문학자들이 천체 현상을 얼마나 정확하게 관측했는지를 알아보면 좋을 것이다. 가령, 바빌로니아 천문학자들은 화성의 공전 궤도(엄밀히 말해, 화성이 하늘의 특정한 위치에 나타났다가 그 자리에 다시 나타날 때까지의 기간)가 그들의 표기법으로 12,59;57,17일(대략 779.955일)임을 알아냈다. 이는 현재 우리가 알고 있는 수치인 779.936과 거의 일치한다.

고대 이집트인들 ∞

아마도 가장 위대한 고대 문명은 이집트 문명일 것이다. 이 문명은 BC3150년에서 BC31년 사이에 나일 강변과 나일 강의 델타 지역에서 번성했다. 그 이전의 '선왕조' 시대는 무려 BC6000년까지 거슬러 올라가며, 이후 로마의 팽창으로 BC31년부터 차츰 쇠퇴했다. 이집트인들은 건축에 능했으며, 종교적 믿음과 의례를 고도로 발달시켰고, 기록 보존에도 뛰어났다. 하지만 수학에 남긴 업적은 바빌로니아인에 비하면 소박한 수준이었다.

고대 이집트의 정수 표현 기법은 단순하고 평이했다. 1, 10, 100, 1,000 등에 대한 기호들이 따로 존재했다. 이 기호들을 최대 아홉 번까지 반복한 결과들을 조합해 정수를 표현했다. 가령, 5,724라는 수를 표현하기 위해 이집트인들은 1,000에 해당하는 기호를 다섯 번, 100에 해당하는 기호를 일곱 번, 10에 해당하는 기호를 두 번 그리고 1에 해당하는 기호를 네 번 묶었다.

분수는 이집트인들에게 심각한 두통거리였다. 여러 시기에 걸쳐 이집트인들은 여러 가지 표기법을 이용하여 분수를 나타냈다. 옛 왕조 시기(대략 BC2700~BC2200)에는 거듭해서 절반으로 나누는 방법을 써서 1/2,

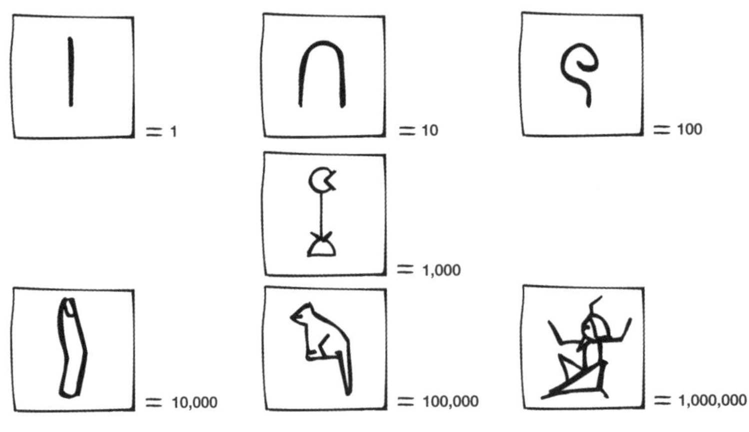

고대 이집트의 수 기호들

수 5,724를 나타낸 고대 이집트의 상형문자

1/4, 1/8, 1/16, 1/32 그리고 1/64을 나타내는 특수한 기호들을 개발해냈다. 이런 기호들은 '호루스의 눈' 또는 '우제트' 상형문자의 일부를 사용해서 만들어졌다.

이집트의 가장 유명한 분수 표기법은 중기 왕조 시대(대략 BC2000~BC1700)에 고안되었는데, $1/n$ 형태를 가진 분수표기법에서부터 시작한다. (여기서 n은 양의 정수다.) 일반적인 이집트 기호 위에 n을 나타내는 ◯ 기호(문자 R에 대한 상형문자)를 적어 분수를 나타냈다. 가령, 1/11은 와 같이 적었다. 다른 분수들은 이런 '단위 분수'들을 여러 개 합해서 나타

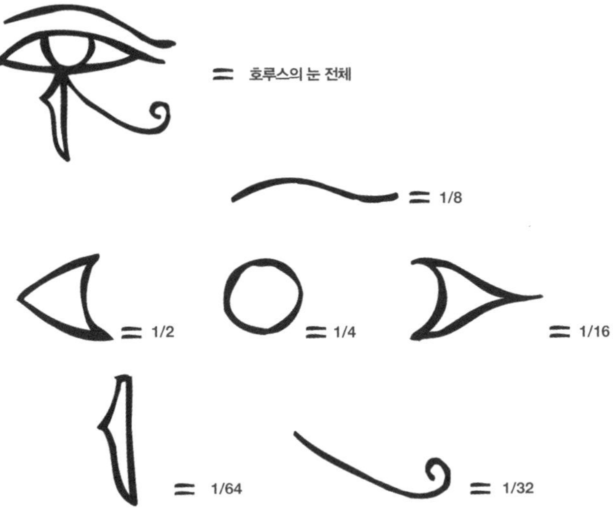

호루스의 눈을 이용해 만든 특별한 분수들

특별한 분수를 나타내기 위한 특별한 기호들

냈다. 가령 5/6 = 1/2 + 1/3이다.

흥미로운 것은 이집트인들이 2/5를 1/5 + 1/5로 적지 않은 것이다. 아마 이집트인들의 규칙은 '서로 다른 단위 분수들을 사용하라'였던 것 같다. 또한 몇몇 단순한 분수, 가령 1/2, 2/3 그리고 3/4과 같은 분수는 특별한 기호가 따로 사용되기도 했다.

고대 이집트의 분수 표기는 번잡하여 계산하기가 쉽지 않았다. 따라서 공식적인 기록을 남기는 데는 보탬이 되었지만, 후대의 다른 문화권에서는 거의 이용되지 않았다.

수와 사람들 ∞

산수를 좋아하든 좋아하지 않든, 수가 인류 문명의 발전에 끼친 심오한 영향을 부정하기는 어려울 것이다. 문화의 진보와 수학의 발전은 지난 4천 년 동안 나란히 이루어졌다. 무엇이 원인이고 무엇이 결과인지를 구분하기는 어렵다. 수학의 혁신이 문화적 변화를 이끌기도 했고, 문화가 필요로 해 수학의 발전 방향이 결정되기도 했을 것이다. 수학과 문화는 서로 맞물려 발전하므로 두 가지 주장은 모두 나름의 진실을 담고 있다.

하지만 한 가지 의미심장한 차이가 있다. 대체로 문화적 변화들은 확

우리는 수를 어떻게 활용하고 있을까?

현대의 고급 자동차들은 대체로 위성항법 장치, 즉 내비게이션을 장착하고 있다. 차량에 부착 가능한 이 위성항법 장치는 값도 비교적 저렴하다. 이 작은 장치는 어느 순간에 차의 위치를 정확히 알려주고, 화려한 그래픽과 원근법을 자랑하며 주변 지도도 보여준다. 정해진 목적지에 도착하려면 어디로 가야 하는지를 음성으로 알려주기까지 한다.

공상과학 이야기에나 나올 법했던 내용이 우리의 현실이 된 셈이다. 자동차에 부착된 이 작은 상자의 핵심 구성 요소는 범지구적 위치정보시스템GPS이다. 이 시스템은 지구 궤도를 도는 24개의 인공위성으로 구성되는데, 때로는 낡은 인공위성을 교체하기 위해 새로운 인공위성이 발사되기도 한다. 이들 인공위성에서 보내는 신호를 이용하여 자동차의 위치를 몇 m 이내까지 계산해낸다.

수학은 GPS 네트워크의 여러 가지 면에 관여하는데, 여기서는 딱 한 가지만 소개하겠다. 인공위성 신호를 이용해 자동차의 위치를 파악하는 데 수학이 어떤 역할을 하는가다.

전파 신호는 빛의 속력으로 이동하는데, 약 초속 30만 km이다. 자동차에 탑재된 컴퓨터, 즉 작은 GPS 내비게이션은 인공위성에서 자동차까지 전파 신호가 도착하는 데 걸리는 시간을 측정하여 둘 사이의 거리를 알아낸다. 거리는 보통 약 10분의

연하게 드러난다. 새로운 종류의 집, 새로운 교통수단 그리고 심지어 행정 조직을 구성하는 새로운 방법 등 누구나 쉽게 알아볼 수 있다. 하지만 새로운 수학은 주로 장막 뒤에서 생겨난다. 예를 들면, 고대 바빌로니아 인들이 일식을 예측하기 위해 천문 관측 자료를 사용했을 때, 보통 시민들은 성직자들이 그 놀라운 사건을 얼마나 정확하게 알아맞히는지에만 관심이 있었다. 심지어 대다수 성직자조차 예측 방법은 거의 몰랐다. 성직자들은 일식 데이터가 적힌 서판을 읽는 법을 알았을 뿐이다. 중요한 것은 그 서판을 이용하는 방법이었다. 서판이 어떻게 만들어졌는지는 극소수 전문가들만 알았다.

1초 정도이지만, 요즘에는 정밀한 장치 덕분에 정확한 시간 측정이 가능하다. 그러기 위해 타이밍에 대한 정보를 담을 수 있도록 신호를 구성해서 보낸다.

사실, 인공위성과 자동차의 수신기는 둘 다 같은 곡을 연주하면서, 둘의 타이밍을 비교한다. 인공위성에서 오는 '음표들'은 자동차에서 나오는 음표들보다 아주 조금 뒤처진다. 비유하자면 두 곡은 이렇게 흐른다.

자동차	…발들이, 까마득한 옛날에, 영국 땅을 밟으며…
인공위성	…그리고 저 발들이, 까마득한 옛날에, 영국…

여기서 인공위성의 노래는 자동차의 노래보다 두 단어가 뒤처진다. 분명 인공위성과 자동차 수신기는 같은 '노래'를 부르지만, 진행되는 '음표들'은 매 순간 다르다. 따라서 이 시간 차이는 쉽게 포착된다.

물론, 위성항법 장치가 실제로 노래를 사용하지는 않는다. 신호는 일련의 짧은 펄스들로 이루어지며, 펄스의 지속 시간은 '의사난수 코드pseudo random code'에 의해 결정된다. 이는 일련의 수인데, 무작위적인 난수처럼 보이지만 실제로는 어떤 수학 규칙에 따른 것이다. 인공위성과 자동차 수신기는 둘 다 이 규칙을 알고 있기에 동일한 일련의 펄스를 생성할 수 있다.

일부 성직자들은 수학을 충분히 배웠을지도 모른다. 옛날에는 교육을 받은 필경사들이 수학 교육을 배웠는데, 성직자들도 필경사 훈련을 받았기 때문이다. 하지만 수학 분야의 새로운 발견으로 생긴 혜택을 누리기 위해 굳이 수학을 이해할 필요는 없었다. 예전에도 그랬고, 앞으로도 분명 그럴 것이다. 수학은 세상을 바꾸는 학문이라고 인정받은 적이 좀체 없다. 현대의 갖가지 기적 같은 현상들은 컴퓨터 덕분이라고 다들 입을 모은다. 하지만 문제 해결 절차인 정교한 알고리듬을 이용해 컴퓨터가 프로그래밍 되었으며, 이러한 알고리듬의 바탕이 수학이라는 사실은 번번이 무시당한다.

여러 수학 분야에서 존재감이 제일 잘 드러나는 것은 산수다. 하지만 휴대용 계산기, 지불액을 합산해주는 상점의 계산대 그리고 세금을 대신 계산해주는 세무사 등이 출현하면서 산수조차도 겉으로 좀체 드러나지 않게 되었다. 하지만 적어도 우리 대다수는 산수가 존재한다는 것은 안다. 우리는 수에 전적으로 의존하고 있다. 법적인 의무를 기록하거나, 세금을 부과하거나, 지구 반대편과 의사소통을 하거나, 화성 표면을 탐험하거나 신약 검사를 할 때도 수학이 이용된다. 이 모든 일은 고대 바빌론으로 거슬러 올라가며, 수를 기록하고 수를 이용해 계산하는 효과적인 방법을 발견했던 고대의 필경사들과 교사들 덕이기도 하다. 그들은 산수를 두 가지 주요 목적에 사용했다. 하나는 보통 사람들의 현실적인 일상생활, 즉 토지 측량이나 회계가 그런 예다. 다른 하나는 일식이나 월식을 예측하거나 밤하늘의 행성 운동을 기록하는 고상한 활동이었다.

오늘날 우리도 마찬가지다. 우리는 사소한 수백 가지 일에 단순한 수학 분야인 산수를 사용한다. 가령, 정원의 연못에 기생충 약을 얼마나 넣을지, 화장실에 쓸 휴지를 몇 두루마리 살지, 싼 기름을 넣으면 여행

비용이 얼마나 적게 들지 알아내는 일이 그런 예다. 또 한편으로는 과학
과 기술 분야에서 그리고 상업 분야에서도 점점 더 정교한 수학을 이용
한다. 수 기호와 산수의 발명은 언어와 문자의 발명과 더불어 우리를 동
물과 확연히 다른 존재로 만들어주었다.

형태의
논리

기하학으로 가는
첫 단계

수학에는 두 가지 유형의 추론, 즉 기호적 추론과 시각적 추론이 있다. 기호적 추론은 수 표기에서 비롯되어 대수로 이어졌다. 그래서 잠시 어떻게 기호적 추론이 대수의 발명으로 이어졌는지를 살펴보려 한다. 대수에서 기호는 구체적인 수(7)보다는 일반적인 수(미지의 수)를 나타낸다. 중세부터 수학은 기호의 사용에 점점 더 치중하게 되었는데, 이 점은 현대의 수학 문헌 가운데 아무 것이나 훑어보아도 명백하게 드러난다.

기하학의 시작 ∞

수학자들은 기호와 더불어 도형을 이용하여 다양한 유형의 시각적 추론을 펼친다. 그림은 기호보다 덜 형식적이어서, 이런 이유로 그림을 사용하는 것에 대해 눈살을 찌푸리는 이들도 있다. 논리적인 면에서 보았을 때 그림은 기호를 이용한 계산보다 덜 엄밀하다는 인식이 널리 퍼져 있다. 사실 그림은 기호보다 다양한 해석의 여지를 더 많이 남긴다. 게다가 그림에는 숨은 가정이 담겨 있을 수 있다. 가령, 우리는 '일반적인' 삼각형을 그릴 수 없다. 우리가 어떠한 삼각형을 그리든, 그 삼각형에는 특정한 크기와 형태가 있다. 따라서 이 삼각형이 일반적인 삼각형을 나타낸다고 볼 수 없다. 하지만 인간의 두뇌는 주로 시각적 직관에 크게 의존하므로, 그림은 수학에 큰 역할을 한다. 사실, 그림은 수 다음으로 두 번째로 중요한 개념을 수학에 도입했다. 바로 형태다.

수학자들이 형태에 매혹된 것은 오래전부터다. 바빌로니아의 찰흙 판에도 도형이 나온다. 가령, YBC7289라는 찰흙 판에는 정사각형 하나와 대각선 두 개가 그려져 있다. 정사각형의 측면에는 30을 나타내는 쐐기형 숫자가 적혀 있다. 한쪽 대각선 위에는 1;24,51,10이 그 아래에는 42;25,35가 적혀 있다. 42;25,35는 30의 배수로서 대각선의 실제 길이를 나타내고, 1;24,51,10는 변의 길이가 1인 정사각형의 대각선 길이다. 피타고라스 정리에 의하면 이 대각선 길이는 2의 제곱근, 즉 $\sqrt{2}$ 다. 1;24,51,10은 $\sqrt{2}$ 의 값과 소수점 여섯째 자리까지 같을 정도로 매우 비슷하다.

YBC7289 서판에 새겨진 쐐기형 숫자

도형의 체계적인 사용은 알렉산드리아 출신의 유클리드Euclid가 쓴 기하학 저서에서 처음 나타났다. 여기서는 논리적 추론을 많이 이용한 반면, 도형은 제한적으로 이용했다. 유클리드는 BC500년경 번성했던 피타고라스 교파에서 비롯된 전통을 따랐다. 하지만 어떤 수학 명제를 참이라고 판단하려면 논리적으로 증명되어야 한다고 역설했다. 따라서 유클리드의 저서는 서로 다른 두 가지 혁신적인 관점, 즉 그림의 사용과 논리적 증명을 결합시켰다. 오랜 세월 동안 '기하학'은 이 두 가지와 긴밀한 관계를 맺으면서 발전했다.

이 장에서 우리는 피타고라스에서 시작하여 유클리드와 그의 선배격인 에우독소스Eudoxos를 거쳐 그리스 고전기(BC5세기에서 BC4세기에 이르는 약 200년의 기간_옮긴이) 후반 그리고 유클리드의 후계자인 아르키메데스Archimedes와 아폴로니오스Apollonios까지 따라간다. 이 초기의 기하학자들 덕분에 이후 수학 분야에서 시각적 추론이 활짝 펼쳐질 수 있었다. 또한 이들은 논리적 증명의 표준을 정립했는데, 이 표준이 2천 년 동안 기하학을 지배했다.

피타고라스 ∞

오늘날 우리는 수학이 자연의 기본 법칙들을 알게 해주는 바탕임을 거의 당연시한다. 이런 사고방식이 처음 나타난 때는 피타고라스 교파에서부터다. BC600년에서 BC400년까지 활약한 이 불가사의한 교파의 교주가 바로 피타고라스였다. 피타고라스는 BC569년경에 사모스 섬에서 태어났다. 하지만 언제 그리고 어디서 죽었는지는 베일에 싸여 있다. 피타고라스 교파는 BC460년에 박해를 받아 몰락했으며, 집회 장소 역시 부서지고 불탔다. 그중 한곳인 크로톤에 있던 밀로의 집에서는 50명

이상의 피타고라스 교도들이 학살을 당했다. 생존자들 다수는 상이집트(나일 강 상류 지역, 즉 남부에 자리 잡은 왕조를 '상이집트Upper Egypt'라고 하였고, 하류 지역, 즉 북부에 자리 잡은 왕조를 '하이집트Lower Egypt'라고 하였다_옮긴이)의 테베로 도망쳤다. 아마 이들 가운데 피타고라스도 있었을 것이다. 하지만 추측일 뿐, 전설로 내려오는 이야기 말고는 피타고라스가 어떤 사람인지 거의 알려진 것이 없다. 피타고라스가 유명한 이유는 직각삼각형에 관한 유명한 피타고라스 정리 때문인데, 실제로 피타고라스가 그 정리를 증명했는지는 불분명하다.

하지만 피타고라스 교파의 철학과 신앙은 훨씬 더 많이 알려져 있다. 그들은 수학이 현실이 아니라 추상적인 개념을 다루는 학문이라고 여겼다. 그래서 추상적 개념이 기이한 상상의 영역 속에서 어떤 식으로든 '이상적으로' 구현되어 있다고 믿었다. 가령, 모래땅에 막대기로 그린 원은 비록 결함이 있긴 하지만, 완벽하게 둥글고 곡선의 두께가 무한히 얇은 이상적인 원을 어떻게든 구현하려는 시도였다.

피타고라스 교파의 철학 중 후대에 가장 큰 영향을 미친 것은 우주가 수로 이루어졌다는 믿음이다. 그들은 이 믿음을 신화적 상징주의로 표현했으며, 실증적 관찰을 통해 이를 뒷받침했다. 신비주의적 관점에서 그들은 수 1이 삼라만상 최초의 근원이라고 여겼다. 수 2와 3은 각각 여성적 원리와 남성적 원리를 상징했다. 수 4는 조화를 상징했으며, 아울러 세상만물의 기본 재료인 사원소(땅, 공기, 불, 물)를 상징했다. 피타고라스 교도들은 10에 깊고 심오한 의미가 있다고 믿었다. 왜냐하면 $10 = 1 + 2 + 3 + 4$로, 최초의 근원과 여성

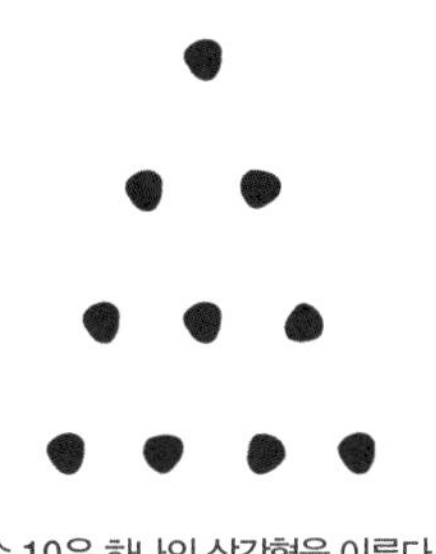

수 10은 하나의 삼각형을 이룬다.

적 원리와 남성적 원리 그리고 사원소가 합쳐진 수이기 때문이다. 게다가 이 네 개의 수들은 삼각형을 이루었는데, 그리스 기하학 전체는 삼각형의 성질을 바탕으로 이루어졌다.

피타고라스 교도들은 여덟 개의 천체가 존재한다는 사실을 알고 있었다. 태양, 달, 수성, 금성, 지구, 화성, 목성 그리고 토성이 당시에 볼 수 있던 천체였다. 하지만 그들의 우주론에서는 수 10이 매우 중요했기에 두 개의 천체가 더 있다고 가정했다. 그것이 바로 '중심의 불Central Fire'과 '반대쪽 지구Counter-Earth'였다. 중심의 불은 모든 천체가 공전하는 중심점이었고, 반대쪽 지구는 태양 너머에 가려져 영원히 보이지 않는 천체로서 지구와 태양 사이에 균형을 맞춰주는 천체였다.

이미 살펴보았듯이 정수 1, 2, 3…은 자연스레 두 번째 유형의 수인 분수로 이어지는데, 수학자들은 이 수를 유리수라고 한다. 유리수는 a와 b가 정수일 때 분수 a/b 형태의 수다. (여기서 b는 0이 아니어야 한다. 만약 0이면 이 분수는 성립하지 않는다.) 분수는 정수를 임의적으로 작은 부분들로 나눈다. 따라서 유리수를 이용하면 기하학적 도형의 선분 길이를 최대한 가까운 근삿값으로 구할 수 있다. 나누는 횟수를 충분히 크게 하면 어떤 값과 일치할 것이라고 상상할 수 있다. 그렇다면 어떤 길이든 유리수로 표현된다.

만약 이것이 정말로 참이라면, 기하학은 훨씬 단순해질 것이다. 왜냐하면 임의의 두 길이는 (아마도 작은) 한 공통 길이의 (서로 다른) 정

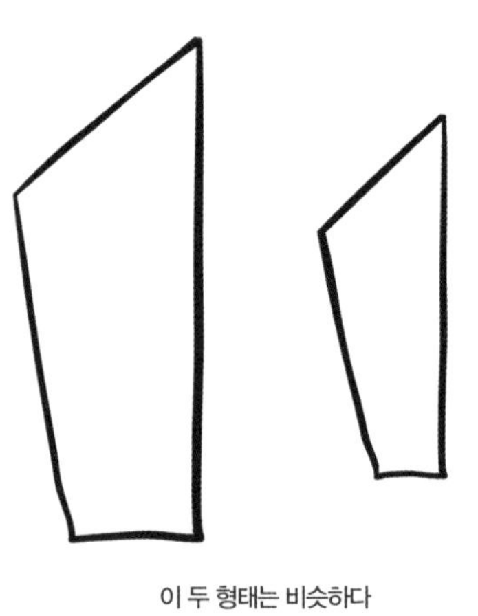
이 두 형태는 비슷하다

수배가 될 것이므로, 이 공통 길이의 선분들을 많이 연결시키면 임의의 두 길이를 만들 수 있다. 그다지 중요하지 않은 말 같지만, 길이와 넓이 그리고 특히 닮은 도형―형태는 같지만 크기가 다른 도형―에 관한 모든 이론이 이로 인해 훨씬 단순해진다. 한 가지 기본 형태를 아주 많이 반복적으로 채워 넣은 도형을 이용하여 모든 것을 증명할 수 있기 때문이다.

하지만 안타깝게도 이 꿈은 실제로는 실현될 수가 없다. 전설에 따르면 피타고라스 추종자 가운데 한 명인 메타폰툼의 히파소스Hippasos는 지금까지의 말이 거짓임을 알아냈다고 한다. 특히 그는 한 단위 정사각형(한 변의 길이가 단위 길이인 정사각형)의 대각선 길이가 유리수가 아님을, 즉 정확한 분수로 표현되지 않음을 증명했다. (미심쩍긴 하지만 아무튼) 그는 공교롭게도 피타고라스 교도들과 배로 지중해를 건너고 있을 때 이 사실을 발표했는데, 이에 격분한 동료 교도들이 그를 바닷물에 빠트려 죽였다고 한다. 실제로는 교도 집단에서 추방당했을 가능성이 더 크다. 어떤 처벌을 받았든, 피타고라스 교도들은 그가 증명해낸 사실을 달가워하지 않았던 듯하다.

히파소스의 주장을 현대식으로 표현하면 '$\sqrt{2}$는 무리수(유리수가 아닌 실수)다'라고 할 수 있다. 피타고라스 교도들에게 이것은 우주가 수—여기서 수는 정수라는 의미다—에 바탕을 두고 있다는 종교에 가까운 그들의 신념에 치명상을 가하는 끔찍한 진실이었다. 분수는 정수들의 비율이므로 그러한 세계관에 잘 들어맞았지만, 분수가 아닌 수들은 그렇지 않았다. 따라서 바닷물에 던져져 죽임을 당했든 추방을 당했든, 가없은 히파소스는 종교적 신념이라는 비합리성(irrationality, 무리수를 영어로 irrational number라고 한다_옮긴이)의 초기 희생자가 된 셈이다.

무리수 길들이기 ∞

마침내 그리스인들은 무리수를 다루는 법을 찾아냈다. 유리수를 이용해 무리수의 값을 근사적으로 알아내는 방법을 찾은 것이다. 근사가 더 나아질수록 유리수의 값은 더 정확해졌지만, 그래도 얼마간의 오차는 늘 존재했다. 하지만 오차가 작아질수록, 유리수의 성질을 유추하여 무리수의 성질을 알아낼 가능성이 있었다. 문제는 그리스인들이 이해할 수 있는 기하학 증명 방법으로 이 아이디어를 실현하는 것이었다. 가능한 일이긴 했지만 꽤 복잡했다.

고대 그리스에서 무리수에 대한 이론은 BC370년경에 에우독소스가 처음 내놓았다. 그의 이론은 유리수든 무리수든 임의의 길이를 두 길이의 비율, 즉 길이의 한 쌍으로 표현하는 것이다. 가령, 3분의 2는 두 개의 선분, 즉 길이가 2인 선분과 길이가 3인 선분으로 표현된다(비율 2:3). 마찬가지로 $\sqrt{2}$는 단위 정사각형의 대각선과 정사각형의 한 변이 이루는 쌍으로 표현된다(비율 $\sqrt{2}$:1). 이 두 경우 모두, 길이의 쌍은 기하학적으로 구성될 수 있다.

여기서 핵심은 언제 그러한 두 비율이 동일한지를 정의하는 것이다. 즉 $a:b=c:d$인지를 정의하는 것으로, 이를 가리켜 에우독소스의 비례론이라고 한다. 적절한 수 체계가 없었던 탓에 그리스인들은 어떻게 해야 하는지 몰랐다. 그때까지는 한 길이를 다른 길이로 나누어 $a\div b$를 $c\div d$와 비교하는 방법이 없었다. 그러던 차에 에우독소스가 한 가지 방법을 알아냈다. 번거롭긴 하지만 그리스 기하학의 테두리 내에서 실행할 수 있는 정확한 방법이었다. a와 c를 그 정수배인 ma와 nc를 구성하여 비교하는 것이 이 방법의 골자였다. a를 m배만큼 늘인 길이를 만들고 c를 n배만큼 늘인 길이를 만든 다음, 마찬가지로 b와 d에 대해서도 같은 방법으로 mb와 nd를 만든다. 에우독소스에 따르면, 만약 비율 $a:b$와 $c:d$가 동일하지 않다면, $ma>nc$지만 $mb<nd$가 될 정도로 차이가 커지는 m과 n이 존재한다. (두 비율이 동일할 경우 $ma>nc$면 $mb<nd$이고, $ma<nc$이면 $mb<nd$다_옮긴이) 실제로 비율이 동일한지 여부를 이런 방법으로 정의할 수 있다.

이 방법은 익숙해지는 데 시간이 꽤 걸린다. 그러다 보니 그리스 기하학에 사용된 제한적인 연산에 맞게끔 매우 주의 깊게 실

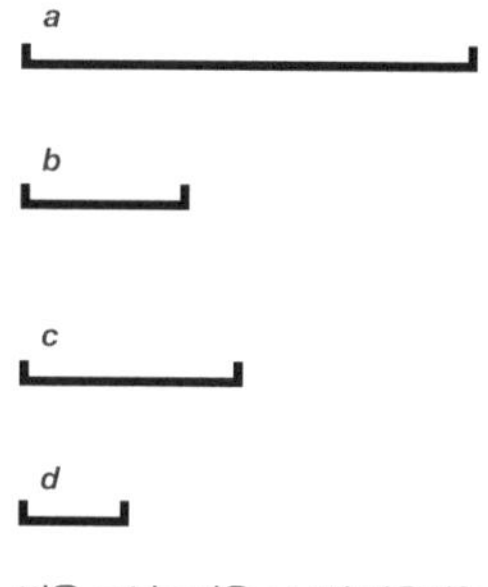

비율 $a:b$는 비율 $c:d$와 같을까?

행되었다. 어쨌든 이 방법은 통했다. 덕분에 그리스 기하학자들은 이 방법으로 유리수 값이 갖는 비율을 쉽게 알아낼 수 있었고, 이를 확장해 무리수 값을 갖는 비율도 알아낼 수 있었다.

한편 그리스인들은 '실진법method of exhaustion(착출법이라고도 한다_옮긴이)'이라는 방법을 종종 사용했다. 이 방법으로 그들은 우리가 오늘날 극한과 미분법의 개념을 사용하여 증명하는 정리들을 증명했다. 덕분에 고대 그리스인들도 원의 넓이가 반지름의 제곱에 비례함을 증명해냈다. 이 증명은 유클리드가 발견한 한 가지 단순한 사실에서 시작한다. 즉 두 닮은 다각형의 넓이의 비는 대응하는 변의 길이 비의 제곱과 같다. 하지만 원은 다각형이 아니므로 새로운 문제가 나타난다. 그래서 그리스인들은 두 가지 다각형을 고려했다. 하나는 원에 내접하는 다각형이고 다른 하나는 원에 외접하는 다각형이었다. 그러고서 두 다각형 모두 원에 끝없이 가까워지게 했다. 이러한 다각형을 이용하는 방법을 에우독소스의 비례론과 연결하여 마침내 원의 넓이가 반지름의 제곱에 비례함을 알아냈던 것이다.

유클리드 ∞

가장 독창적인 수학자는 아니겠지만 가장 유명한 그리스의 기하학자는 알렉산드리아의 유클리드다. 유클리드는 위대한 종합을 이루어낸 수학자로서, 그의 기하학 저서인 《원론》은 모든 시대를 통틀어 수학의 베스트셀러가 되었다. 유클리드가 쓴 수학책은 열 권이 넘지만 지금까지 전해지는 것은 다섯 권에 불과하다. 게다가 모두 후대의 복사본으로 전해오고 있어, 고대 그리스 시대에 쓰인 원래의 책은 지금 남아 있지 않다. 복사본으로라도 남아 있는 다섯 권은 《원론》, 《도형의 분할에 관하여》,

《주어진 값》,《현상》그리고《광학》이다.

《원론》은 유클리드가 쓴 기하학의 명저로서, 이차원(평면)과 삼차원(입체)의 기하학을 엄밀하게 다루고 있다.《도형의 분할에 관하여》와《주어진 값》은 기하학에 대한 여러 추가 자료와 설명 글이 들어 있다. 천문학자를 위한 내용이 담긴《현상》은 구면 기하학, 즉 구의 표면에 그려진 도형의 기하학을 다룬다.《광학》또한 기하학에 관한 책으로, 원근법— 인간의 눈이 삼차원 장면을 이차원 영상으로 전환하는 방식—의 기하학에 관한 초기의 연구라고 볼 수 있다.

유클리드의 연구를 한마디로 요약하면 공간 관계의 논리에 대한 연구라고 할 수 있다. 만약 한 도형이 어떤 성질을 지니고 있다면 논리적으로 이 성질은 다른 성질을 의미하게 된다. 가령, 삼각형의 세 변의 길이가 모두 같으면, 즉 정삼각형이면 세 각의 크기가 모두 같다. 이런 유형의 진술, 즉 어떤 가정을 제시한 다음 그 가정의 논리적 결과를 말하는 진술을 가리켜 정리라고 한다. 예로 든 이 특별한 정리는 삼각형 변의 성질을 각의 성질과 관련시켰다. 또 다른 정리로는 이보다 덜 직관적이지만 더 유명한 피타고라스의 정리를 들 수 있다.

《원론》은 총 13권으로 구성되어 있는데, 각 권은 다음 권과 논리적 순서로 이어져 있다. 평면의 기하학을 논의한 다음 입체의 기하학을 논의하는 순이다. 이 책의 가장 압권은 정확히 다섯 가지의 정다면체, 즉 정사면체, 정육면체, 정팔면체, 정십이면체 그리고 정이십면체가 존재함을 증명하는 대목이다. 평면 기하학에 허용된 기본 도형들은 직선과 원 그리고 가끔 이 둘의 결합이다. 가령, 삼각형이 직선 세 개로 이루어지는 것이다. 입체 기하학에는 평면, 원기둥 그리고 구가 등장한다.

현대 수학자가 보기에 유클리드기하학의 가장 흥미로운 점은 그 안에

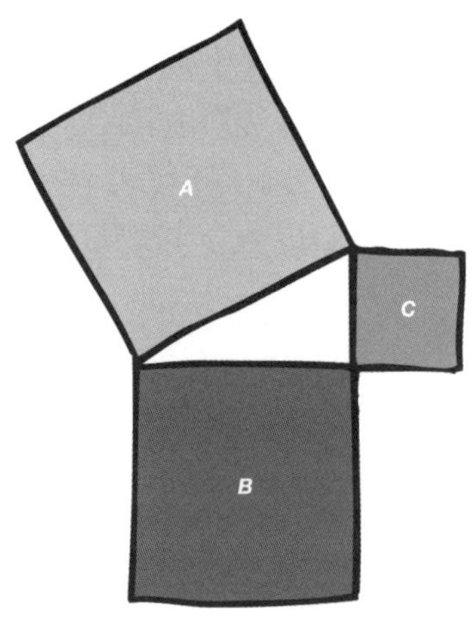

피타고라스 정리. 직각삼각형의 빗변으로 이루어진 제일 큰 정사각형 *A*의 넓이는 나머지 두 변으로 이루어진 정사각형 *B*와 *C*의 넓이를 합친 것과 같다.

담긴 내용이 아니라 논리적 구조다. 이전의 수학자와 달리 유클리드는 어떤 정리가 참이라고 주장만 하지 않았다. 그는 증명을 내놓았다.

증명이란 무엇인가? 증명은 일종의 수학적 이야기로 각 단계가 이전 단계의 논리적 결과로 이루어져 있다. 어느 진술이든 이전의 진술들에 의해 옳음이 증명되어야 하며 이전 진술들의 논리적 결과임을 보여주어야 한다. 유클리드는 이 과정이 무한히 뒤로 가서는 안 됨을 알아차렸다. 어딘가에서는 시작해야 하므로, 첫 진술은 그 자체로 증명될 수 없다. 첫 진술을 증명하려면 증명의 과정이 그 이전 단계에서 시작되어야 하기 때문이다.

공이 굴러갈 수 있도록 하기 위해 유클리드는 몇 가지 정의를 열거하며 논의를 시작했다. 정의란 어떤 전문적 용어, 가령 직선이나 원이 정확히 무슨 뜻인지를 명확하게 밝히는 진술이다. 전형적인 정의를 하나 들자면 이렇다. '둔각은 직각보다 큰 각이다.' 여러 정의를 내려놓은 덕분에 유클리드는 증명되지 않은 가정들을 말하는 데 필요한 용어를 얻게 되었다. 이 증명되지 않은 가정들을 그는 두 가지 유형, 즉 통념과 공준으로 분류했다. 통념의 전형적인 한 예는 "어떤 것과 동일한 것들은 서로 동일하다"이며, 공준의 전형적인 한 예는 "모든 직각은 서로 동일

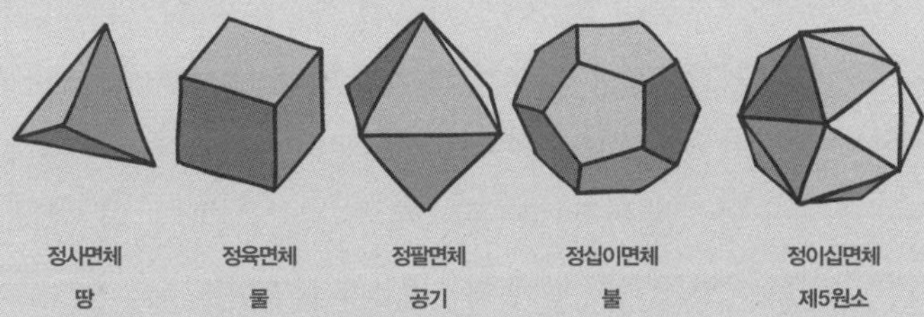

하다"이다.

오늘날 우리는 이 두 유형을 합해 공리라고 부른다. 한 수학적 체계의 공리들은 그 체계의 바탕을 이루는 기본적인 가정들이다. 공리는 게임의 규칙이라고 할 수 있으며, 수학이라는 게임은 그 규칙에 따라 진행된다. 우리는 그 규칙이 옳은지 여부는 더 이상 문제 삼지 않는다. 또한 우리는 꼭 한 가지 게임만 해야 한다고 여기지 않는다. 어느 특정 게임을 하려는 사람은 그 게임의 규칙을 반드시 따라야 하지만, 원하지 않는 사람은 그 게임의 규칙과 다른 규칙으로 진행되는 또 다른 게임을 하면 된다.

하지만 유클리드가 살던 시대 그리고 이후 거의 2천 년 동안의 수학자들은 결코 그렇게 생각하지 않았다. 그들은 모두 공리를 자명한 진리로 여겼으며, 너무나 명백한 진리여서 어느 누구도 의문을 품지 않으리라고 보았다. 따라서 유클리드는 자신의 공리들을 명백한 것으로 만들려고 애썼다. 유클리드의 노력은 거의 성공한 듯 보였다. 하지만 공리 가운데 하나인 '평행선 공준'은 특별히 복잡하고 반직관적이었기에, 많은 수학자가 더 단순한 가정에서 유도해내려고 시도했다. 나중에 우리는 이런 노력이 어떤 결과를 낳게 되는지 살펴볼 것이다.

아무튼 《원론》은 이런 단순한 바탕에서부터 시작하여, 단계별로 점점 더 정교한 기하학 정리들을 증명해나간다. 가령, 제1권의 명제 5는 이등변삼각형(두 변의 길이가 같은 삼각형)의 밑변에 있는 두 각이 같음을 증명한다. 이 정리는 영국 빅토리아 시대의 학생들에게 나귀의 다리라는 뜻의 라틴어인 폰스 아시노룸pons asinorum으로 알려져 있었다. 이 정리를 증명하는 도형이 다리처럼 생기기도 했지만, 아무튼 이 정리는 이해 대신에 암기로 수학을 배우려는 학생들이 최초로 마주치는 걸림돌이었다. 제1권의 명제 32는 삼각형 내각의 합이 180°임을 증명한다. 제1권의 명제 47은 피타고라스의 정리다.

유클리드는 각 정리를 이전의 정리들과 여러 공리들로부터 유도해냈다. 그는 일종의 논리 탑을 세웠는데, 이 탑이 하늘로 높이 올라갈 때 공리들이 탑의 주춧돌 역할을 했고 논리적 추론이 벽돌들을 결합시키는 회반죽 역할을 했다.

오늘날의 기준에서 보면, 유클리드의 논리는 그리 만족스럽지 않다.

논리에 결점이 많기 때문이다. 유클리드는 많은 것을 당연시했지만, 그가 열거한 공리들은 결코 완전하지 않다. 가령, 한 원의 내부에 있는 점을 지나는 직선이 충분히 멀리 뻗어나가면 반드시 그 원과 만난다는 명제는 명백한 듯하다. 그림을 그려보면 명백해 보이지만, 그 명제가 유클리드의 공리에서 도출되지 않음을 보여주는 사례들이 존재한다. 유클리드는 훌륭한 업적을 남기긴 했지만, 도형을 그려 살펴보았을 때 명백해 보이는 성질은 증명이나 공리적 근거가 필요 없다고 가정했다.

이런 허점은 의외로 심각한 결과를 초래한다. 그림의 미묘한 오류에서 비롯되는 그릇된 추론으로 유명한 사례들이 있다. 그 중에는 모든 삼각형이 동일한 길이의 두 변을 갖는다고 (잘못) '증명하는' 사례도 있다.

황금 비율 ∞

《원론》 제5권은 제1~4권과는 딴판이어서 꽤 애매하게 내용이 전개된다. 전통적인 기하학 교재처럼 보이지 않을 정도다. 사실 언뜻 보기에 제5권은 대체로 내용이 아리송하다. 가령 제5권의 제1명제를 우리는 어떻게 이해해야 할까? 제1명제는 다음과 같다.

'만약 어떤 양들이 다른 양들의 등배수等倍數라면, 그 배수가 무엇이든지 간에 어떤 양 하나는 다른 양 하나에 대한 것이며, 또한 그 배수는 모든 양들의 합에 관한 것이다.'

(내가 약간 단순하게 표현했지만) 말로는 무슨 뜻인지 짐작이 안 된다. 하지만 증명 과정을 보면 유클리드의 의도가 무엇인지 명확히 드러난다. 19세기 영국 수학자인 오거스터스 드 모르간Augustus de Morgan은 자신의 기하학 교재에서 이 명제를 다음과 같이 설명했다.

'10피트 10인치는 1피트 1인치의 10배다.'

그렇다면 유클리드는 왜 그렇게 썼을까? 시시한 내용에 정리라는 거창한 옷을 입힌 것일까? 아리송한 헛소리일까? 전혀 그렇지 않다. 애매해 보이지만 이 명제는 《원론》의 가장 심오한 부분으로 이어진다. 바로 무리수 비율을 다룬 에우독소스의 기법이다. 오늘날 수학자들은 수를 갖고 작업하기를 더 좋아한다. 그러는 편이 더 익숙하기 때문에 나도 그리스 수학자들의 개념을 종종 수를 갖고 해석할 것이다.

유클리드는 무리수라는 어려운 문제와 마주치지 않을 수가 없었다. 왜냐하면 《원론》의 클라이맥스 — 많은 이들이 보기에 핵심 목적 — 는 정다면체는 정확히 다섯 종류가 존재한다는 것을 증명하는 일이었다. 다섯 종류란 바로 정사면체, 정육면체, 정팔면체, 정십이면체 그리고 정이십면체였다. 유클리드는 두 가지를 증명했다. 다른 종류의 정다면체는 존재하지 않는다는 것과 이 정다면체들만 실제로 존재한다는 것이다. 이들 정다면체는 기하학적으로 구성될 수 있으며, 면들이 한 치의 오차도 없이 딱 들어맞는다.

정다면체들 중에서 정십이면체와 정이십면체는 정오각형이 깃들어 있다. 정십이면체는 면이 정오각형이다. 즉 어느 한 꼭짓점 주위의 다섯 면들이 정오각형을 이룬다. 정오각형은 유클리드가 '끝과 가운데 비율'이라고 부른 것과 직접적인 관련이 있다. 선분 AB상에 $AB:AC$와 $AC:BC$가 같아지도록 점 C를 찍자. 그러면 전체 선분과 큰 선분의 비율이 큰 선분과 작은 선분의 비율과 같아진다.

정오각형을 하나 그리고 그 안에 다섯 개의 꼭짓점을 지닌 별을 하나 채워 넣으면, 정오각형의 한 변의 길이와 별의 모서리 길이의 비는 이 특별한 비율이 된다.

오늘날 우리는 이것을 황금 비율이라고 부른다. 이 값은 $(1+\sqrt{5})/2$로, 무리수다. 이 값은 대략 1.618이다. 그리스인들은 오각형의 기하학을 탐구하여 이 값이 무리수임을 증명할

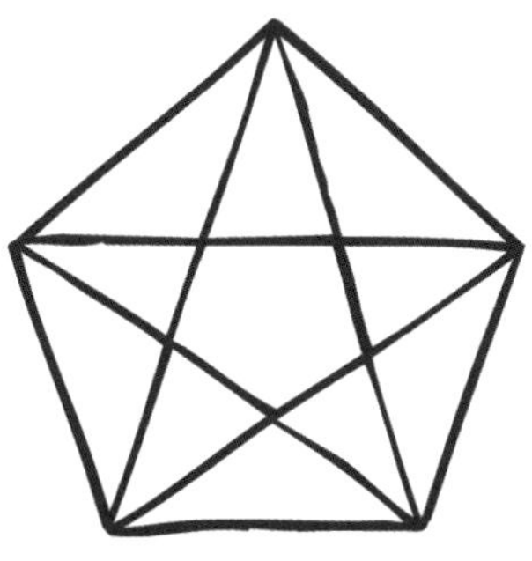

정오각형의 대각선과 변의 비는 황금 비율을 이룬다.

끝과 가운데 비율(오늘날에는 이른바 황금 비율). 위쪽 선분과 가운데 선분의 비율은 가운데 선분과 맨 아래 선분의 비율과 같다.

수 있었다. 따라서 유클리드 및 선배 학자들은 정십이면체와 정이십면체를 제대로 이해하려면 무리수를 꼭 이해해야 한다는 걸 잘 알고 있었다.

적어도 이것이 《원론》의 전통적인 관점이다. 그런데 데이비드 파울러David Fowler는 자신의 책 《플라톤 아카데미의 수학The Mathematics of Plato's Academy》에서 (전통적인 관점과 반대인) 대안적인 관점을 하나 내놓았다. 아마도 유클리드의 주된 목적은 무리수 이론이었고, 정다면체는 다만 근사한 응용 사례였을 뿐이라는 견해다. 《원론》의 내용은 두 가지 관점 중 어느 것에도 맞게 해석될 수 있지만, 《원론》의 한 가지 특징은 이 대안적인 이론에 더 잘 들어맞는다. 즉 정다면체를 분류하기 위해서 수 이론에 관한 많은 내용이 굳이 필요하지는 않다는 것이다. 그렇다면 유클리드는 왜 정다면체를 포함시켰을까? 아마도 정다면체가 무리수와 밀접한 관련이 있음을 알았기 때문일 것이다.

아르키메데스 ∞

고대 수학자들 가운데 가장 위대한 이는 아르키메데스였다. 그는 기하학에 중요한 이바지를 했으며, 수학을 자연계에 응용한 선구자였다. 또한 훌륭한 기술자이기도 했다. 하지만 수학자들이 보기에 아르키메데스는 원, 구 그리고 원기둥 연구로 가장 유명하다. 오늘날 대략 3.14159의 값인 수 π(파이)와 관련된 연구였다. 물론 고대 그리스인들은 수 π를 별도로 사용하지는 않았다. 그들은 원의 둘레와 지름의 비율이라는 기하학적 의미에서 이 수를 다루었다.

고대의 여러 문화권에서는 원의 둘레가 늘 지름의 일정 배수임을 알아차렸고, 이 배수가 대략 3보다 약간 큰 값임을 알았다. 가령, 바빌로니아 인들은 그 값을 3과 $1/8$로 보았다. 하지만 아르키메데스는 이 값을 훨씬 더 깊이 파헤쳤다. 그가 얻은 결과는 에우독소스처럼 엄밀한 증명을 갖춘 것이었다. 그리스인들이 아는 한, 원의 둘레와 지름의 비는 아마도 무리수였다. 지금 우리야 확실히 그렇다고 알지만, 증명은 1770년이 되어서야 요한 하인리히 람베르트가 처음으로 내놓았다. (학교에서 사용하는 3과 1/7은 편리하긴 하지만 근삿값이다.) 어쨌든 아르키메데스로서는 π가 유리수임을 증명할 수 없었기에, 유리수가 아닐지도 모른다고 가정할 수밖에 없었다.

그리스 기하학은 직선들로 이루어진 도형인 다각형을 다루기에 아주 적합했다. 하지만 원은 휘어 있는 도형인지라, 아르키메데스는 원을 다루기 위해 다각형들을 근사하는 방법을 사용했다. π값을 알아내기 위해 그는 원의 둘레를 두 다각형의 테두리 길이와 비교했다. 하나는 원에 내접하는 일련의 다각형이고, 다른 하나는 원에 외접하는 일련의 다각형이었다. 원에 내접하는 다각형의 테두리 길이는 원 둘레보다 분명 작았고, 외접하는 다각형의 테두리 길이는 원 둘레보다 분명 컸다. 계산을 쉽게 하려고 아르키메데스는 처음에는 정육각형에서 시작하여, 변의 길이를 반복적으로 이등분하여 정십이각형, 정이십사각형, 정사십팔각형, 마지막으로 정구십육각형을 만들었다. 이 계산 덕분에 $3 + 10/71 < \pi < 3 + 1/7$임을 알아냈다. 즉 π는 오늘날의 표기법으로 하자면 3.1408과 3.1429 사이 값임을 알아낸 것이다.

한편 구에 관한 아르키메데스의 연구는 특별히 관심을 끈다. 구에 관해 엄밀한 증명을 했기 때문이 아니라 (분명 그의 증명은 엄밀하지는 않다) 증명 방식이 특별해서다. 증명은 그의 책《구와 원기둥에 관하여》에 나와 있다. 그는 구의 부피가 구에 외접하는 원기둥 부피의 2/3이며, 임의의 평행한 두 평면 사이에 놓인 구와 원기둥의 표면적이 같음을 밝혀냈다.

현대의 용어로 말하자면, 아르키메데스는 구의 부피가 $4/3\pi r^3$ (여기서 r 은 반지름), 구의 표면적이 $4\pi r^2$임을 증명한 것이다. 이 기본적인 사실은 지금도 이용되고 있다.

증명은 실진법을 사용하여 이루어졌다. 이 방법은 한 가지 중요한 제약사항을 안고 있는데, 증명하기 전에 결과가 무엇인지 미리 알고 있어야 한다는 것이다. 오랫동안 학자들은 아르키메데스가 어떻게 결과를 짐작했는지를 알아내지 못했다. 그러던 어느 날, 덴마크의 학자인 헤이베르스가 기도문이 적힌 13세기 양피지 문서를 연구하다가 한 양피지에서 희미한 선들을 발견했다. 양피지에 있는 선들을 지운 다음 기도문을 적었던 것이다. 그가 알아낸 바에 의하면, 원래 문서는 아르키메데스의 여러 저술을 담은 복사본으로, 일부는 그때까지 알려지지 않은 내용이었다. 이처럼 원래의 글 전체 또는 일부를 지우고 새로 쓴 고대 문서를 가리켜 팔림프세스트palimpsest라고 한다. (놀랍게도 그 문서에는 고대의 다른 두 저자의 소실된 저술의 일부도 실려 있었다.) 아르키메데스의 책《역학적인 정리들에 관한 방법》에는 구의 부피를 알아내는 방법이 설명되어 있었다. 우선, 구를 무한히 얇게 자른 다음 양팔저울의 한쪽에 잘린 조각들을 올려놓는다. 저울의 다른 쪽에는 아르키메데스가 이미 부피를 알고 있는 원기둥과 원뿔 조각들을 올려놓는다. 그다음 지렛대의 원리를 이용하면, 구하려는 구의 부피를 얻을 수 있다. 이 양피지 문서는 1998년에 한 개인 구매자에게 200만 달러에 팔렸다.

그리스인들의 문젯거리 ∞

그리스 기하학은 한계를 지니고 있었는데, 그중 일부는 새로운 기법과 개념을 통해 극복되었다. 사실 유클리드는 눈금이 없는 직선 모서리(자)

시라쿠사의 아르키메데스 BC287~BC212

아르키메데스는 그리스의 시라쿠사에서 천문학자 피디아스의 아들로 태어났다. 그는 이집트에 간 적이 있었는데, 아마도 거기서 아르키메데스의 나선이라고 알려진 양수기를 발명했을 것이다. 이 양수기는 최근까지도 농사를 위해 나일 강의 물을 길어 올리는데 널리 쓰였다. 그는 아마도 알렉산드리아의 유클리드를 만나기도 했던 것 같다. 아무튼 알렉산드리아의 수학자들과 서신 교환을 한 것은 분명하다.

그의 수학적 재능은 타의 추종을 불허했고 연구 분야도 광범위했다. 또한 자신의 수학 연구를 실제 사례에 응용했다. 일례로 자신의 '지렛대의 원리'를 바탕으로 거대한 무기를 만들었는데, 적에게 큰 바위를 던질 수 있었다. 이 무기는 BC212년 로마군이 시라쿠사를 포위 공격했을 때 사용되어 위력을 발휘했다. 심지어 그는 빛의 반사에 관한 기하학적 원리를 이용하여 로마 침략군의 함대를 햇빛으로 공격해 불태우기도 했다.

(후대의 복사본만 남아 있지만) 현존하는 아르키메데스의 책은 《평면의 균형에 대하여》, 《포물선의 구적법》, 《구와 원기둥에 대하여》, 《나선에 대하여》, 《원뿔곡선체와 회전타원체에 대하여》, 《부체浮體에 대하여》, 《원의 측정에 대하여》, 《모래알을 세는 사람》 그리고 1906년에 헤이베르가 발견한 《방법》 등이다.

아르키메데스의 나선양수기

와 한 쌍의 컴퍼스를 이용해 그릴 수 있는 것으로만 기하학 작도법을 제한했다. (여기서 '한 쌍'이라는 용어는 양말 한 켤레를 신는다는 표현과 똑같은 이유로 언어 기법상 필요한 것이다. 하지만 굳이 이런 것까지 신경 쓸 필요는 없다. 이후로는 그냥 '컴퍼스'라고 하겠다.) 그가 이런 작도법을 강제했다는 말도 있지만, 명시적인 규칙까지는 아니었고 그의 작도법에 은연중에 내포되어 있던 것이다. (컴퍼스를 이용하면 완벽한 원을 그릴 수 있듯이) 다른 도구들을 사용하면 새로운 작도가 가능했다.

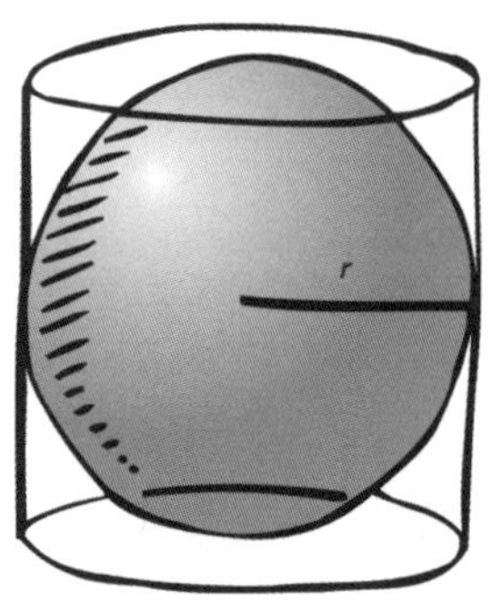

구 그리고 이 구에 외접하는 원기둥

가령, 아르키메데스는 자에 두 눈금을 표시하면 각을 삼등분할 수 있음을 알았다. 그리스인들은 이처럼 눈금을 이용한 작도를 '뉴시스 작도'라고 불렀다. 지금 우리는 고대 그리스인들과 달리 각의 삼등분은 자와 컴퍼스만으로 불가능함을 알고 있는데, 이러한 한계를 알게 된 것은 아르키메데스 덕분이라고 할 수 있다.

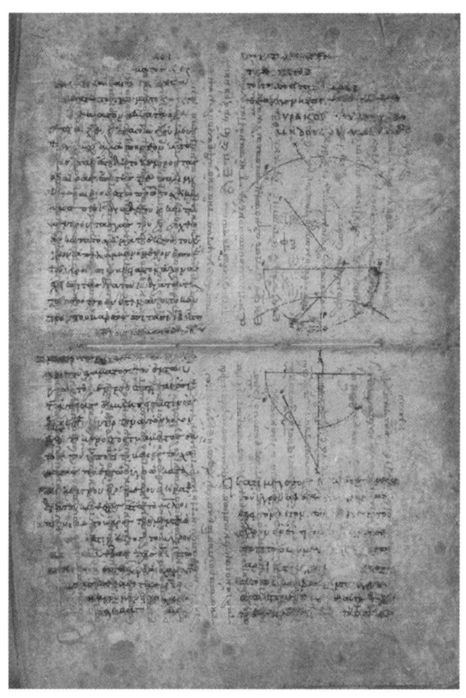

아르키메데스 팔림프세스트

고대 그리스 시대 이래로 줄곧 두통거리였던 중요한 문제가 두 가지 더 있다. 하나는 어떤 정육면체이든 그 두 배의 부피를 갖는 정육면체를 작도하는 것과, 다른 하나는 어떤 원이든 그것과 같은 넓이를 갖는 정사각형을 작도하는 것이다. 이 두 문제 또한 자와 컴퍼스를 이용해 작도하는 것이 불가능하다고 알려져 있다.

그런데 새로운 유형의 곡선인 원뿔곡선이 도입되면서 기하학에서 허용되는 작도의 범위가 매우 넓어졌고, 800년경에 삼차방정식에 대한 아랍인의 연구가 결실을 맺은 이후로 역학과 천문학에 중요하게 응용되었다. 수학사에서 매우 중요한 이 곡선은 두 원뿔이 꼭짓점을 맞대고 붙

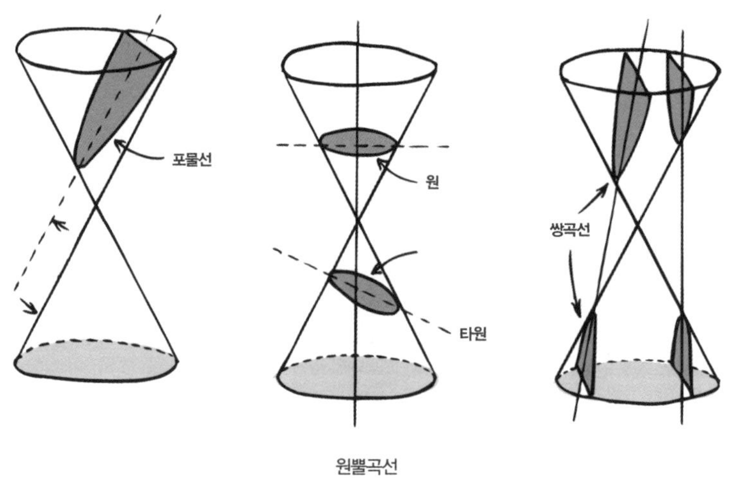

어 있는 모양인 이중원뿔을 한 평면으로 잘라서 얻어지는 여러 형태들
이다. 오늘날 이러한 곡선을 다루는 기하학 분야를 가리켜 원뿔곡선론
이라고 한다. 원뿔곡선에는 주요한 세 가지 유형이 있다.

* 타원: 평면이 이중원뿔의 한쪽 절반만을 자를 때 생기는 계란형의 폐곡선
  이다. 원은 타원의 특수한 경우다.
* 쌍곡선: 평면이 이중원뿔의 두 절반을 모두 자를 때 생기는데, 두 가지가
  서로 반대 방향으로 무한히 뻗는다.
* 포물선: 타원과 쌍곡선 사이에 위치하는 과도기적 곡선이다. 포물선은 이
  중원뿔의 꼭짓점을 지나며 원뿔 위에 놓여 있는 직선에 평행이다. 포물선
  은 하나의 가지가 무한히 뻗는다.

원뿔곡선은 페르가 출신의 아폴로니오스가 자세히 연구했는데, 그는
소아시아의 페르가에서 알렉산드리아로 유학을 떠나 유클리드 밑에서

그들은 기하학을 어떻게 활용했을까?

BC250년경 키레네의 에라토스테네스는 기하학을 이용해 지구의 크기를 계산했다. 그는 하짓날 정오에 시에네(오늘날의 지명은 아스완)에서 태양이 거의 정확히 머리 위에 떠 있음을 알아차렸다. 햇살이 수직으로 우물 속으로 비쳐 들었기 때문이다. 그해 같은 날에 높은 수직 기둥 아래 생긴 그림자를 통해, 알렉산드리아에서는 땅 위에 세워진 수직선과 태양이 이루는 각이 원의 50분의 1(대략 7.2°)임을 알아냈다. 그리스인들은 지구가 구형임을 알고 있었고, 알렉산드리아는 시에네의 거의 정북에 위치해 있었다. 따라서 원의 기하학에 따르면, 알렉산드리아에서 시에네까지의 거리 또한 지구 둘레의 50분의 1이었다.

에라토스테네스는 낙타 행렬이 알렉산드리아에서 시에네까지 가는데 50일이 걸리며, 이 행렬이 하루 걷는 거리가 100스타디아임을 알았다. 따라서 알렉산드리아에서 시에네 사이의 거리는 5,000스타디아이므로, 지구의 둘레는 25만 스타디아다. 안타깝게도 우리는 1스타디아가 얼마만큼의 거리인지 확실히 모르지만, 약 157m쯤이라고 보고 있다. 그렇다면 지구의 둘레는 3만 9,250km라는 결과가 나온다. 오늘날의 측정치가 3만 9,840km이니 실로 놀라운 계산이 아닐 수 없다.

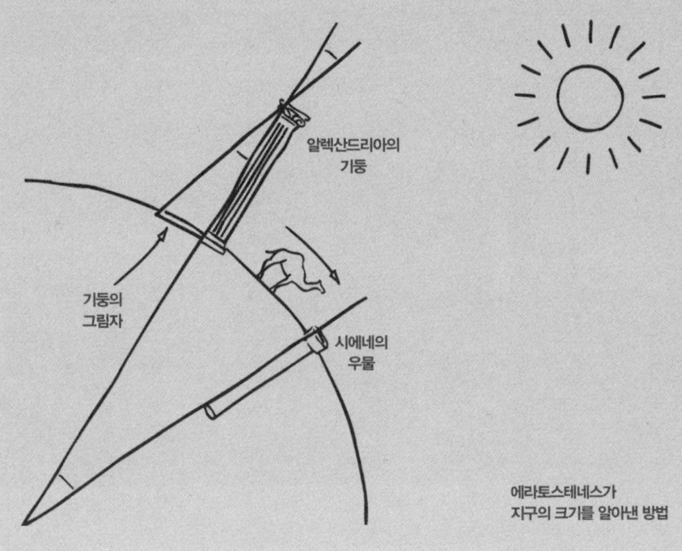

에라토스테네스가
지구의 크기를 알아낸 방법

수학했다. BC230년경에 쓰인 그의 명저 《원뿔곡선》에는 487개의 정리가 담겨 있다. 유클리드와 아르키메데스는 원뿔의 일부 성질을 연구한 적이 있을 뿐이고, 아폴로니오스는 책 한 권을 통째로 바쳐 원뿔곡선에 대한 정리들을 다루었다. 여기서는 한 가지 중요한 개념만 짚어보겠다. 바로 타원(또는 쌍곡선)의 초점에 관한 개념이다. 초점은 이 두 유형의 원뿔곡선에 있는 특별한 두 점이다. 초점의 여러 성질 가운데 우리가 살펴볼 초점은 딱 하나다. 바로 타원의 한 초점에서 타원 상의 임의의 한 점에 이르는 거리와 그 점에서 다른 초점에 이르는 거리의 합이 항상 일정하다는 것이다. 쌍곡선의 초점도 비슷한 성질을 갖고 있지만, 타원과 반대로 두 거리의 차(합이 아니라)가 항상 일정하다.

그리스인들은 원뿔곡선을 이용함으로써 각을 삼등분하는 법 그리

새로 지어진 웸블리 스타디움. 고대 그리스에서 발견되어 이후 오랜 세월 동안 여러 문화에서 발전된 기본적인 원리들을 이용해 세워졌다.

알렉산드리아의 히파티아 370~415

히파티아Hypatia는 역사 기록상 최초의 여성 수학자다. 수학자였던 알렉산드리아 테온의 딸로서, 아마 아버지한테 수학을 배웠을 것이다. 400년경 히파티아는 알렉산드리아에 있는 플라톤 아카데미의 수장을 맡아 철학과 수학을 강의했다.

히파티아가 수학에 독창적으로 이바지한 업적이 무엇인지는 알려져 있지 않다. 하지만 히파티아는 아버지가 프톨레마이오스의 《알마게스트》에 대한 주석을 쓰는 일과 《원론》의 새 판본을 준비하는 데 도움을 주었다. 이 새 판본은 후대에 나온 다른 모든 판본의 바탕이 되었다. 또한 디오판토스의 《산수》 그리고 아폴로니오스의 《원뿔곡선》을 설명하는 글도 썼다.

히파티아의 제자들 가운데에는 당시 성장하던 기독교의 주요 인물이 여럿 나왔다. 그중 한 명이 키레네의 시네시오스Synesios다. 그가 히파티아에게 보낸 편지들이 지금까지도 남아 있는데, 스승의 능력을 칭송하는 내용이다. 안타깝게도 초기의 많은 기독교도가 히파티아의 철학과 과학을 이교적이라고 여겼으며, 일부는 히파티아의 영향력에 분노를 표출했다. 412년에 알렉산드리아에 새로 부임한 대주교 키릴로스는 로마 장관 오레스테스와 정적이었다. 이 오레스테스와 히파티아가 친한 친구 사이였는데, 뛰어난 교사이자 강연자였던 히파티아가 기독교도들에게는 위협으로 비쳤다. 결국 히파티아는 정치적 소란의 희생자가 되어 폭도들에게 참혹한 죽임을 당했다. 어떤 자료에 의하면 히파티아의 죽음이 키릴로스를 도운 근본주의 교파인 니트리아 수도사들 탓이라고도 하고, 또 어떤 자료는 알렉산드리아의 폭도들 탓이라고도 한다. 세 번째 자료에 의하면 히파티아 자신이 정치적 반란의 핵심인물이어서 죽음을 피할 길이 없었다고 한다.

히파티아는 뾰족한 타일(어떤 이들에 의하면 굴 껍데기)을 휘두르는 폭도들에게 온몸이 난도질을 당했고, 갈가리 찢긴 몸은 이후 화형에 처해졌다. 아마 히파티아는 마법을 부렸다는 죄목으로 처형된 듯하다. 정말로 히파티아는 초기 기독교도들에 의해 마녀의 죄를 덮어쓰고 희생된 최초의 인물이었다. 당시 콘스탄티누스 2세가 마녀에게 내리리라고 정해놓은 벌이 바로 '쇠갈고리로 살을 뼈에서 발라내기'였기 때문이다.

고 정육면체의 부피를 두 배로 늘리는 법을 알아냈다. 또한 원적곡선 quadratrix이라는 특별한 곡선을 고안해낸 덕분에 원과 넓이가 같은 정사각형을 작도할 수 있었다.

그리스 수학자들은 인류 문화의 발전에 두 가지 중요한 이바지를 했다.

첫째, 그들은 기하학을 체계적으로 이해했다. 기하학이라는 수단을 이용하여 그리스인들은 지구의 크기와 모양을 이해했으며 지구가 태양과 달, 게다가 태양계의 다른 천체들의 복잡한 운동과 맺는 관계까지도 이해했다. 또한 터널을 팔 때 양쪽 끝에서부터 시작해 가운데서 만나는 방법으로 공사 기간을 절반으로 줄이는 데도 기하학을 이용했다. 지렛

우리는 기하학을 어떻게 활용하고 있을까?

아르키메데스가 구의 부피를 알아낸 방법은 지금도 유용하게 쓰인다. (π의 값을 매우 정확하게 알고 있어야 가능한) 한 가지 응용 사례는 과학 전반에 필요한 질량의 표준 단위를 정하는 일이다. 가령, 오랫동안 미터는 특정 금속 막대를 특정한 온도에서 측정했을 때의 길이로 정의되었다.

오늘날 측정의 여러 기본 단위들은 어떤 원자가 특정한 횟수만큼 진동하는 데 시간이 얼마나 걸리느냐와 같은 방식으로 정의된다. 하지만 어떤 단위는 물리적 대상을 바탕으로 정해지는데, 질량이 바로 그런 예다. 질량의 표준 단위는 킬로그램이다. 1kg은 순수한 실리콘으로 이루어져 있으며, 현재 파리에 보관되어 있는 어떤 특정 구의 질량으로 정의된다. 그 구는 매우 정밀하게 가공된 것이다. 실리콘의 밀도 또한 매우 정밀하게 측정되었다. 아르키메데스의 공식은 구의 부피를 계산하는 데 필요하며, 부피와 밀도를 알면 관계식에 의해 질량이 결정된다.

기하학을 현대적으로 이용하는 또 한 가지 사례는 컴퓨터 그래픽에서 등장한다. 영화는 컴퓨터 생성 영상CGI을 널리 이용하는데, 종종 거울이나 유리잔 등에 비친 모습을 담아야 할 때가 있다. 그런 비친 모습이 없으면 영상이 실감 나게 보이지 않기 때문이다. 그런 영상을 만드는 효과적인 방법이 광선 추적ray-tracing이다. 우리가

대의 원리와 같은 기본적인 법칙을 이용하여 평상 시와 전시 모두에 이용할 수 있는 거대하고 강력한 기계를 만들기도 했다. 선박 제조와 건축에도 기하학을 활용했는데, 파르테논 신전과 같은 건물을 통해 우리는 수학과 아름다움이 서로 동떨어진 것이 아님을 알 수 있다. 파르테논 신전의 시각적 아름다움은 여러 수학적 기법을 통해 완성된 것이다. 건축가는 수학적 기법을 이용해 인간의 시각 체계의 한계들 그리고 신전이 위치하는 지반이 고르지 못한 문제점을 극복할 수 있었다.

둘째, 그리스인들은 논리 추론을 체계적으로 이용해 어떤 논리적 주장을 증명할 수 있었다. 논리적 주장은 그들의 철학에서 처음 등장했지

어떤 장면을 특정한 방향에서 바라볼 때, 빛이 그 장면 내에 있는 물체들 주위에서 튕겨 나와 우리 눈으로 들어옴으로써 우리는 사물을 인식한다. 우리는 광선의 방향을 역추적해서 빛의 경로를 따라갈 수 있다. 임의의 반사면에서 빛이 반사될 때 원래의 빛과 반사되는 빛은 그 반사면에서 같은 각을 이룬다. 컴퓨터를 통해 이 기하학적 사실을 수치 계산으로 변환해주면 광선이 도중에 얼마나 많은 면에 부딪혀서 마지막에 불투명한 물체에 닿았든 그 광선을 거꾸로 추적할 수 있다. (예를 들어 와인잔이 거울 앞에 놓여 있는 경우라면 아마도 반사가 여러 번 일어날 것이다.)

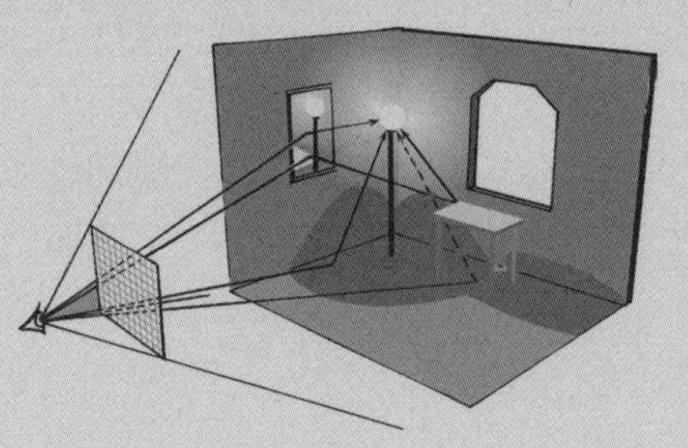

광선 추적의 원리와 샘플 영상

만, 유클리드와 그의 후학들의 기하학에서 가장 발전되고 명확한 형식을 갖추었다. 이때 확립된 군건한 논리적 토대가 없었다면 이후의 수학 발전은 불가능했을 것이다.

이 두 가지는 오늘날에도 중요한 역할을 하고 있다. 현대의 공학—가령, 컴퓨터를 기반으로 하는 설계 및 제품 생산—은 그리스인들이 발견한 기하학 원리에 크게 의존하고 있다. 모든 건물은 자체의 무게로 붕괴되지 않도록 설계되며, 상당수 건물은 내진 설계를 갖추고 있다. 모든 탑과 현수교 그리고 축구 경기장은 고대 그리스 기하학자들에게 바치는 헌사인 셈이다.

합리적 사고와 논리적 주장도 마찬가지로 중요한 역할을 한다. 이 세계는 너무 복잡하고 잠재적 위험성이 너무 크기에 우리는 믿고 싶은 대로 결정을 내리기보다는 실제 사실에 따라 결정을 내려야 한다. 따라서 참이라고 믿고 싶은 것—우리가 '안다'고 주장하는 것—을 진리라고 가정하는 인간의 뿌리 깊은 편견을 극복하기 위해 우리는 과학적 방법을 구축해왔다. 과학은 우리가 진실이라고 확고하게 믿는 것이 오류임을 증명하는 데 초점을 맞춘다. 이러한 엄밀한 증명 시도에도 살아남은 개념은 참일 가능성이 높다.

표기와
수

현대의 수 기호는
어떻게 생겨났는가?

0, 1, 2, 3, 4, 5, 6, 7, 8, 9라는 열 개의 십진수를 이용하는 현대의 수 체계는 너무나 익숙한 까닭에 수를 적는 전혀 다른 방법이 존재한다는 말이 얼토당토않게 들릴 수 있다. 하지만 오늘날에도 아랍권과 중국 및 한국 등 여러 문화권에서는 이 열 개의 수를 다른 기호를 써서 나타낸다. 하지만 이런 기호들을 조합하여 큰 수를 나타낼 때 '자릿수' 방식(십, 백 등)을 사용하는 것은 같다. 그런데 이보다 훨씬 더 급진적인 다른 표기법도 존재할 수 있다. 수 10은 사실 특별할 것이 없다. 우연히 인간의 손가락 개수와 일치하는 바람에 셈하기에 이상적인 수가 되었을 뿐이다. 만약 인간이 손가락 개수가 일곱 개나 12개로 진화했다면 그에 맞는 수 체계가 마련되었을지도 모른다.

로마의 숫자 ∞

대다수 서양인들은 적어도 한 가지 대안적인 수 체계를 알고 있다. 바로 로마 숫자다. 가령 2007년을 MMVII로 적는 식이다. 또한 우리들은 정수가 아닌 수를 적는 두 가지 다른 방식—3/4 같은 분수 표기와 0.75 같은 소수 표기—이 있음을 알고 있다. 설령 잘 모르더라도 누군가 귀띔해주면 바로 알아차린다. 하지만 계산기를 이용할 때 마주치는 또 하나의 수 표기법은 아주 크거나 아주 작은 수를 나타내기 위한 과학적 표기다. 가령 50억을 5×10^9으로 나타내거나(계산기에서는 종종 5E9로 표시한다) 100만분의 5를 5×10^{-6}으로 표기하는 방식이다.

이러한 기호 체계는 수천 년에 걸쳐 발전했는데, 먼 옛날에는 여러 문화권마다 다양한 표기법들이 번창했다. 우리는 앞에서 (손가락이 60개인 생명체라면 자연스러웠을) 바빌로니아의 육십진법을 그리고 (분수 표기가 특이한) 더 단순하지만 더 제한적인 이집트 수 기호들을 살펴보았다. 이보다 더 후대에는 중앙아메리카의 마야 문명에서 이십진법이 사용되었다. 인류가 현재의 수 표기 방법을 갖춘 것은 꽤 근래의 일이다. 전통과 관습이 합쳐져서 지금의 기호 사용법이 확립된 것이다. 수학은 기호가 아니라 개념이 중요하지만, 적절한 기호를 선택하면 분명 여러모로 유용하다.

그리스 숫자 ∞

수 기호에 대해서는 그리스인들한테서도 이야기를 들을 수 있다. 그리스 기하학은 바빌로니아 기하학보다 훨씬 앞서 있었지만, 그리스 산수는 (현존하는 역사 자료에서 볼 수 있는 한) 그렇지 않았다. 그리스인들은 산수에서만큼은 뒤쳐졌는데, 대표적인 예가 바로 자릿수 표시를 사용하지 않았다는 점이다. 대신 그들은 10이나 100의 배수에 특별한 기호를 사용했다. 그러다 보니 50에 대한 기호는 5나 500에 대한 기호와 그다지 관련성이 없었다.

그리스 숫자에 대한 최초의 증거는 대략 BC1100년부터 존재한다. BC600년경에 기호가 바뀌었으며, BC450년경에 또다시 기호를 바꾸어 로마 숫자를 닮은 아티카 숫자를 도입했다. 아티카 숫자는 수 1, 2, 3, 4를 각각 I, II, III, IIII로 표시했다. 5는 대문자 파이(Π)로 표시했는데,

아마도 이 글자가 다섯을 뜻하는 그리스어 펜타의 첫 글자였기 때문인 듯하다. 이와 비슷하게, 10은 십을 뜻하는 데카의 첫 글자인 Δ로, 100은 백을 뜻하는 헤카톤의 첫 글자인 H로, 1,000은 천을 뜻하는 킬리오리의 첫 글자 ᴚ로, 10,000은 만을 뜻하는 미리오이의 첫 글자 M으로 표시했다. 나중에 Π는 Γ으로 바뀌었다. 이에 따라 수 2,178은 다음과 같이 표시했다.

$$ᴚ \ ᴚ H \ \Delta \ \Delta \ \Delta \ \Delta \ \Delta \ \Delta \ \Delta \ \Gamma \text{III}$$

피타고라스 교도들은 수를 철학의 토대로 삼았지만, 그들이 수를 어떻게 적었는지는 알 길이 없다. 다만 정사각수와 삼각수에 관심이 많았던 것으로 볼 때, 그들은 수를 점의 패턴으로 표시했을지 모른다. 고전 그리스 시기인 BC600~BC300년 무렵 그리스 숫자는 다시 바뀌어, 27개의 알파벳으로 1부터 900까지의 수를 다음과 같이 표시했다.

1	2	3	4	5	6	7	8	9
α	β	γ	δ	ε	5	ζ	η	θ

10	20	30	40	50	60	70	80	90
ι	κ	λ	μ	ν	ξ	ο	π	ϱ

100	200	300	400	500	600	700	800	900
ρ	σ	τ	υ	φ	χ	ψ	ω	Τ

이 숫자들은 그리스 알파벳 소문자인데, 여기에 페니키아 알파벳의 세 문자인 5(스티그마) ϙ(코파) 및 Τ(삼피)가 추가로 도입되었다.

문자로 숫자를 표기하는 방식은 혼란스러울 우려가 있었기에, 숫자 기호 위에 수평선을 그었다. 그리고 999보다 더 큰 수일 경우, 숫자 기호 앞에 획을 하나 그어 그 숫자의 1,000배임을 나타냈다.

다양한 그리스 수 체계는 계산 결과를 기록하기에는 적절한 방법이었지만 정작 계산을 하기에는 마땅치 않았다. (가령, $\sigma\mu\gamma$를 $\omega\lambda\delta$와 곱한다고 상상해보라.) 계산은 아마도 주판셈을 이용해서 이루어졌을 테니, 모래에 조약돌을 두어 표시했을 것이다. 특히 초기에는 더욱 그러했을 것이다.

그리스인들의 분수 표기도 여러 가지였다. 한 가지 예를 들면, 분자에는 프라임 표시를 한 번(′) 붙이고, 분모에는 프라임 표시를 두 번(″) 붙였다. 분모는 종종 두 번 적기도 했다. 따라서 21/47은 다음과 같이 적었다.

$$\kappa\alpha' \quad \mu\zeta'' \quad \mu\zeta''$$

여기서 $\kappa\alpha$는 21이고 $\mu\zeta$는 47이다. 또한 이집트 표기 식으로 분수를 표시하기도 했으며, 1/2은 특별한 기호로 표시했다. 프톨레마이오스를 필두로 일부 그리스 천문학자들은 정확성을 기하기 위해 바빌로니아의 육십진법을 도입했지만, 각 숫자는 그리스 기호를 사용했다. 이런 표기 방식은 오늘날의 표기와는 판이하게 달랐으며, 혼란스럽기 그지없었다.

인도의 숫자 ∞

십진수를 표시하기 위해 현재 사용하고 있는 열 개의 기호를 가리켜 종종 인도–아라비아 수라고 한다. 왜냐하면 이 기호들은 인도에서 처음 비롯되어 아랍 지역에서 발전했기 때문이다.

가장 초기의 인도 숫자는 이집트 숫자와 비슷했다. 가령, BC400년에서 100년 사이에 사용된 카로슈티 문자는 1부터 8까지의 수를 다음과 같이 표시했다.

$$\text{I} \quad \text{II} \quad \text{III} \quad \text{X} \quad \text{IX} \quad \text{IIX} \quad \text{IIIX} \quad \text{XX}$$

그리고 10은 특수한 기호로 표시했다. 현대의 수 체계로 이어지는 최초의 흔적은 BC300년경 브라흐미 숫자에서 등장했다. 당대의 불교 비석문에 나중에 1, 4 및 6에 해당하는 인도 기호의 초기 형태가 보인다. 하지만 브라흐미 숫자들은 10의 배수나 100의 배수에 대해서는 여러 상이한 기호들을 사용했기에, 그리스의 수 체계와 비슷했다. 단지 예외라면 알파벳 문자 대신 특수한 기호를 사용했다는 점뿐이다. 브라흐미 숫자에는 자릿수 개념이 없었다. 한편 브라흐미 수 체계를 전부 기록한 자료는 100년 무렵에 작성되었다. 동굴과 동전에 새겨진 문구를 보면 이 수 체계가 4세기까지 계속 사용되었다는 것을 알 수 있다.

4세기와 6세기 사이에 굽타왕조가 인도의 많은 지역을 지배하자 브라흐미 숫자들은 굽타 숫자로 바뀌었다가 이후 나가리 문자로 발전했다. 기본적인 내용은 같지만 기호는 달라졌다.

인도인들이 1세기에 자릿수 개념을 발전시켰을지는 모르지만, 자릿수 개념이 기록된 최초의 문서는 594년에 쓰였다. 이것은 당시의 역법으로 346이라는 날짜가 적힌 법률 문서였다. 하지만 일부 학자는 이 날짜가 위조일지 모른다고 여긴다. 어쨌거나 인도에서 약 400년부터 자

브라흐미 숫자 1~9

릿수 개념이 사용되었다는 것이 전반적인 견해다.

기호를 1~9까지만 사용하는 것에는 문제점이 있다. 표기가 모호해지기 때문이다. 가령 25란 무슨 뜻인가? (현재의 표기에서는) 이것은 25나 205 또는 2005, 어쩌면 250 등을 의미할 수도 있다. 자리 표기법에서는 한 기호의 의미가 위치에 따라 정해진다. 따라서 위치를 명확하게 정하는 것이 중요하다. 오늘날에는 열 번째 기호인 0을 사용해 이를 표기한다. 하지만 초기의 문명들이 이런 문제점을 인식해 같은 방법으로 해결하는 데는 오랜 시간이 걸렸다. 그렇게 된 데에는 철학적인 이유가 있었다. 수는 사물의 양을 가리키는 것인데, 어떻게 0이 수가 될 수 있는가? 무無라는 것도 양인가? 또 다른 이유는 실제적이었다. 대체로 맥락상 25는 25나 250 또는 다른 어떤 값임이 분명히 드러나는 경우가 많았다.

(정확히 언제인지는 모르지만) BC400년 이전 시기에 바빌로니아인들은 수 표기에서 빠진 자리를 나타내기 위해 특별한 기호를 도입했다. 덕분에 필경사들이 굳이 주의를 기울여 빈 공간을 남겨두지 않아도 되었고, 어떤 수를 휘갈겨 적더라도 무슨 뜻인지 알아낼 수 있었다. 이 발명은 잊히는 바람에 다른 문화로 전해지지 못했다가 마침내 인도인들이 재발견해냈다. 시기에 관해 논란이 있긴 하지만 200년에서 1100년 사이에 적힌 바크샬리 문서는 큰 점 •을 사용하고 있다. 자이나교의 문서인 458년의 로카비바가에는 0의 개념이 쓰이고 있지만, 기호로 사용하지는 않았다. 숫자 0을 넣지 않은 자리 표기법은 500년경에 인도 수학자 아리아바타가 도입했다. 후대의 인도 수학자들도 0을 지칭하는 이름은 있었지만 기호로 표시하지는 않았다. 자리 표기법에 0을 사용한 최초의 확실한 증거는 876년에 인도 괄리오르의 석재 도표에서 나타난다.

브라마굽타, 마히바라 그리고 바스카라 ∞

인도의 주요 수학자로는 아리아바타Aryabhata(476~550), 브라마굽타Brahmagupta(598~665년경), 마하비라 Mahavira(9세기) 그리고 바스카라 Bhaskara(1114년생)를 꼽을 수 있다. 사실 이들은 천문학자라고 부르는 편이 더 적절하다. 왜냐하면 당시의 수학은 천문학을 위한 수단이라고 여겼기 때문이다. 수학은 천문학 책의 한 내용으로서 서술되었지 별도의 학문으로 간주되지는 않았다.

아리아바타는 23세 때 《아리아바티야》라는 책을 썼다. 책에서 다뤄진 수학 분량이 그리 길지는 않지만 그래도 풍부한 내용이 담겨 있다. 문자를 이용한 수 체계, 대수 규칙, 일차 및 이차방정식의 해법, 삼각법(사인함수와 '버스트 사인versed sine' 1-cos) 등을 다루고 있으며 π를 3.1416으로 매우 정확하게 근사했다.

브라마굽타는 《브라마스푸타 시단타》와 《칸다 카디아카》라는 두 권의 책을 썼다. 첫 번째 책이 중요한데, 수학에 관한 내용이 많이 담겨 있는 천문학 책으로 산수와 단순한 대수에 관한 설명 글이 포함되어 있다. 두 번째 책에는 사인 도표를 보간—큰 각의 사인값과 작은 값의 사인값을 이용해 어떤 각의 사인값을 알아내기—하는 훌륭한 방법이 실려 있다.

마하비라는 자이나교도였는데, 그가 쓴 《가니타사라 삼그라하》에 나오는 수학 내용은 대부분 아리아바타와 브라마굽타의 책에서 가져온 것이었다. 하지만 그는 이전의 내용들을 한층 발전시켰으며, 전반적으로 더욱 정교하게 가다듬었다. 그의 책에는 분수, 순열 및 조합, 이차방정식의 해법, 피타고라스 삼각형 그리고 타원의 넓이와 둘레의 길이를 찾기 위한 시도 등이 담겨 있다.

인도 자이푸르 근처에 있는 옛 천문대 잔타르 만타르. 오늘날의 기준으로 보아도 이 천문대의 설계자는 뛰어난 수학자임이 분명하다.

('스승'의 대명사로 불렸던) 바스카라는 세 권의 중요한 책을 썼다. 《릴라바티》, 《비자가니타》 그리고 《시단타 슈로마니》. 무굴제국 악바르 대제의 궁정시인 파이지에 따르면, 릴라바티는 바스카라의 딸 이름이었다고 한다. 바스카라는 점성술을 이용해 딸의 혼인에 가장 길한 날을 정하려고 했다. 그는 큰 물 그릇 속에 구멍이 뚫린 잔을 넣었다. 잔이 가라앉는 것으로 결혼 운을 점치려는 계획이었다. 하지만 그만 릴라바티가 물그릇에 기대는 바람에 옷에 있던 진주가 잔 속으로 떨어져 구멍을 막고 말았다. 잔은 가라앉지 않았고, 이는 릴라바티가 결혼할 수 없다는 뜻이었다. 바스카라는 딸의 기분을 북돋아주려고 수학책을 썼다고 한다. 이 전설은 딸이 수학책을 어떻게 여겼는지는 알려주지 않는다.

《릴라바티》에는 산수의 정교한 개념들이 담겨 있는데, 그중 하나가

> **그들은 산수를 어떻게 활용했을까?**
>
> 현존하는 가장 오래된 중국 수학책은 《구장산술九章算術》인데, 100년경에 쓰였다.
> 이 책에 실린 유명한 문제는 다음과 같다.
> '2와 1/2담擔의 쌀을 사는데 3/7양兩의 은이 든다. 9양의 은으로 얼마나 많은 쌀
> 을 살 수 있을까?'
> 이 문제의 해법에는 중세의 수학자들이 '비례법'이라 부른 방법이 쓰인다. 현대의
> 표기로 하면, 해를 x라고 할 때,
>
> $$x : 9 = 5/2 : 3/7$$
>
> 따라서 x=52와 1/2이다. 담은 중국 등에서 쓰인 무게 단위로 약 60kg이며, 양은
> 중국의 옛 화폐 단위로 약 1/3온스다.

구거법九去法, Casting Out Nines이다. 어떤 수의 각 자리 숫자들을 합한 값
을 이용해 계산 결과를 검산하는 방법이다. 또 어떤 수가 3, 5, 7 및 11
로 나누어지는지를 알아내는 단순한 규칙도 실려 있다. 0이 수로서 어
떤 의미인지도 이 책에 명확히 드러나 있다. 《비자가니타》는 방정식의
해법을 다룬 책이다. 《시단타 슈로마니》는 사인 도표 및 삼각법의 다양
한 관계식을 다루고 있다. 바스카라는 워낙 명성이 높았던지라 그의 저
서들은 1800년 무렵까지 계속 출간되었다.

인도의 수 체계 ∞

인도의 수 체계는 자국에서 완전히 발달하기 이전부터 아랍 세계에 퍼
져나가기 시작했다. 시리아의 학자 세베루스 세보크트Severus Sebokht가
662년에 쓴 다음 글을 보면, 인도의 수 체계가 이미 시리아에 소개되었
음을 알 수 있다. '인도인들의 학문은 굳이 논하지 않겠다. …천문학의

기묘한 발견들 …아울러 그들의 소중한 계산 기법들도 논하지 않겠다. …다만 이 계산이 아홉 개의 기호로 이루어진다는 점만 밝히고 싶다.'

776년에 인도에서 온 한 나그네가 칼리프의 궁전에 나타나서 '시단타' 계산법을 선보였으며, 삼각법과 천문학도 소개했다. 계산법은 브라마굽타의 《브라마스푸타 시단타》에 나오는 내용을 기반으로 삼았던 듯하다. 628년에 쓰인 이 책은 곧장 아랍어로 번역되었다.

처음에 인도 숫자는 주로 학자들이 사용했다. 대략 1000년까지 아랍 세계의 상업과 일상생활에서는 예전의 방식이 널리 쓰였다. 그러다가 알 콰리즈미Al-Khwarizmi가 825년에 발간한《인도 숫자에 의한 계산》이란 책 때문에 인도 수학이 아랍 세계에 널리 알려졌다. 게다가 수학자 알 킨디가 830년에 발간한 네 권짜리 논문《인도 숫자의 사용에 관하여》덕분에, 오직 열 개의 숫자로 모든 수치 계산을 할 수 있다는 인식이 더욱 높아졌다.

중세 암흑기? ∞

아랍과 인도가 수학을 비롯한 여러 학문 분야에서 괄목할만한 발전을 이룬 반면, 유럽은 비교적 학문 발전이 정체되어 있었다. 그렇다고 해서 알려진 것처럼 중세를 암흑기라고 보기는 어렵다. 일부 발전이 있기는 했으니 말이다. 하지만 이런 발전은 느리게 진행되었고 그다지 급진적이지 않았다. 그러다가 동양의 학문이 유럽에 들어오면서 변화의 발걸음이 빨라지기 시작했다. 이탈리아는 유럽의 다른 지역보다 아랍 세계에 가까웠기에, 발전한 아랍의 수학이 이탈리아를 통해 유럽으로 유입된 것은 필연적이었다. 베네치아, 제노바 그리고 피사는 중요한 교역 중심지였기에, 상인들은 이들 항구도시들에서 출발해 북아프리카 그리고 지중해의 동쪽 끝으로 항해했고, 양모와 유럽산 목재를 비단 및 향신료와 교환했다.

물품의 교역과 더불어 사상의 교류도 있었다. 아랍인이 수학과 과학 분야에서 발견한 내용들이 교역로를 따라 퍼졌는데, 종종 입에서 입으로도 전해졌다. 교역 덕분에 유럽이 더욱 부유해지자 물물교환 대신에 화폐를 이용한 거래가 이루어졌다. 따라서 셈과 세금 계산이 더욱 복잡해졌다. 지금의 휴대용 전자계산기에 해당하는 중세 시대의 계산기는 주판셈이었다. 줄에 달린 구슬이 수를 나타내는 계산 장치였다. 하지만 그렇더라도 법적인 목적이나 일반적인 기록 보관을 위해서는 숫자들을 종이에 적을 필요가 있었다. 그래서 상인들은 계산을 빠르고 정확하게 하는 방법만큼이나 훌륭한 숫자 표기법이 필요했다.

여기에 큰 영향을 미친 인물이 피사의 레오나르도Leonardo Fibonacci다. 피보나치라고도 알려진 그의 《계산 책Liber Abaci》이 발간된 것이 1202년이다. 〔이탈리아어에서 'abaco'는 대체로 '계산'이라는 뜻일 뿐, 라틴어에서 온 단어인 주판abacus(복수형은 abaci)을 사용한 계산을 뜻하는 것은 아니다.〕 이 책에서 피보나치는 인도-아랍 수 체계를 유럽에 소개했다.

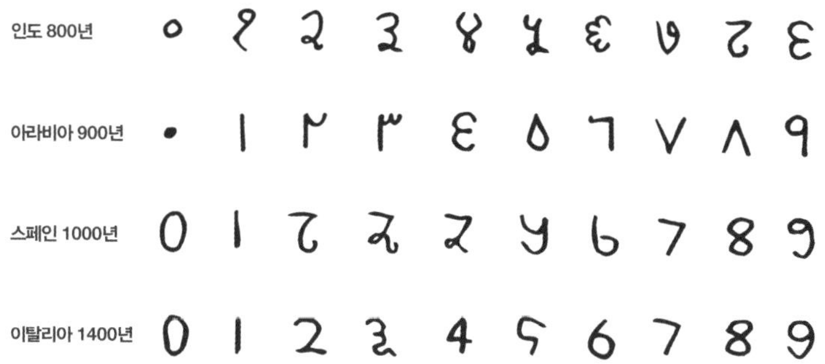

서양 숫자 기호의 발전

《계산 책》에는 오늘날에도 사용되는 수학 표기법이 들어 있다. 가령 $\frac{3}{4}$을 표기할 때 분수를 나타내는 수평선이 바로 그것이다. 인도인들도 비슷한 표기를 도입했지만, 막대기는 사용하지 않았다. 막대기는 아마도 아랍인들이 처음 도입한 것 같다. 피보나치는 이 표기를 자주 쓰고 있지만, 몇 가지 점에서 오늘날 우리가 사용하는 용법과는 다르다. 가령, 그는 막대 표시를 여러 가지 상이한 분수 계산의 일부로 사용했다.

분수는 매우 중요한 주제이므로 분수 표기에 대해 몇 마디 언급할 필요가 있다. $\frac{3}{4}$과 같은 분수 표기에서 아래에 있는 4는 단위 값을 네 개의 동일한 부분으로 나누라는 뜻이며, 위에 있는 3은 그렇게 나뉜 값을 세 개 택하라는 뜻이다. 더 공식적으로 말해서, 4는 분모이며 3은 분자다. 인쇄상의 편의를 위해 분수는 종종 3/4과 같은 형태로 적으며, 때로는 $^3/_4$처럼 절충형태로도 표시한다. 이후로 수평 막대는 대각선 형태로 바뀌었다.

하지만 대체로 우리는 분수 표기를 잘 사용하지 않는다. 대신 소수 표기를 사용한다. 가령 π를 3.14159로 적는 식이다. 이것이 정확하지는 않지만 대다수의 계산에서 이 정도면 충분히 가까운 값이다. 역사적으로 이런 소수 표기가 어떻게 사용되었는지를 알려면 시간 순으로 자세히 살피기보다는 어느 정도 도약을 하는 편이 낫다. 그러니 1585년으로 훌쩍 넘어가 보자. 이 해에 네덜란드의 일명 '과묵한 윌리엄 공'은 아들 '나소의 마우리츠'에게 네덜란드인 시몬 스테빈Simon Stevin을 가정교사로 붙여주었다.

이런 명예로운 대접을 기반으로 스테빈은 경력을 쌓아, 제방 감독관과 군대의 병참 감독관에 이어 재무부장관의 자리에까지 올랐다. 그러자 정확한 회계 절차가 필요함을 절감하고서 르네상스 시대의 이탈리아

레오나르도는 이탈리아에서 태어나 북아프리카에서 자랐다. 아버지 구글리엘모 보나치가 부기아(현대의 알제리)에서 무역을 하는 상인들을 대변하는 외교관으로 일하고 있었기 때문이다. 아버지를 따라 자주 여행을 다닌 레오나르도는 아라비아의 숫자 표기 체계를 접하고는 그 중요성을 이해하게 되었다. 1202년에 발간된 그의 《계산 책》에 이런 내용이 나온다. '아버지께서는 부기아에 무역을 하러 가는 피사의 상인들을 위한 공증인으로 임명되어 부기아의 세관에서 일했는데, 어린 나를 그곳으로 부르셨다. 아버지는 장래에 유용하게 쓰일 걸 알고는 내가 그곳에서 지내면서 회계 학교에서 공부하기를 바라셨다. 그곳에서 나는 뛰어난 가르침 덕분에 인도의 아홉 숫자 체계를 배웠는데, 그것을 배우는 일이 내게는 세상 어떤 것보다 즐거웠다.'

피보나치의 책 덕분에 인도-아라비아 수 체계가 유럽에 소개되었다. 산수와 관련한 광범위한 내용을 담고 있는 이 책은 그 중에서도 무역과 환전에 관련된 내용이 풍부하다. 인도-아라비아 수 체계가 기존의 주판을 대체하는 데는 수백 년이 걸리긴 했지만, 순전히 숫자를 적어서 계산하는 방식의 장점은 금세 인정을 받았다.

레오나르도는 '피보나치'라는 별명으로 더 유명한데, 이 말은 '보나치의 아들'이라는 뜻이다. 하지만 기록상 이 이름은 18세기 이전에는 쓰이지 않았다. 아마도 프랑스 수학자 기욤 리브리Guillaume Libri가 만들어낸 말인 듯하다.

수학자들의 문헌을 살폈고, 아울러 피보나치가 유럽에 소개한 인도-아라비아 표기법을 연구하게 되었다. 그가 보기에도 분수 계산은 번거로웠기에, 60을 단위로 사용하지만 않는다면 바빌로니아의 60분수가 더 정확하고 깔끔했다. 그는 두 표기법의 장점을 결합한 체계를 찾으려고 시도한 끝에, 마침내 10을 기반으로 한 바빌로니아 체계라고 할 수 있는 소수 표기를 내놓았다.

그는 새로운 표기법을 발표하면서, 이 방식은 실용적인 면을 중시하는 사람에 의해 매우 실용적임이 검증되었노라고 분명히 밝혔다. 게다가 상업의 도구로서 아주 효율적이라며 이렇게 언급했다. '상업에서 마주치는 모든 계산이 분수의 도움 없이 오직 정수만으로 이루어질 수 있을 것이다.'

그의 표기가 우리에게 낯익은 소수점을 포함하지는 않았지만, 금세 오늘날의 소수점 표기로 이어졌다. 가령 우리는 5.7731이라고 적는데, 스테빈은 5⓪7①7②3③1④로 적었다. 여기서 기호 ⓪은 정수를 가리키고, ①은 십분의 일을, ②는 백분의 일을 가리킨다. 사람들이 차츰 이 체계에 익숙해지자 ①, ②등의 표기를 없애고 ⓪만 남겨두었다. 이것이 단순화되어 지금과 같은 소수점이 된 것이다.

음수 ∽

수학자들은 자연수에다 (0을 포함한) 음수를 보태어 정수라고 명명했다. 유리수는 양과 음의 분수이며, 실수는 무한히 이어질 수도 있는 양과 음의 소수다.

음수는 어떻게 생겨났을까?

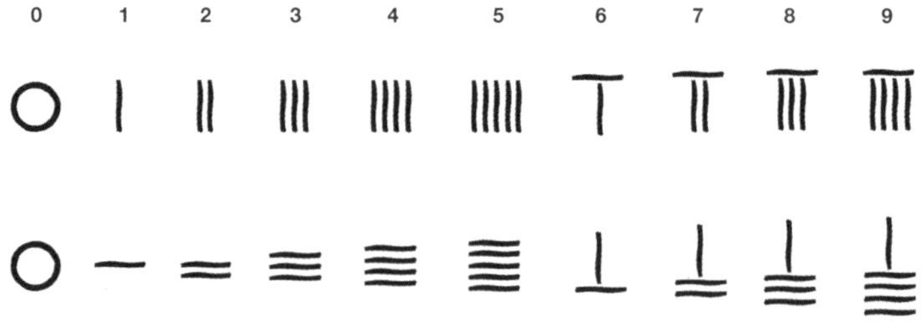

고대 중국의 계산 막대

오래 전에 중국인들은 주판 대신에 '계산 막대'를 고안했다. 이 방법에서는 막대기들로 패턴을 만들어 수를 표현했다.

그림에 나오는 윗줄은 세로 막대로, 이 기호가 줄의 어느 위치에 놓이느냐에 따라 단위 값, 백, 만 등을 나타낸다. 아랫줄은 가로 막대로, 십, 천 등을 나타낸다. 이 두 종류의 막대가 번갈아 사용되었는데, 계산은 이 막대기들을 체계적인 방법으로 조작하여 이루어졌다.

일차방정식을 풀 때 중국인들은 우선 막대들을 탁자 위에 배열했다. 빨간 막대는 더해질 항목에 사용되었고, 검은 막대는 뺄 항목에 사용되었다. 다음과 같은 방정식을 푼다고 하자.

$$3x - 2y = 4$$
$$x + 5y = 7$$

중국인들은 두 방정식을 탁자의 두 세로 줄로 배열했다. 하나는 숫자 3(빨간색), 2(검은색), 4(빨간색)로 이루어진 세로 줄이고, 다른 하나는 1(빨간색), 5(빨간색), 7(빨간색)로 이루어진 세로 줄이다.

빨간색과 검은색 표시는 음수를 나타내기 위함이 아니라 더하기인지 빼기인지를 표시하기 위함이었지만, 이 표시는 음수 개념의 바탕이 되었다. 옛날에는 양수나 음수나 동일한 막대로 표시했고, 다만 음수는 숫자 위에 또 하나의 막대를 비스듬히 올려두었다.

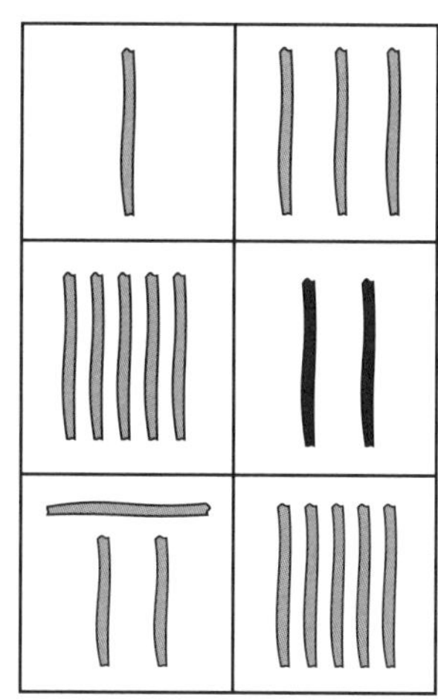

중국인들의 방정식 유형. 음영 막대는 빨간색이다.

한편, 디오판토스는 모든 수가 양수여야 한다고 여겼기에, 방정식의 음수 해를 인정하지 않았다. 인도 수학자들은 음수가 회계 계산의 빚을 나타내는 데 유용하다는 점을 알아차렸다. 빚을 지는 것은 돈이 없는 것보다 재정적으로 더 나쁜 상황이므로, 빚이란 0보다 더 적은 것임이 분명했다. 만약 당신이 3파운드를 갖고 있는데 2파운드를 갚으면, 남은 것은 3-2＝1파운드다. 마찬가지로 2파운드의 빚이 있는 상태에서 3파운드를 벌면 실제 재산은 -2＋3＝1파운드다. 하지만 바스카라도 50과 -5라는 두 개의 해를 갖는 문제를 거론하면서 두 번째 해를 불편하게 여겼다. 그는 '사람들이 음수를 인정하지 않을 테니, 이 해를 받아들일 수 없다'고 둘러댔다.

이런 불편한 시각에도 불구하고 음수는 차츰 받아들여졌다. 하지만 실제 계산에서 음수를 어떻게 해석해야 하는지는 주의가 필요했다. 가끔 음수는 아무 의미가 없을 때도 있었고, 빚을 의미할 수도 있었으며 또 어떨 때는 앞으로 가는 운동 대신에 뒤로 가는 운동을 뜻하기도 했다. 하지만 해석을 어떻게 하느냐는 제쳐두고서라도, 음수를 이용한 계산은 완벽하게 들어맞았기에, 계산의 수단으로는 무척 유용해졌다. 그러다 보니 음수를 사용하지 않는다는 것은 어리석은 생각으로 여겨졌다.

산수는 영원하다 ∞

우리는 현재의 수 체계에 너무나 익숙한 탓에 마치 그것만이 유일한 수 체계라고 여기거나 아니면 적어도 그것만이 타당하다고 여기기 쉽다. 사실 현재의 수 체계는 수천 년의 세월 동안 온갖 우여곡절을 겪으며 꾸준히 진화해온 것이다. 다른 대안들도 얼마든지 존재한다. 그중 일부는 가령, 마야 문화처럼 이전의 문화에서 사용되었다. 오늘날에도 일부 나

마야 숫자

십진법이 아니라 이십진법을 이용한 훌륭한 수 체계가 1000년경 남미에 살았던 마야 인들에 의해 발전되었다. 이십진법으로 표기된 347을 십진법으로 바꾸면 $3×400+4×20+7×1=1287$을 뜻한다(20×20=400). 실제 기호는 다음과 같다. 십진법을 사용한 초기의 문명들은 아마도 손가락이 열 개였기 때문이었을 것이다. 어떤 이론에 의하면, 마야 인들은 발가락도 포함하여 셈을 했기 때문에 이십진법을 사용했을 거라고 한다.

라에서는 숫자 0~9를 나타내는 다른 표기가 존재한다. 그리고 컴퓨터 시스템은 내부적으로 십진수가 아니라 이진수로 수를 표현한다. 숫자가 모니터나 프린터로 출력되기 전에 이진수가 십진수로 변환되도록 프로그래밍이 되어 있어 우리가 알아차리지 못할 뿐이다.

오늘날에는 전 세계 어디서나 컴퓨터가 사용되고 있는데, 과연 산수를 더 이상 가르칠 필요가 있을까? 물론이다. 이유는 한두 개가 아니다. 누군가는 계산기와 컴퓨터를 설계하고 제작하여 그런 기계가 제대로 작동하도록 만들 수 있어야 한다. 그러려면 산수를 이해하고 있어야 한다. 계산 기계가 단지 어떻게 작동하는지 만이 아니라 어떤 원리로 작동하는지 알아야 하기 때문이다. 그리고 만약 여러분의 유일한 산수 실력이 계산기에 나타난 결과를 읽는 것뿐이라면, 슈퍼마켓 직원이 물건 값을 틀리게 계산하더라도 알아차리지 못할 것이다. 산수의 기본 원리를 숙지하지 못하면, 수학의 전 과정은 도무지 이해할 수 없다. 그렇든 말든 걱정할 필요가 없을지 모르지만, 산수를 가르치지 않으면 현대 문명은 곧바로 붕괴되고 말 것이다. 왜냐하면 장래 공학자나 과학자가 되어 미래를 책임질 어린이는 어디에도 없을 것이기 때문이다. 또는 장래 은행

관리자나 회계사가 될 사람도 존재하지 않을 것이다.

물론, 여러분이 손으로 산수의 기본기를 익히고 난 다음이라면 계산기는 시간과 노력을 절약해주는 훌륭한 도구가 된다. 하지만 늘 목발을 짚고 다니면 결코 걷는 법을 배울 수 없듯이 계산기에만 의존하면 수를 합리적으로 사고하는 법은 결코 배울 수 없다.

미지수의
유혹

*X*가 활약하는
무대

수학에서 기호를 사용하는 관행은 단지 숫자 표기에 그치지 않는다. 어떤 수학 책을 보더라도 분명히 드러나는 사실이다. 기호를 이용한 표기가 아니라 기호를 사용한 추론으로 나아가는 중요한 첫 걸음은 문제를 풀어야 하는 상황에서 내딛게 되었다. 구舊바빌로니아Old Babylonia 시대까지 거슬러 가는 숱한 고대 문헌들은 어떤 미지의 양에 관한 정보를 독자들에게 제시하면서 그 값을 찾아내라고 요구한다. 바빌로니아 문헌의 전형적인 내용은 이렇다. '나는 돌 하나를 주웠는데 무게를 재지는 않았다.' 몇 가지 정보를 더 제시한 다음에, '그 돌 무게의 절반 무게인 두 번째 돌을 보탰더니 전체 무게는 15근이 되었다'. 이 정보를 가지고 학생들은 첫 번째 돌의 무게를 계산해야 한다.

대수 ∞

이런 식의 문제는 결국 우리가 현재 대수(또는 대수학)라고 부르는 수학 분야를 탄생시켰다. 대수에서는 수가 문자로 표현된다. 미지의 양은 관례로 x라는 문자로 표시되며, x에 붙은 조건들은 다양한 수식으로 기술된다. 학생들은 그런 수식으로부터 x의 값을 알아내는 표준적인 방법을 배운다. 가령 서두의 바빌로니아 문제는 $x + 1/2x = 15$로 나타낼 수 있으며, 학생들은 이 식을 풀어 $x=10$임을 알아내는 방법을 배운다.

학교에서 배우는 수준에서 말하면, 대수는 미지수가 문자로 표현되고 산수 연산은 기호들을 이용해 이루어지며 연산의 목적은 방정식으로부터 미지수의 값을 찾아내는 수학의 한 분야라고 할 수 있다. 이런 대수의 전형적인 문제는 가령, $x^2+2x=120$이라는 방정식에서 미지수 x의 값을 알아내라는 것이다. 이때 $x=10$으로, $x^2+2x=10^2+2\times 10=100+20=120$이다. 또한 음의 해 -12도 있다. 이 경우 $x^2+2x=(-12)^2+2\times(-12)=144-24=120$이다. 고대인들은 양의 해만 취했고 음의 해는 취하지 않았다. 하지만 오늘날에는 둘 다 취한다. 왜냐하면 음의 해도 합리적인 의미가 있으며, 물리적인 상황과도 맞기 때문이다. 게다가 음수를 허용하면 수학은 실제로 훨씬 더 단순해진다.

이 구바빌로니아 설형문자 서판에는 대수적인 기하학 문제가 적혀 있다.

고등수학의 경우, 원래는 수를 나타내기 위해 사용되었던 기호가 훨씬 더 다양한 용도로 쓰인다. 대수는 그 자체로 기호적 표현의 속성을 탐구하는 학문이 되었다. 단지 수만 표현하는 것이 아니라 구조와 형식을 다루는 학문 분야인 것이다. 더욱이 대수의 이런 일반적인 관점은 수학자들이 대수를 다룬 학교 수준의 일반적 질문들에 의문을 품기 시작하면서 생겨났다. 특정한 방정식을 풀려고 시도하기보다 그들은 풀이과정 자체의 더 심오한 구조를 파헤쳤던 것이다.

대수는 어떻게 생겨났을까? 우선 떠오르는 답은 문제에 대한 해법을 찾는 과정에서 생겨났다는 것이다. 지금 우리가 대수의 핵심이라고 여기는 기호 표시는 나중에야 고안되었다. 많은 표기 체계가 있었지만, 마침내 모든 경쟁자들을 물리치고 단 한 가지만이 남았다. '대수algebra'라는 이름은 이런 과정의 한가운데서 등장했는데, 그 기원은 아랍어에 있다. (아랍어로 'the'라는 뜻인 첫 음절 'al'에 이 이름의 기원이 드러난다.)

방정식 ∞

적절한 정보를 통해 미지수의 값을 찾는 과정인 방정식의 해법은 산수만큼이나 역사가 오래 되었다. 간접적인 어떤 증거에 의하면, 바빌로니아 인들이 BC2000년 무렵에 벌써 꽤 복잡한 방정식을 풀었음을 알 수 있다. 이보다 단순한 문제를 푼 것을 알려주는 직접적인 증거는 BC1700년경의 (설형문자가 적힌) 서판에 나타나 있다.

구바빌로니아 시대(BC1800~BC1600)의 YBC4652라는 현존하는 서판에는 11가지 문제가 담겨 있다. 서판에 적힌 글귀는 원래 22개의 문제가 있었다고 알려준다. 전형적인 문제는 다음과 같다.

'나는 돌 하나를 주웠는데 무게를 재지는 않았다. 돌 무게에 여섯 배를 하고 2를 더한 다음, 이 값의 24배의 7분의 1의 3분의 1을 보탰더니, 총 무게가 60근이 되었다. 원래 돌의 무게는 얼마인가?'

구하고자 하는 돌의 무게를 x(근)라고 할 때, 문제를 현대의 표기로 바꾸면 다음과 같다.

$$(6x+2)+\frac{1}{3}\times\frac{1}{7}\times24(6x+2)=60$$

표준적인 대수 해법에 따라 이 방정식을 풀면 $x=4$와 $1/3$이다. 서판이 해답을 제시하긴 하지만 어떻게 해서 해답이 얻어졌는지는 명확히 말해주지 않는다. 분명, 지금 우리들처럼 기호를 사용한 방법으로 해답을 찾지는 않았을 것이다. 왜냐하면 더 나중의 서판에도 전형적인 문제들과 마찬가지로 해법을 기술하고 있기 때문이다. 가령, '이 수를 절반으로 나누고, 이들 둘의 곱을 더하여, 제곱근을 취하고…'와 같은 식으로 해법을 제시한다.

이 문제는 YBC4652에 나오는 다른 문제들과 마찬가지로 지금 우리가 선형방정식이라고 부르는 것이다. 미지수 x의 일차방정식이라는 말이다. 이런 방정식은 전부 다음과 같은 형태로 다시 적을 수 있다.

$$ax+b=0$$

여기서 $x=-b/a$이다. 하지만 고대에는 음수의 개념이 없었고 기호 조작도 없었기에, 해를 구하는 일이 그리 단순하지 않았다. 심지어 오늘날에도 많은 학생들이 YBC4652에 나오는 문제를 놓고서 애를 먹는다.

이보다 더 흥미 있는 것은 이차방정식이다. 이차방정식이란 미지수가 이차, 즉 제곱 항으로 나올 수 있는 방정식을 말한다. 현대의 표기법에 따르면 다음과 같은 형태의 방정식이다.

$$ax^2 + bx + c = 0$$

오늘날에는 x를 구하는 표준 공식이 존재한다. 바빌로니아인들의 접근법은 BM13901에 적힌 다음 문제에서 잘 드러난다.

'정사각형의 변의 길이를 일곱 배한 값을 그 넓이에 11배한 값과 더했더니 6;15가 얻어졌다.' (여기서 6;15는 바빌로니아의 육십진법 표시를 단순화한 것인데, 현대의 표기로는 6과 15/60, 즉 $6\frac{1}{4}$이다.)

서판에는 이 문제의 해법이 다음과 같이 적혀 있다.

'7과 11을 적어라. 11에다 6;15를 곱하면 1,8;45가 얻어진다. 7을 절반으로 나누면 3;30과 3;30이 얻어진다. 이 둘을 곱하여 12;15를 얻는다. [이것에] 1,8;45를 더하면 1,21이 얻어진다. 이것은 9의 제곱이다. 9에서 이전에 나누어 얻었던 3;30을 뺀다. 결과는 5;30이다. 11의 역수는 찾을 수 없다. 11에 무슨 수를 곱해야 5;30을 얻겠는가? [답은] 0;30이다. 따라서 정사각형의 변의 길이는 0;30이다.' (11의 역수를 어떤 값에 곱하면 그 값을 11로 나누는 것이 된다. 그런데 11의 역수를 찾을 수 없다는 것은 직접 나누기를 할 수 없다는 뜻이다. 그래서 11에 무슨 수를 곱해야 5;30이 얻어지겠냐고 묻는 것이다_옮긴이)

여기서 주목할 점은, 서판이 독자에게 어떻게 할지만 알려줄 뿐 왜 그렇게 하는지는 알려주지 않는다는 것이다. 일종의 절차일 뿐이다. 처음에 해법을 적어 놓은 사람은 분명 그런 방법이 왜 통하는지 이유를 분명 알았을 것이다. 하지만 일단 해법이 생기고 나면, 적절히 훈련한다면 어느 누구라도 그 해법을 이용할 수 있었을 것이다. 지금 우리로서는 당시 바빌로니아 학교에서 단지 절차를 가르쳤는지 아니면 이유도 설명했는지를 알 길이 없다.

지금까지 기술된 절차는 매우 애매모호하다. 하지만 의외로 절차를 해석하기는 쉽다. 복잡한 수들이 실제로는 유용하게 쓰인다. 덕분에 어떤 규칙을 사용할지가 분명해진다. 규칙을 알아내려면 체계적으로 접근할 필요가 있다. 다음과 같이 현대 표기로 적어보자.

$$a = 11, \ b = 7, \ c = 6;15 = 6\frac{1}{4}$$

그러면 방정식은 다음과 같은 형태가 된다.

$$ax^2 + bx = c$$

여기서 a, b, c는 특정한 값이다. 이 특정한 값들로부터 x를 찾아내야 한다. 바빌로니아의 해법은 다음과 같이 지시한다.

(1) c를 a로 곱하라. 그러면 ac가 얻어진다.

(2) b를 2로 나누어라. 그러면 $b/2$가 된다.

(3) $b/2$를 제곱하라. 그러면 $b^2/4$이 된다.

(4) 이 값에 ac를 더하라. 그러면 $ac + b^2/4$이 된다.

(5) 이 값에 제곱근을 취하라. 그러면 $\sqrt{ac + b^2/4}$ 이 된다.

(6) $b/2$를 빼라. 그러면 $\sqrt{ac + b^2/4} - b/2$.

(7) 이것을 a로 나누어라. 그러면 해 $x = \dfrac{\sqrt{ac + b^2/4} - b/2}{a}$ 이다.

이것은 다음 공식과 등가다.

$$x = \frac{-b + \sqrt{b^2 - 4ac}}{2a}$$

오늘날에는 이차방정식의 일반형을 $ax^2 + bx + c = 0$으로 표시하므로, 앞의 식에서 c는 $-c$로 바꿔야 옳다.

분명 바빌로니아인들은 이 절차가 일반적인 것임을 알고 있었다. 앞서 든 예는 너무 복잡하여, 그 문제에만 적합하게 고안된 특별한 해답이라고 보기는 어렵다.

그렇다면 바빌로니아인들은 어떻게 이 방법을 알아냈을까? 그리고 이 방법을 어떻게 여겼을까? 그런 복잡한 과정을 낳게 된 비교적 간단한 아이디어가 분명 있었을 것이다. 직접적인 증거는 없지만, 아마도 그들은 기하학적인 개념을 바탕으로 완전제곱 형태로 변형했을 것이다. 대수적으로 그렇게 하는 방법은 오늘날에도 학교에서 가르친다. 명확한 설명을 위해 이 문제를 다음 그림처럼 $x^2 + ax = b$와 같은 형태로 적도록 하자.

$$x^2 \quad + \quad ax \quad = \quad b$$

여기서 정사각형과 첫 번째 직사각형의 높이는 둘 다 x이며, 너비는 각각 x와 a다. 두 번째 직사각형은 넓이가 b다. 바빌로니아의 해법에 따르면, 첫 번째 직사각형은 두 조각으로 쪼개지는 셈이다.

$$x^2 \quad + \quad 2\left(\frac{a}{2} \times x\right) = \quad b$$

새로 생긴 두 조각을 다시 배열하여 정사각형의 모서리에 다음과 같이 붙일 수 있다.

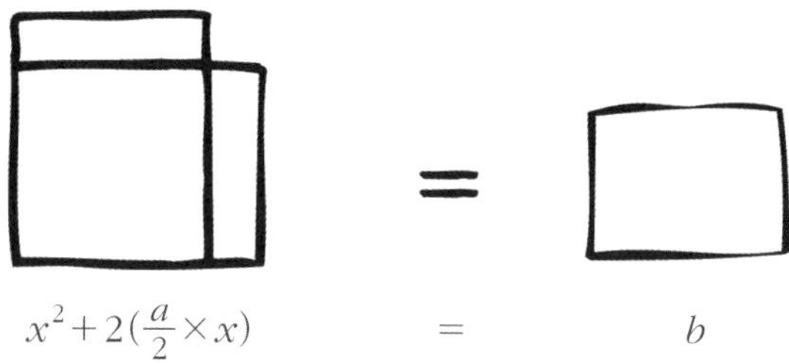

$$x^2 + 2\left(\frac{a}{2} \times x\right) \qquad = \qquad b$$

이제 왼쪽 그림에다 짙은 색의 작은 정사각형 하나를 다음과 같이 붙이면 큰 정사각형이 완성된다.

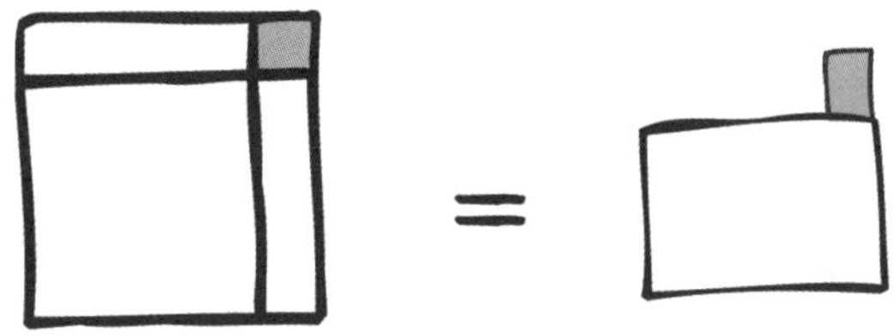

방정식을 유지하려면 동일한 정사각형을 오른쪽 그림에도 붙여야 한다. 이제 왼쪽 정사각형은 한 변의 길이가 $(x + a/2)$이며, 앞의 기하학적 그림을 대수적 진술로 바꾸면 다음과 같다.

$$x^2 + 2(a/2 \times x) + (a/2)^2 = b + (a/2)^2$$

왼쪽 그림은 한 변의 길이가 $(x + a/2)$인 정사각형이므로, 위의 식은 다시 다음과 같이 적을 수 있다.

$$(x + a/2)^2 = b + (a/2)^2$$

여기서 양 변에 제곱근을 취하면 다음 식이 얻어진다.

$$x + a/2 = \sqrt{b + (a/2)^2}$$

마지막으로 식을 정리하면 다음 결과가 나온다.

$$x = \sqrt{b + (a/2)^2} - a/2$$

이 결과는 바빌로니아인들의 해법과 정확히 일치한다.

서판에는 바빌로니아인들이 이런 식의 기하학적 접근을 통해 해법을 내놓았다는 어떤 증거도 없다. 하지만 아마 이런 식으로 접근했을 가능성이 크다. 더군다나 여러 점토 서판에 등장하는 다양한 도형들을 보면 그랬을 가능성이 간접적으로나마 엿보인다.

알자브르 ∞

대수라는 단어는 아랍어 알자브르al-jabr 에서 나왔다. 820년경에 큰 활약을 했던 무함마드 이븐 무사 알콰리즈미라는 인물이 처음 만들어낸 단어다. 그의 저서 《복원과 대비에 의한 계산에 관한 개론서》는 미지수를 조작하여 방정식을 푸는 일반적인 방법을 설명하고 있다.

알콰리즈미는 기호가 아니라 낱말을 사용했지만, 그의 방법은 오늘날 쓰는 방법과 흡사하다. 알자브르는 '한 방정식의 양변에 동일한 값을 더한다'는 뜻이다. 다음 식에서 이 뜻을 자세히 살펴보자.

$$x - 3 = 5$$

여기서 다음의 결과가 얻어진다.

$$x = 8$$

이 결과는 양변에 3을 더해서 얻은 것이다. 알무카발라al-muqabala는 뜻이 두 가지다. 그중 하나는 특수한 의미로서, '방정식의 양변에서 동일한 값을 빼다'라는 뜻이다. 다음 방정식의 해를 구하는 과정이 그런 예다.

$$x + 3 = 5$$
$$x = 2$$

하지만 알무카발라에는 '비교하기'라는 일반적인 뜻도 있다.

알콰리즈미는 여섯 가지 유형의 방정식을 푸는 일반적인 규칙을 내놓

피보나치 수열

《계산 책》의 세 번째 장에는 피보나치가 처음 내놓은 것으로 보이는 문제가 하나 실려 있다. 문제는 다음과 같다.

'어떤 사람이 모든 면이 벽으로 둘러싸인 장소 안에 토끼 한 쌍을 놓아둔다. 만약 매달 각 쌍의 토끼가 새로운 쌍을 낳고, 이 새로 태어난 쌍은 다음 달부터 번식이 가능하다. 그렇다면 일 년 후에는 토끼가 몇 쌍이 될 것인가?'

꽤 이상한 이 문제에서 흥미롭고도 유명한 다음 수열이 생겨난다.

1 2 3 5 8 13 21 34 55…

각 수는 앞에 있는 두 수의 합이다. 이것을 피보나치 수열이라고 하는데, 이 수열은 수학에서뿐 아니라 실제 자연계에서도 자주 나타난다. 특히 많은 꽃의 꽃잎이 피보나치 수열을 이루며 핀다. 이것은 우연이 아니라 식물의 성장 패턴 및 시원체始原體의 기하학이 빚어낸 결과다. 시원체란 자라나는 싹의 끝에 있는 세포들의 덩어리로, 꽃잎 등 중요한 식물 기관을 발생시킨다.

토끼 개체군의 번식에 관한 피보나치의 규칙은 비현실적인 반면에, (레슬리 모델이라고 하는) 이와 비슷한 유형의 더 일반적인 규칙은 개체군 동태학의 문제를 푸는 데 현재 사용되고 있다. 개체군 동태학이란 동물이 번식과 죽음을 거듭하면서 개체군의 크기가 어떻게 변하는지를 연구하는 학문이다.

고 있는데, 이를 이용해 모든 일차 및 이차방정식을 풀 수 있다. 그리고 그의 저서에는 기본적인 대수 개념들이 나오긴 하지만 기호는 사용하지 않았다.

삼차방정식 ∞

바빌로니아인들은 이차방정식을 풀 수 있었는데, 그들의 방법은 오늘날 우리가 배우는 방법과 본질적으로 같다. 대수적인 면에서 볼 때, 바빌로니아 인들의 방법은 기본적인 산수 연산(더하기, 빼기, 곱하기, 나누기)과 더불어 제곱근을 사용했을 뿐 복잡할 것이 없다. 분명 그 다음 단계는 미지수의 세제곱이 포함되는 삼차방정식이다. 오늘날 삼차방정식은 다음과 같이 나타낸다.

$$ax^3 + bx^2 + cx + d = 0$$

여기서 x는 미지의 값이며 계수 a, b, c, d는 알려진 값이다. 하지만 음수가 사용되기 전까지 수학자들은 삼차방정식을 서로 다른 여러 가지 유형으로 구분했다. 따라서 $x^3 + 3x = 7$과 $x^3 - 3x = 7$을 전혀 다른 것으로 여겼으며, 서로 다른 해법이 필요했다.

그리스인들은 원뿔곡선을 이용해 삼차방정식을 푸는 방법을 알아냈다. 현대의 대수학에 따르면, 만약 한 원뿔곡선이 다른 원뿔곡선과 교차할 때, 교차점들은 (원뿔곡선의 유형에 따라) 삼차 또는 사차방정식에 의해 결정된다. 그리스인들은 이것이 일반적인 사실인지는 몰랐지만 이런 결과를 구체적인 경우에 적용할 줄은 알았다. 원뿔곡선을 일종의 새로운 기하학 도구로 사용한 셈이다.

이런 식의 공략법을 완성하여 체계화한 사람은 오마르 카이얌Omar Khayyám이었다. 이 페르시아 인은 《루바이야트》라는 시집의 저자로 잘 알려진 인물이다. 1075년경 그는 자신의 저서 《대수와 비례의 문제에 관한 증명에 대하여》에서 14가지 유형으로 구분한 삼차방정식을 원뿔곡선을 이용해 유형별로 푸는 방법을 설명했다. 이 저서는 기하학에 관한 역작으로, 기하학 문제를 거의 완벽하게 해결했다. 현대의 수학자라면 몇 마디 투덜거릴지도 모르겠다. 그도 그럴 것이, 오마르가 다룬 문제 중 일부는 기하학적으로 구성될 수 없는 점들이 있는데도 그런 점들이 존재한다고 가정한 경우가 있어서 완벽하게 풀리지는 않기 때문이다. 즉 어떤 원뿔곡선들이 서로 만나지 않는데도 만난다고 가정한 경우다. 하지만 이것은 옥에 티일 뿐이다.

삼차방정식의 기하학적 해법들은 모두 아주 효과적이었다. 하지만 좀 복잡하더라도 세제곱근이 포함된 대수적 해법도 존재할 수 있을까? 르네상스 시기 이탈리아 수학자들은 이 질문에 '그렇다'라는 답을 내놓음으로써 대수학에 위대한 돌파구를 마련했다. 당시에 수학자들은 공개적인 시합에 참가하여 자신의 이름을 알렸다. 각 참가자는 상대에게 문제를 제시하는데, 문제를 가장 많이 푼 사람이 승자가 되었다. 구경꾼들은 누가 이길지를 놓고 판돈을 걸었다. 따라서 시합에는 큰돈이 걸릴 때가 종종 있었다. 어떤 기록에 의하면 패자는 승자(그리고 승자의 친구들)에게 30번의 만찬을 베풀어야 했을 때도 있었다. 게다가 승자는 귀족 자제를 제자로 받아서 수업료를 챙길 가능성이 더 높았다. 따라서 공개적인 수학 시합은 진지하기 이를 데 없었다.

1535년에 타르탈리아라는 별명의 니콜로 폰타나Niccolo Fontana와 안토니오 피오르Antonio Fior 사이에 시합이 벌어졌다. 타르탈리아는 '말을 더듬는 사람'이란 뜻이다. 시합에서 타르탈리아가 피오르에게 완승을 거두자, 이 소식이 널리 퍼져 지롤라모 카르다노Girolamo Cardano의 귀에까지 들어갔다. 카르다노는 그 소식에 귀를 쫑긋 세웠다. 그때 카르다노가 대수를 폭 넓게 다룬 책을 쓰고 있었는데, 피오르와 타르탈리아가 서로에게 냈던 문제가 삼차방정식이었기 때문이다. 그 무렵 삼차방정식은 세 가지의 다른 유형으로 구분되었는데, 그 까닭에는 음수가 인정되지 않았던 당시의 사정도 한몫했다. 피오르는 그 가운데 한 가지 유형을

오마르 카이얌은 시인으로 더 유명하지만 뛰어난 수학자이기도 했다.

푸는 법만 알았다. 타르탈리아도 처음에는 한 가지 유형에 대한 해법만을 알고 있었다. 현대의 기호로 표현하면, 그가 아는 삼차방정식 해법은 $x^3 + ax = b$ 유형에 대한 다음 해다.

$$x = \sqrt{\dfrac{b^3}{2} + \sqrt{\dfrac{a^3}{27} + \dfrac{b^2}{4}}} + \sqrt{\dfrac{b^3}{2} - \sqrt{\dfrac{a^3}{27} + \dfrac{b^2}{4}}}$$

시합을 앞두고 절박한 심정이었던 타르탈리아는 시합일 한두 주 전에야 다른 유형에 대한 해법을 알아냈다. 그리고 피오르가 당연히 풀 수 없는 유형들로만 골라 문제로 내서 시합에 이겼던 것이다.

카르다노는 시합 소식을 듣고서 두 참가자가 삼차방정식의 해법을 찾았음을 알아차렸다. 그 해법을 자신의 책에 넣고 싶은 마음에 카르다노는 타르탈리아를 구슬려서 해법을 알려달라고 부탁했다. 타르탈리아는 자기의 생계가 달렸던 해법인 까닭에 당연히 알려주기를 꺼렸다. 하지만 결국 설득에 넘어가 비밀을 누설하고 말았다. 타르탈리아에 따르면 카르다노는 해법을 공개하지 않겠노라 약속했다고 한다. 그러니 카르다노의 책 《아르스 마그나(위대한 술법)》에 버젓이 자신의 해법이 나온 것을 본 타르탈리아로서는 단단히 화가 나지 않을 수 없었다. 타르탈리아는 카르다노가 표절을 했다며 매섭게 비난했다.

당시 카르다노는 성실한 사람과는 거리가 한참 멀었다. 그는 상습 도박꾼이어서 카드, 주사위 그리고 심지어 체스로 거액의 돈을 벌기도 하고 잃기도 했다. 그렇게 가산을 탕진하고 가난에 시달리는 신세로 전락하고 말았다. 하지만 그는 천재였고, 유능한 의사였으며 뛰어난 수학자였고, 자신을 홍보하는 수완이 남달랐다. 그러나 이런 모든 장점은 무뚝뚝하고 모욕적이기까지 했던 직설적인 성격 때문에 빛이 바라곤 했다. 상황이 그렇다 보니, 카르다노가 거짓말로 비밀을 낚아채 갔다는 타르탈리아의 말은 쉽게 수긍이 되었다. 카르다노가 자기 책에 타르탈리아가 해법의 원조라고 분명히 밝히기는 했지만, 이 때문에 상황은 더 악화되었다. 타르탈리아는 책에 한두 줄로 언급된 사람이 아니라 책의 저자만이 후대까지 기억에 남는다는 것을 잘 알고 있었기 때문이다.

하지만 카르다노로서도 꽤 그럴듯한 핑곗거리가 있었다. 타르탈리아에게 한 약속을 어길 만한 충분한 이유가 있었던 것이다. 바로 카르다노의 학생인 로도비코 페라리가 사차의 미지수를 포함하고 있는 사차방정식의 한 해법을 알아냈기 때문이다. 이것은 정말로 혁신적이고 매우 중요한 일대 사건이었다. 카르다노는 당연히 사차방정식을 자기 책에서 다루고 싶었다. 자기 제자가 발견한 해법이었기에 카르다노가 그렇게 해도 문제될 것이 없었다. 하지만 페라리의 방법은 임의의 사차방정식의 해법을 이와 관련된 삼차방정식의 해법으로 축소시켰기에, 어쩔 수 없이 타르탈리아의 해법에 의존할 수밖에 없었다. 타르탈리아의 해법을 발표하지 않고서는 페라리의 해법을 발표할 수가 없었던 것이다.

그러던 차에 돌파구가 될 만한 소식이 들려왔다. 공개 시합에서 타르탈리아에게 졌던 피오르는 스키피오 델 페로의 제자였다. 그 소식은 델 페로는 피오르에게 알려준 한 가지 유형만이 아니라 세 가지 유형의 삼차방정식을 모두 풀었다는 것과, 안니발레 델라 나베라는 사람이 델 페로의 미발표 논문을 갖고 있다는 것이었다. 카르다노는 제자와 함께 1543년에 볼로냐로 가서 델라 나베를 만나 논문을 읽어보았다. 논문에는 삼차방정식을 푸는 세 가지 유형의 해법이 고스란히 나와 있었다. 이러한 사정이 있었으니, 카르다노는 자기가 타르탈리아의 방법이 아니라 델 페로의 방법을 발표했다고 말해도 틀린 말이 아니었다.

물론 타르탈리아는 그렇게 보지 않았다. 하지만 자신이 사용한 해법이 타르탈리아가 발견한 것이 아니라 델 페로가 발견한 것이라는 카르다노의 주장에 타르탈리아는 제대로 답변하지는 않았다. 타르탈리아는 이 사건을 길게 물고 늘어지면서 카르다노를 헐뜯다가 마침내 스승을 감싸러 나온 제자 페라리와 공개적인 논쟁에 맞닥뜨렸다. 이 논쟁에서 페라리가 이겼고, 타르탈리아는 여기서 무너진 이후로 다시 재기하지 못했다.

대수학에서 기호 사용하기 ∞

르네상스 시기 이탈리아의 수학자들은 대수적 방법을 많이 개발했지만,

지롤라모 카르다노는 밀라노의 변호사 파치오 카르다노와 젊은 과부 키아라 미케리아 사이에서 태어난 사생아였다.

키아라는 그때 이미 힘겹게 세 아이를 기르던 중이었다. 키아라가 파비아 근처에서 카르다노를 낳고 있을 때 밀라노에 있던 세 아이가 전염병으로 죽고 말았다. 유능한 수학자였던 아버지 파치오는 수학에 대한 열정을 아들 카르다노에게 심어주었다. 하지만 정작 아버지는 아들이 법학을 공부하기 바랐는데, 카르다노는 아버지의 뜻을 거스르고 파비아 대학에서 의학을 공부했다.

카르다노는 나중에 파두아 대학으로 옮겼는데, 여기서 학생 신분인데도 단 한 표 차이로 학장에 선출되었다. 아버지가 돌아가신 후 물려받은 적은 유산을 다 쓰고 난 다음, 카르다노는 살림에 보탠다는 이유로 카드와 주사위, 체스 등 도박에 빠졌다. 그는 늘 칼을 몸에 지니고 다녔는데, 한번은 속임수를 쓰는 상대방의 얼굴을 칼로 베기도 했다.

1525년에 카르다노는 의학 학위를 얻었다. 밀라노 의과대학에 교수직을 얻으려고 신청했지만 거절당했는데, 아마도 까다로운 인물이라는 세간의 평판 때문이었던 듯하다. 이후 사카라는 마을에서 의사 생활을 하면서 군 장교의 딸인 루치아 반다리니와 결혼했다. 의사로서의 벌이가 시원치 않자 1533년 다시 도박에 빠져들었

표기법은 여전히 초보적이었다. 대수학이 오늘날과 같이 기호를 사용하는 데는 수백 년이 걸렸다.

미지수의 자리에 최초로 기호를 사용한 사람으로는 알렉산드리아의 디오판토스Diophantos를 꼽을 수 있다. 250년경에 쓰인 그의 책 《산수》는 원래 13권의 책으로 구성되었는데, 그중 여섯 권이 후대의 복사본으

는데, 크게 지는 바람에 아내의 보석과 집안 가구 중 일부를 저당 잡혔다.

다행히 운 좋게도 카르다노는 피아티 재단으로부터 수학 교사 자리를 제안 받았다. 그 재단에서 생전에 아버지가 하던 일이었다. 의사 생활은 부업으로 계속 하고 있었는데, 기적과 같은 치료를 몇 번 했던 터라 의사로서 명성이 한껏 높았다. 여러 차례의 시도 끝에 1539년 마침내 의과대학에 자리를 얻었다. 그는 수학을 포함해 여러 다양한 주제에 관한 학술 문헌을 펴내기 시작했다. 카르다노는 《내 인생의 책》이라는 뛰어난 자서전을 썼는데, 이 책은 다양한 주제를 담고 있다. 명성이 절정이 달해 있던 그는 세인트앤드루스의 대주교인 존 해밀턴을 치료하기 위해 에든버러로 갔다. 심각한 천식을 앓고 있던 대주교는 카르다노의 치료를 받으면서 눈에 띄게 건강이 좋아졌다. 덕분에 카르다노는 무려 금관 2,000개를 들고서 금의환향했다고 한다.

이후 파비아 대학의 교수가 되면서, 만사가 잘 풀리는 것처럼 보였다. 그러던 차에 장남 지암바티스타가 두통거리를 선물했다. 카르다노가 보기에 '아무짝에도 쓸모없는 뻔뻔스러운 여자'인 브란도니아 디 세로니와 비밀리에 결혼했던 것이다. 그러나 지암바티스타는 아내와 처가 식구들이 자신을 공개적으로 모욕하고 조롱하자, 아내를 독살하고 말았다. 카르다노가 백방으로 애를 썼지만 아들은 결국 처형당했다. 카르다노는 1570년에 예수에 대한 별점을 보았다는 이유로 이단죄로 기소되었다. 투옥된 뒤 얼마 지나지 않아 풀려났지만 대학의 교수 자리는 잃고 말았다. 이후 거처를 로마로 옮겼는데, 뜻밖에도 교황한테서 연금을 받고 의과대학의 교수직을 얻었다. 그는 자신이 죽을 날짜를 예언했는데, 날짜를 맞추기 위해 자살을 했다는 소문이 나돌기도 했다. 온갖 시련이 끊이지 않은 삶이었지만, 그는 끝까지 낙관적인 태도를 잃지 않았다.

로 지금까지 남아 있다. 책의 핵심은 대수방정식의 해법으로, 해는 정수 또는 유리수—p와 q가 정수일 때 분수 p/q—둘 중 하나였다. 디오판토스의 표기법은 오늘날 우리가 쓰는 표기법과 상당히 다르다. 이 주제와 관련해 지금 남아 있는 문서는 《산수》가 유일하지만, 몇몇 증거에 의하면 디오판토스는 당시의 전통에 따라 그런 표기를 쓴 여러 사람 가운데

디오판토스의 표기와 현대의 표기

의미	현대의 기호	디오판토스의 기호
미지수	x	Ϛ
제곱	x^2	ΔΥ
세제곱	x^3	ΚΥ
네제곱	x^4	ΔΥΔ
다섯제곱	x^5	ΔΚΥ
여섯제곱	x^6	ΚΥΚ
더하기	$+$	나란히 놓기(AB가 A+B라는 뜻)
빼기	$-$	↑
등가	$=$	ισ

한 명이었다. 어쨌거나 디오판토스의 표기법은 계산에는 그다지 적절하지 않지만 계산을 단순한 형태로 요약하는 데는 뛰어나다.

중세 시기의 아랍 수학자들은 방정식의 정교한 해법을 개발했지만, 해법을 기호가 아니라 말로 설명했다.

기호를 이용해 방정식의 해법을 표시하려는 움직임은 르네상스 시대부터 탄력을 받기 시작했다. 기호를 사용하기 시작한 최초의 위대한 대수학자는 프랑수아 비에트François Viète로, 자신의 연구 결과 중 다수를 기호 형태로 설명했다. 물론 현대의 표기법과는 상당히 다른 표기법을 사용했지만, 알파벳 문자를 이용해 미지수뿐만이 아니라 이미 알려진 수를 나타냈다는 점만은 오늘날의 표기와 동일했다. 그는 $B, C, D, F, G\cdots$ 등 자음은 이미 알려진 수를 나타내는 데 사용하고, $A, E, I\cdots$ 등 모음은 미지수를 나타내는 데 사용하는 방법으로 구별했다.

15세기에 몇 가지 기초적인 기호가 등장했는데, 특히 더하기와 빼기에 각각 문자 p와 m를 사용했다. 이는 각각 plus와 minus에서 따온 것으로, 진정한 기호라기보다는 줄임말이었다. 기호 +와 - 또한 이 무렵에 등장했다. 상업에서 먼저 등장한 이 기호들은 독일 상인들이 기준치보다 더 무거운 물건과 덜 무거운 물건을 구분하기 위해 사용했다. 수학자들은 곧 이 두 기호를 도입했는데, 최초로 문서에 적힌 사례는 1481년에 나타났다. 영국 수학자 윌리엄 오트레드는 곱하기에 기호 ×를 도입했는데, 라이프니츠는 이에 대해 강력하게 (그리고 타당하게) 비판을 가했다. 문자 x와 너무 쉽게 혼동을 일으킨다는 이유였다.

1557년에 영국 수학자 로버트 레코드Robert Recorde는 자신의 책 《재치의 숫돌》에서 처음으로 '등가'를 뜻하는 기호로 =를 도입했다. 이 기호는 이후 지금까지 사용되고 있다. 그의 설명에 의하면, 같은 길이의 두 평행선보다 더 나은 기호는 떠올릴 수 없었다고 한다. 하지만 그가 사용한 기호는 오늘날의 기호보다 무척 길었다. 거의 ════════ 이 정도였다. 비에트는 처음에 등가equality를 'aequalis'라는 단어로 적었다가 나중에 ~기호로 바꾸었다. 르네 데카르트는 이와 다른 기호 ∞를 썼다.

'크다'와 '작다'를 뜻하는 현재의 기호 > 와 <는 토마스 해리엇이 내놓았다. 괄호 ( )는 1544년에 처음 등장했으며, 대괄호 〔 〕와 중괄호 { }는 1593년 무렵 비에트가 처음 사용했다. 데카르트는 제곱근 기호로 √를 사용했는데, 이는 반지름을 뜻하는 글자 r을 교묘하게 바꾼 것이다. 또한 그는 세제곱근은 $\sqrt{c}$로 표시했다.

카르다노의 《아르스 마그나》에 나오는 다음의 짧은 인용문을 보면, 르네상스 시대의 대수 표기가 지금과 얼마나 다른지 알 수 있다.

$$5p\text{: R } m\text{:}15$$

$$5m\text{: R } m\text{:}15$$

$$25m{:}m{:}15 \; qd.est \; 40$$

이것을 현대의 표기로 하면 다음과 같다.

$$(5+\sqrt{-15})(5-\sqrt{-15})=25-(-15)=40$$

$p{:}$와 $m{:}$은 각각 플러스와 마이너스를 뜻한다. R은 '제곱근'을 나타내는 기호이며, '$qd.est$'는 라틴어로 '즉'이라는 말의 줄임말이다. 카르다노의 예를 하나 더 들어보자.

$$qdratu \; aeqtur \; 4 \; rebus \; \text{p}{:}32$$

이것을 현대의 표기로 하면 다음과 같다.

$$x^2=4x+32$$

따라서 미지수와 그 제곱에 대해 각각 '$rebus$'와 '$qdratu$'라는 별개의 줄임말을 사용했음을 알 수 있다. 책의 다른 대목에서는 미지수는 R로 그 제곱과 세제곱에 대해서는 Z와 C로 표시했다.

거의 알려져 있지 않지만 중요한 인물로 프랑스인 니콜라스 슈케Nicolas Chuquet를 들 수 있다. 1484년에 나온 그의 책 《수 과학에서의 세 부분》은 수학의 주요한 세 가지 주제인 산수, 근 그리고 미지수를 논하고 있다. 근에 대한 표기는 카르다노의 표기와 흡사하지만, 그는 위첨자를 사용하여 미지수의 거듭제곱을 체계적으로 표시하기 시작했다. 그는 미지수의 첫 네제곱까지를 각각 프리미어premier, 샴champs, 큐비cubiez 그리고 샴 드 샴champs de champs이라고 불렀다. 지금으로서는 $6x$, $4x^2$ 그리고 $5x^3$으로 표시할 것을, 그는 .6.1, .4.2 그리고 .5.3.으로 표시했다. 또한 영 번째 거듭제곱과 음의 거듭제곱을 .2.0 그리고 .3.$^{1.m.}$으로 적었다. 오늘날의 표기로 고치면 2와 $3x^{-1}$이다. 간단히 말해서 그는 미지수의 거듭제곱을 지수 형식(위첨자)으로 표시했지만, 미지수 자체는 분명한 기호로 표시하지 않았다.

이처럼 누락된 것을 보충한 사람이 바로 데카르트였다. 그의 표기는 오늘날 사용하는 표기와 거의 비슷했지만, 단 한 가지가 달랐다. 오늘날 우리가 다음과 같이 적는다고 하자.

$$5 + 4x + 6x^2 + 11x^3 + 3x^4$$

이 식을 데카르트는 다음과 같이 적었다.

$$5 + 4x + 6xx + 11x^3 + 3x^4$$

즉 제곱을 xx로 표시했다. 하지만 데카르트도 가끔씩은 x^2을 사용했다. 뉴턴은 미지수의 거듭제곱을 정확히 우리가 지금 하는 대로 적었다. 분수와 음의 지수도 현재와 마찬가지로 적었는데, 가령 x^3의 제곱근을 $x^{3/2}$처럼 적었다. 최종적으로 xx를 없애고 x^2으로만 적은 사람은 가우스였다. 이 대가가 그렇게 한 이후로는 모두들 이에 따랐다.

종의 논리 ∞

대수는 산수 문제를 체계화하기 위한 한 방법으로 출발했다. 하지만 비에트 시대에 와서는 그 자체로 생명력을 획득했다. 비에트 이전에는 대수에서 기호 사용과 조작은 산수 과정을 기술하고 수행하기 위한 수단으로 여겨졌을 뿐, 수가 여전히 핵심이었다. 비에트는 자신이 명명한 種의 논리와 수의 논리를 엄밀히 구분했다. 그의 견해에 따르면, 한 대수

우리는 대수를 어떻게 활용하고 있을까?

현대 시대에 대수를 가장 앞장서서 이용하는 사람들은 과학자다. 과학자는 자연의 규칙성을 대수방정식으로 표현하기 때문이다. 대수방정식을 풀면 미지수의 값이 드러난다. 방정식의 해법은 정해진 절차에 따르기 때문에 요즘에는 대수가 쓰이고 있다는 사실을 잊고 지낸다.

대수는 〈타임 팀Time Team〉이라는 영국의 TV 시리즈에서 고고학에 응용되었다. 이 시리즈 속의 대범한 고고학자들은 어떤 중세 시대 우물의 깊이를 알아내려고 시도했다. 첫 번째 아이디어는 어떤 물체를 우물 속에 떨어뜨려 물체가 바닥에 닿을 때까지 걸리는 시간을 재는 것이었다. 관련 대수식은 다음과 같다.

$$s=1/2gt^2$$

여기서 s는 우물의 깊이이고, t는 물체가 바닥에 닿을 때까지 걸리는 시간이며, g는 중력가속도로서, 대략 10m/sec^{2}이다. t=6이라면, 이 공식에 따라 우물의 깊이는 대략 180m다.

사실 공식을 정확히 기억하긴 했지만 공식에는 얼마간의 불확실성이 있기 때문에, 타임 팀은 아주 긴 테이프 세 가닥을 연결하여 우물의 깊이를 쟀다. 실제로 측정한 깊이도 180m에 매우 가까웠다.

만약 우리가 깊이를 알고 있을 때 시간을 계산하고 싶다면 대수는 더 확실한 위력을 발휘한다. 앞의 식에서 t를 g와 s로 표현하면 다음과 같은 답이 나온다.

$$t=\sqrt{\frac{2s}{g}}$$

s=180m임을 알고 있다면, t는 360/10의 제곱근, 즉 36의 제곱근이다. 따라서 물체가 바닥까지 떨어지는 시간은 6초다.

식은 산수식의 전체 유형(종)을 나타내는 것이었다. 이것은 전혀 새로운 개념이었다. 1591년에 나온 그의 책 《해석 기법 입문》에 보면, 대수란 일반적인 형태를 다루기 위한 방법인 반면에 산수는 특정한 수를 다루기 위한 방법이라고 설명한다.

단지 논리적인 구별일 뿐인 것처럼 들리지만, 사실 이 관점의 차이는 의미심장했다. 비에트가 보기에 (현대식 표기에 따를 때) 다음과 같은 대수 계산은 기호를 이용한 표현을 조작하기 위한 방법이다.

$$(2x + 3y) - (x + y) = x + 2y$$

$2x + 3y$와 같은 개별항들은 그 자체로 수학적 대상이다. 이런 대상들은 특정한 수를 나타내기 위한 수단으로 볼 필요 없이, 더해지거나 빼지거나 곱하거나 나누어질 수 있다. 하지만 비에트 이전 시대의 수학자들이 보기에, 이런 식은 기호 x와 y를 특정한 수로 대체했을 때만 의미를 갖는 관계식에 지나지 않았다. 따라서 비에트 이후부터 대수는 기호 표현을 통해 그 자체의 생명력을 갖게 된 셈이다. 달리 말해, 이때부터 대수는 산수의 족쇄로부터 해방되어 독자적인 길을 내딛게 되었다.

영원한 삼각형

삼각법과 로그

유클리드기하학은 삼각형에 바탕을 두고 있다. 그 주된 이유는 모든 다각형이 삼각형에서 시작해 만들어질 수 있으며, 이렇게 만들어진 다각형에서 원과 타원 같은 다른 흥미로운 도형을 만들 수 있기 때문이다. 삼각형의 계량적 성질—측정할 수 있는 성질, 가령 변의 길이, 각의 크기 또는 전체 넓이—은 다양한 공식과 관련되어 있는데, 이 공식들 중에는 아름다운 것이 많다. 이런 공식을 실제로 사용하면 항해와 측량에 매우 유용한데, 삼각법의 발달이 이에 큰 기여를 했다. 삼각법trigonometry은 기본적으로 '삼각형을 측정하기'라는 뜻이다.

삼각법 ∞

삼각법은 특수한 함수—한 양에서 다른 양을 계산해내기 위한 수학 규칙—를 수없이 많이 탄생시켰다. 이런 함수들은 사인, 코사인 및 탄젠트 등의 이름으로 불리며, 전부 아울러 삼각함수라고 한다. 삼각함수는 삼각형의 측량만이 아니라 수학의 전 분야에서 매우 중요하다.

　삼각법은 가장 널리 사용되는 수학 기법 중 하나로, 측량에서부터 항해 나아가 자동차의 GPS 시스템에 이르기까지 관련되지 않은 분야가 없을 정도다. 과학과 기술 영역에 너무나 흔히 사용되다 보니 삼각법은 마치 공기처럼 그다지 주목을 받지 못한다. 역사적으로 볼 때, 삼각법은 로그와 깊은 관련이 있다. 로그는 (어려운) 곱셈을 (쉬운) 덧셈으로 변환시키는 영리한 방법이다. 이에 관한 주요 개념들은 1400년경에서 1600년경에 등장했지만, 그 이전에도 오랜 역사가 있고 이후로도 수많은 정교화 작업이 진행되었다. 그리고 표기법은 지금도 진화하고 있는 중이다.

이 장에서 우리는 기본적인 주제들을 살펴볼 것이다. 삼각함수, 지수함수 그리고 로그를 다루고, 옛것과 새것을 포함해 몇 가지 응용 사례들도 들여다볼 것이다. 옛날의 응용 사례들 중 다수는 계산 기법인데, 컴퓨터가 널리 퍼지면서 지금은 대체로 쓸모없어졌다. 가령 지금은 곱셈을 하려고 로그를 이용하는 사람은 거의 없다. 컴퓨터가 함수 값을 순식간에 높은 정밀도로 계산할 수 있는 마당에 누가 로그 도표를 뒤지고 있겠는가. 하지만 로그가 처음 발명되었을 때는 로그 도표 덕분에 그 진가를 발휘할 수 있었다. 특히 길고 복잡한 수치계산이 필요한 천문학과 같은 분야에서 활약이 두드러졌다. 이를 위해 도표 작성자들은 오랜 세월, 어쩌면 평생을 바친 계산을 통해 도표를 완성했다. 인류는 그런 헌신적이고 불굴의 의지를 지닌 선구자들에게 큰 빚을 졌다.

삼각법의 기원 ∞

삼각법에서 다루는 기본적인 문제는 삼각형의 변의 길이나 각의 크기 등을 다른 변의 길이나 각의 크기로부터 계산해내는 것이다. 삼각법의 초기 역사를 설명하려면 우선 현대 삼각법의 주요 특징을 요약하는 편이 더 낫다. 왜냐하면 현대의 삼각법은 대체로 18세기에 표기법이 새로 정립되었는데, 그 기원이 적어도 고대 그리스 시기까지 거슬러 올라가

삼각법 – 첫걸음

삼각법에는 특수한 함수들이 매우 많은데, 그중 가장 기본적인 것은 사인함수, 코사인함수 그리고 탄젠트함수다. 이 함수들은 전통적으로 그리스 문자 θ(세타)로 표시하는 각도에 대한 값이다. 이 함수들은 밑변, 높이, 빗변의 길이가 각각 a, b, c인 직각삼각형에서 다음과 같이 정의된다.

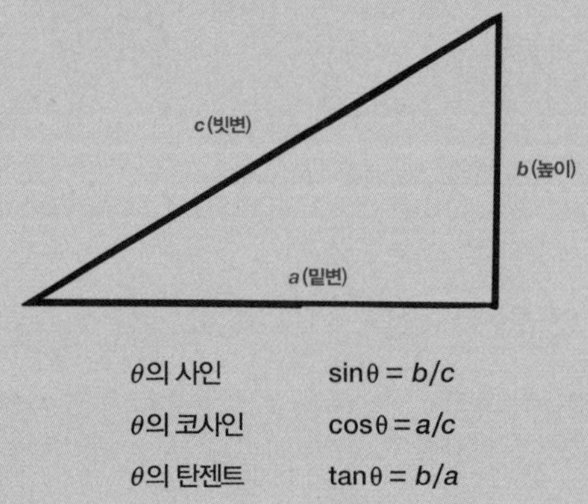

θ의 사인	$\sin\theta = b/c$
θ의 코사인	$\cos\theta = a/c$
θ의 탄젠트	$\tan\theta = b/a$

그림에서 보이는 것처럼, 임의의 θ에 대한 세 함수의 값은 삼각형의 기하학에 의해 결정된다. (크기가 달라도 닮은 삼각형이면 각은 서로 같다. 닮은 삼각형의 기하학에 따르면 길이의 비는 삼각형의 크기와 무관하다.) 하지만 일단 이 함수 값들을 계산하여 도표로 작성하고 나면, 이 삼각함수표를 이용하여 특정한 θ로부터 삼각형을 풀 수 있다. (모든 변의 길이와 나머지 각들을 계산할 수 있다.)

이 세 함수의 관계를 나타내는 아름다운 공식들이 많이 있다. 특히 다음 공식은 피타고라스의 정리를 의미한다.

$$\sin^2\theta + \cos^2\theta = 1$$

기 때문이다. 이런 요약을 통해 우리는 애매하고 쓸모없는 개념에 휘말리지 않고서 고대의 발상들을 엿볼 수 있다.

삼각법은 천문학에서 비롯된 듯하다. 천문학에서 각도를 측정하기

는 쉽지만 거리를 측정하기는 어렵
다. 고대 그리스 천문학자인 아리스
타르코스Aristarchos는 BC260년경
저서인 《태양과 달의 크기와 거리
에 관하여》에서 태양과 지구의 거리

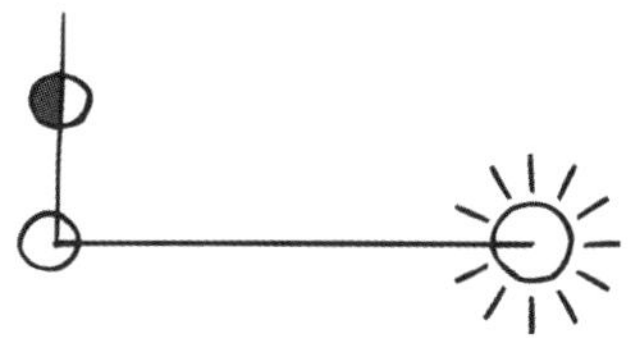

달이 반달일 때 태양, 달 그리고 지구의 관계

는 지구와 달의 거리의 18배에서 20배 사이일 것이라고 추론했다. (정확
한 수치는 400배에 가깝지만, 그래도 에우독소스와 피디아스가 주장한 10배보다는 낫다.)
그의 추론은 이랬다. 달이 반달일 때, 관찰자가 태양을 바라보는 방향과
달을 바라보는 방향이 이루는 각이 (현대의 단위로) 약 87° 이다. 삼각법의
성질을 이용해 그는 (현대의 표기로) $\sin 3°$ 가 1/18에서 1/20 사이의 값이
며, 이에 따라 지구와 태양까지의 거리와 달까지의 거리 비율을 추산했
다. 이 방법은 옳았지만, 관찰이 부정확했다. 정확한 각도는 89.8° 이다.

　삼각함수표는 BC150년경 히파르코스Hipparchus가 처음 작성했다.
현대의 사인함수 대신에 그는 밀접하게 관련된 어떤 양을 이용했다. 이
양은 삼각법과 마찬가지로 기하학자가 자연스레 떠올릴 수 있는 것이었
다. 반지름을 지나는 두 선분이 이루는 각이 θ인 원을 상상하자. 두 선
분이 원과 만나는 두 점을 이으면, 이를 현이라고 한다. 또한 이 두 점은
원의 휘어진 호의 두 끝점이라고 볼 수도 있다.

　히파르코스는 여러 각도에서 호
와 현의 길이 관계를 보여주는 도표
를 작성했다. 만약 원의 반지름 길이
가 1이라면, 호의 길이는 각을 라디
안이라고 알려진 각으로 쟀을 경우 θ
에 비례한다. 간단하게 기하학 계산

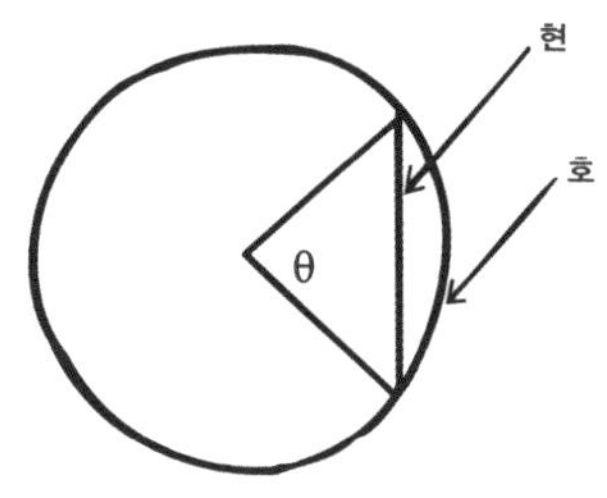

각 θ에 대응하는 호와 현

을 해보면, 현의 길이는 $2\sin(\theta/2)$임을 알 수 있다. 따라서 히파르코스의 도표는 표현 방식만 달랐을 뿐 사인함수표와 매우 비슷하다.

천문학 ∽

놀랍게도 고대의 삼각법은 오늘날 학교에서 가르치는 내용보다 복잡했다. 이 역시 천문학(그리고 나중에는 항해술)의 필요 때문이었다. 삼각법을 적용할 자연스러운 공간은 평면이 아니라 구였다. 천체들이 가상의 구에 놓여 있다고 보고서, 이를 천구라고 불렀다. 사실, 하늘은 관찰자를 둘러싸고 있는 거대한 구의 내부처럼 보이며, 여러 천체들은 너무나 멀리 있어 이 구 위에 있는 듯 보인다.

천문학 계산은 결과적으로 말해 평면이 아니라 구의 기하학을 다룬다. 따라서 천문학 계산에 필요한 것은 평면기하학과 평면삼각법이 아니라 구의 기하학과 구의 삼각법이다. 이 분야의 가장 빠른 연구 중 하나가 100년경에 나온 《구면학Sphaerica》이다. 이 책에 나오는 대표적인 정리 가운데 하나는 유클리드기하학과는 딴판이다. 만약 두 삼각형이 서로 각이 같으면, 둘은 합동이다. 즉 두 삼각형은 크기와 모양이 같다. (유클리드기하학에서는 이 경우 두 삼각형은 닮은 삼각형이다. 즉 모양은 같지만 크기는 다르다.) 구면기하학에서는 한 삼각형의 각들의 합이 평면에서와 달리

180°가 아니다. 예를 들면, 북극에 한 꼭짓점이 있고 이 꼭짓점에서 직각으로 벌어진 두 선분이 각각 적도와 만나는 점이 다른 두 꼭짓점인 삼각형은 세 각의 합이 270°이다. 대략적으로 말해 삼각형이 크면 클수록 각의 합도 더 커진다. 사실, 이

각의 합에서 180°를 뺀 값은 삼각형의 넓이와 비례한다.

이런 사례를 볼 때 구면기하학은 그 자체에 고유한 성질이 있음을 알 수 있다. 삼각법의 경우도 마찬가지지만, 구면기하학의 기본적인 양은 여전히 표준적인 삼각함수들이다. 단지 공식만 다를 뿐이다.

프톨레마이오스 ∞

지금껏 가장 중요한 고대의 삼각법 저서는 알렉산드리아의 프톨레마이오스 Ptolemaeus가 150년경에 지은 《수학의 집대성》이다. 아랍어로 '가장 위대한' 이라는 뜻의 《알마게스트 Almagest》로 더 잘 알려져 있다. 이 책에도 삼각함수 표가 들어 있는데, 역시 호의 관점에서

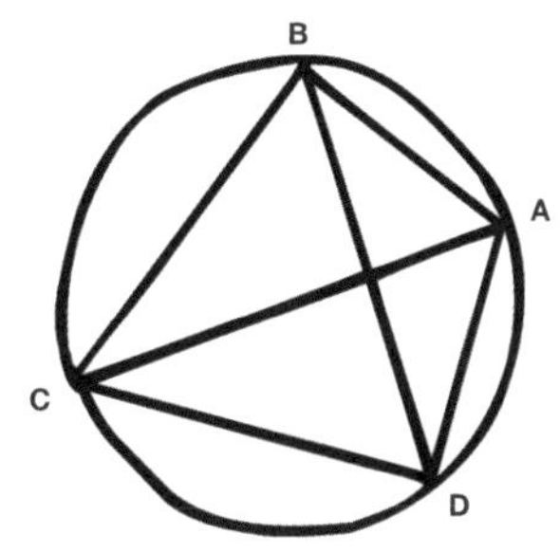

원에 내접하는 사각형과 두 대각선

기술되어 있다. 아울러 호를 계산하는 방법들 그리고 천구에서 별들의 위치 목록도 함께 들어 있다. 계산법의 핵심은 프톨레마이오스의 정리다. 만약 $ABCD$가 원에 내접하는 사각형이라면, 프톨레마이오스의 정리는 다음과 같다.

$$AB \times CD + BC \times DA = AC \times BD$$

즉 마주보는 변끼리 곱한 값의 합은 대각선의 곱과 같다.

이 관계를 현대적으로 해석하면 다음과 같은 놀라운 한 쌍의 공식이 나온다.

$$\sin(\theta + \varphi) = \sin\theta\cos\varphi + \cos\theta\sin\varphi$$

$$\cos(\theta + \varphi) = \cos\theta\cos\varphi - \sin\theta\sin\varphi$$

이 두 공식의 중요한 점은 만약 두 각의 사인값과 코사인값을 알고 있다면, 두 각의 합으로부터 다른 사인값과 코사인값을 쉽게 알아낼 수 있다는 것이다. 따라서 $\sin 1°$와 $\cos 1°$에서 시작해보면, $\theta = \varphi = 1°$로 하여 $\sin 2°$와 $\cos 2°$의 값을 알아낼 수 있다. 이어서 $\theta = 1°$, $\varphi = 2°$로 하여 $\sin 3°$와 $\cos 3°$의 값을 알아낼 수 있다. 이런 식으로 다른 사인, 코사인값도 계속 알아낼 수 있다. 시작하는 법을 알아야 하지만, 일단 시작하고 나면 단지 산수 계산만 하면 된다. 계산을 꽤 많이 하지만 그다지 복잡하지는 않다.

시작도 보기보다는 쉽다. 산수 계산과 제곱근이 필요하다. $\theta/2 + \theta/2 = \theta$라는 명백한 사실을 적용하면, 프톨레마이오스의 정리는 다음 식을 의미한다.

$$\sin\frac{\theta}{2} = \sqrt{\frac{1 - \cos\theta}{2}}$$

$\cos 90° = 0$부터 시작해, 각도를 절반으로 거듭 줄이면 원하는 만큼 작은 각의 사인값과 코사인값이 얻어진다. (프톨레마이오스는 $1/4°$를 사용했다.) 이 작은 각도의 정수배를 계속 대입하여 수많은 삼각함수 값을 알아낼 수 있다. 간단히 말해서, 몇 가지 일반적인 삼각함수 공식에다 특정한 각도에 대한 몇 가지 단순한 값을 대입하여, 원하는 임의의 각에 대한 수많은 삼각함수 값을 알아낼 수 있다. 이 굉장한 기법 덕분에 천문학자들은 천 년 넘게 연구에 매진할 수 있었다.

《알마게스트》에서 가장 눈에 띄는 내용은 행성의 궤도를 다루는 특별한 방식이다. 밤하늘을 자주 바라보는 사람이라면 누구나 행성이 고정된 어떤 별의 배후로 이리저리 다니는 모습을 보게 된다. 행성의 경로는 꽤 복잡해 보이며, 때로는 뒤로 움직이기도 하고 길쭉한 고리를 이루며 움직이기도 한다.

플라톤의 문제 제기에 답하면서 에우독소스는 한 구를 다른 구 위에 올려놓고 회전시키는 움직임을 통해 이 복잡한 운동을 나타내는 방법을 찾아냈다. 이 아이디어를 아폴로니오스와 히파르코스가 주전원周轉圓을 이용하여 단순화시켰다. 주전원이란 다른 어떤 원을 따라 중심이 움직이는 원을 말한다. 프톨레마이오스는 주전원을 이용한 행성의 궤도를 정교하게 가다듬어, 아주 정확한 행성 운동모형을 제시했다.

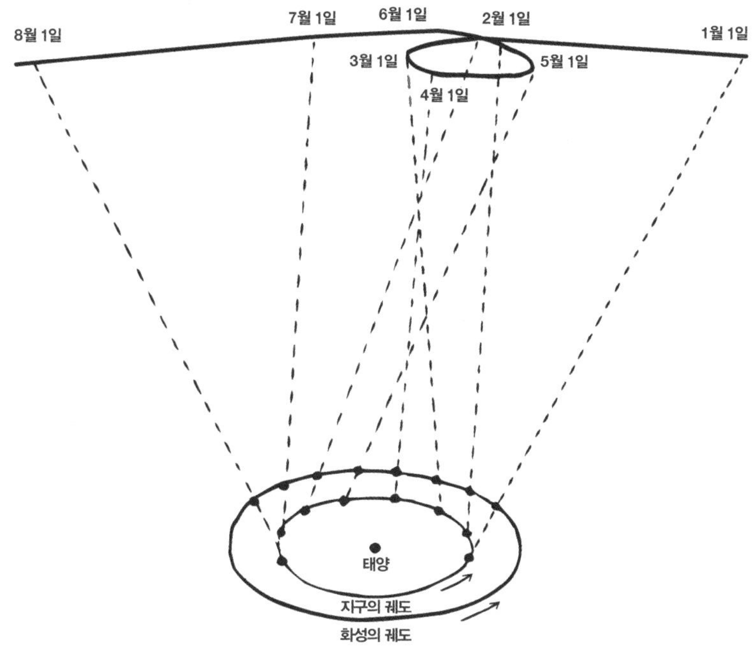

지구에서 본 화성의 운동

초기의 삼각법 ∞

초기의 삼각법 개념은 인도 수학자와 천문학자의 저술에서 등장한다. 500년에 나온 바라하미히라의 《판차 시단티카》, 628년에 나온 브라마굽타의 《브라마 스푸타 시단타》 그리고 1150년에 나온 이보다 더 자세한 바스카라 2세의 《시단타 슈로마니》 등이 대표적이다.

인도 수학자들은 '절반의 호', 즉 지아 아르다 jya-ardha를 일반적으로 사용했는데, 이는 사실상 현대의 sin과 같다. 바라하미히라는 이 함수를 $3°45'$의 각을 계속적으로 24배까지 취하여 $90°$까지의 함수 값을 계산했다. 600년 무렵 《마하 바스카리야》에서 바스카라는 예각의 사인값에 대한 유용한 근사 공식을 내놓았다. 바스카라는 이 공식을 최초로 만든 사람은 아리아바타라고 밝혔다. 이러한 저자들 덕분에 기본적인 삼각법 공식들이 많이 생겨났다.

아랍 수학자 나시르 알딘의 《사변형에 관한 논문》은 평면기하학과 구면기하학을 하나로 통합시켰고, 아울러 구면 위 삼각형에 대한 기본적인 여러 공식들을 내놓았다. 그는 이 주제를 천문학의 일부로서가 아니라 수학적으로 다루었다. 하지만 그의 연구는 1450년 무렵까지는 서양에 알려지지 않았다.

거의 모든 삼각법은 천문학과의 관련성 때문에 1450년까지 구를 대상으로 한 것이었다. 특히 (오늘날 삼각법을 가장 많이 사용하는 분야인) 측량은 경험적 방법을 이용하여 이루어졌고 로마 문자로 기록되었다. 그러다가 15세기 중반에 평면삼각법이 등장하기 시작했다. 처음 나타난 곳은 대다수의 무역을 지배하고 있어 부유하고 영향력이 컸던 북독일의 한자동맹 지역이었다. 따라서 이 지역에서는 우수한 항해법과 더불어 정확한 시간 기록법 그리고 천체 관측 결과를 실제로 이용할 필요성이 높았다.

핵심 인물은 요하네스 밀러Johannes Müller였는데, 레기오몬타누스라
는 라틴어 이름으로 더 잘 알려져 있다. 그는《알마게스트》의 새로운 수
정판을 만들고 있던 게오르크 폰 페우에르바흐의 제자였다. 레기오몬타
누스는 1471년 후원자 베르나르트 발테르의 재정 지원을 받아 새로운
사인함수표와 탄젠트함수표를 작성했다.

15세기와 16세기의 다른 걸출한 수학자들도 자신만의 삼각함수표를
작성했는데, 정확도가 아주 뛰어난 것도 있었다. 게오르크 요아킴 레티
쿠스Georg Joachim Rheticus는 반지름이 10^{15}인 원을 대상으로—따라서
소수점 이하 15자리까지 정확한 값을 얻었지만, 수마다 10^{15}을 곱해야
정수 값이 나왔다—호의 1초의 모든 배수에 대해 사인값을 계산했다.
그는 1462~1463년에《모든 종류의 삼각형에 대하여》란 책을 썼는데,
이 책은 1533년이 지나서야 출간되었다. 이 책에서 그는 구면 위의 삼
각형에 대해 다음과 같은 사인법칙을 내놓았다.

$$\frac{\sin a}{\sin A} = \frac{\sin b}{\sin B} = \frac{\sin c}{\sin C}$$

그리고 코사인법칙은 다음과 같다.

$$\cos a = \cos b \cos c + \sin b \sin c \cos A$$

여기서 A, B, C는 삼각형의 각이고, a, b, c는 각에 마주보는 변—각
변이 구의 중심과 이루는 각도로 측정한 값—이다.

비에트도 1579년에 낸 첫 책《수학요람》에서 삼각법에 관한 내용을
많이 다루었다. 그는 삼각형을 풀기 위한 (즉 어떤 알려진 몇 가지 정보로부터
모든 변의 길이와 각을 계산하기 위한) 다양한 방법들을 수집해 체계화했다. 또

한 새로운 삼각법 등식들도 알아냈는데, 그 중에는 θ의 정수배의 사인과 코사인을 θ의 사인과 코사인으로 나타내는 흥미로운 등식도 있다.

로그 ∞

이 장의 두 번째 주제는 수학에서 가장 중요한 함수 중 하나인 로그다. 보통 $\log x$로 표현되는 이 함수가 중요해진 까닭은 다음 식을 만족하기 때문이다.

$$\log xy = \log x + \log y$$

따라서 로그를 이용하면 (번잡한) 곱셈을 (간단하고 빠른) 덧셈으로 바꿀 수 있다. 두 수 x와 y를 곱하려면, 우선 각 수의 로그를 찾아 이 둘을 더한 다음, 로그를 취했을 때 그 값이 되는 수(역로그)를 찾으면 된다. 이것이 바로 곱 xy이다.

수학자들이 일단 로그 도표를 작성하고 나자 이 도표를 이해하는 사람이라면 누구나 이용할 수 있게 되었다. 17세기부터 20세기 중반까지 거의 모든 과학 계산, 특히 천문학 계산은 로그를 이용했다. 하지만 1960년대부터 전자계산기와 컴퓨터가 발달하자 로그는 계산 목적에서는 쓸모가 없어졌다. 그러나 로그의 개념은 수학에 여전히 핵심적이다. 왜냐하면 로그는 미적분학과 복소해석 등 수학의 여러 분야에서 근본적으로 중요한 역할을 하기 때문이다. 또한 많은 물리학적 및 생물학적 과정들에도 로그가 관련되어 있다.

오늘날 우리는 지수의 역수라는 관점에서 로그에 접근한다. 밑이 10인 로그를 예로 들면(이는 십진법 표기상 자연스러운 선택이다), $y=10^x$이면 x는 y의 로그라고 한다. 가령, $10^3=1,000$이므로 (밑이 10일 때) 1,000의 로

그는 3이다. 로그의 기본 성질은 다음의 지수법칙에서 도출된다.

$$10^{a+b} = 10^a \times 10^b$$

하지만 로그가 유용하게 쓰이려면, 임의의 양의 실수 y에 대한 적절한 x의 값을 찾을 수 있어야 한다. 뉴턴과 당시 다른 학자들의 노력 덕분에, 임의의 유리수 거듭제곱 $10^{p/q}$는 10^p의 q번째 제곱근으로 정의될 수 있음이 밝혀졌다. 임의의 실수 x는 유리수 p/q로 가깝게 근사될 수 있으므로, 우리는 10^x를 $10^{p/q}$로 근사할 수 있다. 이것이 로그를 계산하는 가장 효과적인 방법은 아니지만, 로그 값이 존재함을 증명하는 가장 단순한 방법이다.

역사적으로 보자면, 로그는 여러 우여곡절 끝에 발견되었다. 로그는 스코틀랜드 머치스턴의 남작이었던 존 네이피어John Napier에서 시작한다. 그는 평생 동안 효과적인 계산 방법을 찾는 데 몰두했는데, 그 일환으로 네이피어의 막대(또는 네이피어의 뼈)를 고안했다. 이것은 눈금이 표시된 일련의 막대로서 손 계산을 모방하여 곱셈을 빠르고 정확하게 하기 위한 도구였다. 1594년 무렵 그는 더욱 이론적인 방법을 개발하기 시작하였는데, 그가 쓴 글에 의하면 그 방법을 완성하여 발표하는 데 무려 20년이 걸렸다고 한다. 아마도 그는 등비수열에서 시작했던 것 같다. 등비수열이란 이전 항에 일정한 수를 곱하여 다음 항을 얻는 수열을 말한다. 곱하는 일정한 수가 2라고 가정해보자.

$$1 \quad 2 \quad 4 \quad 8 \quad 16 \quad 32 \cdots$$

또는 곱하는 일정한 수가 10이라고 가정해보자.

$$1 \quad 10 \quad 100 \quad 1000 \quad 10,000 \quad 100,000 \cdots$$

이런 수열이 등비수열이다.

오래 전부터 지수들을 더하는 것은 거듭제곱을 곱하는 것과 등가라고 알려졌다. 그런데 2의 정수 거듭제곱인 두 수나 10의 정수 거듭제곱인 두 수를 곱하고 싶을 때는 그렇게 해도 좋다. 하지만 57.681×29.443 과 같은 계산을 해야 할 때는 도움이 되지 않는 방법인 듯하다.

네이피어의 로그 ∞

이 성실한 남작이 어떻게든 문제점을 해소하려고 애쓰고 있을 때, 스코틀랜드 국왕 제임스 6세의 주치의였던 제임스 크레이그가 덴마크에서 어떤 계산법이 발견되어 널리 쓰이고 있다고 네이피어에게 알려주었다. 프로스타페레시스prosthapheiresis라는 특이한 이름의 이 계산법은 곱셈을 덧셈으로 변환시키는 임의의 절차를 말한다. 그중 실제로 쓸모 있는 주된 방법은 비에트가 발견한 다음 공식에 바탕을 두고 있었다.

$$\sin \frac{x+y}{2} \cos \frac{x-y}{2} \;=\; \frac{\sin x + \sin y}{2}$$

사인함수표와 코사인함수표가 있으면, 이 공식을 이용하여 곱을 합으로 바꿀 수 있다. 그렇게 해도 복잡하긴 했지만 수를 직접 곱하는 것보다는 빨랐다.

네이피어는 여기서 아이디어를 얻어 중요한 돌파구를 찾아냈다. 그는 1에 매우 가까운 공비(등비수열에서 임의의 항과 그 이전 항의 비)를 갖는 등비수열을 구성했다. 즉 2나 10과 같은 공비 대신에, 1.0000000001이라는

평면삼각법

오늘날 삼각법은 평면을 대상으로 한다. 평면에서 기하학은 더 단순하며 기본적인 원리들을 더 쉽게 이해할 수 있기 때문이다. (새로운 수학 개념들이 복잡한 상황에서 먼저 개발되고, 훨씬 뒤에야 그 개념들의 바탕이 되는 단순한 원리들이 등장하는 것은 흥미로운 일이다.) 평면 삼각형에 대한 사인법칙, 코사인법칙이 있는데, 잠깐 이 법칙들을 살펴보는 일도 가치가 있다. 한 평면 삼각형의 각이 A, B, C이고 변의 길이가 a, b, c라고 하자.

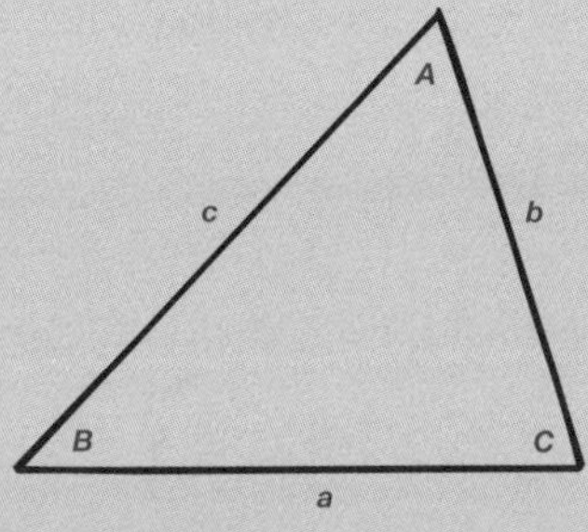

삼각형의 세 변과 세 각

사인법칙은 다음 식으로 표현된다.

$$\frac{a}{\sin A} = \frac{b}{\sin B} = \frac{c}{\sin C}$$

그리고 코사인법칙은 아래와 같다.

$$a^2 = b^2 + c^2 - 2bc\,\cos A$$

코사인법칙은 다른 두 각에 대해서도 비슷한 형식으로 표현될 수 있다. 코사인법칙을 이용하여 변의 길이로부터 삼각형의 각을 알아낼 수 있다. (앞에 나온 코사인법칙은 구면에 대한 코사인법칙으로서, 평면에 대한 이 코사인법칙과 구별된다_옮긴이)

공비를 이용했다는 뜻이다. 그런 등비수열을 연속적으로 얻으면 사이의 간격이 매우 촘촘해져, 성가셨던 격차를 잡아냈다. 어떤 이유에선지 네이피어는 1보다 살짝 작은 수, 즉 0.9999999를 공비로 선택했다. 따라서 그의 등비수열은 큰 수에서 더 작은 수로 연속적으로 뒤로 나아갔다. 실제로 그는 10,000,000에서 시작하여 이 수에 0.9999999를 연속적으로 곱해 나갔다. x에 대한 네이피어의 로그를 Naplog x라고 적으며, 네이피어 로그는 다음 성질을 갖는다.

$$\text{Naplog } 10{,}000{,}000 = 0$$

$$\text{Naplog } 9{,}999{,}999 = 1$$

Naplog x는 다음 식을 만족한다.

$$\text{Naplog}(10^7 xy) = \text{Naplog}(x) + \text{Naplog}(y)$$

이 식을 계산에 이용할 수 있다. 왜냐하면 10의 거듭제곱으로 곱셈이나 나눗셈을 쉽게 할 수 있기 때문이다. 하지만 이 식은 깔끔하지가 않다. 그래도 어쨌거나 비에트의 삼각법 공식보다는 훨씬 낫다.

밑이 10인 로그 ∞

헨리 브릭스Henry Briggs가 네이피어를 방문하면서 여기서 한 단계 발전한 계산법이 나왔다. 헨리 브릭스는 옥스퍼드 대학 최초의 세이빌 기하학 교수였다. (세이빌 기하학 교수란 영국인 학자 헨리 세이빌이 마련한 옥스퍼드 대학의 기하학 교수직을 말한다_옮긴이) 브릭스는 네이피어의 개념을 더 단순한 것으로 교체할 것을 제안했다. 즉 (밑이 10인) 로그로 바꿀 것을 제안한 것이다. $L = \log_{10} x$는 다음 조건을 만족한다.

$$x = 10^L$$

그러면 다음과 같은 식이 되어 모든 계산이 쉬워진다.

$$\log_{10} xy = \log_{10} x + \log_{10} y$$

xy를 알아내려면, x의 로그와 y의 로그를 더한 다음 그 결과의 역로 그를 구하면 된다. 한편 밑이 10인 로그를 상용로그라고 한다.

이 개념이 널리 퍼지기 전에 네이피어는 세상을 떠났다. 이때가 1617 년이었는데, 그의 계산막대를 설명한 논문인 〈랍돌로지아Rhabdologia〉 가 사망 직전에 발간되었다. 최초의 로그 계산법을 다룬 네이피어의 저서인 《놀라운 로그 체계의 기술》은 2년 후에 나왔다. 브릭스는 밑이 10 인 로그, 즉 상용로그의 함수표를 계산하는 과제를 맡았다. 이를 위해 그는 $\log_{10} 10 = 1$에서부터 시작하여 연속적으로 제곱근을 취해나갔다.

그들은 삼각법을 어떻게 활용했을까?

프톨레마이오스의 《알마게스트》는 요하네스 케플러가 행성의 궤도가 타원임을 발견하기 전까지는 행성운동에 관한 모든 연구의 바탕이 되었다. 한 행성의 겉보기 운동은 프톨레마이오스 시대에는 알아차리지 못했던 지구의 상대운동 때문에 복잡하기 그지없었다. 설령 행성이 등속으로 원운동을 하고 있더라도, 지구는 자전과 더불어 태양을 중심으로 공전을 하고 있기에 그 복잡한 운동을 제대로 설명하기 어려웠다. 프톨레마이오스의 주전원 체계는 한 원의 중심이 다른 원 주위를 회전하게 함으로써 상이한 원운동들을 결합시켰다. 다른 원 또한 제3의 원 주위를 회전할 수 있고, 이런 식으로 계속 이어질 수 있다. 등속 원운동의 기하학은 자연스레 삼각함수와 관련을 맺었기에, 후대의 천문학자들은 삼각함수를 이용해 행성의 궤도를 계산했다.

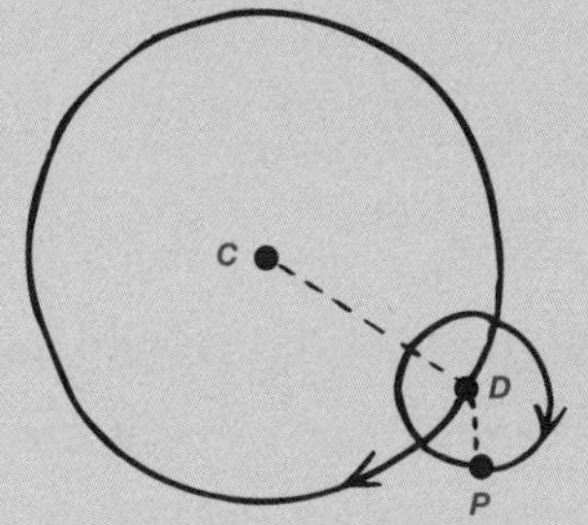

주전원. 행성 P는 점 D를 중심으로 등속으로 회전하는데, 이 점 D는 또한 점 C를 중심으로 등속으로 회전한다.

그는 1617년에 《로그 입문Logarithmorum Chilias Prima》을 발표했는데, 여기에는 정수 1부터 1,000까지 수의 로그를 소수점 이하 14자리까지 나타냈다. 1624년에 발간된 《로그 계산Arithmetic Logarithmica》에는 1에서 20,000까지 그리고 90,000부터 100,000까지 수의 상용로그 값의 목록이 소수점 이하 14자리까지 나와 있다.

이후로 로그 개념은 급격히 발전했다. 존 스파이델은 1619년에 발간된 《새로운 로그》에서 삼각함수의 로그를 소개했다. 스위스의 시계 제작자인 요브스트 뷔르기가 1620년 로그에 관한 연구를 발표했다. 기본적인 발상은 1588년에 떠올린 것이어서 네이피어보다 훨씬 이전의 일이다. 하지만 수학의 역사적 발전은 사람들이 (대중에게 공개한다는 의미에서) 발표한 내용에 달려 있지, 혼자만 알고 있는 아이디어는 다른 이에게 아무 영향을 주지 못한다. 따라서 자신의 아이디어를 활자로 발표하거나 적어도 편지의 형태라도 널리 읽히게 한 사람에게 발견의 공로가 주어져야 마땅하다. (예외가 있다면, 다른 사람의 아이디어를 정당한 자격 없이 발간하는 경우다. 이것은 도리에 어긋난다.)

e라는 수 ∞

네이피어의 로그는 수학에서 가장 중요한 수와 연관되어 있는데, 지금은 문자 e로 나타내는 수다. 그 값은 대략 2.7182이다. 공비가 1보다 조금 큰 등비수열에서 시작하여 로그를 구성하려고 할 때 이 수가 등장한다. 이 공비를 식으로 표현하면 $(1 + 1/n)^n$인데, 여기서 n은 매우 큰 정수다. 그리고 n이 커질수록 이 식은 한 특정한 수에 가까워지는데, 이 값이 바로 e다.

이 식은 로그에는 자연스러운 바탕(밑)이 있음을 나타내주며, 그 값은 10이나 2가 아니라 e다. x의 자연로그는 y는 $x = e^y$라는 조건을 만족하는 y값이다. 오늘날의 수학에서 자연로그는 $y = \log x$로 나타낸다. $y = \log_e x$처럼 e를 명시적으로 드러낼 때도 있지만, 이런 표기는 학교의 교과 과정에서만 나온다. 왜냐하면 고등 수학과 과학에서 중요한 로그는 오직 자연로그이기 때문이다. 밑이 10인 로그는 십진법 계산에 최상이지만, 수학에서 더 근본적으로 중요한 것은 자연로그다.

식 e^x는 x의 지수라고 불리는데, 이 식은 수학의 모든 분야에서 가장 중요한 개념 중 하나다. 수 e는 수학에 등장하는 가장 특이한 수 가운데 하나이면서, 매우 중요하다. 그런 수를 또 하나 꼽으라면 π가 있다. 물론 이 두 수는 빙산의 일각이며, 다른 수들도 많이 있다. 하지만 이 두 수가 가장 중요한 수로 여겨지는 까닭은 수학이라는 풍경 위에 우뚝 솟아 있기 때문이다.

그들이 없다면 어떻게 될까? ∞

로그와 삼각법을 발명한 선구자들 그리고 오랜 세월에 걸쳐 최초의 삼각함수표나 로그함수표를 만든 수학자들에게 우리가 진 빚은 너무나 크다. 그들의 수고 덕분에 자연계를 정량적이고 과학적으로 이해할 수 있게 되었으며, 아울러 항해와 지도 제작기술이 발전하여 전 지구적 규모에서 여행과 무역이 가능해졌기 때문이다. 측량의 기본적인 기술들은 삼각법에 의한 계산에 바탕을 두고 있다. 심지어 측량 장비에 레이저가 이용되고 계산은 맞춤형 전자 칩에서 이루어지는 오늘날에조차도, 그런 레이저와 칩이 구현하고 있는 개념은 고대의 인도와 아랍의 수학자들을 매혹시켰던 삼각법의 직계 후손이다.

로그 덕분에 과학자들은 곱셈을 빠르고 정확하게 할 수 있게 되었다.

우리는 삼각법을 어떻게 활용하고 있을까?

삼각법은 건물에서부터 대륙에 이르기까지 모든 측량의 근본이다. 각도를 정확하게 측정하기는 비교적 쉽지만, 거리는 측정하기 어렵다. 특히 어려운 지형일 때 더욱 그렇다. 따라서 측량사는 기선基線이라는 길이부터 우선 꼼꼼하게 잰다. 기선이란 특정한 두 지점 간의 거리이다. 그 다음에는 삼각형 네트워크를 구축하고, 측정된 각도들을 바탕으로 삼각법을 이용해 삼각형들의 변의 길이를 계산한다. 이런 식으로 해당 구간 전체의 정확한 지도를 만들 수 있다. 삼각측량이 일단 완성된 이후에는 정확도를 확인하기 위해 두 번째 거리 측정이 이루어지기도 한다. 그림은 초기의 사례를 보여준다. 1751년 남아프리카공화국에서 이루어진 유명한 측량으로 위대한 천문학자인 아베 니콜라 루이 드 라카유Abbé Nicolas Louis de Lacaille가 실시했다. 그의 주된 목표는 남반구 하늘에 있는 별의 목록을 만드는 일이었는데, 이 작업을 정확하게 하기 위해 우선 경도선을 측정해야 했다. 이를 위해 그는 케이프타운 북쪽에 삼각측량을 실시했다.

그의 측량 결과에 따르면 지구의 곡률은 북위도보다 남위도에서 더 작아야 했는데, 이 놀라운 추론은 나중에 실시한 측량으로 입증되었다. 지구는 살짝 배(과일) 모양이다. 별의 목록을 만드는 그의 작업은 아주 훌륭하게 진행되었는데, 지금 우리가 보는 88개 별자리 중 15개는 그가 이름 붙인 것이다. 작은 굴절 망원경으로 1만 개 이상의 별을 관찰한 결과였다.

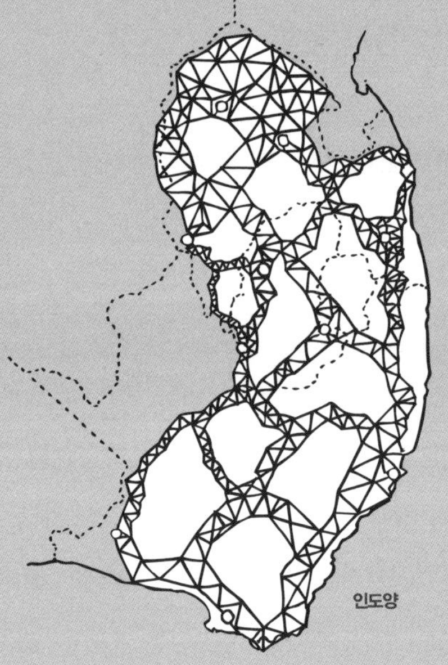

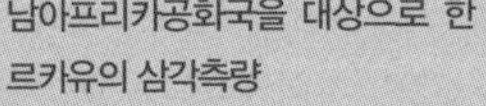
남아프리카공화국을 대상으로 한
르카유의 삼각측량

단 한 명의 수학자가 20년에 걸쳐 만든 로그함수표 덕분에 이후 오랜 세월이 걸렸을 수만 건의 연구가 수월하게 이루어졌다. 이로써 펜과 종이를 이용한 과학적 분석이 가능해졌다. 만약 그런 도표가 없었다면 너무나 오랜 시간이 걸렸을 것이다. 과학은 그러한 방법이 없었다면 결코 발전할 수 없었다. 그런 간단한 아이디어가 가져다준 혜택은 이루 헤아릴 수가 없다.

곡선과
좌표

기하는 대수고
대수는 기하다

수학을 산수, 대수, 기하 등과 같은 별도의 분야로 나누는 것이 일반적이지만, 이런 구분은 수학의 참 모습이라기보다 단지 인간의 편의에 따른 것이다. 겉보기에는 분명 다른 듯한 분야들일지라도 서로 간에 명확한 경계가 존재하지는 않는다. 그리고 어느 한 분야에 속한 듯해 보이는 문제도 다른 분야의 방법으로 풀릴 수도 있다. 사실, 가장 위대한 돌파구는 이전에는 달라 보였던 주제들이 뜻밖에 서로 관련되어 있음을 알아내면서 종종 열린다.

페르마 ∞

그리스 수학은 그런 관련성을 추적했다. 피타고라스 정리와 무리수와의 관련성, 구의 부피를 찾기 위해 이용한 아르키메데스의 역학적 방법 등이 그런 예다. 이런 상호 관련성을 찾는 진정한 범위와 그에 따른 영향력은 1630년 전후 약 10년간의 짧은 기간에 명확하게 드러났다. 이 짧은 시기에 위대한 두 수학자가 대수와 기하 사이의 놀라운 관련성을 발견했기 때문이다. 사실, 두 수학자가 밝혀낸 것은 두 분야가 좌표를 이용하여 서로 변환될 수 있다는 것이다. 유클리드기하학의 모든 것과 후대의 연구 내용들은 모두 대수적 계산으로 환원될 수 있다. 이는 역으로, 대수의 모든 내용 또한 곡선과 곡면의 기하학으로 해석될 수 있다.

이런 관련성은 둘 중 하나는 불필요한 것이 아닐까 하는 생각이 들게 만든다. 만약 모든 기하학이 대수로 대체될 수 있다면, 기하학이 왜 필요한 것일까? 각 분야는 나름의 관점이 있어서, 어떤 문제에 대해 아주 강력한 위력을 발휘하는 경우가 서로 다르다. 때로는 기하학적으로 생각하는 편이 최상이고, 또 어떨 때는 대수적 사고가 월등히 낫다.

좌표를 처음 도입한 사람은 피에르 드 페르마Pierre de Fermat였다. 페르마는 정수론 연구로 가장 유명한 수학자이지만, 확률론, 기하학 그리고 광학에 응용하기 등 수학의 다른 여러 분야도 연구했다. 1620년경 페르마는 곡선의 기하학을 이해하려고 시도했다. 우선 그는 소실되었던 아폴로니오스의 책《평면 궤적에 관하여》를 당시 알려진 미미한 정보로 재구성하기 시작했다. 이 작업을 마친 다음, 페르마는 자신만의 연구에 착수하여 1629년에 연구 결과를 저술했다. 하지만 책은 바로 출간되지 않고 50년이 지나 그의 사후에야 《평면 및 입체 궤적 입문》이라는 제목으로 세상에 나왔다. 이 연구를 통해 페르마는 기하학적 개념을 대수적 관점으로 풀어내는 것이 무척 유용함을 알아냈다.

궤적이란 쉽게 말하면 자취라고 할 수 있다. 궤적은 평면이나 입체에서 특정한 기하학적 조건을 만족시키는 모든 점의 자취를 말한다. 가령, 고정된 두 점으로부터 거리의 합이 언제나 일정한 모든 점의 자취를 찾으면, 고정된 두 점을 초점으로 하는 타원 궤적이 된다. 타원의 이러한 성질은 고대 그리스인들도 알고 있었다.

페르마는 한 가지 일반적인 원리를 알아차렸다. 만약 점들에 가해진 조건이 두 미지수를 포함하는 하나의 방정식으로 표현될 수 있다면, 해

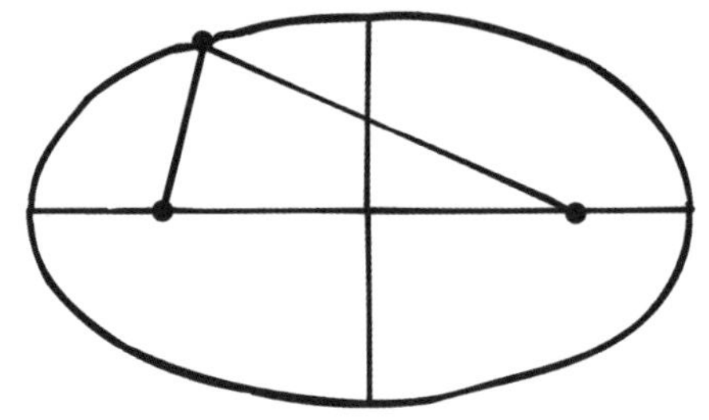

타원의 두 초점에 관한 성질

당 궤적이 곡선으로 나타난다는 원리였다. (궤적이 직선이 될 때도 있지만, 굳이 불필요한 구분을 하지 않기 위해 직선은 곡선의 특수한 경우라고 간주한다.) 그는 상이한 두 방향으로 잰 거리를 두 미지수 A와 E로 표현한 그림을 통해 이 원리를 설명했다.

이어서 그는 A와 E를 연결하는 특별한 유형의 방정식을 제시해 이 두 미지수가 무슨 곡선을 나타내는지 설명했다. 가령, $A^2 = 1 + E^2$이면, 궤적은 쌍곡선이 된다.

현대식 용어로 말하면, 페르마는 평면에 사교축을 도입했다. (사교斜交란 두 축이 굳이 직각으로 만나지 않아도 된다는 뜻이다.) 두 변수 A와 E는 이 두 축상의 임의의 점에 있는 각 점의 좌표다. 오늘날에는 이 두 변수를 x와 y

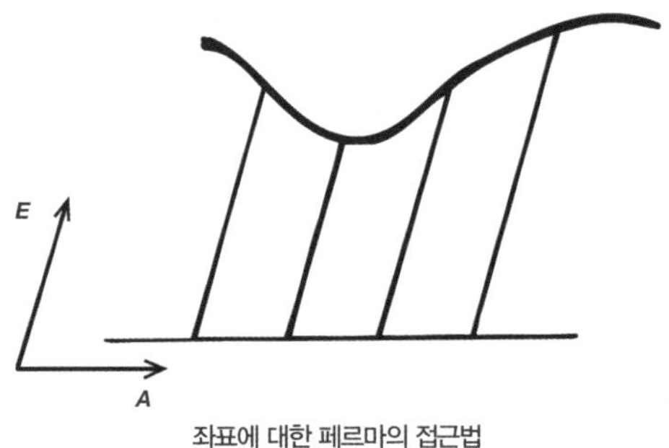

좌표에 대한 페르마의 접근법

라고 한다. 따라서 결과적으로 페르마의 원리는 두 좌표 변수의 방정식이 한 곡선을 정의함을 말한다. 그리고 페르마가 든 사례를 통해 우리는 어떤 종류의 방정식이 어떤 종류의 곡선(고대 그리스인들에게 알려져 있던 표준적인 곡선)에 해당하는지를 알 수 있다.

데카르트 ∞

현대적인 좌표 개념은 데카르트Descartes의 연구에서 결실을 맺었다. 일상생활에서 우리는 이차원 및 삼차원 공간이라는 개념에 익숙해져 있기에, 다른 가능성을 생각하려면 상상력을 한껏 동원해야 한다. 우리의 시각 체계는 외부 세계를 각각의 눈에 마치 TV 화면처럼 이차원 영상으로 나타낸다. 양쪽 눈에 서로 조금씩 다르게 맺히는 영상이 두뇌에 의해 합쳐져서 깊이감이 생기는데, 이를 통해 우리는 주위 세계를 삼차원으로 인식한다.

다차원 공간의 핵심은 좌표계라는 개념이다. 이는 데카르트가 자신의 책 《방법서설》의 부록인 〈기하학〉 편에서 도입했다. 그의 발상은 평면의 기하학을 대수적 관점에서 재해석할 수 있다는 것이다. 본질적으로 페르마와 동일한 접근법이다. 평면의 어떤 점을 선택해 원점이라고 부르자. 그 다음 두 축을 그리는데, 이 두 축은 원점을 지나며 서로 직각으로 만난다. 한 축은 기호 x라고 이름 붙이고 다른 축은 기호 y라고 이름 붙이자. 그러면 평면상의 임의의 점 P는 거리의 쌍 (x, y)에 의해 결정된다. (x, y)는 각각 x축과 y축 방향으로 쟀을 때 원점에서 점 P까지가 얼마나 멀리 있는지를 알려준다.

지도상에서 x가 원점의 동쪽 방향으로의 거리일 수 있고(음수는 서쪽 방향으로의 거리를 나타낸다), y가 원점에서 북쪽 방향으로의 거리일 수 있다(음

르네 데카르트 1596～1650

데카르트는 네덜란드 과학자 이삭 베크만의 제자로서 1618년부터 수학을 공부하기 시작했다. 이후 네덜란드를 떠나 유럽 각지를 여행하다가 1619년 바이에른 군대에 들어갔다. 이후 1620년부터 1628년 사이에는 다시 여행을 계속하여 보헤미아, 헝가리, 독일, 네덜란드, 프랑스 그리고 이탈리아를 방문했다. 1622년 파리에서 메르센을 만난 이후, 그와 정기적으로 서신을 교환했다. 덕분에 데카르트는 당시 가장 선구적인 학자와 친분을 계속 맺을 수 있었다.

1628년 네덜란드에 정착한 그는 첫 책인 《세계 및 빛에 대한 논고》를 저술하기 시작했다. 빛의 물리학에 관한 책이었지만, 갈릴레오 갈릴레이가 가택연금을 당했다는 소식을 듣고는 겁을 먹은 나머지 출간을 연기했다. 그러다 그의 사후에 불완전한 형태로 간신히 출간될 수 있었다. 대신 그는 논리적 사고에 관한 개념들을 발전시켜 1637년에 《방법서설Discourse on Method》이라는 제목의 책을 출간했다. 이 책에는 세 개의 부록이 있는데, 각각 '굴절광학', '기상학' 그리고 '기하학'이다.

그의 가장 야심에 찬 책은 1644년에 출간된 《철학 원리》로, '인간 지식의 원리', '사물의 원리', '보이는 세계' 그리고 '지구'라는 네 부분으로 구성되어 있다. 이 책은 물질적 우주 전체를 수학적인 개념을 이용해 총체적으로 이해하려는 시도였으며, 자연의 모든 현상을 역학으로 환원시켰다.

1649년 데카르트는 스웨덴으로 가서 크리스티나 여왕의 가정교사가 되었다. 여왕은 일찍 일어나는 편이었던데 반해 데카르트는 11시에 일어나는 것이 습관이었다. 그래서 추운 날씨에 매일 새벽 5시에 여왕에게 수학을 가르치는 일은 데카르트의 건강에 상당한 부담을 주었다. 결국 몇 달 후 데카르트는 폐렴으로 세상을 떠났다.

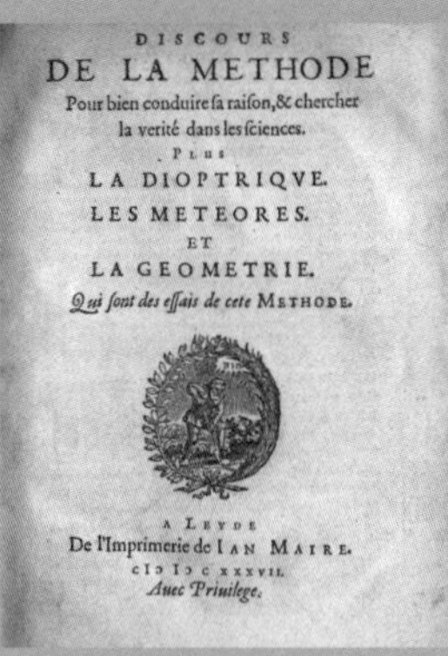

수는 남쪽 방향으로의 거리를 나타낸다).

　좌표는 삼차원 공간에도 적용되지만, 이때는 두 수로 한 점을 나타내기에 충분하지 않다. 대신 세 개의 수가 필요하다. 동–서와 남–북 방향의 거리와 더불어 점이 원점보다 얼마나 더 높거나 낮은지를 알아야 한다. 대체로 우리는 위쪽 방향의 거리를 양수로 나타내고 아래쪽 방향의 거리는 음수로 나타낸다. 삼차원 공간의 좌표는 (x, y, z)의 형태를 띤다.

　바로 이런 까닭에 평면은 이차원이라고 하고, 입체는 삼차원이라고 한다. 차원의 수는 점을 특정하기 위해 몇 개의 수가 필요한가에 따라 결정된다.

　삼차원 공간에서는 x, y, z를 포함하는 하나의 방정식이 대체로 곡면을 정의한다. 가령, $x^2 + y^2 + z^2 = 1$은 점 (x, y, z)가 원점에서부터 언제나 거리가 1임을 가리킨다. 이는 그 점들의 중심이 원점에 있는 단위구 상에 놓여 있음을 의미한다.

　주목할 점은 '차원'이라는 용어는 실제로 그 자체로 정의되지 않는다는 것이다. 우리는 한 공간의 차원의 수를 찾으려고, 차원의 속성이라고 할 어떤 것을 찾아내서 그 개수를 헤아리지 않는다. 대신 공간의 위치가 어딘지를 특정하기 위해 몇 개의 수가 필요한지를 찾는다. 이것이 바로 차원의 수다.

직교좌표 ∞

직교좌표 기하학은 (그리스인들이 이중원뿔의 단면으로 구성했던 곡선인) 원뿔곡선들이 대수적으로 통합되어 있음을 드러내준다. 대수적으로 보자면, 원뿔곡선은 직선 다음으로 가장 단순한 곡선이다. 직선은 다음 선형방정식에 해당한다.

오늘날 쓰이는 좌표

좌표기하학이 초기에 어떻게 발전했는지는 현대의 좌표기하학이 어떤 형태로 발전되었는지를 설명하면 더 잘 이해가 된다. 여러 가지 좌표 유형이 있지만, 가장 흔한 좌표는 평면상에 상호 직교하는 두 선, 즉 축을 그리는 데서 시작한다. 두 축이 만나는 점이 원점이다. 관례로 한 축은 수평으로 다른 한 축은 수직으로 배치한다. 두 축을 따라 정수를 표시하는데, 양의 정수를 어느 한쪽 방향으로 음의 정수를 그 반대 방향으로 적는다. 관례로 수평 축은 x축이라고 하고 수직 축은 y축이라고 한다. 기호 x와 y는 어느 점이 원점에서부터 각각 x축과 y축으로 떨어진 거리를 가리킨다. 수평 축을 따라 거리 x만큼 떨어져 있고, 수직 축을 따라 거리 y만큼 떨어져 있는 평면상의 일반적인 점은 수 (x, y)의 쌍으로 표현한다. 이 수들이 그 점의 좌표다.

x와 y의 관계식은 생길 수 있는 점들을 제한한다. 만약 $x^2+y^2=1$이면, (x, y)는 피타고라스 정리에 의해 원점에서 거리가 1인 점들에 있어야만 한다. 그러한 점들은 원을 이룬다. 그래서 $x^2+y^2=1$은 그 원의 방정식이라고 한다. 모든 방정식은 평면상의 어떤 곡선에 해당한다. 바꿔 말하면 모든 곡선은 한 방정식에 해당한다.

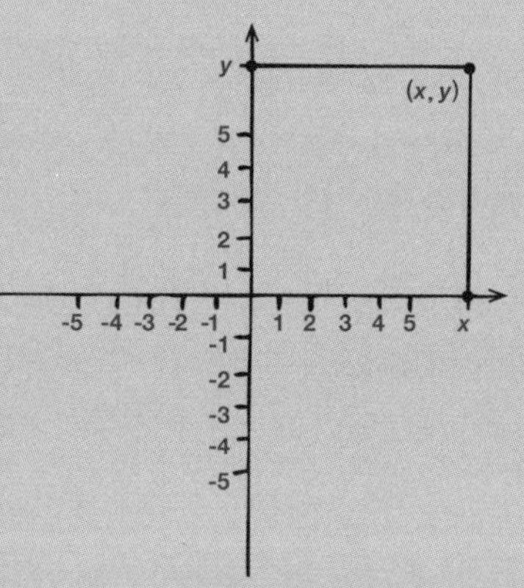

$$ax + by + c = 0$$

여기서 a, b, c는 상수다. 원뿔곡선은 다음의 이차방정식에 해당한다.

$$ax^2 + bxy + cy^2 + dx + ey + f = 0$$

여기서 a, b, c, d, e, f는 상수다. 데카르트는 이 사실을 제시하기만

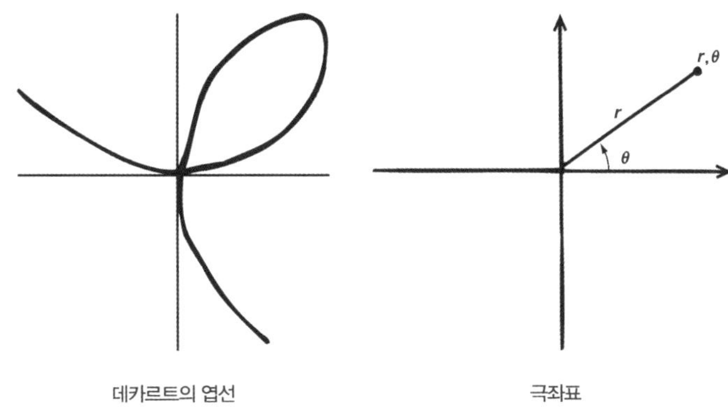

데카르트의 엽선　　　　　　　　극좌표

했을 뿐 증명은 내놓지 않았다. 하지만 그는 원뿔곡선의 특징을 설명했던 파푸스의 정리를 바탕으로 한 가지 특수한 사례를 연구한 후, 이 경우에 해당하는 방정식이 이차방정식임을 밝혔다.

이후 고차 방정식을 취급하면서, 고전적인 그리스 기하학에서 등장한 대다수의 곡선보다 훨씬 더 복잡한 곡선들을 정의했다. 전형적인 예가 데카르트의 엽선葉線으로, 다음 방정식으로 나타낸다.

$$x^3 + y^3 - 3axy = 0$$

이 곡선은 하나의 고리와 무한대로 향하는 양 끝단으로 이루어져 있다.

아마도 좌표 개념이 미친 가장 중요한 업적은 바로 이런 점일 것이다. 즉 데카르트는 곡선이 특수한 기하학적 도구로 그려진다는 고대 그리스의 관점에서 벗어나, 임의의 대수 공식의 시각적 측면이라고 보았다. 아이작 뉴턴Isaac Newton은 1707년 이렇게 말했다. '〔고대 그리스인들보다〕 훨씬 앞선 현대인들은 방정식으로 표현될 수 있는 모든 선을 기하학 속에 받아들였다.'

이후의 학자들은 직교좌표계 상에서 수많은 다른 곡선들을 창조해냈

그들은 좌표를 어떻게 활용했을까?

좌표기하학은 평면보다 더 복잡한 곡면인 구에도 적용될 수 있다. 구에서 가장 흔한 좌표는 위도와 경도다. 따라서 지도 제작이나 항해에서 지도를 이용하는 일은 좌표기하학의 한 응용 사례라고 볼 수 있다. 선장이 항해 중에 겪는 주된 골칫거리는 배의 위도와 경도를 결정하는 일이었다. 위도는 비교적 쉬웠다. 왜냐하면 수평선 위 태양의 각도가 위도에 따라 달라지므로 이 각도를 재어 도표로 만들 수 있었기 때문이다. 1730년부터 위도를 찾는 표준 도구는 육분의六分儀였다. (지금은 GPS 때문에 거의 쓸모가 없어졌다.) 이것은 뉴턴이 발명했지만 세상에 발표하지는 않았다. 뉴턴과 별도로 영국 수학자인 존 해들리와 미국 발명가인 토마스 고드프리도 육분의를 발명했다. 그 이전에는 항해를 위해 아스트롤라베astrolabe라는 장치가 쓰였는데, 이것은 중세 아랍 시대로까지 거슬러 올라간다.

경도는 더 어렵다. 이 문제는 매우 정밀한 시계를 만들면서 해결되었다. 항해를 시작할 때 지방시(자오선을 기준으로 정해진 각 지점의 시간_옮긴이)를 표시해 둔다. 그다음 일출 및 일몰 시간 그리고 달과 별의 운동이 경도에 따라 달라지므로, 특정 위치에서 읽은 시계의 시간을 지방시와 비교하면 경도를 결정할 수 있었다. 존 해리슨이 크로노미터라는 정밀한 시계를 발명하여 경도를 측정한 이야기는 데이바 소벨의 《경도 이야기》에 자세히 나온다.

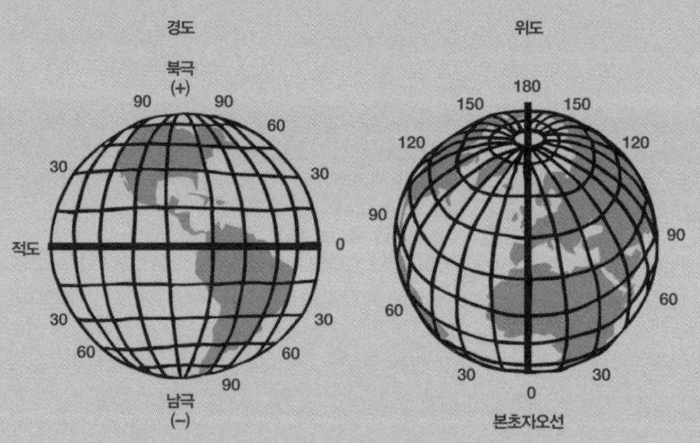

경도와 위도를 이용한 좌표

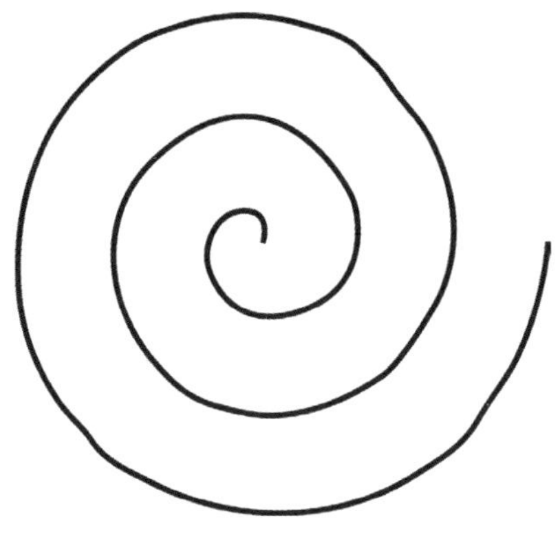

아르키메데스의 나선

다. 한편 1643년에 쓴 편지에서 페르마는 데카르트의 발상을 받아들여 삼차원으로 확장시켰다. 이로써 그는 세 변수 x, y, z의 삼차방정식으로 결정되는 타원면과 포물면 같은 곡면을 다루었다. 또 한 가지 중요한 공헌은 자코브 베르누이가 1691년에 극좌표를 도입한 것이다. 그는 평면상의 점을 결정하는 데 한 쌍의 축 대신에 각 θ와 거리 r을 사용했다. 오늘날 극좌표는 (r, θ)이다.

이러한 변수들로 표현된 방정식 또한 특정한 곡선을 나타낸다. 하지만 직교좌표계에서는 매우 복잡했을 곡선도 극좌표에서는 단순한 방정식으로 나타낼 수 있다. 가령, 방정식 $r=\theta$는 아르키메데스의 나선이라고 알려진 것과 같은 유형의 나선에 해당한다.

함수 ∽

수학에서 좌표의 중요한 한 가지 응용 사례는 함수를 시각적으로 표현하는 방법이다.

함수는 수가 아니라, 어떤 수에서 시작해 관련된 수를 계산하는 절차

베르누이 가문의 활약상

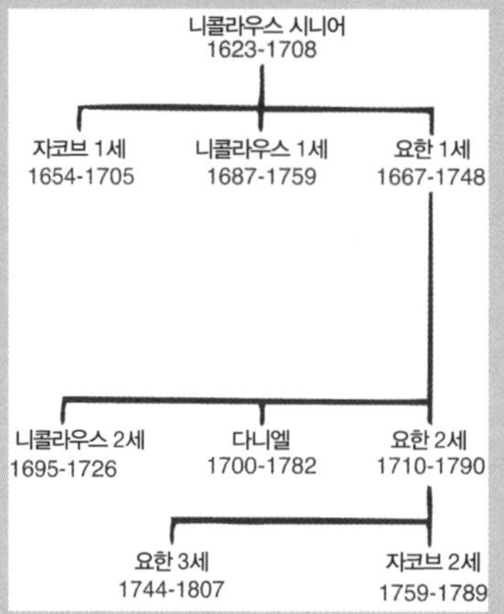

스위스의 베르누이 가문은 수학의 발전에 막대한 영향을 끼쳤다. 약 4세대에 걸쳐 이 가문은 순수와 응용을 가릴 것 없이 중요한 수학 연구를 내놓았다. 종종 수학 마피아라고도 불리는 베르누이 가문은 처음에는 법률, 의학 내지 성직자 등의 직업에서 출발하여, 결국에는 직업적이든 아마추어로서든 수학자로 전향했다.

여러 상이한 수학 개념들에 베르누이의 이름이 들어가 있지만, 늘 동일한 베르누이를 가리키지는 않는다. 베르누이 가문의 인물들을 일일이 자세히 다루기보다는 누가 무엇을 했는지 간략하게 소개한다.

자코브 1세 Jakob I Bernoulli 1654~1705

평면 곡선의 만곡과 반지름의 관계를 나타내는 데 용이한 극좌표 도입. 현수선과 렘니스케이트와 같은 특수한 곡선 고안. 등시선等時線(한 물체가 그 곡선 상에서 등가속도로 낙하하는데 걸리는 시간이 출발 위치와 무관하게 동일한 곡선)이 뒤집힌 사이클로이드임을 증명함. 다양한 조건하에서 가장 짧은 길이를 갖는 등주等周 도형 연구. 이 주제는 나중에 변분법變分法으로 이어짐. 확률론의 초기 연구 및 이 주제에 관한 최초의 책《추측술》저술. 자신의 묘비명에 로그 나선과 더불어 'Eadem mutata resurgo(나는 변했지만 똑같이 일어날 것이다)'라는 라틴어 문구를 새겨줄 것을 부탁함.

요한 1세 Johann I Bernoulli 1667~1748

미적분학을 개발하고 유럽에 소개함. 로피탈은 최초의 미적분학 교재에 요한의 연구를 실음. 0/0꼴의 값이 갖는 극한에 대한 로피탈의 정리는 요한이 처음 알아냈음. 광학(반사와 굴절), 곡선 군family의 직교 궤적, 수열에 의한 곡선의 길이 및 면적 계산, 해석기하학 및 지수함수 연구. 최속最速 강하선(가장 빠른 하강 곡선), 사이클로이드의 길이 연구.

니콜라우스 1세 Nicolaus I Bernoulli 1687~1759

파두아 대학에서 갈릴레오 석좌 교수로 재직. 기하학과 미분방정식에 관해 저술. 후에 논리와 법률을 가르침. 재능은 뛰어났지만 연구 결과가 많은 수학자는 아니었음. 라이프니츠, 오일러 같은 여러 수학자들과 서신을 교환하였음. 그의 주요 업적은 560개의 서신에 흩어져 있음. 확률론의 상트페테르부르크의 역설을 정식화함. 발산 급수를 무분별하게 사용했다고 오일러를 비난함. 자코브 베르누이의 《추측술》 발간을 도움. 라이프니츠와 뉴턴의 논쟁에서 라이프니츠를 지지함.

니콜라우스 2세 1695~1726

상트페테르부르크 아카데미의 회원이 되었지만, 여덟 달 후 물에 빠져 죽음. 다니엘과 함께 상트페테르부르크의 역설을 논의함.

다니엘 Daniel Bernoulli 1700~1782

요한의 세 아들 중 가장 유명함. 확률론, 천문학, 물리학 및 유체역학을 연구함. 1738년에 발간된 그의 《유체역학》에는 유체의 압력과 속도에 관한 공식인 베르누이의 원리가 실려 있음. 조수, 기체 및 진동하는 현의 운동 이론에 관해 저술. 편미분방정식의 선구자.

요한 2세 1710~1790

요한의 세 아들 중 막내. 법률을 공부했지만 바젤 대학의 수학 교수가 됨. 열과 빛에 관한 수학 이론을 연구함.

요한 3세 1744~1807

아버지와 마찬가지로 법률을 공부했지만 수학으로 전향. 19세의 나이로 베를린 아카데미의 회원이 됨. 천문학, 확률론 및 순환소수에 관해 저술.

자코브 2세 1759~1789

탄성, 유체정역학, 탄도학에 관한 중요한 연구 수행.

다. 함수는 종종 어떤 공식으로 기술되는데, 이 공식은 (일정한 제한된 범위의) 각각의 수 x에 다른 수 $f(x)$를 대응시킨다.

가령, 제곱근 함수는 $f(x) = \sqrt{x}$라는 규칙으로 정의된다. 즉 주어진 수의 제곱근을 취하라는 말이다. 이 절차는 x가 양수일 것을 요구한다. 마찬가지로 제곱 함수는 $f(x) = x^2$에 의해 결정된다. 이번에는 x값에 제약 사항이 없다.

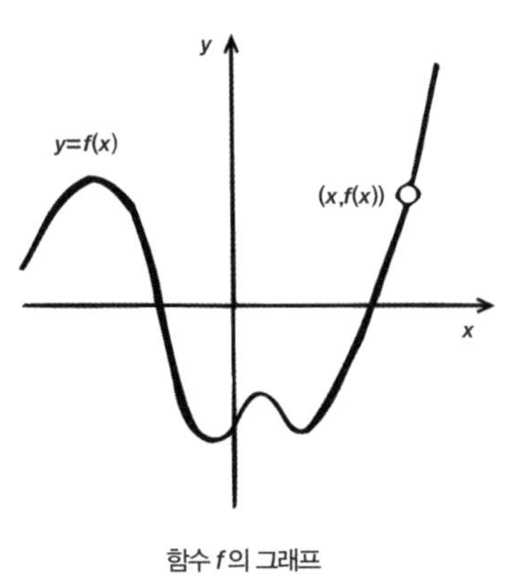

함수 f의 그래프

한 주어진 점 x의 값에 대해 y 좌표를 $y = f(x)$로 정의하면 함수를 기하학적으로 그릴 수 있다. 이 방정식은 두 좌표 사이의 관계를 나타내므로, 이 방정식에 따라 곡선이 결정된다. 이 곡선을 함수 f의 그래프라고 한다.

함수 $f(x) = x^2$의 그래프를 그려 보면 포물선이 된다. 제곱근 함수 $f(x) = \sqrt{x}$의 그래프는 쌍곡선의 절반이지만 모로 누워 있다. 더 복잡한 함수는 더 복잡한 곡선을 그린다. 사인 함수 $y = \sin x$의 그래프는 구불구불한 파형이다.

오늘날의 좌표기하학 ∞

좌표는 일상생활에 현저한 영향을 미치는 단순한 아이디어 중 하나다. 우리는 좌표를 매일 사용하면서도 실제로는 인식하지 못한다. 사실 모든 컴퓨터 그래픽은 내부적으로 좌표계를 채택하고 있으며, 모니터에 나타나는 기하학적 도형들은 대수적으로 처리된 것이다. 수평을 맞추기

우리는 좌표를 어떻게 활용하고 있을까?

오늘날에도 여전히 지도에 좌표를 사용하지만, 좌표기하학이 흔히 사용되는 또 다른 곳은 주식시장이다. 주식시장에서는 어떤 가격의 변동이 곡선으로 기록된다. 여기서 x좌표는 시간이고, y좌표는 가격이다. 엄청난 양의 재정 및 과학 데이터가 마찬가지 방식으로 기록된다.

좌표로 나타낸 주식시장 데이터

위해 디지털 사진을 몇 도 회전시키는 단순한 조작도 좌표기하학에 의존한다.

좌표기하학의 더 깊은 메시지는 수학 분야의 상호 관련성이다. 물리적으로 전혀 다르게 실현되는 개념들도 동일한 것의 서로 다른 측면일 수 있다. 피상적인 겉모습은 오류를 불러오기 쉽다. 우주를 이해하기 위한 수단으로서 수학의 유효성은 어떤 개념을 한 가지 분야에서 다른 분야로 전환시킬 수 있는 능력에서 대체로 비롯된다. 수학은 기술 전환에서 궁극적인 역할을 한다. 그리고 지난 4천 년 동안 드러난 바에 의하면

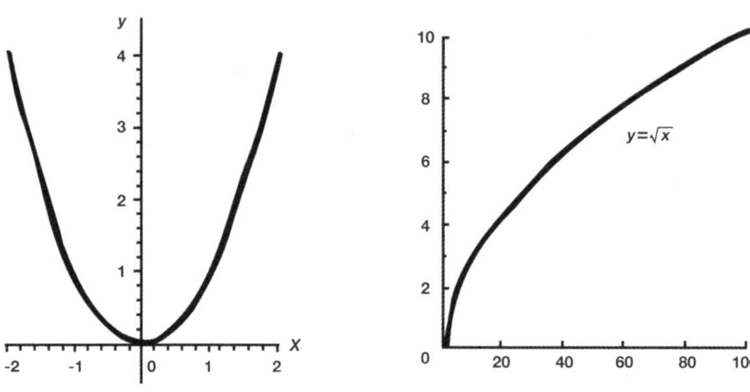

제곱 함수와 제곱근 함수의 그래프

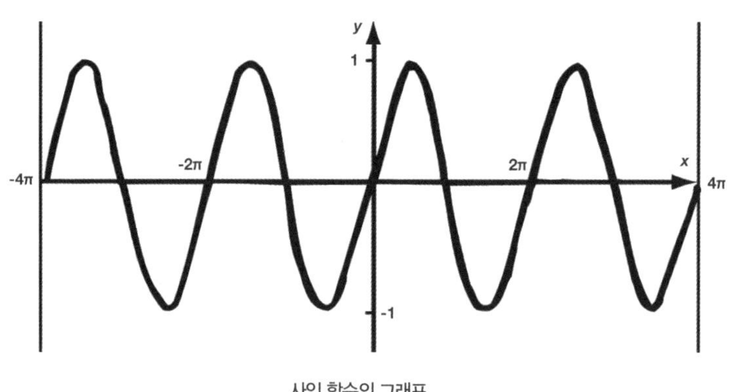

사인 함수의 그래프

수학이 단일의 통합된 학문이 될 수 있었던 까닭도 바로 그러한 상호 관련성 때문이다.

수의
패턴

정수론의
기원

기하학에 점점 더 매력을 느끼면서도 수학자들은 수에 관한 관심의 끈을 놓지 않았다. 오히려 점점 더 심오한 질문들을 제기했고, 그중 많은 답을 얻었다. 하지만 몇 가지 질문은 더욱 위력적인 기법의 출현을 기다려야 했고, 어떤 질문은 오늘날까지도 풀리지 않고 있다.

정수론 ∞

정수에는 매력적인 점이 깃들어 있다. 아무 꾸밈 없이 평범한 정수 1, 2, 3, 4, 5…는 얼마나 단순한가? 하지만 단순한 겉보기와는 달리 숨은 깊이를 감추고 있다. 그리고 질문 가운데 당혹스럽기 짝이 없는 것들 다수는 정수의 단순해 보이는 성질에 관한 것이다. 이 분야를 정수론이라고 하는데, 알고 보니 정수론이야말로 어렵기 그지없는 주제였다. 왜냐하면 그 구성 요소가 너무나 기본적인 것들이기 때문이다. 정수의 이러한 단순성 때문에 영리한 기법들이 개입할 여지가 별로 없다.

정수론에서 이루어진 가장 초기의 중요한 업적—즉 단지 주장만이 아니라 증명이 수반된 성과—은 유클리드의 연구에서 나타난다. 유클리드의 연구에서는 정수론에 관한 개념들이 살짝 기하학의 옷을 걸치고 있다. 그러다가 디오판토스에 의해 수학의 한 개별 분야로 발전했는데, 그의 저술 중 일부는 후대의 판본으로 지금도 남아 있다. 정수론은 1600년대에 페르마에 의해 크게 도약했으며, 이어서 레온하르트 오일러Leonhard Euler, 조제프 루이 라그랑주Joseph Louis Lagrange와 카를 프리드리히 가우스Carl Friedrich Gauss에 의해 심오하고 방대한 수학 분야로 발전했다. 이로써 정수론은 언뜻 보기에 관련이 없어 보이는 다른 여러 분야에도 영향을 미치게 되었다. 20세기 말경에는 이러한 관련성을 이용하여 고대의 난제들 중 (전부는 아니지만) 일부가 풀렸다. 그중 대표적인 예가 1650년 페르마가 한 가장 유명한 추측, 즉 페르마의 마지막 정리다.

정수론은 등장 이후 줄곧 수학 자체의 내적인 개념에 관한 학문이었지 현실 세계와는 거의 관련성이 없었다. 상아탑의 고고한 세계에 머무는 수학 분야를 딱 하나 꼽으라면 단연코 정수론이었다. 하지만 디지털 컴퓨터의 출현과 더불어 모든 것이 바뀌었다. 정수의 전자식 표현을 통한 컴퓨터 작업 그리고 컴퓨터로 인해 등장하게 된 문제와 기회는 곧잘 정수론으로 이어진다. 순수하게 지적인 활동으로 시작한 지 2500년 만에 정수론은 마침내 일상생활에 영향을 미치게 된 것이다.

소수 ∞

정수의 곱에 대해 생각하다 보면 누구나 결국에는 한 가지 근본적인 차이점을 알아차리게 된다.

많은 수는 더 작은 수로 나누어질 수 있다. 즉 어떤 수는 자신보다 작은 수의 곱으로 이루어질 수 있다는 뜻이다. 가령, 10은 2×5이고 12는

3×4이다. 하지만 어떤 수는 이런 식으로 나누어지지 않는다. 11을 더 작은 정수의 곱으로 나타낼 방법은 없다. 2, 3, 5, 7 등도 마찬가지다.

더 작은 두 수의 곱으로 나타낼 수 있는 수를 합성수라 하고, 그렇게 나타낼 수 없는 수는 소수素數라고 한다. 이 정의에 의하면 수 1은 소수로 보아야 마땅하지만, 특별히 취급하여 단위unit라고 한다. 따라서 처음 몇 개의 소수는 다음과 같다.

$$2 \quad 3 \quad 5 \quad 7 \quad 11 \quad 13 \quad 17 \quad 19 \quad 23 \quad 29 \quad 31 \quad 37 \quad 41$$

이 목록에서 보이는 것처럼, 소수에는 명백히 드러나는 패턴이 없다(예외가 있다면 첫 소수 외에는 전부 홀수라는 것뿐이다). 소수는 꽤 불규칙적으로 나타나며, 다음 소수가 언제 나올지 예측할 수 있는 간단한 방법은 없는 듯하다. 그렇지만 이 수가 어쨌든 결정되어 있다는 데는 의문의 여지가 없다. 연속적인 수들을 대상으로 계속 확인해보면 어쨌든 다음 소수를 발견할 수 있을 것이다.

불규칙적인 분포에도 불구하고 또 어쩌면 그렇기 때문에 소수는 수학에서 매우 중요하다. 소수는 모든 수의 기본적인 구성단위가 된다. 큰 수가 더 작은 수들의 곱으로 만들어진다는 의미에서 그렇다. 화학에서 분자는 아무리 복잡하더라도 화학적으로 더 이상 나뉠 수 없는 물질의 입자인 원자들로 이루어진다고 알려졌다. 이와 비슷하게 수학은 어떤 수가 아무리 크더라도 더 이상 나뉠 수 없는 수인 소수들로 만들어진다고 알려준다. 따라서 소수는 정수론의 원자인 셈이다.

소수의 이런 특징이 유용한 까닭은 수학의 많은 문제가 소수에 대해 풀릴 수 있으면 다른 모든 정수들에 대해서도 풀릴 수 있기 때문이다. 게다가 소수는 문제의 해법을 때로는 더 쉽게 만들어주는 특별한 성질이 있다. (중요하면서도 고약하기 그지없는) 소수의 이런 두 가지 측면은 수학자들의 호기심을 한껏 자극한다.

유클리드 ∞

유클리드는 《원론》 제7권에서 소수를 소개한 다음, 세 가지 핵심 성질을 증명했다. 현대의 용어로 하면 다음과 같다.

(i) 모든 수는 소수들의 곱으로 표현할 수 있다.

(ii) 이 표현은 소수들이 나타나는 순서를 제외하고는 유일하다.

(iii) 소수의 개수는 무한하다.

유클리드가 실제로 기술하고 증명한 내용은 조금 다르다.

제7권의 명제 31은 임의의 합성수가 어떤 소수로 구분될 수 있다고 말한다. 즉 그 소수로 나누어떨어진다는 뜻이다. 합성수인 30은 여러 소수로 나누어떨어지는데, 그 소수로 5를 예로 들면, $30 = 6 \times 5$다. 소수인 약수, 즉 소인수를 뽑아내는 이런 과정을 반복하면 어떤 수라도 소수들의 곱으로 분해될 수 있다. 그러므로 $30 = 5 \times 6$에서 시작하면, 6 또한 합성수여서 $6 = 2 \times 3$이 됨을 알 수 있다. 이제 $30 = 2 \times 3 \times 5$이며, 세 수는 모두 소수다.

대신 처음에 $30 = 10 \times 3$으로 시작했다면, 10을 $10 = 2 \times 5$로 분해할 수 있다. 그러면 동일한 세 개의 소수가 나오며, 곱해지는 순서가 다를 뿐이다. 물론 그렇다고 결과에 영향을 주지는 않는다. 따라서 한 수를 어떻게 소수들로 분해하든지 간에 순서 외에는 늘 동일한 결과가 나온다는 것('소인수 분해의 유일성')은 명백해 보인다. 하지만 이것을 증명하기란 쉽지 않다. 사실, 어떤 관련된 수 체계에서는 이와 같은 진술이 거짓이라고 밝혀졌지만, 보통의 정수에서는 참이다. 유클리드는 《원론》 제7권 명제 30에서 소인수 분해의 유일성을 밝히는데, 필요한 핵심 사실을 증명하고 있다. 명제 30은 다음과 같다. '만약 한 소수가 두 수의 곱을 나누어떨어지게 하면, 이 소수는 두 수 중 적어도 하나를 반드시 나누어떨어지게 한다.' 일단 명제 30을 안다면, 소인수 분해의 유일성은 이 명제의 직접적인 결과이다.

한편 제9권 명제 20은 이렇게 말한다. '소수들은 소수들의 할당된 임의의 곱보다 더 많다.' 현대의 용어로 바꾸면 소수의 개수는 무한하다는 뜻이다. 이에 대한 대표적인 증명은 다음과 같다. a, b, c라는 단 세 개의 소수만이 있다고 가정하자. 이 수들을 곱하여 1을 더하면 $abc+1$이 얻어진다. 이 수는 어떤 소수에 의해 나누어떨어져야만 하지만, 그 소수는 원래의 세 소수 중 어느 하나일 수는 없다. 왜냐하면 이 세 소수들은 abc를 나누어떨어지게 하므로 $abc+1$을 나누어떨어지게 할 수는 없고, 나머지 1이 남기 때문이다. 따라서 $abc+1$은 새로운 소수이므로, 소수는 오직 a, b, c만 존재한다는 가정에 모순된다. 유클리드의 증명은 세 개의 소수에 대한 것이지만, 소수의 목록이 더 많아도 마찬가지다. 목록 내의 소수들을 모두 곱하여 1을 더하면 언제나 목록에 없던 새로운 소수가 생긴다. 따라서 유한한 소수 목록은 결코 완성할 수 없다.

대수 표기와 관련하여 앞서 알렉산드리아의 디오판토스를 언급한 적이 있다. 하지만 그가 가장 큰 업적을 남긴 분야는 정수론이다. 디오판토스는 수와 관련된 구체적인 사례보다는 일반적인 문제들을 연구했지만, 그의 해답은 구체적인 수로 되어 있었다. 가령, '총합 및 임의의 두 수의

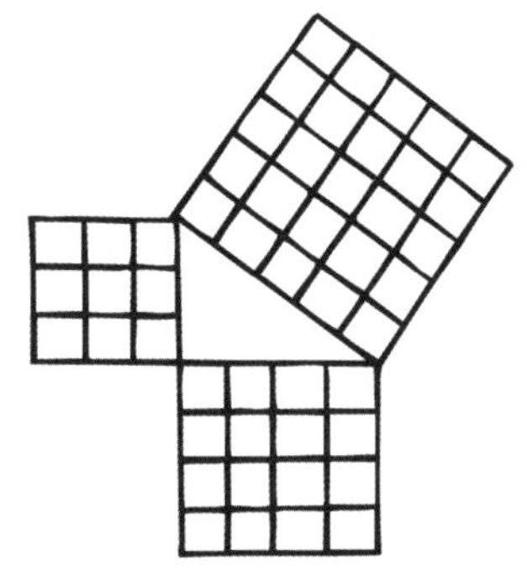

3-4-5 직각삼각형

합이 제곱수인 세 수를 찾아라'는 문제에 대한 그의 답은 41, 80, 320이다. 확인해보면, 세 수의 총합은 $441 = 21^2$이다. 임의의 두 쌍의 합 $41 + 80 = 11^2$, $41 + 320 = 19^2$ 그리고 $80 + 320 = 20^2$.

디오판토스가 푼 문제 가운데 가장 유명한 방정식 중 하나는 피타고라스 정리에서 나온 흥미로운 결과다. 우리는 피타고라스 정리를 대수적으로 다음과 같이 기술할 수 있다. 만약 직각삼각형의 변의 길이가 a, b, c이고 c가 제일 큰 변이라면, $a^2 + b^2 = c^2$이다. 그런데 변의 길이가 정수인 특별한 직각삼각형들이 있다. 가장 단순하고 유명한 것은 a, b, c가 각각 3, 4, 5일 때다. 이 경우 $3^2 + 4^2 = 9 + 16 = 25 = 5^2$이다. 또 한 가지 예는 그 다음 단순한 경우로서 $5^2 + 12^2 = 13^2$이다.

이런 피타고라스 삼각형은 무한히 많다. 디오판토스는 오늘날 우리가 $a^2 + b^2 = c^2$이라고 적는 방정식의 모든 가능한 정수해를 찾아냈다. 그의 해법은 이렇다. 임의의 두 정수를 택한다. 그런 다음 이 두 정수의 제곱의 차, 두 정수의 곱의 두 배 그리고 두 정수의 제곱의 합을 얻는다. 그러면 이 세 수는 언제나 피타고라스의 삼각형을 이룬다. 또한 이런 세

수에 동일한 상수를 곱하더라도 마찬가지다. 가령, 두 정수가 1, 2라면 해법에 따라 3, 4, 5의 세 수가 나오고 유명한 3-4-5 피타고라스 삼각형을 이룬다. 특히 두 정수를 선택하는 방법은 무한히 많기 때문에 피타고라스 삼각형도 무한히 많다.

페르마 ∞

디오판토스 이후 정수론은 1천 년 동안이나 정체기에 빠져 있다가 페르마에 의해 다시 부활했다. 페르마는 정수론에서 중요한 발견을 많이 했다. 페르마의 가장 아름다운 정리 중 하나는 어떤 정수 n이 언제 제곱수의 합, 즉 $n=a^2+b^2$이 되는지를 알려준다. 해답은 n이 소수이면 가장 단순하다. 페르마는 소수에는 세 가지 기본적인 유형이 있음을 알아차렸다.

(i) 수 2. 짝수인 유일한 소수다.

(ii) 4의 배수보다 1이 큰 소수. 가령 5, 13, 17 등. 이 소수들은 모두 홀수다.

(iii) 4의 배수보다 1이 작은 소수. 가령 3, 7, 11 등. 이 소수들도 모두 홀수다.

그는 소수가 범주 (i)이나 (ii)에 속하면 두 제곱수의 합이며, 범주 (iii)에 속하면 두 제곱수의 합이 아님을 증명했다.

가령, 37은 $4 \times 9 + 1$이므로 범주 (ii)에 속하며, 또한 $37 = 6^2 + 1^2$이므로 두 제곱수의 합이다. 이와 달리, $31 = 4 \times 8 - 1$이므로 범주 (iii)에 속하며, 온갖 방법을 동원하더라도 31을 두 제곱수의 합으로 만들 수 없다. ($31 = 25 + 6$인데, 여기서 25는 제곱수이지만 6은 아니다.)

이 논의의 결론에 따르면, 어떤 수는 $4k-1$ 형태의 모든 소인수가 짝수 거듭제곱으로 나타날 때에만 두 제곱수의 합이 된다고 한다. 비슷한 방법을 이용하여 조지프 루이 라그랑주는 모든 양의 정수는 네 제곱수의 합임을 1770년에 증명했다. (필요한 경우 한 번 이상 0을 포함한다.) 페르마가 이미 이 결과를 제시하긴 했지만 증명은 내놓지 않았다.

페르마가 발견한 정리 가운데 가장 영향력이 큰 것 또한 아주 단순한 형태를 띤다. 이것은 페르마의 마지막 (때로는 가장 위대한) 정리와 혼동을 피하기 위해 페르마의 작은 정리라고 불린다. 다음과 같은 내용이다.

만약 p가 임의의 소수이고 a가 임의의 정수이면, $a^p - a$는 p의 배수다. p가 합성수일 때는 대체로 이 관계가 성립하지 않지만, 반드시 그런 것은 아니다.

페르마의 가장 유명한 정리는 증명하는데 무려 350년 이상이 걸렸다. 그는 이 정리를 1640년경에 설명하면서 자신이 증명을 했노라고 주장했다. 하지만 그가 자신의 연구로 남긴 것은 짧은 메모뿐이었다. 페르마는 디오판토스의 《산수론》을 갖고 있었는데, 이 책에서 영감을 많이 받았다. 그리고 종종 자신의 아이디어를 책의 여백에 적어놓곤 했다. 어떤 시기에 그는 피타고라스 방정식, 즉 두 제곱수를 더하여 한 제곱수를 얻는 방정식을 생각하고 있었음이 틀림없다. 그러다가 제곱수 대신에 세제곱수라면 어떻게 될까 궁금해했지만, 해답은 찾지 못했다. 이런 식으로 그는 네제곱수, 다섯제곱수 또는 더 고차의 제곱수에 대해서도 동일한 문제를 궁리했다.

1670년에 페르마의 아들 사무엘은 바셰가 번역한 《산수론》을 출간했는데, 이 책의 여백에 페르마의 메모가 적혀 있었다. 그 메모 가운데 하나가 바로 악명 높은 페르마의 마지막 정리다. 이 정리는 다음과 같다. $n \geq 3$일 때, n지수의 거듭제곱수는 같은 지수의 두 거듭제곱수의 합으로 나타낼 수 없다. (즉 a, b, c가 양의 정수고, n이 3 이상의 정수일 때, 항상 $a^n + b^n \neq c^n$이라는 말이다_옮긴이) 책의 여백에는 다음과 같이 적혀 있다.

'임의의 세제곱수는 다른 두 세제곱수의 합으로 표현될 수 없고, 임의의 네제곱수 역시 다른 두 네제곱수의 합으로 표현될 수 없으며, 일반적

피에르 드 페르마 1601~1665

피에르 드 페르마는 1601년 프랑스의 보몽 드 로마뉴에서 태어났다. 피혁 상인인 아버지 도미니크 페르마와 변호사 집안의 딸인 어머니 클레어 드 롱 사이의 아들이었다.

1629년 페르마는 기하학의 여러 중요한 발견을 해냈으며, 미적분학의 선구자였다. 하지만 그는 직업으로 법률가의 길을 택하여, 1631년 툴루즈 의회의 의원이 되었다. 이 덕분에 그의 이름에는 귀족임을 나타내는 드(de)가 붙었다.

흑사병이 창궐해 상관들이 죽는 바람에 페르마는 빠르게 승진했다. 1648년에는 툴루즈 지방 의회에서 왕의 칙선 의원에 올랐다. 이후 페르마는 툴루즈에서 평생 근무했으며, 1652년에는 형사법정에서 제일 높은 직위에 올랐다.

페르마는 평생 학계에 몸담지는 않았지만 수학에 대한 열정은 한시도 식지 않았다. 1653년 흑사병에 걸려 죽었다는 소문이 돌았지만 무사히 살아남았다. 다른 지식인들과 널리 서신교환을 했는데, 특히 수학자 피에르 드 카르카비와 마랭 메르센과 친분이 두터웠다.

페르마는 역학, 광학, 확률론 그리고 기하학도 연구했으며, 함수의 최댓값과 최솟값을 찾는 페르마의 방법은 미적분학으로 가는 길을 터놓았다. 그는 세계 정상급의 수학자였지만 자신의 연구 결과를 거의 발표하지 않았다. 그 주된 이유는 연구 결과를 발간에 적합한 형태로 만드는 데 굳이 많은 시간을 들이고 싶지 않았기 때문이다.

페르마가 후대에 가장 오래 남긴 영향력은 정수론 연구였다. 그는 다른 수학자들에게 일련의 정리를 증명하고 여러 문제를 풀라고 촉구했다. 그중에는 '펠 방정식' $nx^2+1=y^2$ 그리고 0이 아닌 두 세제곱수의 합이 한 세제곱수가 될 수 없다는 정리가 있다. 이것은 더욱 일반적인 추측인 '페르마의 마지막 정리'의 한 가지 특수 사례다. 페르마의 마지막 정리에서는 세제곱수가 n지수의 거듭제곱수($n \geq 3$)로 대체된다. 페르마는 1665년에 죽었는데, 휘말렸던 소송 사건의 결말이 내려지기 딱 이틀 전이었다.

으로 3 이상의 지수를 가진 정수는 이와 동일한 지수를 가진 다른 두 수의 합으로 표현될 수 없다. 나는 이것을 경이로운 방법으로 증명하였으나, 책의 여백이 충분하지 않아 적지 않는다.'

설령 그가 증명을 했더라도 틀린 증명이었을 가능성이 크다. 왜냐하면 최초이자 지금껏 유일한 증명은 1994년에 앤드루 와일스Andrew Wiles가 내놓았는데, 이 증명은 20세기 후반에야 나타난 추상적인 고등 수학의 방법을 이용하고 있기 때문이다.

페르마의 사후에도 정수론을 연구한 훌륭한 수학자들이 여럿 있었는데, 특히 오일러와 라그랑주가 대표적이다. 페르마가 내놓았지만 증명하지는 못했던 정리들 가운데 대다수는 이 시기에 말끔하게 해결되었다.

가우스 ∞

정수론에서 그다음 큰 발전은 가우스가 이루어냈다. 대표적으로는, 1801년 출간된 그의 기념비적인 역작인 《산술 연구》가 있다. 이 책은 정수론이 수학 무대의 중심에 서도록 이끌었다. 이후부터 정수론은 주류 수학의 핵심 분야가 되었다. 가우스는 주로 자신만의 새로운 연구에 몰두했지만, 아울러 정수론의 기초를 튼튼히 다졌고 선배 학자들의 개념들을 체계화했다.

이런 변화 가운데 가장 중요한 것은 매우 단순하지만 위력적인 개념인 모듈 산수modular arithmetic다. 가우스는 새로운 유형의 수 체계를 발견했는데, 이는 정수와 비슷하지만 한 가지 핵심적인 측면이 다르다. 모듈러스modulus라고 알려진 어떤 특별한 수가 0과 동일시되는데, 이 흥미로운 개념은 정수의 가분성을 이해하는 데 근본이 되는 것으로 드러났다.

가우스의 개념은 이렇다. 한 정수 m이 주어져 있을 때, $a-b$가 m으로 나누어떨어질 때 a와 b는 모듈러스 m에 대하여 합동이다. 이것을 아래와 같은 식으로 나타낸다.

$$a \equiv b \,(\bmod\, m)$$

모듈러스 m에 대한 산수는 보통의 정수와 똑같은데, 다만 예외라면 계산할 때 언제라도 m을 0으로 교체할 수 있다는 점이다. 따라서 m의 배수는 무시할 수 있다. (모듈로 연산 $A \bmod B$는 A를 B로 나눈 나머지다. 가령 $5 \bmod 2 = 1$이다. $a \equiv b \,(\bmod\, m)$이란 $a \bmod m = b \bmod m$이라는 의미다. 즉 a, b 두 수는 m으로 나누었을 때 나머지가 같다는 의미다_옮긴이)

이 개념의 알맹이를 포착하는데 종종 '시계 산수'라는 말이 쓰이곤 한다. 시계에서 수 시간이 12단계마다 반복하기에 12는 0과 사실상 똑같다. (유럽 대륙과 군사작전에서는 12 대신에 24다.) 6시 이후의 일곱 시간은 13시가 아니라 1시인데, 이를 가우스의 개념으로 표현하면 이렇다. $13 \equiv 1 \,(\bmod\, 12)$. 따라서 모듈 산수는 한 사이클을 진행하는 데 m시간이 걸리는 시계와 비슷하다. 놀랄 것도 없이, 모듈 산수는 수학자들이 반복적인 순환 속에서 변해가는 것들을 살필 때 진가를 발휘한다.

《산술 연구》는 더 심오한 개념들을 위한 기초로서 이 모듈 산수를 이용했는데, 우리는 그 중 세 가지 개념을 소개하고자 한다.

책의 전체 내용은 $4k+1$ 형태의 소수들은 두 제곱수의 합이며, 반면에 $4k-1$ 형태의 소수들은 그렇지 않다는 페르마의 주장을 훨씬 더 확장하고 있다. 가우스는 (x, y가 정수일 때) x^2+y^2의 형태로 적을 수 있는 정수들의 한 특징으로서 페르마의 결과를 다시 기술했다. 그다음 가우스는 이 공식 대신에 일반적인 이차식 형태 $ax^2+bxy+cy^2$을 사용한다

가우스는 무척이나 조숙해서 세 살 때 아버지의 계산에서 틀린 것을 찾아내 고쳤다고 한다. 1792년에는 브룬스빅 볼펜뷔텔 백작의 재정 지원을 받아 브룬스빅의 콜레기움 카롤리눔이라는 학교에 입학했다. 이 학교에 다닐 때 가우스는 이차상호법칙과 소수 정리 등 수학 분야의 여러 가지 중요한 발견을 했지만, 증명은 하지 못했다. 1795년에서 1798년 사이에는 괴팅겐에서 공부했는데, 거기서 자와 컴퍼스로 정십칠각형을 작도하는 법을 알아냈다. 1801년에 출간된 가우스의 《산술 연구》는 오늘날까지 정수론의 가장 중요한 저서로 꼽힌다.

하지만 가우스가 세상에 유명해진 것은 한 천체 현상을 예측한 일 때문이었다. 1801년에 주세피 피아치는 최초의 소행성인 세레스를 발견했다. 하지만 이 소행성을 관찰하기란 쉽지 않아, 소행성이 태양 뒤에서 나타날 때 이를 다시 발견하기란 어려울 것이라고 천문학자들은 우려했다. 소행성이 언제 다시 나타날지를 놓고 여러 천문학자들이 예측했는데, 가우스도 이에 동참했다. 이때 이를 정확히 예측한 사람은 가우스뿐이었다. 가우스는 직접 고안한 자신만의 방법을 사용하여 제한된 관찰 데이터로부터 정확한 결과를 이끌어냈다. 오늘날 가우스의 이 방법은 '최소 제곱의 방법'이라고 불린다. 가우스는 당시에는 그 기법을 공개하지 않았지만, 이후 이 방법은 통계학 및 관찰 데이터를 주로 다루는 학문에서 매우 중요한 역할을 하고 있다.

면 어떻게 될지 물었다. 그의 정리들은 너무 전문적이라 더 이상 논의하기에는 어려운데, 아무튼 그는 이 질문에 대한 거의 완벽한 해답을 얻어냈다.

또 하나의 주제는 이차상호법칙이다. 이것은 가우스가 오랜 세월 고심했던 문제다. 출발점은 다음과 같은 단순한 질문이다. 한 모듈러스가

1805년에 가우스는 무척 사랑하던 여인 요한나 오스토프와 결혼했고, 1807년에는 브룬스빅을 떠나 괴팅겐 천문대의 소장이 되었다. 1808년 아버지가 세상을 떠났고, 1809년에는 아내가 둘째 아들을 낳고 나서 죽었으며, 둘째 아들도 뒤이어 죽었다. 이런 불행한 개인사에도 불구하고 가우스는 연구를 계속하여 1809년에는 천체역학 분야의 중요한 저서인 《천체 운동론》을 출간했다. 가우스는 죽은 아내 요한나의 가까운 친척인 미나와 재혼했지만, 이 결혼은 사랑보다는 생활의 편의를 위한 것이었다.

1816년 무렵 가우스는 평행선 공리를 유클리드의 다른 공리들로부터 유도하기에 관한 글을 썼는데, 이 글에서 그가 1800년부터 줄곧 가져왔던 의견을 내비쳤다. 즉 유클리드의 기하학과 다르지만 논리적으로 일관성을 갖춘 기하학 체계가 존재할 가능성을 피력했다.

1818년에 가우스는 하노버의 측지학 조사 팀을 이끌며, 측지학 조사 방법에 중대한 공헌을 하였다. (측지학이란 지구 내부의 특성, 지구의 형상과 운동 특성 등을 결정하고, 지구 표면상에 있는 모든 점들 간의 상호 위치 관계를 규정하는 학문이다_옮긴이) 1831년 아내 미나가 죽었으며, 이후 물리학자 빌헬름 베버와 함께 지구의 자기장을 연구하기 시작했다.

둘은 오늘날 전기 회로의 키르히호프 법칙이라고 알려진 것을 발견했으며, 조악하긴 하지만 효과적인 전신기를 만들었다. 1837년 베버가 어쩔 수 없이 괴팅겐을 떠나게 되자, 가우스의 과학 연구는 시들해졌다. 하지만 그는 여전히 다른 이들의 연구에 흥미를 잃지 않았는데, 특히 페르디난트 아이젠슈타인과 게오르크 베른하르트 리만Georg Bernhard Riemann의 연구에 관심이 많았다. 가우스는 잠을 자는 도중에 편안하게 생을 마감했다.

주어져 있을 때, 제곱수는 어떤 성질을 나타낼까? 가령, 모듈러스가 11이라고 하자. 그러면 (11보다 작은 수의) 제곱수들은 다음과 같다.

$$0 \quad 1 \quad 4 \quad 9 \quad 16 \quad 25 \quad 36 \quad 49 \quad 64 \quad 81 \quad 100$$

이 수들은 (mod 11)에 의해, 즉 11로 나눈 나머지를 취하면, 다음 결과가 나온다.

$$0 \quad 1 \quad 3 \quad 4 \quad 5 \quad 9$$

실제로 계산해보면 0이 아닌 수는 각각 두 번씩 나타난다. 이 수들을 mod 11의 이차 나머지quadratic residues라고 한다.

이 질문에 대한 해답의 열쇠는 소수를 살펴보는 것이다. 만약 p와 q가 소수이면, 언제 q는 제곱수 $(\bmod \, p)$인가? 가우스는 이 질문에 직접 답할 단순한 방법은 없지만, 이 질문이 '언제 p는 제곱수 $(\bmod \, q)$인가?'라는 질문과 놀라운 관련성이 있음을 발견했다. 가령, 앞의 이차 나머지 목록에서 보면 $q=5$는 제곱수 $\bmod \, (p=11)$이다. 또한 11이 제곱수 $(\bmod \, 5)$이다는 참이다. 왜냐하면 $11 \equiv 1 (\bmod \, 5)$이고 $1 \equiv 1^2$이기 때문이다.

가우스는 이러한 이차상호법칙이 임의의 홀수 소수 쌍에 유효하며, 다만 두 소수가 $4k-1$ 형태일 때는 예외로서 이 경우 두 질문은 언제나 서로 답이 반대임을 증명했다. 즉 임의의 홀수 소수 p와 q에 대하여

오직 p가 제곱수 $(\bmod \, q)$이라야만 q는 제곱수 $(\bmod \, p)$이다.

다만 p와 q가 $4k-1$의 형태일 때에는 예외로서, 이 경우에는

오직 p가 제곱수 $(\bmod \, q)$가 아니어야만 q는 제곱수 $(\bmod \, p)$이다.

처음에 가우스는 이것이 새로운 관찰이 아니라는 것을 몰랐다. 이미 오일러가 같은 유형을 알아냈기 때문이다. 하지만 오일러와 달리 가우스는 이것이 언제나 참임을 용케도 증명해냈다. 증명은 매우 어려웠다. 가우스는 한 가지, 미세하지만 결정적인 증명상의 어려운 점을 해소하

는 데 여러 해가 걸렸다.

《산술 연구》의 세 번째 주제는 가우스로 하여금 19세의 나이로 수학자가 되는 것을 결심하게 만든 어떤 발견이다. 바로 정십칠각형(17개의 변이 있는 다각형)의 작도법을 발견한 것이다. 유클리드는 자와 컴퍼스를 이용해 변이 세 개, 다섯 개 그리고 15개인 다각형의 작도법을 내놓았다. 또한 그는 각도를 이등분하여 이 수들이 두 배로 될 수 있음을 알아냈고, 그리하여 변이 네 개, 여섯 개, 여덟 개 그리고 열 개인 정다각형을 내놓았다. 하지만 유클리드는 정칠각형이나 정구각형은 물론이고 자신이 이미 제시한 정다각형 이외에는 작도하지 않았다. 약 2천 년 동안 수학계는 유클리드가 이미 결론을 내놓았기에 다른 정다각형은 작도할 수 없다고 여겼다. 하지만 가우스는 이것이 틀렸음을 증명해냈다.

여기서 관건은 p가 소수일 때 정p각형을 작도할 수 있는지를 알아보는 것이다. 가우스는 그런 다각형의 작도는 다음 대수방정식을 푸는 것과 등가임을 지적했다.

$$x^{p-1} + x^{p-2} + x^{p-3} + \cdots + x^2 + x + 1 = 0$$

이제 좌표기하학 덕분에 자와 컴퍼스를 이용한 작도 문제는 (여기서 자세한 설명을 하기는 어렵지만 결과적으로) 이차방정식의 풀이로 환원될 수 있다. 만약 이런 식의 작도가 가능하다면, (적절한 증명 과정을 통해) $p-1$이 2의 거듭 제곱수가 되어야 한다는 결과가 도출된다.

고대 그리스의 사례인 $p=3$ 및 5는 이 조건을 만족한다. $p-1$이 각각 2와 4이기 때문이다. 하지만 그런 소수가 이 둘뿐인 것은 아니다. 가령 $17-1=16$도 2의 거듭제곱수이다. 이 사실이 정십칠각형의 작도 가능함을 증명하지는 않지만, 그럴 가능성이 높다는 낌새를 준다. 그리고

그들은 정수론을 어떻게 활용했을까?

정수론을 실제로 응용한 오래 전의 사례로 톱니바퀴를 들 수 있다. 서로 이빨이 꽉 물려 있는 두 개의 톱니바퀴가 있다. 하나는 톱니가 m개이고 다른 하나는 톱니가 n개이면, 이 두 톱니바퀴의 움직임은 이 수들과 관련이 있다. 가령, 하나는 톱니가 30개이고 다른 하나는 일곱 개라고 하자. 큰 톱니를 정확히 한 바퀴 돌리면, 작은 톱니는 어떻게 될까? 작은 톱니는 7, 14, 21 및 28 단계 후에는 처음 위치로 되돌아간다. 따라서 작은 바퀴는 큰 바퀴가 30단계만큼 갔을 때 2단계 앞서 있다. 이 수가 나오는 까닭은 30을 7로 나누면 나머지가 2이기 때문이다. 따라서 톱니바퀴의 움직임은 나머지가 생기는 나눗셈의 기계적인 표현이며, 이것이 바로 모듈 산수의 바탕이다.

고대 그리스의 기술자들도 톱니바퀴를 이용해 안티키테라 기계라는 놀라운 장치를 만들었다. 1900년에 해면 채취 잠수부인 엘리아스 스타디아티스가 안티키테라 섬 근처의 수심 약 40m 지점에 BC65년 난파된 배에서 형체를 알아볼 수 없을 만큼 부식된 바위 덩어리 하나를 발견했다. 1902년에 고고학자 발레리오스 스타이스는 바위 속에 톱니바퀴가 들어 있다는 사실을 알아차렸다. 이 톱니바퀴는 사실 청동으로 만든 복잡한 기계의 잔해였다. 기계에는 그리스어로 적힌 글이 새겨져 있었다.

기계의 구조 및 새겨진 글을 통해 기계의 기능이 밝혀졌는데, 천문 계산기였다. 이 기계에는 30개 이상의 톱니바퀴가 있는데, 가장 최근인 2006년에 재구성된 결과

안티키테라 기계의 실제 모습

에 의하면 원래는 톱니바퀴가 37개였던 것으로 보인다. 톱니바퀴의 개수는 중요한 천문학적 비율에 대응한다. 특히 두 톱니바퀴에는 제작하기 어려운 숫자인 53개의 톱니가 있는데, 이 수는 지구에서 가장 먼 달의 지점이 회전하는 속도에서 나온 것이다. 톱니 수의 모든 소인수는 두 가지 고전적인 천문 주기인 메톤 주기와 사로스 주기에 바탕을 두고 있다. X선 분석에 의해 숨겨진 문구가 드러나 해독되었는데, 이에 따르면 이 기계는 태양과 달 그리고 아마도 당시에 알려진 행성들의 위치를 예측하는 데 이용되었음이 확실하다. 기계에 새겨진 글은 BC150~BC100년경에 작성된 것으로 드러났다.

안티키테라 기계는 정교하게 설계된 장치로서, 달의 운동에 관한 히파르코스의 이론을 구현한 것처럼 보인다. 그의 제자들 중 한 명이 만들었거나 아니면 적어도 제자들의 도움을 받아 만들어졌을지 모른다. 어쩌면 정교한 디자인과 뛰어난 제작기술을 볼 때, 실용적인 도구가 아니라 귀족을 위한 장난감일 수도 있다.

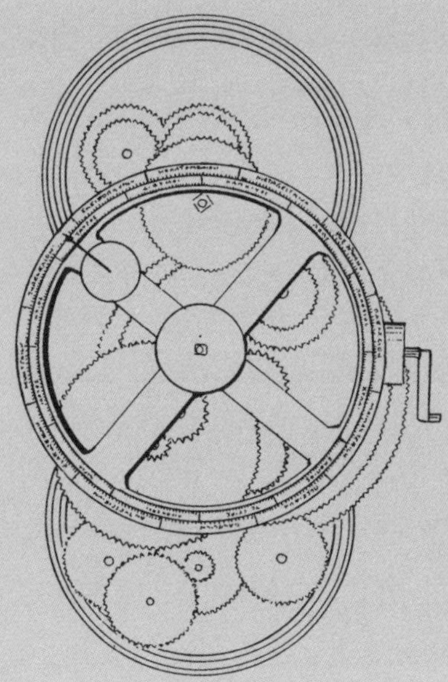

안티키테라를 재구성한 모습

마리 소피 제르맹 1776~1831

마리 소피 제르맹Marie-Sophie Germain은 비단 상인 앙브루아즈 프랑수아 제르맹과 마리 마들렌 그뤼글랭 사이에서 태어난 딸이었다. 13세 때 제르맹은 모래 위에 그려진 기하 도형을 연구하다 로마 병사에게 죽임을 당한 아르키메데스의 이야기를 읽고서 감명을 받아 수학자가 되기로 결심했다. 당시에 수학은 젊은 여성한테 어울리지 않는 직업이었기에 부모는 자식의 앞날을 걱정해 간곡히 말렸다. 하지만 제르맹은 부모가 잠들고 나면 이불을 뒤집어 쓴 채 뉴턴과 오일러의 책들을 읽었다. 제르맹의 열정에 감탄한 부모는 마침내 마음을 바꿔 딸을 돕기 시작했고, 평생 동안 경제적인 지원도 아끼지 않았다.

제르맹은 에콜 폴리테크니크에서 강의 노트를 구해서 공부했으며, 자신의 독창적인 연구 결과를 담은 편지를 라그랑주에게 써서 보냈다. 이때 자신을 '르블랑 씨'라고 소개했다. 라그랑주는 이 편지에 깊은 인상을 받았는데, 결국에는 편지의 장본인이 여자임을 알게 되었다. 라그랑주는 진심으로 제르맹을 격려했으며 기꺼이 후원자가 되어주었다. 둘은 함께 연구했으며, 제르맹의 연구 결과 중 일부는 르장드르의 《정수론》(1798년)의 후속 판본에 포함되었다.

제르맹은 가우스와 서신을 주고받은 여성으로 유명하다. 제르맹은 가우스의 《산술 연구》를 공부했는데, 1804년부터 1809년까지 가우스에게 수많은 편지를 보냈다. 이번에도 역시 자신이 여성임을 숨기고 르블랑이라는 이름을 사용했다. 가우스는 다른 사람에게 보낸 편지에서 르블랑의 연구를 칭찬하기도 했다. 1806년 가우

가우스는 16차방정식을 일련의 이차방정식으로 환원시키는 명시적인 방법을 찾아냈다. 가우스는 (p가 소수일 때) $p-1$이 2의 거듭제곱수일 때면 언제나 정p각형을 작도할 수 있고, 그 외의 모든 다른 소수일 때는 작도가 불가능함을 언급하기만 했을 뿐 증명은 내놓지 않았다. 증명은 곧 다른 사람에 의해 완성되었다.

스는 르블랑이 실제로는 여성임을 알게 되었다. 사연인즉 이랬다. 그해에 프랑스가 브라운슈바이크를 점령하자, 가우스가 아르키메데스와 똑같은 운명을 맞을까 두려웠던 제르맹은 친척인 프랑스 군대의 페르네티 장군에게 연락을 취했다. 이 소식을 들은 가우스가 자연스럽게 르블랑이 실제로는 소피 제르맹이라는 여성임을 알게 되었던 것이다. 사실 제르맹이 걱정할 필요는 없었지만, 어쨌든 가우스는 큰 감명을 받아 제르맹에게 이런 편지를 보냈다.

'하지만 존경하는 르블랑 씨가 이런 고귀한 인물로 변신한 것을 알고서 제가 얼마나 감탄하고 놀랐는지를 어떻게 표현할 수 있을까요? … 우리의 관습과 편견으로 인해 이 가시밭길의 학문과 친해지려면 남자보다 훨씬 더 큰 어려움과 맞닥뜨리게 되는 여성임에도 불구하고 이런 난관을 극복하고 이 학문의 가장 추상적인 분야를 파악하는 데 성공했다니, 가장 고상한 용기와 비범한 재능과 뛰어난 천재성을 지니신 분임이 분명합니다.'

제르맹은 페르마의 마지막 정리를 연구하였는데, 1840년대까지 얻을 수 있는 최상의 결과를 얻었다. 1810년과 1820년 사이에 제르맹은 표면의 진동을 연구했다. 이것은 프랑스 학사원에서 제시한 문제였다. 특히 '클라드니 패턴'을 해명하는 문제였는데, 이것은 모래를 금속판 위에 흩뿌린 다음 금속판을 바이올린 활로 진동시켰을 때 생기는 패턴이었다. 세 번의 시도 끝에 제르맹은 금메달을 수상했다. 하지만 무슨 이유에선지 모르겠지만, 아마도 여성 과학자를 부당하게 취급했다는 항의로 제르맹은 시상직장에 나타나지 않았다.

1829년에 제르맹은 유방암에 걸렸지만, 정수론과 곡면의 곡률 연구를 계속하다가 2년 후에 세상을 떠났다.

이 특별한 소수들을 가리켜 페르마 소수라고 한다. 페르마가 이런 소수를 연구했기 때문이다. 페르마는 주장하기를, p가 소수이고 $p-1 = 2^k$이면, k 또한 반드시 2의 거듭제곱수가 된다고 했다. 그리고 처음 몇 개의 페르마 소수로 2, 3, 5, 17, 257, 65, 537을 꼽았다. 또한 $2^{2^m}+1$ 형태의 수는 언제나 소수일 것이라고 추측했지만, 이것은 틀린 추측이었다. 오일러가 $m = 5$일 때 이 값에 641의 인수가 있음을 발견해냈기 때문이다.

한편, 가우스가 발견한 방법에 의하면 자와 컴퍼스로 정257각형과 정65,537각형도 틀림없이 작도할 수 있음을 알 수 있다. F. J. 리헬로트는 1832년에 정257각형을 성공적으로 작도해냈다. 1894년에는 J. 헤르메스가 10년에 걸친 노력 끝에 정65,537각형을 완성했다. 하지만 최근의 연구 결과에 의하면 이 다각형에는 오류가 있음이 드러났다.

정수론은 페르마의 연구와 더불어 수학적으로 흥미로운 분야가 되었다. 페르마는 정수의 특이하고 당혹스러운 성질을 파헤침으로써 숨어 있던 중요한 패턴들을 다수 찾아냈다. 페르마는 고약스럽게도 증명을 내놓지 않았지만, 이후 오일러와 라그랑주 그리고 이 둘보다 덜 뛰어난 다른 인물들이 속속 증명을 내놓았다. 하지만 페르마의 마지막 정리만 유일하게 예외였다. 정수론은 고립된 정리들로 이루어져 있는 듯했다. 즉 심오하고 난해한 각각의 정리들은 서로 긴밀한 관련성을 갖고 있지는 않아 보였다.

가우스가 나타나 모듈 산수와 같은 정수론의 일반적이고 개념적인 토대를 내놓으면서 이런 시각은 완전히 바뀌었다. 또한 가우스는 정다각형에 관한 연구를 통해 정수론과 기하학을 연결시켰다. 그 이후로 정수론은 수학의 화단에서 가장 아름다운 꽃으로 부상했다.

가우스의 통찰 덕분에 수학에 깃든 새로운 유형의 구조가 드러났다. 가령 $\bmod n$ 의 정수들과 같은 수 체계 또는 이차방정식 구성하기와 같은 새로운 연산이 그러한 예다. 나중에야 알게 된 것이지만, 18세기 후반과 19세기 초반의 정수론은 19세기 후반과 20세기의 추상 대수학으로 이어졌다. 수학자들은 이전보다 훨씬 더 넓은 범위의 개념과 구조를

우리는 정수론을 어떻게 활용하고 있을까?

정수론은 전자상거래에 이용되는 중요한 보안 암호화 기술의 바탕을 이룬다. 그중 가장 유명한 것이 RSA 암호화 기법인데, RSA는 로널드 라이베스트Ron Rivest, 아디 샤미르Adi Shamir, 레너드 애들먼Leonard Adleman의 이름 앞 글자를 딴 것이다. 이 암호화 기법의 놀라운 특징은 메시지를 복호화하는 과정을 비밀에 붙이는 한, 메시지를 암호화하는 과정은 공개해도 무방하다는 것이다.

앨리스가 밥에게 비밀 메시지를 보내려 한다고 가정하자. 그러기 전에 둘은 두 개의 큰 (적어도 수백 자릿수의) 소수 p와 q를 정한 다음, 둘을 곱하여 $M=pq$를 얻는다. 원한다면 이 수는 공개할 수도 있다. 둘은 또한 $K=(p-1)(q-1)$을 계산한 다음 이 것은 비밀로 간직한다.

이제 앨리스는 메시지를 0에서 M까지의 한 수로 표현한다(아주 긴 메시지라면 그런 수들의 조합으로 표현한다). 메시지를 암호화하기 위해 앨리스는 K와 공약수가 없는 어떤 수 a를 선택하고, $y=-x^a(\mathrm{mod}\,M)$을 계산한다. 수 a는 밥에게는 반드시 알려주어야 하며, 또 원한다면 공개할 수도 있다.

메시지를 복호화하려면 밥은 다음 조건을 만족하는 수 b를 알아야만 한다. $ab\equiv 1(\mathrm{mod}\,K)$. (유일한 값으로 존재하는) 이 수는 둘만 아는 비밀로 한다. y를 풀기 위해, 밥은 다음을 계산한다.

$$y^b(\mathrm{mod}\,M)$$

왜 이렇게 하는 것일까?

$$y^b\equiv(x^a)^b\equiv x^{ab}\equiv x^1\equiv x(\mathrm{mod}\,M)$$

이는 오일러가 일반화시킨 페르마의 소정리를 이용한 결과다.

이 방법이 실용적인 까닭은 큰 소수를 찾는 효과적인 방법은 존재하는 반면에 큰 소수의 소인수를 찾는 효과적인 방법은 존재하지 않기 때문이다. 따라서 곱 pq를 알려준다고 해서 사람들이 p와 q를 찾기는 무척 어렵기에, 이 두 수를 모르는 한 값 b를 알아낼 수 없고, 결국 메시지를 풀 수 없다.

수학 연구의 대상으로 받아들이기 시작했다. 비록 특정 주제를 전문적으로 다루긴 했지만, 가우스의 《산술 연구》는 총체적인 수학에 접근하려는 현대적 방법론의 중요한 초석이 되었다. 바로 이런 까닭에 가우스가 다른 수학자들한테서 높은 평가를 받는 것이다.

20세기 후반에 이르기 전까지 정수론은 순수수학의 한 분야로 머물러 있었다. 그 자체로서 흥미롭고 수학 내의 다른 분야에 수많은 응용 사례가 있긴 하지만 바깥 세계에는 그다지 중요하지 않은 학문이었다. 하지만 20세기 후반 디지털 통신이 발명되면서 상황은 완전히 달라졌다. 디지털 통신은 수에 바탕을 두고 있기에, 놀랄 것도 없이 정수론이 이 응용 분야의 전면에 나서게 되었다. 훌륭한 수학적 개념이 실제로 중요하게 쓰이기까지는 종종 오랜 시간이 걸린다. 때로는 수백 년이 걸리기도 한다. 하지만 수학자들이 나름의 이유로 중요하다고 여긴 대다수 주제들은 실제 세상에서도 소중한 것임이 결국 드러나게 마련이다.

세계의
체계

미적분의
발명

수학사에서 이루어진 발전 가운데 가장 중요한 한 가지를 꼽으라면 바로 미적분(학)이다. 미적분은 1680년경에 아이작 뉴턴과 고트프리트 라이프니츠Gottfried Leibniz가 독자적으로 발명했다. 라이프니츠가 먼저 발표했지만, 뉴턴은 (애국심이 넘치는 벗들의 지원을 등에 업고) 자신에게 우선권이 있다며 라이프니츠를 표절자로 몰아붙였다. 이 소동 때문에 영국 수학자와 대륙 수학자들은 한 세기 동안 관계가 악화되었는데, 주로 피해를 본 쪽은 영국 수학자들이었다.

세계의 체계 ∞

설령 라이프니츠에게 우선권이 있다 하더라도, 미적분을 수리물리학이라는 신생 분야의 핵심 기법으로 자리 잡게 한 사람은 단연 뉴턴이었다. 뉴턴 덕분에 미적분은 자연계를 이해하는 가장 효과적인 도구인 수리물리학의 바탕이 되었다. 뉴턴은 자신의 이론을 '세계의 체계'라고 불렀다. 그다지 겸손한 이름이라고 보기는 어렵지만, 참으로 적절한 표현이 아닐 수 없다. 뉴턴 이전에는 인류가 이해한 자연의 패턴이라고 해보았자 갈릴레오가 제시한 움직이는 물체, 특히 대포알과 같은 물체의 포물선 궤적이나 케플러가 발견한 화성의 타원 궤도가 고작이었다. 그러던 것이 뉴턴 이후로는 수학적 패턴이 지상 또는 천상에 있는 물체들의 운동, 공기와 물의 흐름, 열과 빛과 소리의 전달 그리고 중력 등 자연계의 거의 모든 현상을 지배하게 되었다.

하지만 흥미롭게도 자연의 수학적 법칙에 관한 뉴턴의 주요 저서인 《프린키피아Principia》에는 미적분을 전혀 언급하지 않는다. 대신에 고대 그리스 스타일로 기하학을 영리하게 적용하고 있을 뿐이다. 하지만 겉보기에 속아서는 안 된다. 포츠머스 논문이라고 알려진 미발표 문서들에 따르면, 《프린키피아》를 집필하고 있을 때 뉴턴은 이미 미적분의 주요 개념들을 알고 있었다. 십중팔구 뉴턴은 미적분을 이용하여 많은 발견을 했지만, 굳이 그런 사실을 공개하지는 않기로 했던 것 같다. 뉴턴의 미적분학은 그의 사후인 1732년에야 《유율법Method of Fluxions》이라는 책에서 발표되었다.

미적분 ∞

미적분이란 무엇일까? 뉴턴과 라이프니츠가 발명한 이 방법을 이해하려면 그 주요 개념들을 훑어볼 필요가 있다. 미적분은 순간적인 변화율—특정한 어떤 양이 바로 그 순간에 얼마나 빠르게 변하는가?—의 수학이다. 물리적 현상을 한 예로 들어보자. 기차가 철로 위를 달리고 있다. 바로 지금 기차는 얼마나 빠르게 움직이는가? 미적분은 두 개의 주요 분야인 미분과 적분으로 나뉜다. 미분은 변화율을 계산하는 방법을 제공하는데, 기하학에 많이 응용되며 특히 곡선의 접선을 찾는 데 쓰인다. 적분은 그 반대다. 어떤 양의 변화율이 주어져 있을 때, 그 양을 찾는 데 쓰인다. 적분을 기하학에 응용한 대표적인 사례가 바로 도형의 넓이와 부피 계산이다. 무관해 보이는 두 가지 고전적 기하학 영역인 곡선의 접선과 넓이가 뜻밖에도 연결되어 있다는 것이야말로 수학사에서 가장 의미심장한 발견이다.

미적분은 함수에 관한 것이다. 어떤 일반적인 수에 관해 정의된 함수에서 특정한 하나의 값을 찾는 절차다. 대개 이 절차는 한 주어진 수 x(어떤 구체적인 구간에서 정의됨)를 이와 관련된 수 $f(x)$에 대응시키는 식에 의해 특정된다. 가령, 제곱근 함수 $f(x) = \sqrt{x}$(x는 양수이어야 한다)와 제곱 함수 $f(x) = x^2$(x의 값에는 제한이 없다)을 예로 들어보자.

미적분의 첫 번째 핵심 개념은 미분이다. 이것은 한 함수의 도함수를 얻는 과정이다. 도함수는 x의 변화에 따라 $f(x)$가 변하는 비율이다. 달리 말해, x에 대한 $f(x)$의 변화율이다.

기하학적으로 보자면, 변화율은 값 x에서 f 그래프의 접선 기울기다. 이것을 찾는 근사적인 방법은 할선割線의 기울기를 찾는 일이다. 할선은 이웃한 두 점 x와 $x + h$(h는 아주 작은 값)에 대응하는 두 점을 지나며 그래프를 자르는 선이다. 할선의 기울기는 아래와 같다.

$$\frac{f(x+h)-f(x)}{h}$$

여기서 h가 매우 작아진다고 가정하면, 할선은 x에서 그래프의 접선에 접근한다. 이 식에서 따라서 어떤 의미에서 보면, 우리가 찾는 기울기—x에서 f의 도함수—는 h가 매우 작아질 때 식의 극한이다.

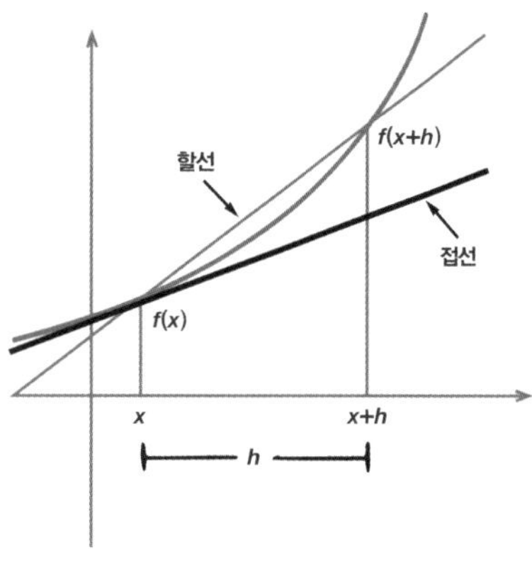

도함수의 근사치를 구하는 과정

$f(x) = x^2$이라는 간단한 예를 들어 이 계산을 해보자.

$$\frac{f(x+h)-f(x)}{h} = \frac{(x+h)^2-x^2}{h} = \frac{x^2+2xh+h^2-x^2}{h} = 2x+h$$

h가 아주 많이 작아지면 기울기 $2x+h$는 점점 더 $2x$에 가까워진다. 따라서 f의 도함수를 $g(x)$라 하면 $g(x) = 2x$다.

여기서 중요한 개념은 극한이 무슨 의미인지를 정의하는 것이다. 극한을 논리적으로 정의하는 데는 무려 한 세기가 더 걸렸다.

미적분의 다른 핵심 개념은 적분이다. 이것은 미분을 거꾸로 하는 과정이라고 보면 이해하기가 쉽다.

$$\int g(x)\,dx$$

이 식에서 g의 적분은 도함수 $g(x)$의 원래 함수 $f(x)$다. 예를 들면, $f(x) = x^2$의 도함수가 $g(x) = 2x$이므로, $g(x) = 2x$의 적분은 $f(x) = x^2$이다. 수식으로 표현하면 다음과 같다.

$$\int 2x\,dx = x^2$$

미적분의 필요성 ∞

미적분을 발명하게 된 계기는 두 가지 방향에서 찾아왔다. 하나는 순수 수학 자체의 필요에서 나온 것이다. 미분은 곡선의 접선을 찾는 방법에서부터 발전하기 시작했고, 적분은 평면 도형의 넓이와 입체의 부피를 계산하는 방법에서부터 발전했다. 하지만 정작 더욱 중요한 자극은 물리학에서 비롯되었다. 자연현상에 패턴이 존재한다는 인식이 점점 커진 것이 결정적인 자극이었다. 지금도 이유는 완전히 파악되지 않고 있지만, 자연계의 근본적인 패턴들 다수는 변화율과 깊은 관련이 있다. 따라서 이런 패턴은 오직 미적분을 통해서만 이해되고 발견될 수 있다.

르네상스 시기 이전에는 태양, 달 및 행성들에 관한 가장 정확한 운동 모형은 프톨레마이오스가 내놓은 것이었다. 프톨레마이오스의 체계 내에서 지구는 고정되어 있고, 특히 태양을 포함한 이외의 모든 것은 일련의 (취향에 따라 실제라고 볼 수도 있고 상상이라고 볼 수도 있는) 원을 그리며 지구를 회전했다. 원을 그리며 운동하는 천체의 모습은 그리스 천문학자 히파르코스가 제시한 구의 모습에서 비롯했다. 히파르코스의 구는 거대한 축 주위로 회전했는데, 그중 일부는 다른 구에 붙은 채로 함께 움직였다. 당시에는 행성들의 복잡한 운동을 모형화하려면, 이런 유형의 복잡한 운동 개념을 도입할 수밖에 없는 듯했다. 수성, 금성 및 화성과 같은 일부 행성들이 고리를 이루는 복잡한 경로를 따라 움직인다는 점을 상기해보자. 다른 행성들 — 세 행성 이외에 당시에 알려진 유일한 다른 행성이었던 목성과 토성 — 은 더 얌전했지만, 이런 행성들조차도 바빌로니아 시대부터 알려진 바에 의하면 가끔씩 이상한 돌발행동을 보였다.

앞서 살펴본 프톨레마이오스의 주전원 체계는 구를 원으로 바꾸었을 뿐 이런 복합적 운동은 그대로 유지했다. 히파르코스의 모형은 관찰 결과와 비교했을 때 그다지 정확하지 않았다. 하지만 프톨레마이오스의 모형은 관찰 결과와 정말로 딱 맞아떨어졌다. 따라서 1천 년이 넘는 세월 동안 행성 운동에 관한 최종 결론으로 행세했다. 아랍어 제목으로 번역된 프톨레마이오스의 《알마게스트》는 여러 문화권의 천문학자들이 오랫동안 탐독하는 필독서였다.

신이냐 과학이냐 ∞

하지만 《알마게스트》조차도 행성의 모든 운동을 담아내는 데 실패했다. 게다가 너무 복잡했다. 1000년경에 몇몇 아랍과 유럽의 사상가들이 태양의 일일 운동을 지구의 회전으로 설명할 수 있지 않을까 궁리했고, 어떤 이들은 지구가 태양 주위를 회전한다는 개념을 만지작거리기 시작했다. 하지만 당시에 이런 추측은 추측으로 끝났을 뿐이다.

르네상스 시기 유럽에는 과학적 태도가 뿌리를 내리기 시작했는데, 이로 인한 첫 희생자는 바로 종교적 독단이었다. 당시 로마가톨릭교회는 우주에 대한 기존의 견해를 실질적으로 통제하고 있었다. 단지 우주의 존재 자체나 매일 발생하는 우주의 모든 현상들이 기독교 신의 섭리에 의한 것이라는 주장이 전부가 아니었다. 핵심은 우주의 본질이 성경 문구를 그대로 따른다고 믿은 것이다. 따라서 지구가 모든 것의 중심이었으며 지구 주위를 천체들이 회전한다고 여겼다. 그리고 인간은 창조의 정점이었으며 우주의 존재 이유였다.

어떤 과학적 관찰 결과라도 보이지 않는 미지의 창조자 존재를 반박할 수는 없다. 하지만 지구가 우주의 중심이라는 견해가 터무니없음을 밝혀낼 수는 있고 실제로 그렇게 했다. 그러자 엄청난 소동이 일어났다. 죄 없는 많은 사람이 죽임을 당했고, 쥐도 새도 모르게 잔인하게 죽은 사람들까지 종종 있었다.

코페르니쿠스 ∞

그러던 중 1543년 기름에 불이 붙고 말았다. 폴란드 천문학자인 니콜라스 코페르니쿠스Nicolaus Copernicus가 놀랍고도 독창적이며 조금은 이단적인 책 《천구의 회전에 관하여On the Revolutions of the Heavenly

Spheres》를 출간했던 것이다. 프톨레마이오스처럼 코페르니쿠스도 정확성을 위해 주전원 개념을 사용했다. 하지만 프톨레마이오스와 달리 태양을 중심에 두고 지구를 포함한 (하지만 달은 제외한) 다른 모든 천체들이 태양 주위를 돌게끔 배치했다. 달만 홀로 지구 주위를 공전했다.

코페르니쿠스가 이런 급진적인 모형을 제안한 까닭은 그것이 실용적이기 때문이었다. 이 모형 덕분에 프톨레마이오스의 주전원 77개가 겨우 34개로 줄어들었다. 프톨레마이오스가 상상한 주전원 가운데는 어떤 특정 원의 반복이 많았다. 즉 특정한 크기와 회전 속력을 지닌 원들이 여러 상이한 천체에 거듭 나타나거나 관련을 맺었다. 코페르니쿠스는 이런 주전원들을 전부 지구로 옮길 수 있다면, 단 하나의 주전원(즉 지구 주위를 공전하는 달의 궤도)만이 필요함을 알아차렸다. 지금 우리는 이것을 지구에 대해 상대적으로 움직이는 행성들의 운동으로 해석한다. 만약 순진한 관찰자가 그러듯이 지구가 고정되어 있다고 잘못 가정하면, 태양 주위를 도는 지구의 운동은 모든 행성들이 부가적으로 주전원을 가져야만 타당해진다.

코페르니쿠스 이론의 또 한 가지 장점은 모든 행성을 똑같은 방식으로 다루었다는 것이다. 프톨레마이오스는 내행성과 외행성을 설명하기 위해 서로 다른 역학이 필요했다. 하지만 코페르니쿠스에게 내행성과 외행성의 차이는 지구보다 태양과 더 가까우냐 머냐의 차이뿐이었다. 덕분에 코페르니쿠스의 체계는 훌륭하게 들어맞았다. 하지만 당시 사회에서는 인정받지 못했는데, 전부 종교적인 이유 때문만은 아니었다.

코페르니쿠스의 이론은 복잡했고 낯설었으며 그의 책은 읽기 어려웠다. 당대의 가장 뛰어난 천문학자인 티코 브라헤는 코페르니쿠스의 태양중심설과 실제 관찰 결과 사이에 미묘한 차이가 있음을 발견했다. 실제 관찰 결과는 당연히 프톨레마이오스의 이론과도 일치하지 않았다. 티코는 더 나은 절충안을 찾으려고 시도했다.

케플러 ∞

브라헤가 죽고 그의 연구 자료를 물려받은 이는 바로 요하네스 케플러 Johannes Kepler였다. 케플러는 오랜 세월 관찰 결과를 분석하면서 패턴을 찾으려고 애썼다. 케플러는 피타고라스 전통에 가까운 신비주의자 기질이 있어서, 관찰 데이터에다 인공적인 패턴을 부여했다. 하늘의 규

요하네스 케플러 1571~1630

요하네스 케플러는 용병인 아버지와 여관 관리자인 어머니 사이에서 태어난 아들이었다. 어렸을 때 아버지가 작고한 후로 할머니의 여관에서 어머니와 함께 살았다. 아버지는 아마도 네덜란드와 신성 로마제국 사이에 벌어진 전쟁에서 사망한 듯하다. 케플러는 어렸을 때부터 수학에 재능을 나타냈으며, 1589년에는 튀빙겐 대학에서 미하엘 매스틀린 밑에서 천문학을 공부했다. 이때 케플러는 프톨레마이오스의 체계를 이해하게 되었다. 당시 대다수의 천문학자들은 행성이 실제로 어떻게 움직이는가보다는 궤도를 계산하는 데 더 관심이 컸다. 하지만 케플러는 처음부터 주전원 체계에서 제시하는 궤도보다는 행성들이 실제로 그리는 정확한 궤도에 관심을 기울였다. 케플러는 코페르니쿠스의 체계를 자세히 파악하고서는 그것이 단지 수학적 기법이 아니라 실제 행성의 운동 방식임을 금세 확신하게 되었다.

1596년 케플러는 브라헤와 함께 연구하면서부터 행성의 운동 패턴을 찾으려고 시도했다. 그 결과 《우주 구조의 신비》라는 책에서 정다면체에 바탕을 둔 특이한 모형을 제시하였다. 이 모형이 관찰 결과와 잘 들어맞지 않았기에 케플러는 뛰어난

칙성을 찾으려는 시도 가운데 가장 유명한 사례는 행성들의 간격을 정다면체를 이용해 설명하려던 것이다. 아름답긴 했지만 완전한 오류로 판명난 실패한 시도였다. 케플러가 살던 시대에 알려진 행성의 수는 여섯 개였다. 수성, 금성, 지구, 화성, 목성 그리고 토성이었다. 케플러는 이 행성들과 태양까지의 거리가 기하학적 패턴을 띠지는 않을까 궁금해했다. 게다가 케플러는 행성이 왜 여섯 개인지도 궁금해했다. 급기야 여섯 행성은 그 사이에 다섯 개의 도형이 끼어들 여지를 남긴다는 점에 착안했다. 정다면체의 개수도 정확히 다섯 개뿐이니 행성 개수가 여섯으

천문학자인 티코 브라헤의 도움을 청했다. 이후 케플러는 브라헤의 계산을 돕는 조수가 되어 화성의 궤도를 연구하기 시작했고, 브라헤가 죽은 후에는 혼자 연구를 계속했다. 브라헤는 방대한 데이터를 남겼는데, 케플러는 이 데이터에 맞는 타당한 궤도를 찾으려고 고군분투했다. 현재까지 남아 있는 계산 결과는 거의 1천 페이지에 이르는데, 케플러는 이것을 가리켜 '내가 화성과 치른 전쟁'이라고 불렀다. 그가 최종적으로 내놓은 궤도는 매우 정확해, 현재 데이터와의 차이는 그 사이 세월 때문에 생긴 미세한 궤도 변화뿐이다.

1611년은 험난한 한 해였다. 케플러의 아들이 일곱 살의 나이로 죽었고, 그다음에는 아내가 죽었다. 더구나 개신교도에 관대했던 루돌프 황제가 권좌에서 물러나자 케플러는 프라하를 떠날 수밖에 없었다. 1613년에 재혼했는데, 결혼 축하연에서 생긴 어떤 문제를 계기로 《포도주 통의 새로운 부피 측정법》이라는 책을 1615년에 출간했다.

1619년에는 《세계의 조화》를 출간했는데, 이 책은 《우주 구조의 신비》의 속편이었다. 《세계의 조화》에는 타일 붙이기 패턴과 정다면체를 포함한 새로운 수학이 풍부하게 담겨 있었고, 행성 운동의 제삼법칙이 실려 있었다. 케플러가 이 책을 쓰고 있을 때 어머니가 마녀라는 죄목으로 기소되었다가, 튀빙겐 대학의 법률 교수단 도움으로 풀려났다. 어머니의 석방에는 검사가 고문을 하려고 정당한 법적 절차를 따르지 않은 것이 한몫 거들었다.

로 제한된 까닭이 그 때문이라고 본 것이다. 케플러는 여섯 개의 구로 이루어진 일련의 모형을 제시했는데, 각각의 구는 한 행성이 구의 적도 주위를 도는 궤도를 담고 있었다. 구와 구 사이에는 바깥 구에 내접하고 안쪽 구에 외접하도록 다섯 개의 정다면체를 다음 순서대로 놓았다.

수성

정팔면체

금성

정이십면체

지구

정십이면체

화성

정사면체

목성

정육면체

토성

당시의 제한된 관측 자료로 볼 때 이 모형은 아주 잘 들어맞았다. 하지만 다섯 개의 정다면체를 배열하는 방법은 120가지이므로, 행성들의 간격은 더 다양하게 정해질 수 있었다. 그중 딱 한 가지만 실제의 상황과 일치한다니 놀라운 일이 아닐 수 없다. 하지만 나중에 더 많은 행성이 발견되면서 이런 유형의 패턴 찾기는 치명타를 맞았고, 역사의 뒤안길로 사라지고 말았다.

하지만 이런 노력들이 쌓여 케플러는 지금도 그 진가를 인정받는 패턴을 발견했다. 바로 케플러의 행성 운동의 법칙들이다. 그는 화성에 대한 브라헤의 관찰 데이터를 바탕으로 무려 20년 이상 계산을 거듭한 끝

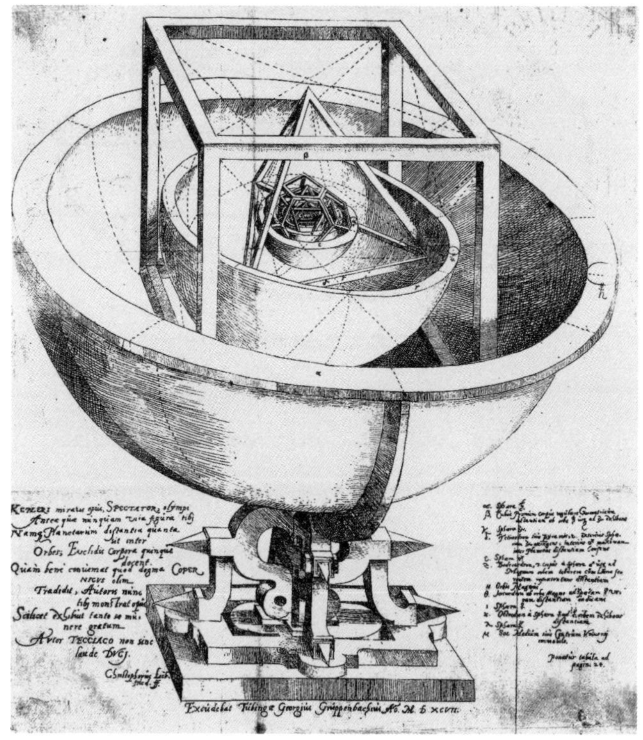

행성 궤도들 사이의 간격을 설명하는 케플러의 이론

에 이 법칙들을 이끌어냈다. 그 내용은 다음과 같다.

(i) 행성은 태양 주위를 타원 궤도로 회전한다.

(ii) 행성은 동일한 시간 동안 동일한 면적을 휩쓸고 지나간다.

(iii) 행성의 공전주기의 제곱은 태양으로부터의 평균 거리의 세제곱에 비례한다.

케플러의 법칙이 지니는 가장 급진적인 특징은 (아마도 가장 완벽한 형태인) 고전적인 원을 내다버리고 타원을 선택했다는 것이다. 하지만 케플

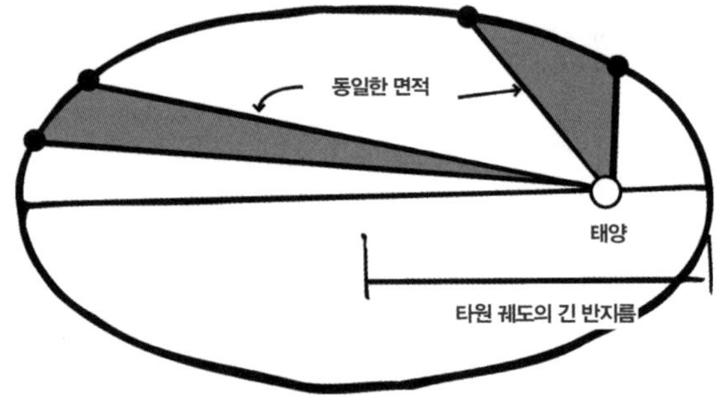

행성은 특정한 시간 간격 동안 움직인다.

러는 마지못해서 내린 결정이라며, 다른 어떤 도형을 동원해도 소용이 없자 마지막으로 타원을 선택할 수밖에 없었다고 밝혔다. 물론 이 세 법칙이 정다면체의 가상적 배열과 달리 진실에 부합한다고 기대할 만한 특별한 이유는 없다. 하지만 공교롭게도 이 세 법칙은 과학적으로 매우 중요한 의미를 지니게 되었다.

갈릴레오 ∞

이 무렵의 중요한 또 한 명의 인물은 갈릴레오 갈릴레이Galileo Galilei였다. 갈릴레오는 추의 운동과 낙하하는 물체에서 수학적 규칙성을 발견했다. 1589년 피사 대학의 수학 교수로 있으면서 갈릴레오는 물체를 경사면 아래로 굴리는 실험을 했다. 하지만 연구 결과를 발표하지는 않았다. 바로 이때 갈릴레오는 자연현상을 연구하려면 통제된 실험이 중요함을 깨달았다. 지금으로서는 모든 과학의 기본이 된 사실이 그때 처음 인식된 것이다. 갈릴레오는 천문학 분야에서도 일련의 중요한 발견을 했는데, 그러다 보니 자연스레 코페르니쿠스의 태양중심설을 옹호하게 되었다. 이로 말미암아 가톨릭교회와 충돌하게 되어 이단죄로 기소되어

가택연금을 당했다.

갈릴레오는 생애 마지막 몇 년 동안 불편한 몸으로 《새로운 두 과학에 관한 논증과 수학적 증명》을 썼다. 이 책에서 비로소 경사면에서 물체의 운동에 대한 자신의 연구를 설명했다. 그의 설명에 따르면, 처음에는 정지해 있던 물체가 일정한 가속도로 움직이는 거리는 시간의 제곱에 비례한다. 이 법칙은 던져진 물체가 포물선 경로를 따른다는 그의 초기 발견의 바탕을 이루었다. 케플러의 행성 운동 법칙과 더불어 갈릴레오의 발견은 움직이는 물체를 수학적으로 연구하는 새로운 학문 분야인 역학을 탄생시켰다.

이런 물리학적 및 천문학적 배경이 미적분학으로 이어진다. 그 수학적 배경을 살펴보자.

미적분의 발명 ∞

미적분의 발명은 서로 무관해 보이지만 숨은 관련성을 지닌 일련의 연구들의 결과물이었다. 이에는 어떤 물체가 특정한 시간 동안 이동한 거리로부터 그 물체의 순간 속도를 계산하는 법, 곡선의 접선을 찾는 법, 곡선의 길이를 구하는 법, 한 가변량의 최댓값과 최솟값을 구하는 법, 평면 도형의 넓이와 입체 도형의 부피를 구하는 법 등이 포함된다. 페르마, 데카르트 그리고 이보다 덜 알려진 영국인 아이작 배로우 등이 몇 가지 중요한 개념과 사례들을 내놓긴 했지만, 이들은 특정한 문제와 관련된 특수한 방법을 제시했을 뿐이다. 일반적인 방법이 필요했다.

라이프니츠 ∞

보란 듯이 돌파구를 뚫은 최초의 인물은 고트프리트 라이프니츠였다.

갈릴레오 갈릴레이 1564~1642

갈릴레오는 빈센초 갈릴레이의 아들이었다. 아버지는 자신의 음악 이론을 입증하기 위해 현으로 여러 실험을 실시했던 음악 교사였다. 열 살에 갈릴레오는 발롬브로자에 있는 한 수도원에 들어가 공부했다. 의사가 되기 위해서였다. 하지만 갈릴레오는 의학에는 전혀 관심이 없었고, 틈만 나면 수학과 (오늘날엔 과학이라고 불리는) 자연철학을 공부했다.

1589년에 갈릴레오는 피사 대학의 수학 교수가 되었다. 1591년에는 급여가 더 많은 파두아 대학에 자리를 얻었고, 거기서 유클리드기하학과 천문학을 의대생들에게 가르쳤다. 당시 의사는 환자를 치료할 때 점성술을 이용했기 때문에 이런 과목들은 정규 교과에 속했다.

갈릴레오는 망원경이 발명되었다는 소식을 듣고는 스스로 망원경을 제작하였다. 이후 자신의 뛰어난 망원경 제작 기술을 베네치아 의회에 넘겨 독점적으로 사용하게 하고서 그 대가로 더 많은 급여를 받았다. 1609년부터 망원경으로 천체를 관찰하기 시작해 수많은 발견을 했다. 목성의 네 위성, 은하수 안에 있는 각각의 별들, 달의 산맥 등이 갈릴레오가 발견한 것들이다. 갈릴레오는 투스카니의 대공인 코시모 데 메디치에게 망원경을 선물하였는데, 곧이어 대공은 갈릴레오의 든든한 후원자가 되었다.

갈릴레오는 태양에 흑점이 존재함을 발견하였고, 1612년 이 관찰 결과를 발표했다. 이 무렵 갈릴레오는 천문 관찰 결과를 통해 코페르니쿠스의 태양중심설이 옳다고 확신하게 되었으며, 1616년 크리스티나 공작부인에게 보낸 편지에 자신의

그는 직업적인 법률가였지만 평생 수학, 논리학, 철학, 역사 그리고 여러 과학 분야에 몰두했다. 1673년경 한 곡선의 접선을 찾는 고전적인 문제를 연구하다가 접선 찾기란 사실상 넓이와 부피를 구하는 문제의 역임을 알아차렸다. 후자는 접선이 주어졌을 때 곡선을 찾는 문제로 환원되며, 전자는 정확히 그 반대였다.

생각을 분명히 드러냈다. 즉 코페르니쿠스의 이론이 계산을 단순하게 만들어주는 편리한 도구가 아니라 그 자체로서 물리학적 진리라고 밝힌 것이다.

이 무렵 교황 바울 5세가 태양중심설이 참인지 거짓인지를 결정하라고 종교재판소에 명령하자, 종교재판소는 그 이론이 거짓이라고 선언했다. 그리고 갈릴레오에게 그 이론을 지지하지 말라고 지시했다. 하지만 이 문제에 너그러운 태도를 보였던 새 교황 우르반 8세가 즉위하자 갈릴레오는 재판소의 금지 명령을 그다지 진지하게 여기지 않았다. 1623년 갈릴레오는 《황금 계량자 Il Saggiatore》를 출간하여 교황에게 헌정했다. 갈릴레오는 이 책에 우주가 '삼각형, 원 및 다른 기하학 도형들로 이루어진 수학의 언어로 쓰여 있어, 수학이 없으면 인간은 결코 우주를 이해할 수가 없다'는 유명한 말을 남겼다.

1630년 갈릴레오는 《두 가지 주요 세계관에 대한 대화》라는 또 한 권의 책을 출간할 수 있도록 허락을 구했다. 이 책은 지동설과 천동설에 관한 내용이었다. 1632년 (로마가 아니라) 피렌체에서 허락이 떨어지자 갈릴레오는 책을 쓰기 시작했다. 그 책은 지동설을 증명했다고 주장하면서 주요 증거로 조수潮水를 들었다. 사실 갈릴레오의 조수 이론은 완전한 오류였는데도 교회 당국은 그 책을 기독교를 무너뜨릴 폭탄으로 여겼고 종교재판소는 금서로 지정했다. 그리고 갈릴레오를 로마로 불러 이단죄로 법정에 세웠다. 갈릴레오는 유죄를 선고 받았지만 가택연금의 형태로 무기징역형에 처해져 목숨은 건질 수 있었다. 흔히 화형에 처해지던 다른 숱한 이단자들에 비하면 정말 운이 좋은 편이었다. 가택연금 기간에도 갈릴레오는 《새로운 두 과학에 관한 논증과 수학적 증명》을 썼다. 운동하는 물체에 관한 자신의 연구를 바깥 세계에 설명하는 내용이었다. 이 책은 이탈리아를 몰래 빠져나가 네덜란드에서 출간되었다.

라이프니츠는 이런 관련성을 이용하여 적분을 정의했다. 라틴어로 '모든 것'을 뜻하는 단어 옴니아omnia의 줄임말인 옴omn이라는 표현을 적분 기호로 사용했다. 따라서 라이프니츠의 원고에는 다음과 같은 식이 나온다.

$$\text{omn } x^2 = \frac{x^3}{3}$$

1675년 omn 대신에 오늘날에도 사용되는 기호인 $\int$으로 바꾸었다. 이 기호는 합(sum)을 의미하는 문자 s를 길게 늘여 놓은 옛날식 표현이다. 또한 양 x와 y에 대한 작은 증가량을 dx와 dy로 표현했으며, 둘의 비율인 dy/dx로 x의 함수 y의 변화율을 나타냈다. f가 함수일 때 라이프니츠는 다음과 같이 정의했다.

$$dy = f(x+dx) - f(x)$$

따라서,

$$\frac{dy}{dx} = \frac{f(x+dx) - f(x)}{dx}$$

이것은 할선을 이용해 접선의 기울기를 근사적으로 알아낼 때의 식과 마찬가지다.

라이프니츠는 이 표기에 문제가 있음을 알아차렸다. 만약 dy와 dx가 0이 아닌 값이라면 dy/dx는 y의 순간 변화율이 아니라 근삿값일 수밖에 없다. 그는 이 문제를 회피하기 위해 dx와 dy가 무한히 작다고, 즉 무한소라고 가정했다. 무한소란 0이 아닌 다른 임의의 값보다도 더 작은 0이 아닌 값이다. 안타깝게도 그런 수는 존재할 수가 없기에(한 무한소의 절반 또한 0이 아닌 더 작은 값이다) 이런 해결 방식은 문제를 다른 곳으로 치워놓는 것에 지나지 않는다.

어쨌거나 1676년 라이프니츠는 x의 임의의 거듭제곱을 적분하고 미분하는 법을 알아내, 다음과 같은 공식을 내놓았다.

$$dx^n = nx^{n-1}dx$$

오늘날에는 다음과 같이 표현한다.

$$\frac{d}{dx}x^n = nx^{n-1}$$

1677년 라이프니츠는 두 함수의 합, 곱 및 나누기를 미분하는 규칙을 유도해냈다. 1680년에는 곡선의 호의 길이를 구하는 공식을 알아냈고, 회전체의 부피를 여러 가지 관련 양들의 적분으로 구하는 법을 알아냈다.

지금의 우리는 그의 미발표 공책을 통해 이런 사실들은 물론 날짜까지 알고 있지만, 라이프니츠는 꽤 늦게 그러니까 1684년에서야 발표했다. 자코브 베르누이와 요한 베르누이는 이 논문이 꽤 애매모호하다고 여겨 '설명이라기보다는 수수께끼'라고 불렀을 정도다. 지금 돌이켜 보면, 그 무렵 라이프니츠는 기본적인 미적분학의 중요 부분을 이미 발견했으며, 아울러 사이클로이드와 같은 복잡한 곡선에 응용하는 방법도 알아냈고 곡률과 같은 개념도 훤히 꿰뚫고 있었다. 안타깝게도 그의 저작은 단편적으로 흩어져 있었고, 당시에는 거의 독해가 불가능했다.

뉴턴 ∞

미적분학을 탄생시킨 또 한 명의 인물은 아이작 뉴턴이었다. 뉴턴의 놀라운 능력을 알아본 두 친구 배로우와 에드먼드 핼리는 그에게 연구 결과를 발표하라고 기운을 북돋아주었다. 하지만 뉴턴은 비판받는 것을 싫어했다. 그도 그럴 것이, 1672년 빛에 관한 연구 결과를 발표했다가 호된 비판을 받은 경험이 있었기 때문이다. 그래서 자신의 생각을 활자로 찍어 발표하길 꺼리는 마음이 더욱 커졌다. 그럼에도 불구하고 간헐적으로는 발표를 계속했으며 두 권의 책을 쓰기도 했다. 뉴턴은 개인적으로 중력에 관한 아이디어를 계속 발전시키고 있었는데, 1684년 핼리는 연구 결과를 발표하라고 뉴턴을 설득했다. 하지만 이 연구에는 한 가지 기술적인 장애가 있었다. 바로 행성의 운동 모형을 만들 때, 행성들을 질량은 있지만 크기는 0인 하나의 점 입자로 다룰 수밖에 없었다는 것이다. 이 때문에 뉴턴은 비현실적이라는 비판을 받을까 염려했다. 뉴턴은 이 비현실적인 점을 입체 구로 바꾸고 싶었지만, 구의 중력이 동일한 질량의 점 입자의 중력과 똑같음을 증명할 수가 없었다.

그러다가 1686년 이 문제를 해결하는 데 성공했고, 다음해인 1687년 마침내 《프린키피아》가 세상에 첫 선을 보이게 되었다. 이 책에는 새로운 개념들이 많이 담겨 있었다. 가장 중요한 것은 갈릴레오의 연구를 확장시켜 얻은 운동에 관한 수학적 법칙 그리고 케플러가 발견한 법칙에 바탕을 둔 중력 이론이었다.

뉴턴의 주요 운동 법칙(몇 가지 부수적인 법칙도 있다)에 의하면, 운동하는 물체의 가속도를 질량과 곱한 값은 해당 물체에 가해진 힘과 같다. 이때 속도는 위치의 도함수이며, 가속도는 속도의 도함수다. 따라서 뉴턴의 운동 법칙을 기술하기 위해서도 우리는 시간에 대한 위치의 이차도함수가 필요하다. 오늘날에는 다음과 같이 적는다.

$$\frac{d^2 x}{dt^2}$$

뉴턴은 x 위에 점 두 개를 찍어 $(\ddot{x})$ 이처럼 적었다.

중력의 법칙에 의하면, 모든 물체는 각각의 질량에 비례하며 물체 간 거리의 제곱에 반비례하는 힘으로 서로 끌어당긴다. 가령, 지구와 달이 서로를 끌어당기는 힘은, 만약 달과의 거리가 두 배가 되면 4분의 1로 줄어들 것이며, 거리가 세 배로 늘어나면 9분의 1로 줄어들 것이다. 이 법칙 또한 힘에 관한 것으로 위치의 이차도함수가 관련된다.

뉴턴은 이 법칙을 행성 운동에 관한 케플러의 제삼법칙에서 유도해냈다. 뉴턴이 이 법칙을 유도한 과정은 고전적인 유클리드기하학으로 이루어낸 기념비적인 업적이다. 뉴턴이 법칙을 유도한 방식은 익숙한 수학 내용을 이용하므로 비판을 받을 여지가 별로 없었다. 하지만 《프린키피아》 속에 담긴 많은 독창적인 내용들은 뉴턴이 발명했지만 발표하지는 않은 미적분학 덕분이었다.

미적분학에 관한 뉴턴의 가장 초기 저술은 《무한 개수의 항을 지닌 방정식에 의한 해석에 관하여》라는 논문으로, 뉴턴은 이 논문을 1669년 몇몇 친구들에게 돌려서 읽게 했다. 현대의 용어로 표현하자면, 뉴턴은 한 함수 아래의 면적이 x^m 형태일 때, 함수 $f(x)$가 어떤 방정식인지를 물었다. (실제로 뉴턴은 조금 더 일반적인 질문을 했지만, 단순화시켜서 생각하도록 하자.) 뉴턴은 스스로에게도 만족스러운 답인 $f(x) = mx^{m-1}$을 유도해냈다.

뉴턴의 도함수 계산 방법은 라이프니츠의 방법과 엇비슷했는데, 차이라면 dx 대신에 o라는 기호를 사용했다는 것 하나뿐이다. 따라서 뉴턴의 방법도 똑같은 논리적 문제점을 안고 있었다. 즉 계산 결과가 근삿값처럼 보인다는 것이었다. 하지만 뉴턴은 o가 매우 작다고 가정하면 근삿값이 훨씬 더 정확해진다는 것을 밝혀낼 수 있었다. 극한에서는 o가 우리가 원하는 만큼 얼마든지 작아지므로 오차는 사라진다. 따라서 뉴턴은 자신의 최종 계산 결과가 정확하다고 주장했다. 뉴턴은 유율이라는 새로운 용어를 도입하여 자신의 주요 개념—즉 한 양이 0으로 가까이 다가가지만 실제로 0은 아님—을 설명했다.

1671년에는 이런 개념을 더욱 확장시켜 《유율과 무한수열의 방법》을 썼다. 한편 미적분에 대한 최초의 책은 1711년이 되어서야 출간되었으며, 두 번째 책은 1736년에 나왔다. 그런데 분명한 사실은, 뉴턴은 이미 1671년에 미적분학에 관한 기본적인 개념 대다수를 파악하고 있었다는 것이다.

이런 절차에 대해 반대하는 사람들이 있었는데, 특히 추기경 조지 버클리가 유명하다. 그는 1734년에 출간된 책《분석자: 신앙 없는 수학자와 나눈 대화》에서 지적하기를, 분모와 분자를 o로 나누고 나중에 o를 0으로 정하는 것은 비논리적이라고 했다. 사실, 미적분의 절차는 분수가 실제로 0/0 형태임을 감추고 있다. 이것이 무의미한 것임은 잘 알려져 있는 사실이다. 뉴턴은 응수하기를, 실제로 o를 0으로 정하는 것이 아니라 o가 실제로 0이 되지는 않으면서 우리가 원하는 만큼 0에 가까워지면 어떻게 되는지를 알아보는 것이라고 했다. 그 방법은 수에 관한 것이 아니라 유율에 관한 것이라고 하면서 말이다.

수학자들은 물리적 비유에서 도피처를 찾았다. 가령 라이프니츠는 이 문제가 '논리의 정신'에 반대되는 '기교의 정신'이라며 슬며시 피해갔다. 하지만 어쨌거나 버클리의 문제 제기는 정말로 옳았다. 한 세기가 더 지나서야 그의 반박에 대한 해답이 나왔는데, '극한으로 보낸다'는 직관적인 개념을 엄밀한 방식으로 정의하게 된 덕분이었다. 이후로 미적분학은 더욱 미묘한 학문인 해석학으로 변모했다. 하지만 미적분학의 발명 이후 1세기 동안 버클리를 제외하고는 아무도 이 학문의 논리적 기초를 그다지 염려하지 않았다. 미적분학은 이런 결점에도 아랑곳없이 번창했다.

번창한 까닭은 뉴턴이 옳았기 때문이긴 하지만, 뉴턴의 유율 개념이

아이작 뉴턴 1642~1727

뉴턴은 영국 링컨셔의 울즈돕이라는 작은 마을의 한 농장에서 자랐다. 아버지는 뉴턴이 태어나기 두 달 전에 세상을 떠났기에 어머니가 혼자 농장을 꾸려나갔다.

뉴턴은 아주 평범한 시골 학교에서 공부했으며, 특별한 재능은 전혀 없었다. 다만 움직이는 장난감을 만드는 재주는 있었다. 어느 날 뜨거운 공기가 든 풍선을 만들어서는 집안의 고양이를 조종사로 삼아 실험을 했다. 풍선과 고양이는 그날 이후로 다시는 보이지 않았다. 뉴턴은 케임브리지 대학의 트리니티 칼리지에 들어갔는데, 기하학을 제외하고는 모든 과목에 꽤 좋은 성적을 받았다. 학부생일 때도 뉴턴은 크게 눈에 띄는 학생은 아니었다.

흑사병

1665년에 흑사병이 창궐하여 런던과 주변 지역을 초토화시켰다. 학생들은 케임브리지에 흑사병이 덮치기 전에 집으로 돌아갔다. 뉴턴은 시골집에서 지내며 과학과 수학을 깊게 파고들었다.

중력

1665년에서 1666년 사이에 뉴턴은 행성의 운동을 설명하는 중력 법칙을 고안했으며, 임의의 물체나 입자의 운동을 설명하고 분석하기 위해 역학 법칙을 개발했다. 그리고 미분과 적분을 발명했으며, 광학 연구에도 큰 진전을 이루었다. 소심한 성격 탓에 뉴턴은 이런 연구를 전혀 발표하지 않았고, 조용히 트리니티 칼리지로 돌아가 석사학위를 받은 후에 대학의 연구원으로 선임되었다.

뉴턴은 1669년 배로우가 물러나자 그의 뒤를 이어 루카스 석좌 수학 교수직을 얻었다. 뉴턴의 강의는 매우 평범했으며, 그다지 좋다고 할 수 없었다. 그래서 뉴턴 휘하에 들어가는 학부생들은 극소수였다.

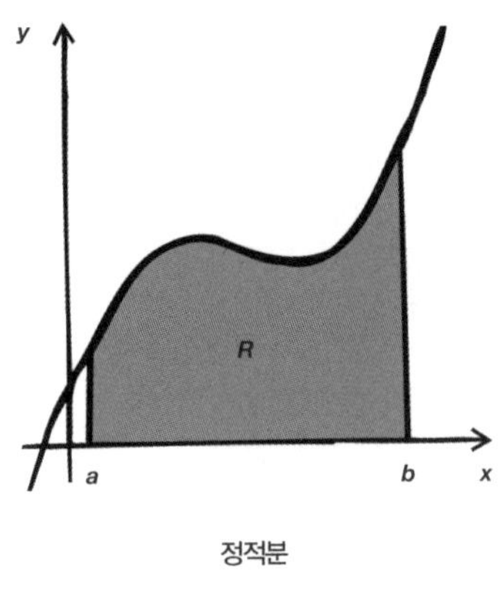

정적분

극한의 관점에서 논리적으로 정식화되기까지는 거의 200년이 걸렸다. 수학으로선 다행히도 논리적 기초가 발견되지 않았는데도 발전이 멈추지는 않았다. 미적분학은 몇 가지 사소한 논리적 트집 때문에 멈추기에는 너무나 유용하고 중요했다. 버클리는 단단히 골이 나서는, 그 방법이 통하는 것처럼 보이는 까닭은 다양한 오류들이 서로 상쇄되기 때문이라고 우겼다. 옳은 말이었다. 하지만 버클리는 왜 오류가 언제나 서로 상쇄되는지 물어보지는 못했다. 만약 항상 그렇다면 사실은 전혀 오류가 아닌 셈이니까!

미분의 역 과정이 적분이다. $\int f(x)\,dx$라고 적는 $f(x)$의 적분은 미분하면 $f(x)$가 되는 함수다. 기하학적으로는 함수 f의 그래프 아래에 놓인 면적을 가리킨다. 정적분 $\int_a^b f(x)dx$는 값 $x=a$와 $x=b$ 사이의 그래프 아래에 놓인 면적이다.

도함수와 적분은 이전의 천재적인 수학자들도 버거워했던 문제들을 단박에 풀어냈다. 속도, 접선, 최댓값과 최솟값은 미분을 이용하면 몽땅 찾을 수 있었다. 길이, 넓이 그리고 부피는 적분으로 계산할 수 있었다. 하지만 이게 다가 아니었다. 놀랍게도, 자연의 패턴은 미적분학이라는 언어로 쓰여 있는 듯했다.

영국인들이 뒤처지다 ∞

미적분이 더욱 중요해지면서 발명자에게 돌아갈 명예는 더욱 커졌다.

하지만 누가 발명자란 말인가?

앞서 살펴보았듯이 뉴턴은 1665년부터 미적분을 생각하기 시작했지만 1687년 전까지는 이 주제에 관해 어떤 내용도 발표하지 않았다. 내용으로 보면 뉴턴의 개념과 대동소이했던 라이프니츠는 1673년부터 미적분을 연구하기 시작하여 1684년 이 주제에 관한 첫 논문을 발표했다. 둘은 독자적으로 연구했지만, 아마도 라이프니츠가 1672년 파리를 방문했을 때와 1673년 런던을 방문했을 때 뉴턴의 연구에 관한 소문을 들었을지 모른다. 뉴턴은 1669년에《무한 개수의 항을 지닌 방정식에 의한 해석에 관하여》한 권을 배로우에게 보냈는데, 배로우와 친분이 있어서 이 논문을 알고 있을지 모르는 여러 사람들과 라이프니츠가 대화를 나누었기 때문이다.

라이프니츠가 자신의 연구 결과를 1684년에 발표하자, 뉴턴의 친구 몇 명은 심기가 대단히 불편했다. 뉴턴이 발표에 뒤처지는 바람에 크나큰 손해를 입었다는 것을 그제야 실감했기 때문이었을 것이다. 마침내 친구들은 라이프니츠가 뉴턴의 아이디어를 훔쳤다고 비난을 퍼부어댔다. 대륙 수학자들, 특히 베르누이는 라이프니츠를 변호하는 데 팔을 걷어붙이고 나섰다. 베르누이는 표절한 쪽은 라이프니츠가 아니라 뉴턴이라고 맞받아쳤다. 사실, 둘의 미발표 원고가 보여주듯이 두 사람은 각자 독자적으로 미적분학을 발견했다. 혼란을 더 가중시킨 것은, 둘이 배로우의 이전 연구에 심하게 의존했다는 점이다. 아마도 더 억울한 쪽은 두 사람보다는 바로 배로우였을 것이다.

서로에 대한 비방은 쉽게 잦아들 수도 있었는데, 정작 논쟁은 더 치열해졌다. 요한 베르누이는 뉴턴에 대한 혐오를 모든 영국인에게로 확대시켰다. 최종 결과는 영국 수학자들에게 재앙이 되었다. 왜냐하면 영국

그들은 미적분학을 어떻게 활용했을까?

자연현상을 이해하기 위해 미적분학이 이용된 초기의 사례는 현수선의 모양에 관한 문제였다. 현수선이란 양쪽 끝이 고정된 사슬이 그 자체의 무게로 드리워졌을 때 생기는 곡선이다. 옛날에는 이 질문을 놓고서 논란이 많이 일었다. 어떤 수학자들은 포물선이 답이라고 주장했고 어떤 이들은 아니라고 우겼다. 1691년에 라이프니츠, 크리스티안 하위헌스 그리고 요한 베르누이 세 명 모두가 해답을 제시했다. 가장 명확한 답은 베르누이가 제시한 것이었다. 베르누이는 뉴턴 역학과 뉴턴의 운동 법칙을 바탕으로 미분방정식을 써서 사슬의 위치를 기술했다.

그 결과 해답은 포물선이 아닌 어떤 곡선으로서, 다음과 같은 현수선 방정식으로 표현된다.

$y = k(e^x + e^{-x})$ 여기서 k는 상수다.

사슬을 늘어뜨리면 현수선이 된다.

하지만 현수교의 케이블은 포물선이다. 차이가 생기는 까닭은 이 케이블은 자체 무게뿐 아니라 다리의 무게도 받기 때문이다. 이 또한 미적분을 이용하여 증명할 수 있다.

클리프턴 현수교. 케이블이 포물선이다

수학자들은 사용하기 어려운 뉴턴의 기하학적인 사고방식에 고집스레 집착했던 반면, 대륙 수학자들은 라이프니츠의 더욱 격식을 갖춘 대수적 방법을 채택하여 이 분야에서 빠른 속도로 앞서나갔기 때문이다. 따라서 수리물리학의 대다수 성과들은 프랑스, 독일, 스위스 그리고 네덜란드에게로 돌아갔으며, 영국 수학은 초라하게 뒷걸음치고 있었다.

미분방정식 ∞

미적분학 연구의 홍수 속에서 등장한 가장 중요한 한 가지 개념을 꼽으라면 유용하기 그지없는 새로운 유형의 방정식을 찾아낸 것이다. 바로 미분방정식이다. 대수방정식은 미지수의 다양한 거듭제곱 형태로 표현된다. 미분방정식은 훨씬 더 장대한데, 미지의 함수의 다양한 도함수로 표현된다.

뉴턴의 운동 법칙들에 의하면, 만약 지표면 가까이서 중력에 의해 운동하는 한 입자의 높이가 $y(t)$라고 한다면, 이차도함수 d^2y/dt^2는 이 입자에 가해지는 중력 g에 비례한다. 구체적인 식으로 표현하면 다음과 같다.

$$g = m\frac{d^2y}{dt^2}$$

여기서 m은 입자의 질량이다. 이 방정식은 함수 y를 직접적으로 나타내지 않는다. 대신에 그 함수의 이차도함수의 성질을 나타낸다. y를 찾으려면 이 미분방정식을 풀어야만 한다. 두 번 연속으로 적분을 하

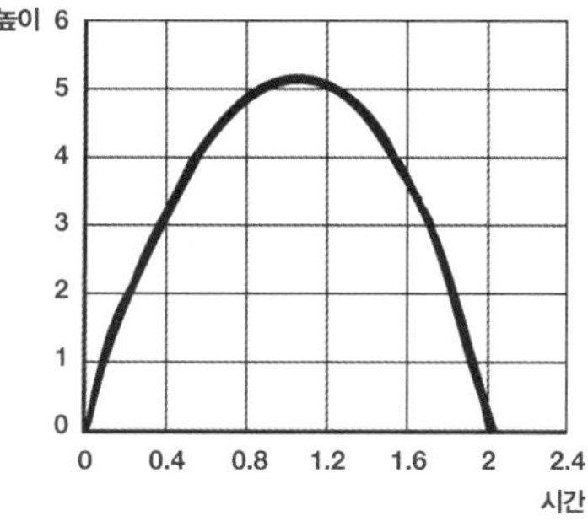

발사체의 타원 궤도

면 다음과 같은 해가 얻어진다.

$$y = \frac{gt^2}{2m} y + at + b$$

여기서 b는 입자의 초기 높이며, a는 초기 속도다. 이 식을 통해 우리는 시간 t에 대한 높이 y의 그래프가 거꾸로 뒤집힌 포물선임을 알 수 있다. 이것은 갈릴레오가 관찰한 결과와 같다. (사실, 중력은 지표면 방향을 향하고 입자의 높이는 지표면에서 위쪽 방향으로 잰 것으로, 서로 방향이 반대다. 그러므로 정확한 식은 g대신에 $-g$를 넣어주어야 하며, 그럴 경우 그래프는 거꾸로 뒤집힌 포물선이 된다_옮긴이)

코페르니쿠스, 케플러, 갈릴레오 그리고 다른 르네상스 과학자들의 선구적인 노력 덕분에 마침내 자연계의 수학적 패턴이 발견되기에 이르렀다. 일부 패턴들은 그럴듯하지만 사실이 아니어서 폐기되고, 매우 정확한 자연계의 모형을 제시한 패턴들은 계속 살아남아 발전했다. 이런 초기의 성과와 더불어, 우리는 깨트릴 수 없는 엄밀한 규칙에 따라 움직이는 '시계 우주'에 살고 있다는 개념이 심각한 종교적 반발에도 불구하고 주로 로마가톨릭교회에서부터 등장했다.

뉴턴이 위대했던 까닭은 자연의 패턴이 어떤 양 자체로서가 아니라, 그 양의 도함수의 형태로서 드러남을 발견했기 때문이다. 자연의 법칙은 미적분학의 언어로 쓰여 있으며, 중요한 것은 물리적 변수의 값이 아니라 그 값의 변화율이다. 이 심오한 통찰 덕분에 과학 혁명이 초래되었으며, 이 혁명 덕분에 결과적으로 현대과학이 생겨났다. 이후로 우리가 사는 세상은 완전히 달라지고 말았다.

우리는 미적분을 어떻게 활용하고 있을까?

미분방정식은 과학에서 자주 등장한다. 미분방정식은 자연계를 모형화하는 가장 흔한 방법이다. 한 가지 예를 들어보면, 우주탐사선의 궤도 계산에 미분방정식이 일상적으로 쓰인다. 그 덕분에 마리너호가 화성을 탐사했고, 파이오니어호 두 대가 태양계를 탐험하여 목성, 토성, 천왕성과 혜왕성의 놀라운 영상을 전해주었고, 바퀴가 여섯 개 달린 최근의 화성 탐사선 로봇 스피릿호와 오퍼튜니티호가 그 붉은 행성을 누볐다. 최근에 토성과 주위의 위성들을 탐험하는 카시니호는 또 다른 사례다. 이 탐사선이 발견한 정보에는 토성의 위성인 타이탄에 액체 메탄과 에탄으로 이루어진 호수가 존재한다는 내용이 들어 있다. 물론 미적분이 우주 탐사에 이용되는 유일한 기법은 아니다. 하지만 미적분이 없다면 이런 우주 탐사는 말 그대로 지상을 한 발짝도 떠나지 못했을 것이다.

날아다니는 모든 비행기, 도로 위를 질주하는 모든 차 그리고 모든 현수교와 모든 내진 건물들은 모두 미적분의 도움으로 설계된 것이다. 심지어 동물 개체군이 시간에 따라 크기가 어떻게 변하는지도 미분방정식을 통해 알 수 있다. 전염병의 확산도 마찬가지인데, 이때 미적분은 질병 확산을 차단할 가장 효과적인 계획을 수립하는 데 이용된다. 영국에서 발생한 구제역을 대상으로 최근에 미적분을 바탕으로 만들어진 모형에 의하면, 당시에 채택된 전략은 최상의 방법이 아니었다.

화성 탐사선 스피릿호
(화가의 상상도, NASA)

자연의
패턴

물리학의 법칙을
구성하기

《프린키피아》의 핵심 내용은 뉴턴이 발견하고 이용했던 구체적인 자연법칙들이 아니라 그런 법칙이 존재한다는 발상이었다. 아울러 자연법칙을 수학적으로 모형화하는 방법이 바로 미분방정식이라는 사실 또한 중요한 내용이었다. 영국의 수학자들이 라이프니츠가 뉴턴의 미적분학 아이디어를 훔쳤다는 (완전히 꾸며낸) 쓸데없는 비방에 빠져 있는 동안, 대륙 수학자들은 뉴턴의 위대한 통찰을 십분 활용하여 천체역학, 탄성학, 유체역학, 열, 빛 그리고 소리 등 수리물리학의 핵심 분야에서 중요한 성과를 올리고 있었다. 그들이 유도해낸 방정식 대다수는 그새 과학이 많이 발전했지만 — 또 어쩌면 발전했기 때문에 — 지금까지도 활용되고 있다.

미분방정식 ∞

우선, 수학자들은 변수가 하나인 상미분방정식의 특정한 유형의 해를 구할 명시적인 공식을 찾는 데 집중했다. 하지만 쉽게 찾아지지 않았다. 왜냐하면 그런 유형의 공식은 존재하지 않을 때가 다반사였기 때문이다. 그래서 자연을 정확하게 기술하는 방정식보다는 공식으로 풀 수 있는 방정식에 관심이 집중되었다. 좋은 사례가 다음 식으로 표현되는 추에 대한 미분방정식이다.

$$\frac{d^2\theta}{dt^2} + k^2 \sin\theta = 0$$

여기서 t는 시간이며 θ는 추가 달려 있는 각도다. 추가 수직으로 아래를 향할 때 $\theta = 0$으로 정한다. k는 상수다. 고전적인 함수(다항함수, 지수함수, 삼각함수, 로그함수 등)로는 이 방정식의 해를 나타낼 수 없다. 타원함수를 이용한 해가 존재하긴 하지만, 타원함수는 1세기 후에나 고안된 개념이다. 하지만 각도가 작다고 가정하면, 즉 추가 아주 작게 진동하고 있는 경우를 다룰 때에는 $\sin\theta$는 근사적으로 θ와 같다. 그리고 θ가 작으면 작을수록 이 근삿값은 더 정확해진다. 따라서 다음처럼 방정식으로 바꿀 수 있다.

$$\frac{d^2\theta}{dt^2} + k^2\theta = 0$$

이 경우에는 방정식의 일반적인 해가 존재한다. 공식은 다음과 같다.

$$\theta = A \sin kt + B \cos kt$$

여기서 A와 B는 상수로서 추의 초기 위치와 초기 속도에 의해 결정된다.

이런 접근법은 추의 주기―추가 한 번 흔들릴 때 걸리는 시간―가 $2\pi/k$임을 금세 알아낼 수 있다는 장점이 있다. 가장 큰 단점을 하나 꼽으라면, θ가 충분히 클 때 이 해는 성립하지 않는다는 것이다. (정확한 답을 얻고 싶다면 $20°$도 큰 값이다.) 또한 얼마나 엄밀한지도 의심스럽다. 근사 방정식의 정확한 해는 정확한 방정식의 근사 해일뿐이지 않는가? 그렇긴 하지만, 1900년 무렵까지 이것은 증명되지 않았다.

두 번째 방정식을 풀 수 있는 까닭은 이 방정식이 선형이기 때문이다. 즉 미지수 θ의 일차항과 그것의 도함수로만 되어 있으며, 계수는 상수다. 모든 선형 미분방정식의 기본이라고 할 수 있는 함수는 지수함수 $y = e^x$다. 이 함수는 다음 방정식을 만족한다.

$$\frac{dy}{dx} = y$$

즉 e^x는 자기 자신의 도함수다. 이 성질 때문에 수 e가 자연스럽다고 할 수 있는 것이다. 이 성질의 한 결과로서, 자연로그 $\log x$의 도함수는 $1/x$이며, 따라서 $1/x$의 적분은 $\log x$다. 상수 계수를 갖는 임의의 선형 미분방정식은 지수함수와 삼각함수를 이용하여 풀 수 있다. (나중에 살펴보겠지만 삼각함수는 사실 정체를 숨기고 있는 지수함수다.)

미분방정식의 유형 ∞

미분방정식은 두 가지 유형이 있다. 상미분방정식은 단일 변수 x에 대한 함수 y를 대상으로 dy/dx나 d^2y/dx^2 등 y의 여러 도함수로 이루어진 방정식이다. 지금껏 설명한 미분방정식은 전부 상미분방정식이었다. 더 어렵긴 하지만 수리물리학에 매우 중요한 또 하나의 개념은 편미분방정식이다. 편미분방정식에서는 $f(x, y, t)$처럼 함수의 변수가 두 개 이상이다. 여기서 x와 y는 평면상의 좌표이며, t는 시간이다. 편미분방정식은 변수 각각에 대한 편도함수의 형태로 이 함수를 나타낸다. 다른 변수는 고정시켜 놓고서 어떤 양에 대한 어떤 변수의 도함수를 나타내려면 새로운 표기 ∂(라운드)가 사용된다. $\partial x/\partial t$는 y의 값은 상수로 취급한 상태에서 시간에 대한 x의 변화율을 가리킨다. 이것을 편도함수라고 한다.

오일러가 1734년에 편미분방정식을 소개했고, 달랑베르D'Alembert가

1743년에 편미분방정식에 관한 연구를 했지만, 이런 초기 연구는 독자적으로 이루어졌고 특수한 대상에 국한되었다. 최초의 돌파구는 1746년에 뚫렸다. 이 해에 달랑베르가 진동하는 바이올린 현에 관한 오래된 문제를 다시 파고들면서 얻은 성과였다. 이미 요한 베르누이가 1727년에 이 문제의 유한한 버전을 논의한 적이 있었다. 베르누이는 유한한 개수의 점질량들의 진동이 무게가 없는 현을 따라 동일한 간격으로 떨어져 있는 상황을 고찰했다. 달랑베르는 연속적이고 균일한 밀도의 현에 대해 베르누이의 계산을 n개의 점질량에 적용한 다음 n을 무한으로 향하게 했다. 따라서 연속적인 현을 무한소 선분들이 무한히 많은 개수로 서로 이어져 있다고 본 것이다.

뉴턴의 운동 법칙을 바탕으로 얻어진 베르누이의 결과에서 시작하여, 단순화 과정을 거쳐(가령, 진동의 크기를 작다고 가정함) 달랑베르는 다음 편미분방정식을 얻었다.

$$\frac{\partial^2 y}{\partial t^2} = a^2 \frac{\partial^2 y}{\partial x^2}$$

여기서 $y = y(x, t)$는 시간 t일 때 현의 모양으로서, 수평 좌표 x의 함수로 나타난다. a는 현의 장력 및 밀도와 관련된 상수다. 독창적인 논증을 통해 달랑베르는 이 편미분방정식의 일반해가 다음 형태임을 증명했다.

$$y(x, t) = f(x + at) + f(x - at)$$

여기서 f는 주기함수이며, 주기는 현의 길이의 두 배다. 또한 f는 기함수여서 $f(-z) = -f(z)$이다. 이 형태는 현의 양 끝이 움직이지 않는다는 자연적인 경계 조건을 만족한다.

파동방정식 ∽

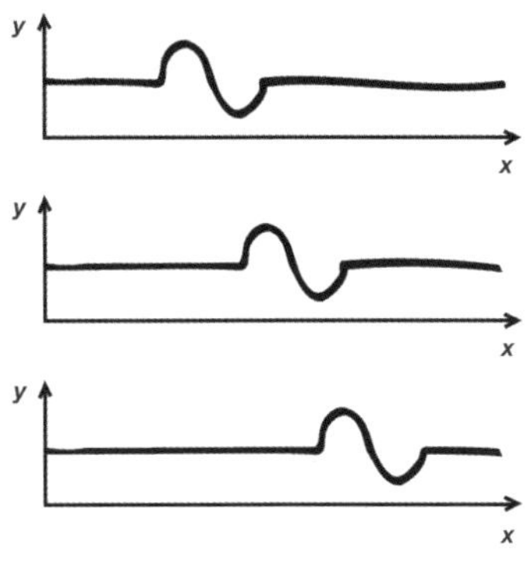

한 파동이 왼쪽에서 오른쪽으로 진행할 때의
연속 사진

오늘날 달랑베르의 이 편미분방정식은 파동방정식이라고도 불린다. 그 해는 대칭적으로 위치한 파동들의 중첩으로서, 한 파동은 속도 a로 다른 파동은 속도 -a로 움직인다. (즉 두 파동은 속력은 동일하지만 반대 방향으로 진행한다.) 이것은 수리물리학에서 가장 중요한 방정식에 속하는데, 파동은 자연계의 수많은 갖가지 상황에서 발생하기 때문이다.

오일러는 달랑베르의 논문을 찾아 읽고서는 즉각 이를 발전시키는 일에 착수했다. 1753년 경계 조건이 없을 경우 파동방정식의 일반해가 다음과 같음을 밝혀냈다.

$$y(x, t) = f(x+at) + g(x-at)$$

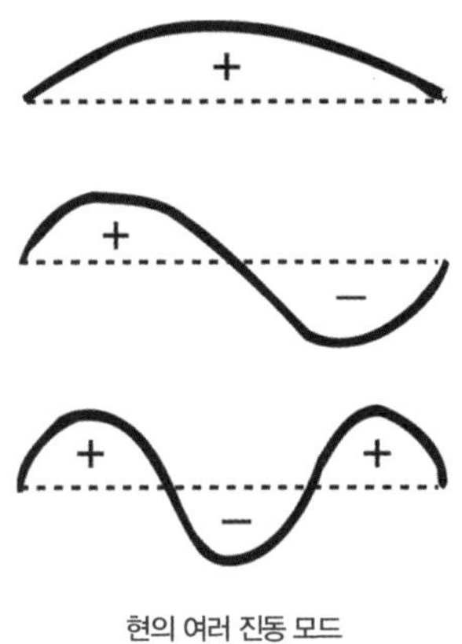

현의 여러 진동 모드

여기서 f와 g는 주기함수란 공통점만 있을 뿐, 다른 조건들은 공유하지 않는다. 특히 이 두 함수는 상이한 x의 범위에 대해 상이한 공식으로 표현될 수 있다. 이런 성질을 가리켜 오일러는 불연속 함수라고 일컬었다. 하지만 현대의 용어로 말하면, 이 함수들은 연속적인데 다만 불연속적인 일차도함수를 가질 뿐이다.

1749년 발표된 초기의 논문에서 오일러는 (여기서 단순한 설명을 위해 현의 길이는 단위 1로 잡는다) 가장 간단한 주기함수이자 기함수 형태는 사인함수라고 말했다.

$$f(x) = \sin x, \ \sin 2x, \ \sin 3x, \ \sin 4x, \ \cdots$$

이 함수들은 주파수가 1, 2, 3, 4 등인 순수한 사인파 형태의 진동을 나타낸다. 오일러에 의하면 일반해는 이러한 곡선들의 중첩이다. 기본적인 사인곡선 $\sin x$는 진동의 가장 기본적인 요소이며, 이외의 다른 곡선들(가령, $\sin 2x$, $\sin 3x$ 등)은 추가적인 요소들이다. 오늘날 우리는 이들을 하모닉스harmonics라고 부른다.

파동방정식에 대한 오일러의 해를 달랑베르의 해와 비교해보면 한 가지 근본적인 문제점이 드러난다. 달랑베르는 오일러가 말한 의미에서 불연속적인 함수의 가능성을 예상하지 못했다. 게다가 오일러의 방식에는 치명적인 결점이 있는 듯 보였다. 왜냐하면 삼각함수는 연속적이기에, 이들의 모든 (유한한) 중첩 또한 연속적이기 때문이다. 오일러는 유한한 중첩 대 무한한 중첩이라는 사안을 진지하게 고민하지 않았다. 사실 당시에는 어느 누구도 그런 문제를 엄밀하게 다루지 않았으며, 그것이 중요하다는 점은 시간이 지나 힘들게 깨우쳤다. 아무튼 그런 구별을 하지 않은 바람에 심각한 곤란에 휩싸였다. 이후로 끓어오르던 논쟁은 마침내 푸리에의 연구가 나오면서 흘러넘치고 만다.

음악, 빛, 소리 그리고 전자기파 ∞

고대 그리스인들은 진동하는 현이 다양한 음을 낼 수 있음을 알았다. 마

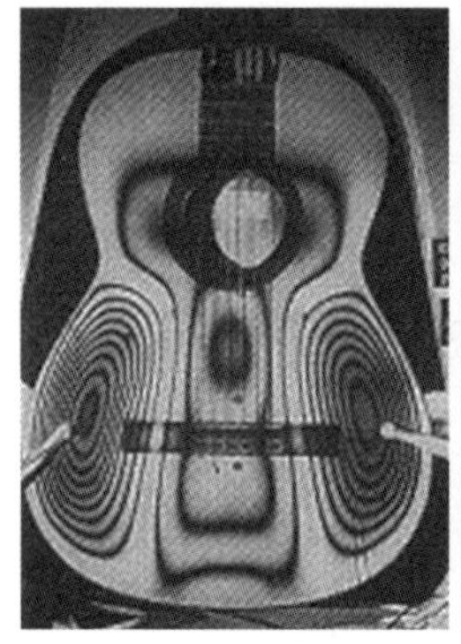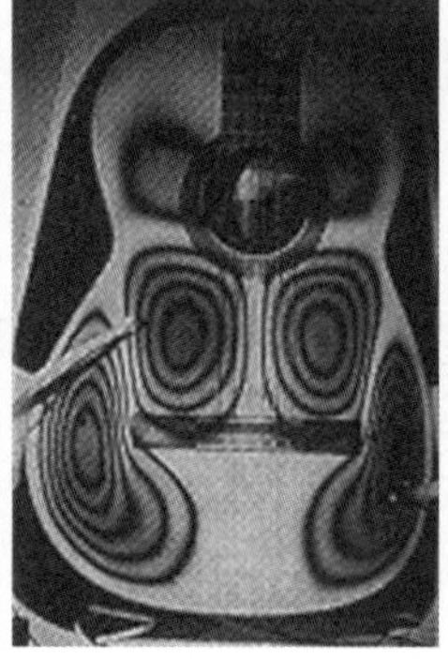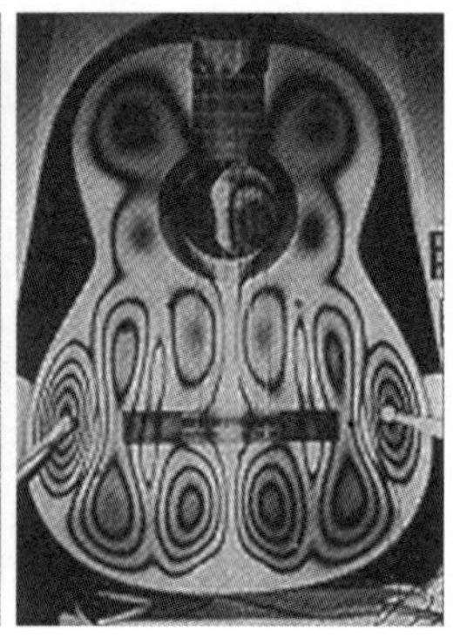

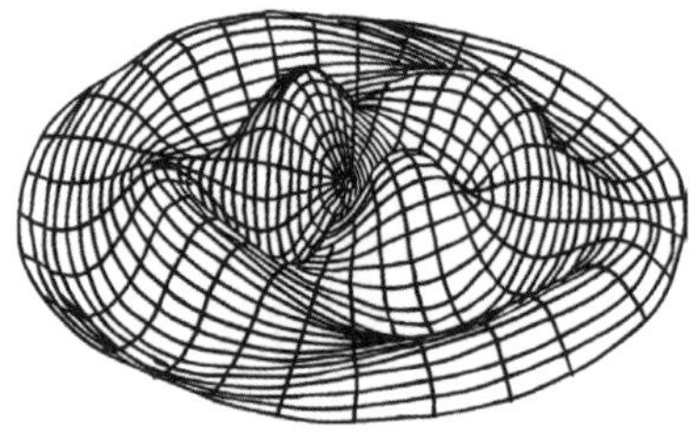

실제 기타의 진동과 둥근 북의 가죽 진동

디, 즉 현의 고정점이 어디에 있느냐에 따라 현을 진동시킬 때 음의 높이가 달라짐을 알았던 것이다. 기본 주파수일 때는 양 끝 점만이 고정점이다. 만약 현의 가운데에 마디가 있으면 한 옥타브 높은 소리를 낸다. 그리고 마디가 더 많을수록 더 높은 주파수의 음이 생긴다. 이처럼 더 높은 주파수의 음들을 배음이라고 한다.

바이올린 현의 진동은 정상파다. 즉 어느 때라도 현의 모양이 똑같다. 다만 길이의 직각 방향으로 아래위로 팽창하고 수축한다는 점만이 다를 뿐이다. 현이 팽창하는 최대 폭을 가리켜 파동의 진폭이라고 하는데, 이것은 음이 얼마나 큰 소리를 내는지를 결정한다. 파동의 형태는 시간의 흐름에 따라 사인곡선의 형태를 띤다.

1759년 오일러는 이 개념을 현에서 북으로 확장시켰다. 이번에도 그는 한 파동방정식을 제시하여, 수직 방향으로 북의 가죽 변이가 시간에 따라 어떻게 달라지는지를 기술했다. 이를 물리적으로 해석하면, 북의 가죽 작은 한 조각의 가속도는 근처에 있는 북의 가죽 다른 모든 부분이 그 조각에 가하는 평균 장력에 비례한다. 북은 바이올린 현과 두 가지 점에서 다른데, 이차원 평면이며 경계가 훨씬 더 흥미롭다는 점이다. 지금 다루는 이 주제에서는 경계가 절대적으로 중요하다. 북의 경계는 임의의 폐곡선이 될 수 있는데, 핵심 조건은 북의 경계가 고정되어 있다는 것이다. 북의 나머지 가죽 부분은 움직일 수 있지만 그 테두리는 끈으로 단단히 묶여 있다.

18세기의 수학자들은 다양한 형태의 북의 운동에 대한 방정식을 풀 수 있었다. 이번에도 역시 모든 진동은 단순한 진동에서 시작해 차근차근 쌓여 이루어지며, 이로써 특정한 주파수 목록이 얻어진다는 사실을 알아냈다. 가장 단순한 사례는 직사각형 북인데, 이 북의 가장 단순한 진동들은 두 직각 방향으로 진행하는 사인파 형태의 파문 결합이다. 더 어려운 사례는 둥근 원인데, 이 경우에는 베셀함수라고 불리는 새로운 함수가 관련된다. 이 파동 역시 시간의 흐름에 따라 사인파와 비슷하게 구불구불 진행하지만, 파동의 공간적인 구조가 훨씬 복잡하다.

파동방정식은 매우 중요하다. 파동은 악기에서 생길 뿐만 아니라 빛과 소리의 모든 물리현상에서도 생긴다. 오일러는 파동방정식의 삼차원 버전을 알아내어 음파에 적용했다. 대략 한 세기가 지난 후, 제임스 클라크 맥스웰James Clerk Maxwell은 전자기장의 방정식에서 파동방정식과 동일한 형태의 수학적 표현을 유도해내어 전파의 존재를 예측했다.

중력 ∞

편미분방정식의 또 한 가지 적용 사례는 중력 이론이다. 중력 이론은 퍼텐셜 이론potential theory이라고도 불린다. 이 이론은 지구나 다른 행성에

작용하는 중력 문제를 다루는 과정에서 등장했다. 뉴턴은 행성을 완전한 구의 형태로 모형화했지만, 행성의 실제 모습은 타원체에 가깝다. 그리고 구의 중력은 (구 외부의 어떤 지점에 대하여) 구를 구의 중심에 위치한 점 입자로 보았을 때의 중력과 동일하지만, 타원체일 때에는 그렇지 않다.

콜린 매클로린Colin Maclaurin은 1740년에 출간한 회고록과 1742년에 나온 후속작인 《유율론Treatise of Fluxions》에서 이 사안에 대한 중요한 진전을 이루었다. 그가 밟은 첫 번째 단계는 만약 균일한 밀도의 유체가 자체 중력으로 인해 등속으로 회전한다면 평형 상태에 이른 형태가 편구면偏球面, 즉 회전에 의해 생긴 타원체면이 됨을 증명하는 것이었다. 이어서 그는 그런 편구면에 의해 생긴 인력을 연구하여, 제한적이나마 성공을 거두었다. 그가 얻은 주요한 결론에 따르면, 만약 두 편구면이 초점이 같고, 어떤 한 입자가 적도면 내지 회전축에 놓여 있다면, 두 편구면 중 어느 하나가 그 입자에 가하는 힘은 편구면의 질량에 비례한다는 것이었다.

한편 1743년 알렉시 클로드 클레로Alexis Claude Clairaut는 이 문제를 다룬 연구 결과를 자신의 책《지구의 형태론》에 소개했다. 하지만 큰 돌파구를 마련한 사람은 앙드리앵 르장드르Adrien Marie Le Gendre였다. 그는 단지 편구면이 아니라 임의의 회전입체의 기본적 성질을 증명해냈다. 이는 만약 회전축상의 모든 점에서 중력을 안다면, 임의의 다른 점에서 중력을 유도할 수 있다는 성질이었다. 그의 방법은 중력을 구형 극좌

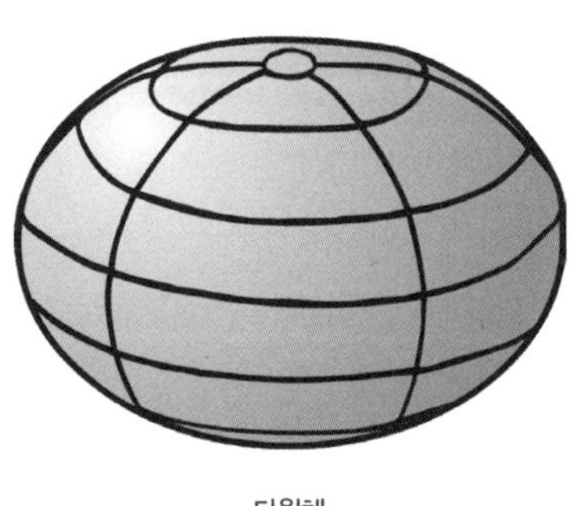

타원체

표에서 적분의 형태로 나타내는 것이었다. 그는 이 적분식을 변형하여 구형 하모닉스의 중첩으로 표현했다. 이것은 르장드르 다항식이라고 불리는 특수한 함수에 의해 결정된다. 1784년에 그는 이 주제를 깊이 연구하여 이런 다항식의 여러 기본적인 성질들을 증명했다.

퍼텐셜 이론에 쓰이는 핵심적인 편미분방정식은 라플라스방정식인데, 이 방정식은 1799년부터 출간되기 시작한 라플라스의 다섯 권짜리 저서 《천체역학론》에 처음 등장했다. 이전의 연구자들도 알던 내용이지만, 라플라스의 접근법이 가장 결정적이었다. 이 방정식의 형태는 다음과 같다.

$$\frac{\partial^2 V}{\partial x^2} + \frac{\partial^2 V}{\partial y^2} + \frac{\partial^2 V}{\partial z^2} = 0$$

여기서 $V(x, y, z)$는 공간상의 점 (x, y, z)의 퍼텐셜이다. 직관적으로 볼 때, 이 방정식은 임의의 주어진 점의 퍼텐셜 값은 그 점을 둘러싸고 있는 한 작은 구면상에서의 퍼텐셜 값들의 평균임을 말해주고 있다. 이 방정식은 물체 바깥에서 유효한데, 물체 내부에 적용할 때는 오늘날 푸아송방정식이라고 알려진 다른 방정식으로 바꾸어야 한다.

열과 온도 ∞

소리와 중력에서 거둔 성공에 힘입어 수학자들은 다른 물리현상으로도 관심을 돌렸다. 가장 중요한 것 중 하나는 열이었다. 19세기 초부터 열의 흐름을 연구하는 과학은 매우 실용적인 분야가 되었는데, 주된 이유는 금속공업에서 쓸모가 많았기 때문이다. 아울러 지구 내부의 구조, 특히 온도에 대한 관심이 점점 커졌다. 지표면에서 1천 마일 이상 떨어진 지구 내부의 온도를 직접 잴 수는 없으니 간접적으로 잴 수밖에 없는데,

이때 열이 다양한 구성의 물체들 속으로 어떻게 전달되는지 이해하는 일이 필수였다.

1807년 조제프 푸리에Joseph Fourier가 열 전달에 관한 논문 한 편을 프랑스 과학아카데미에 제출했는데, 심사위원들은 불충분한 이론이라며 거절했다. 그러면서도 아카데미는 푸리에가 연구를 계속하도록 북돋우기 위해 1812년 과학현상공모에 열 전달을 주제로 내걸었다. 따라서 공모까지는 오랜 시간이 남아 있었고, 1811년 푸리에는 자신의 연구 결과를 수정하여 응모해, 수상의 영광을 누렸다. 하지만 논리적 엄밀성이 부족하다는 이유로 푸리에의 연구를 비판하는 움직임이 크게 일자 아카데미는 그것을 연구논문집에 실어 발간하기를 거부했다. 푸리에는 이런 홀대에 발끈하여 《열 해석론》을 직접 써서 1822년에 발간하였다. 1811년 논문의 내용 대부분이 이 책에 담겼지만, 추가된 내용도 있었다. 1824년 푸리에는 지난 설욕을 보란 듯이 되갚았다. 이 해에 프랑스 과학아카데미의 종신 서기에 오르자마자, 1811년 논문을 연구논문집에 실어 발간했던 것이다.

푸리에가 시도한 첫 단계는 열 전달에 관한 편미분방정식을 유도해내는 일이었다. 이때 식을 단순화시키는 여러 가지 가정을 세웠다. 가령, 물체는 균질적이어야(어디에서나 똑같은 성질을 가져야) 하며 등방성(물체 내에서 어떤 방향을 택하더라도 달라지지 않는 성질)을 지녀야만 한다는 등의 가정이었다. 마침내 푸리에는 오늘날 열방정식이라고 불리는 공식을 내놓았는데, 이 방정식은 삼차원 물체의 임의의 점의 온도가 시간에 따라 어떻게 달라지는지를 기술한다. 열방정식은 형태면에서 라플라스방정식이나 파동방정식과 매우 비슷하지만, 시간에 대한 편도함수가 이차가 아니라 일차다. 이 사소한 변화가 편미분방정식의 수학적 결과에 막대한 차이를 가져온다.

일차원 및 이차원상의 물체에 대해 비슷한 방정식도 얻었다. z항을 없애서 이차원상의 물체(가령, 둥근 막대기 표면과 종이 면)에 대한 방정식을 얻었고, y항까지도 없애서 일차원상의 물체에 대한 방정식을 얻었다. 푸리에는 (길이가 π인) 막대기에 대한 열방정식을 구했는데, 막대기의 양 끝은 고정된 온도로 유지되며 시간 $t=0$(초기 조건)에서 막대기 위의 한 점 x의 온도가 다음 형태를 띤다고 가정했다.

$$b_1 \sin x + b_2 \sin 2x + b_3 \sin 3x + \cdots$$

(이것은 예비 계산에서 나온 식이다) 그리고 나서 임의의 시간 t에서의 온도는 각 항에 적절한 지수함수를 곱한, 비슷하지만 더 복잡한 식에 의해 정해짐을 알아냈다. 그 결과 나온 방정식은 파동방정식의 하모닉스와 닮아 있다. 하지만 파동방정식일 때는 순수한 사인함수로 각 항이 나타나므로 진폭이 줄지 않고 무한정 진동한다. 반면에 온도 분포의 각 사인함수 항들은 시간에 따라 기하급수적으로 진폭이 줄어든다. 그리고 더 고차항일수록 더 빠르게 줄어든다.

이런 차이가 생기는 물리적인 까닭은 다음과 같다. 파동방정식일 경우에는 에너지가 보존되므로 진동이 사그라질 수가 없다. 하지만 열방정식의 경우에는 열이 막대기를 따라 퍼져나가는데, 양 끝은 차갑게 유지되기 때문에 거기서 열을 잃게 된다.

푸리에의 결론은 이렇다. 즉 초기 온도 분포를 푸리에 급수—앞의 식처럼 사인함수와 코사인함수의 수열의 합—로 전개할 수만 있다면 시간이 지남에 따라 어떻게 열이 물체에서 전달되는지를 즉시 알아낼 수 있다는 것이다. 푸리에는 온도의 어떠한 초기 분포도 그렇게 전개할 수 있음이 명백하다고 여겼지만, 당시 사람들은 그렇게 생각하는 게 쉽지 않았다. 몇몇 학자는 파동과 관련하여 이 문제를 상당히 고심했으며 겉보기보다는 무척 어려운 문제라고 확신하고 있었다.

사인함수와 코사인함수로 전개할 수 있다는 푸리에의 주장은 복잡했고 혼란스러웠으며 그다지 엄밀하지 않았다. 푸리에는 온갖 수학적 방법들을 동원하여 마침내 계수 b_1, b_2, b_3 등에 관한 단순한 표현을 이끌어냈다. 초기 온도 분포를 함수 $f(x)$로 적을 때, 계수 b_n은 다음과 같이 얻어졌다.

$$b_n = \frac{2}{\pi} \int_0^\pi f(u) \sin(nu)\, du$$

오일러는 이미 1777년에 소리에 대한 파동방정식을 구할 때 이 식을 내놓았으며, 서로 다른 두 항 $\sin m\pi x$와 $\sin n\pi x$는 직교함을 영리한 기법을 써서 증명해냈다. 직교한다는 것은

$$\int_0^\pi \sin(mx) \sin(nx)\, dx$$

의 값이 m과 n이 서로 다른 정수일 때는 언제나 0이며, $m = n$일 때는 0이 아니라는 (사실은 $\pi/2$라는) 의미다. 만약 $f(x)$가 푸리에 급수로 전개된다면, 양변에 $\sin nx$를 곱하여 적분을 하게 되면, 한 개의 항을 제외하고 모든 항은 사라진다. 이때 남은 항에서 b_n에 대한 푸리에의 공식이 얻어진다.

유체역학 ∞

편미분방정식에 대한 논의는 유체역학을 언급하지 않고서는 결코 완결될 수 없을 것이다. 정말이지, 이 분야는 실제적인 면에서 매우 중요한

푸리에 급수는 어떻게 작동하는가

전형적인 불연속 함수를 예로 하나 들면 사각파square wave를 꼽을 수 있다. 이 함수는 $-\pi < x \le 0$일 때는 값이 1이며, $0 < x \le \pi$일 때 값은 -1이다. 그리고 주기는 2π다. 사각파에 푸리에 공식을 적용하면 다음 급수가 얻어진다.

$$S(x) = \sin x + \frac{1}{3} \sin 3x + \frac{1}{5} \sin 5x + \cdots$$

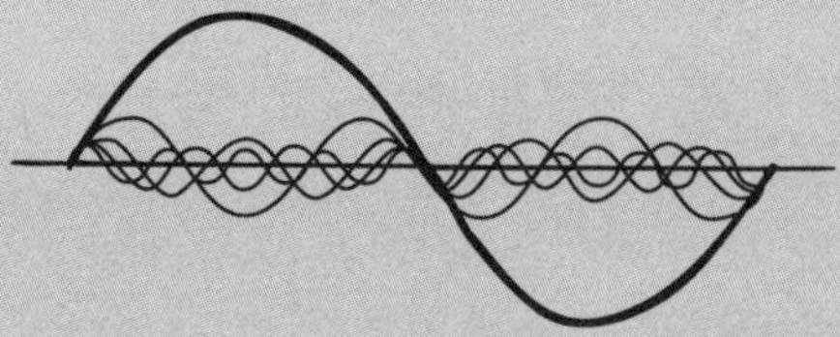

이 항들이 합쳐지면 다음 그림처럼 사각파가 생긴다.

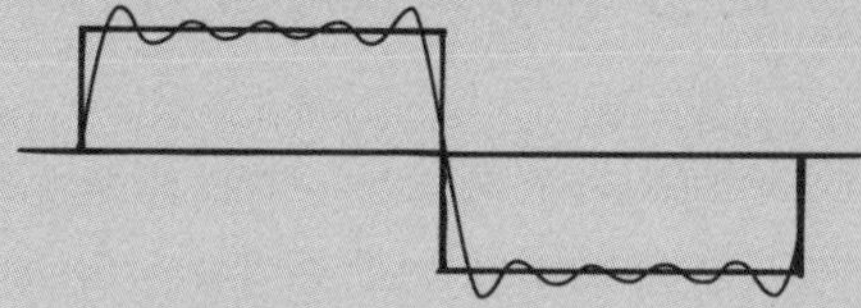

사각파의 푸리에 전개: 위는 구성 요소인 사인곡선들, 아래는 이들을 합한 결과이다.

사각파는 불연속이긴 하지만, 이를 근사적으로 나타내는 모든 파형은 연속적이다. 하지만 더 많은 개수의 항들을 합할수록 꼬불거리는 모양이 더욱 직선에 가까워져 푸리에 급수의 그래프는 더더욱 가파르고 거의 불연속적인 모양이 된다. 이런 방식으로 연속 함수의 무한급수가 불연속성을 나타낼 수 있는 것이다.

학문이다. 왜냐하면 유체역학의 방정식들은 잠수함이 지나갈 때 물의 흐름, 비행기가 지나갈 때 공기의 흐름 그리고 심지어 포뮬러 1 레이싱 카가 지나갈 때 공기의 흐름을 기술하기 때문이다.

오일러는 점성, 즉 '끈적거림'이 0인 유체의 흐름에 대한 편미분방정

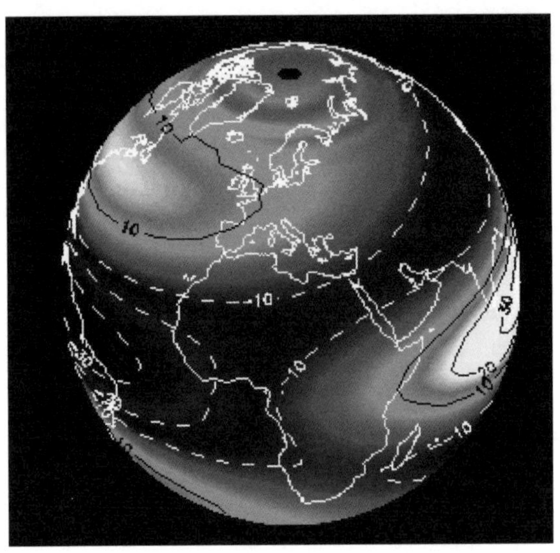

나비에-스토크스 방정식의 한 확장 버전으로 계산한 전 지구의 풍속과 온도

식을 유도해냄으로써 1757년에 이 학문을 처음 시작했다. 이 방정식은 일부 유체에서 현실적이긴 하지만, 너무 단순화된 것이어서 그다지 실제적인 쓸모는 없었다. 점성이 있는 유체에 대한 방정식들은 1821년 클로드 나비에가, 이어서 다시 1829년 푸아송이 유도해냈다. 이 방정식들에는 유체 속도에 대한 여러 편도함수가 들어 있다. 1845년에 조지 가브리엘 스토크스George Gabriel Stokes는 더 많은 기본적인 물리 원칙으로부터 동일한 방정식을 유도해냈다. 따라서 이 방정식들은 나비에-스토크스 방정식이라고 불린다.

상미분방정식 ∞

마지막으로 역학에서 상미분방정식이 크게 기여한 두 가지 사례를 살펴보자. 1788년 라그랑주는 《해석역학》이라는 책을 내면서 이렇게 선

그들은 미분방정식을 어떻게 활용했을까?

케플러의 타원 궤도 모형은 정확하지 않다. 태양계 안에 단 두 개의 천체만 있다면 케플러의 모형이 정확하겠지만, 제삼의 천체가 존재하면 타원 궤도가 교란된다. 행성들은 서로 아주 멀리 떨어져 있기 때문에 이 문제는 아주 미세한 운동에만 영향을 주어 대다수 행성들의 전체 궤도는 타원에 가깝게 유지된다. 하지만 목성과 토성은 이상한 행동을 보이는데, 가끔은 정상 궤도를 벗어나 뒤처졌다가 또 어떨 때는 앞으로 끌려나가는 듯 움직인다. 이런 효과는 이 행성들이 태양을 포함하여 서로 간에 미치는 중력 때문이다.

뉴턴의 중력법칙은 물체의 개수에 상관 없이, 세 개 이상의 물체가 있을 때에는 계산이 매우 복잡해진다. 1748년, 1750년 그리고 1752년에 프랑스 과학아카데미는 목성과 토성의 운동을 정확히 계산한 연구 결과에 상을 주었다. 1748년에는 오일러가 미분방정식을 이용하여 목성의 중력이 토성 궤도를 어떻게 교란시키는지를 연구하여 상을 받았다. 오일러는 1752년에도 다시 도전했지만, 이번에 그의 연구에는 중요한 실수가 있었다. 하지만 나중에 밑바탕이 되는 아이디어는 유용한 것임이 밝혀졌다.

합성 사진으로 나타낸 목성과 토성

소피아 바실리에브나 코발레프스카야 1850~1891

소피아 코발레프스카야Sofiya Kovalevskaya는 포병부대 장군인 아버지와 러시아 귀족 출신의 어머니 사이에서 태어난 딸이었다. 어린 시절 소피아 방의 벽지에 우연히 해석학 강의 노트가 붙어 있었는데, 11살 때 이를 발견한 소피아는 미적분학을 독학했다. 흥미를 느낀 소피아는 다른 어떤 학문보다 수학을 더 좋아했다. 아버지가 말렸지만 아랑곳하지 않았다.

소피아는 제대로 수학 교육을 받기 위해 집을 떠나 어쩔 수 없이 결혼을 해야 했다. 하지만 결혼생활은 순탄하지 않았다. 1869년 하이델베르크 대학에서 수학을 공부했지만 여성은 입학이 허용되지 않았기에 대학 당국을 설득해 비공식적으로 강의를 들었다. 소피아는 수학에 남다른 재능을 보였고, 1871년에는 베를린으로 가서 위대한 해석학자 카를 바이어슈트라스Karl Weierstrass 밑에서 공부했다. 이번에도 역시 공식적으로는 입학이 허용되지 않았고, 바이어슈트라스가 개인교습을 해주었다.

소피아가 독창적인 연구를 내놓자, 1874년 바이어슈트라스는 이 연구가 박사학위에 어울릴 만한 수준이라고 칭찬했다. 소피아는 세 편의 논문을 썼는데, 각각 편미분방정식, 타원함수 그리고 토성의 고리에 관한 논문이었다. 이 해에 괴팅겐 대학이 소피아에게 박사학위를 수여했다. 편미분방정식에 관한 논문은 1875년에 발간되었다.

1878년 소피아는 딸을 낳고, 1880년 수학 연구에 다시 몰두하여 빛의 굴절에 관해 연구했다. 1883년 소피아와 결별한 남편이 자살로 생을 마감했다. 이후 소피아는 죄책감을 달래려고 더 많은 시간을 수학 연구에 바쳤다. 1889년 사상 세 번째로 유럽의 한 대학에서 여성 교수가 되었다. 앞선 두 여성은 (제안 받은 교수직을 받아들이지 않은) 마리아 아녜시와 물리학자 로라 바시였다. 그곳에서 소피아는 강체의 운동을 연구했으며, 1886년 연구 결과를 과학아카데미 공모에 응모해 수상했다. 심사위원들은 소피아의 연구를 매우 높이 평가하여 상금을 올려주기까지 했다. 주제가 같은 후속 연구로는 스웨덴 과학아카데미에서 상을 받았고, 이 덕분에 소피아는 러시아 과학아카데미 회원으로 선출되었다.

언했다.

'이 책에는 도형이 나오지 않는다. 내가 설명한 방법들은 작도라든가 기하학적 내지 역학적 논증이 필요하지 않고 오로지 정규 과정에 따르는 대수적 연산만이 필요하다.'

당시로서는 도형을 이용한 논증이 단점이 많아 보였던지라 라그랑주는 아예 도형을 배제하기로 했던 것이다. 오늘날에는 비록 견고한 논리의 뒷받침을 받긴 하지만 그림이 다시 유행하고 있다. 라그랑주가 도형 없이 역학을 논리적으로만 취급한 방식은 일반화된 좌표를 통해 역학을 새롭게 통합하는 기폭제가 되었다. 어떤 계라도 여러 가지 상이한 좌표들로 기술될 수 있게 된 것이다. 추를 예로 들면, 통상의 좌표는 추가 매달려 있는 각도다. 하지만 추와 수직선 사이의 수평 거리도 좌표로 삼을 수 있다.

운동방정식은 좌표계를 달리 하면 다르게 보이는데, 라그랑주는 이런 점을 못마땅하게 여겼다. 그래서 운동방정식을 모든 좌표계에서 동일하게 보이도록 다시 작성하는 방법을 찾았다. 첫 번째 혁신적인 방법은 좌표들끼리 짝을 지어주는 것이다. 모든 위치 좌표 q(가령, 추의 각도)에 대해 이와 대응하는 속도 좌표 $\dot{q}$(추의 각운동 속도)를 맺어주었다. 만약 위치 좌표가 k개 있다면, 속도 좌표도 k개다. 위치를 이차미분방정식으로 나타내는 대신에 라그랑주는 위치와 속도를 일차미분방정식으로 나타냈다. 그는 이것을 오늘날 라그랑지안이라고 불리는 양으로 정식화했다.

해밀턴은 라그랑주의 개념을 더욱 발전시켜 훨씬 더 아름답게 만들었다. 물리적으로 말하면, 속도 대신에 운동량을 사용하여 여분의 좌

우리는 미분방정식을 어떻게 활용하고 있을까?

라디오와 텔레비전은 파동방정식과 서로 떼려야 뗄 수 없는 관계다.

1830년 무렵 마이클 패러데이|Michael Faraday는 전기와 자기에 관한 실험을 실시하여 전류에 의해 자기장이 생기는 현상 그리고 움직이는 자석에 의해 전기장이 생기는 현상을 연구했다. 오늘날의 발전기와 전기 모터는 패러데이의 실험 도구의 직계 후손이다. 1864년 제임스 클라크 맥스웰은 패러데이의 이론을 전자기 현상에 대한 수학 방정식, 즉 맥스웰방정식을 이용해 재정립했다. 맥스웰방정식은 전자기장에 관한 편미분방정식이다.

맥스웰방정식에서 파동방정식이 간단하게 유도된다. 이 계산에 의하면, 전기장과 자기장은 파동의 형태로 함께 전파되며, 빛의 속력으로 움직인다. 사실은 빛 또한 전자기파의 일종이다. 맥스웰방정식에서는 파동의 주파수에 제한을 두지 않는다. 그리고 빛 파동은 주파수의 범위가 비교적 작다. 물리학자들은 다른 주파수 범위의 전자기파가 반드시 존재한다고 예상했는데, 하인리히 하르츠가 그런 파동이 실제로 존재함을 증명해냈으며, 구글리에모 마르코니가 그런 파동을 이용해 실용적인 장치인 무전기를 발명했다. 이후로 기술은 급격히 발전했다. 텔레비전과 레이더 또한 전자기파를 이용한 장치다. GPS 위성항법장치, 휴대전화 및 무선 컴퓨터 통신도 마찬가지다.

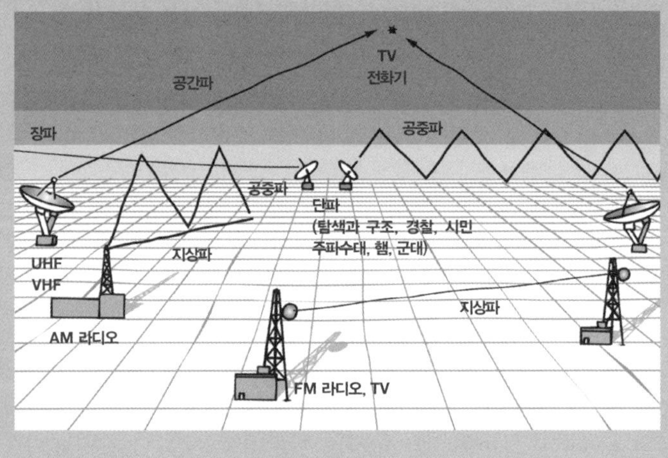

표들을 정의했고, 수학적으로 말하면, 오늘날 해밀토니안이라고 불리는 양을 정의했는데, 이것은 여러 계에서 에너지로 해석될 수 있다. 역학의 이론적 작업, 더 나아가 양자역학에까지 대체로 해밀토니안을 사용한다.

물리학이 수학화되다 ∞

뉴턴의 《프린키피아》는 자연현상의 밑바탕에 수학적 법칙이 존재함을 밝혀냈다는 점에서 인상적이었다. 하지만 그다음에 일어난 일들은 훨씬 더 인상적이었다. 수학자들이 소리, 빛, 열, 유체의 흐름, 중력, 전기, 자기 등 물리학의 전 영역을 과감하게 파헤쳤기 때문이다. 무엇을 공략하든 수학자들은 물리현상을 기술하는 미분방정식을 내놓았는데, 매우 정확할 때가 많았다.

이런 경향이 장기간에 걸쳐 가져온 결과는 놀라웠다. 라디오, 텔레비전 및 상업용 제트기와 같은 중요한 기술 발전의 대다수가 미분방정식의 수학에 바탕을 두고 있다. 미분방정식은 지금도 집중적인 연구 활동의 대상이며, 거의 매일 새로운 응용 사례가 나타난다. 뉴턴이 뼈대를 발명하고, 이후 18세기와 19세기의 학자들이 살을 붙인 미분방정식은 그야말로 지금 우리가 사는 세상을 만들었다고 해도 과언이 아니다. 미분방정식이야말로 겉으로는 보이지 않지만 세심하게 살펴보면 세상의 배후에 무엇이 숨어 있는지를 알게 해주는 대표적인 사례다.

불가능한
양

음수가 제곱근을
가질 수 있는가?

수학자들은 이러저러한 성질에 따라 수를 여러 가지 종류로 구분한다. 이때 중요한 점은
개별적인 수들이 아니라 이 수들이 속하는 계다. 즉 이 수들이 함께 지니는 성질이다.
이런 수 체계 가운데 네 가지는 우리에게 익숙하다. 자연수는 1, 2, 3… 등이며, 정수
는 자연수에 0과 음수를 포함한 수들이다. 유리수는 분수 p/q로 이루어진 수들인데,
여기서 p와 q는 정수이며 q는 0이 아니다. 그리고 실수는 대체로 무한히 진행할 수 있
는 소수로 표현되는데, 소수가 순환하면 유리수이고 $\sqrt{2}$, e 그리고 π처럼 순환하지 않
으면 무리수다.

정수 ∞

정수라는 이름은 단지 전부라는 뜻일 뿐이다. 다른 이름들은 해당 수 체
계가 타당하고 합리적이라는 인상을 준다. 또는 자연스럽다든가 이성적
이라든가 실제로 존재한다는 인상도 준다. 이런 이름들은 수가 이 세상
의 특질을 반영한다는 오랜 견해를 단적으로 드러내준다.

많은 사람이 수학을 연구할 유일한 방법은 새로운 수를 발명하는 것
이라고 여긴다. 이 견해는 한참 빗나간 생각이다. 수학 연구의 다수는

수 자체에 관한 것이 아니며, 어떤 경우든 새로운 수가 아니라 새로운 정리를 내놓는 것이 목적이기 때문이다. 하지만 가끔씩 '새로운 수'가 등장하기도 한다. 그러한 수의 발명, 그중에서도 이른바 '불가능한' 또는 '가상의' 수가 수학의 면모를 완전히 바꾸어 수학의 위력을 한껏 드높이기도 했다. 그 수는 −1의 제곱근이었다. 초기의 수학자들에게 그런 수는 터무니없는 것이었다. 왜냐하면 어떤 수이든 제곱하면 양수가 되기 때문이다. 따라서 음수는 제곱근을 가질 수 없다. 하지만 음수가 제곱근을 가질 수 있다고 가정해보자. 그렇다면 어떻게 될까?

수가 인간에 의해 만들어진 인공적인 발명품임을 수학자들이 이해하게 되기까지는 오랜 세월이 걸렸다. 분명 자연의 많은 속성을 파악하는 데 매우 효과적인 발명품이지만, 유클리드의 삼각형이나 미적분학의 공식처럼 자연의 일부에 지나지 않은 것이다. 역사적으로 보면, 수학자들이 이런 철학적인 질문과 처음 씨름하게 된 계기는 가상의 수, 즉 허수가 존재할 수밖에 없고 이 수가 어쨌거나 우리에게 익숙한 실수와 대등한 가치를 지닌 유용한 수임을 인식하게 되면서부터다.

삼차방정식이 지닌 문제점 ∞

수학에서 혁명적인 개념은 아주 단순한 그리고 (지금 와서 되돌아보면) 너무나 명백한 상황에서 발견되는 법이 좀체 없다. 그런 개념은 늘 무척이나 복잡한 것에서 등장한다. −1의 제곱근도 마찬가지였다. 오늘날에는 보통 이 수를 방정식 $x^2 + 1 = 0$에서 이끌어낸다. 이 방정식의 해가 −1의 제곱근이기 때문이다. 이것이 무슨 의미이든지 간에 말이다. 이 수가 타당한 의미를 갖는지 여부를 궁리한 최초의 수학자들 가운데 르네상스 시대의 대수학자들이 있었다. 이들은 뜻밖의 상황에서, 즉 삼차방정식의 해를 구하는 과정에서 음수의 제곱근과 맞닥뜨렸다.

앞서 언급한 것처럼, 델 페로와 타르탈리아는 삼차방정식에 대한 대수적 해법을 발견했고, 이 내용을 카르다노는 나중에 《아르스 마그나》에 실었다. 현대의 기호로 표현하면, 삼차방정식 $x^3 + ax = b$의 해는 다음과 같다.

$$x = \sqrt[3]{\frac{b}{2} + \sqrt{\frac{a^3}{27} + \frac{b^2}{4}}} + \sqrt[3]{\frac{b^3}{2} - \sqrt{\frac{a^3}{27} + \frac{b^2}{4}}}$$

르네상스 시대의 수학자들은 이 해를 구하는 과정을 식이 아니라 말로 표현했지만, 그 내용은 오늘날의 해법과 동일했다.

식은 매끄럽게 풀릴 때도 있었지만, 가끔은 말썽을 일으켰다. 카르다노는 이 식을 $x^3 = 15x + 4$와 같은 방정식에 적용하면, 해는 분명 $x = 4$인데도 다음과 같은 식으로 표현되었다.

$$x = \sqrt[3]{2 + \sqrt{-121}} + \sqrt[3]{2 - \sqrt{-121}}$$

하지만 이 식이 도대체 무슨 의미인지는 알 수 없었다. 왜냐하면 -121의 제곱근을 구할 수 없었기 때문이다. 당황한 카르다노는 타르탈리아에게 편지를 보내 이 문제를 해결해 달라고 부탁했다. 타르탈리아가 답장을 보내긴 했지만, 요점을 잘못 짚는 바람에 아무 도움이 되지 못했다.

일종의 해답을 제시한 사람은 라파엘 봄벨리Rafael Bombelli였다. 그는 1572년 베니스에서 그리고 1579년 다시 볼로냐에서 발간한 세 권짜리 책 《대수》에서 이 문제를 다루었다. 봄벨리는 카르다노의 《아르스 마그나》가 꽤 모호하다고 여기고는 좀 더 명확한 책을 쓰기로 했던 것이다. 그는 골칫거리인 제곱근을 마치 보통의 수인 것처럼 다루었다. 다음 사실을 알게 되었기 때문이다.

$$(2+\sqrt{-1}\,)^3 = 2+\sqrt{-121}$$

여기서 아래 식을 얻었다.

$$\sqrt[3]{2+\sqrt{-121}} = 2+\sqrt{-1}$$

이와 비슷하게 다음 식도 얻었다.

$$\sqrt[3]{2-\sqrt{-121}} = 2-\sqrt{-1}$$

이제 이 두 식을 합하면 다음과 같은 결과가 나온다.

$$(2+\sqrt{-1}\,) + (2-\sqrt{-1}\,) = 4$$

방법은 이상하지만 답은 올바르게 나왔다. 완벽하게 정상적인 정수가 나왔기 때문이다. 하지만 그렇게 하기 위해 '불가능한' 양을 정상적인 값으로 취급했다.

아주 흥미롭기 그지없기는 하지만, 도대체 어떻게 이럴 수 있는 것일까?

허수 ∞

이 질문에 대답하기 위해 수학자들은 음수의 제곱근을 고찰하는 데 필요하며 아울러 그것으로 계산하기에 좋은 방법을 개발해야 했다. 데카르트나 뉴턴과 같은 초기의 학자들은 허수라는 것은 어떤 문제의 해가 없다는 표시로 여겼다. 비록 제곱을 해서 −1인 수, 즉 −1의 제곱근인 수를 찾고 싶더라도 실제로 존재하지 않으므로 그 문제는 해가 없다는 뜻이다. 하지만 봄벨리의 계산은 그런 수가 단지 가상의 것 이상임을 암시했다. 허수를 이용하여 실제 해를 찾을 수 있고, 정말로 존재하는 해로 허수가 등장할 수 있었던 것이다.

1673년 존 월리스는 허수를 평면상의 점으로 나타낼 간단한 방법을 고안해냈다. 그는 우리에게 익숙한 방법으로 실수를 한 직선 상에 나타냈는데, 오른쪽에는 양수를 왼쪽에는 음수를 두었다.

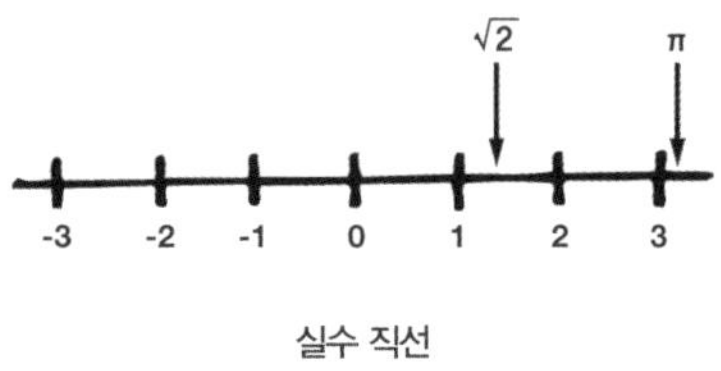

실수 직선

그다음에는 이 직선과 수직인 다른 직선을 도입하여, 이 새로운 직선 상에 허수를 표시했다.

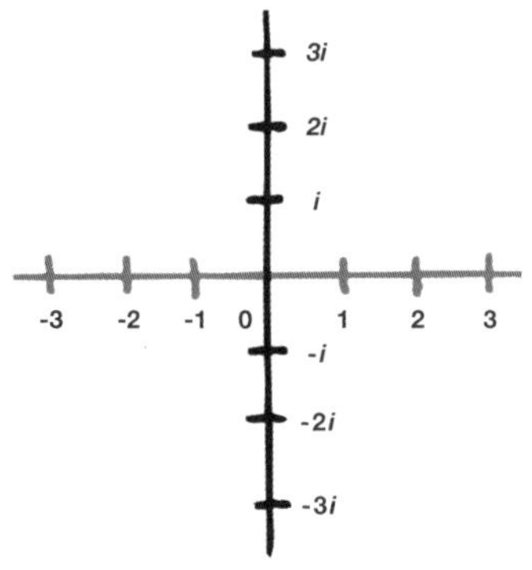

실수 직선과 수직으로 만나는 허수 직선

이것은 평면기하학에 좌표축을 이용하는 데카르트의 대수적 방법과 비슷하다. 그림에서 실수들은 한 축을 이루고 허수들은 다른 축을 이룬다. 월리스는 이런 형태로 기술하지는 않았는데, 데카르트의 방법보다는 페르마의 방법에 더 가까웠다. 하지만 요점은 동일하다. 평면의 나머지 점들은 복소수에 대응한다. 복소수란 두 부분, 즉 실수부와 허수부로 이루어진 수다. 직교좌표계의 경우 실수부는 실수 직선에서 재고, 허수부는 허수 직선에서 잰다. 따라서 $3 + 2i$는 원점에서 오른쪽으로 3 단위 그리고 위쪽으로 2 단위에 위치한다.

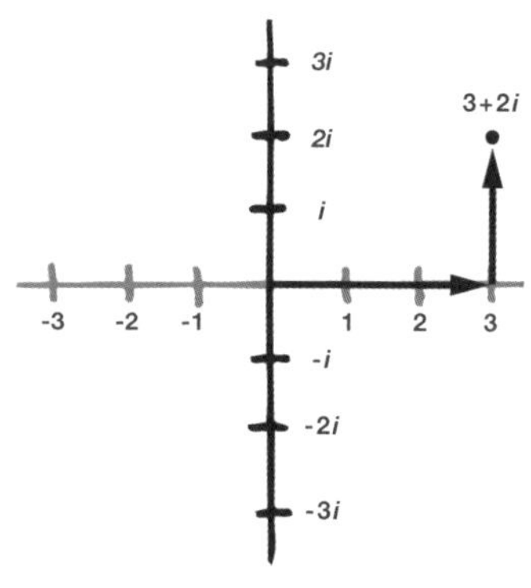

베셀에 따른 복소평면

월리스의 개념은 허수에 의미를 부여하는 출발점이 되었지만, 당시에는 아무도 거들떠보지 않았다. 하지만 그의 개념은 차츰 알게 모르게 설득력을 얻어갔다. 대다수의 수학자들은 −1의 제곱근이 실수 직선에서 차지할 자리가 있느냐 없느냐를 놓고 더 이상 걱정하지 않게 되었고, 대신 그 수가 복소평면이라는 더 넓은 세계의 어딘가에서 존재할 수 있음을 깨달았다. 1758년 프랑수아 다비에 드 퐁세네는 허수에 관한 논문에서 허수가 실수 직선에 직각인 직선을 구성한다는 발상은 터무니없다고 적었다. 하지만 다른 이들은 그런 발상을 진지하게 여겼고, 그 중요성을 이해했다.

월리스가 복소평면이 수의 범위를 확장하여 허수에게 설 자리를 마련해줄 수 있다는 발상을 내놓긴 했지만 명시적이지 않고 다소 애매모호했다. 이 개념은 1797년 노르웨이인 카스파 베셀Caspar Bessel에 의해 명시적으로 드러났다. 측량사였던 베셀은 평면의 기하학을 수로 나타내는 것이 주관심사였다. 뒤집어 생각하면, 그의 아이디어는 복소수를 평면 기하학으로 나타내는 방법이라고 볼 수 있다. 하지만 베셀은 연구 결과를 덴마크어로 발표했기 때문에 오랫동안 주목받지 못했다. 그러다 한 세기가 지나서야 프랑스어로 번역되었다. 1806년 프랑스 수학자 장 로베르 아르강이 독자적으로 복소수에 대한 동일한 표현을 발표했으며, 가우스 또한 1811년에 독자적으로 복소수 표현을 알아냈다.

복소해석 ∞

복소수가 대수에만 유용했다면, 그저 지적인 호기심 거리로 남아 순수수학 바깥에서는 별 주목을 얻지 못했을지도 모른다. 하지만 미적분학에 대한 관심이 커지면서, 이 학문은 해석학으로서 더욱 엄밀한 형태를 띠게 되었다. 그러자 덩달아 사람들은 실수해석을 복소수와 결합하는 매우 흥미로운 해석 방법, 즉 복소해석이 가능할 뿐만 아니라 바람직함을 알아차리기 시작했다. 정말이지 많은 문제에서 복소해석은 필수적이다.

이 발견은 복소함수에 대해 고찰하려는 초기의 시도에서 비롯되었다. 제곱이나 세제곱 등 가장 단순한 함수들은 대수적 조작에만 의존하므로, 이런 함수들을 복소수로 정의하기는 쉬웠다. 한 복소수를 제곱하려면 실수에서 하는 과정과 똑같이 단지 그 자신을 곱해주면 된다. 복소수의 제곱근은 조금 더 어렵긴 하지만, 그런 수고를 하는 데는 그만한 보상이 뒤따른다. 즉 모든 복소수는 제곱근을 갖는다. 사실 0이 아닌 모든 복소수는 정확히 두 개의 제곱근을 갖는데, 이 둘은 서로 부호가 반대다. 따라서 새로운 수 i를 이용하여 실수를 확장함으로써 −1의 제곱근을 얻을 뿐만 아니라, 복소수라는 확장된 수 체계 내의 모든 수에 대한 제곱근을 얻게 되는 셈이다.

사인함수, 코사인함수, 지수함수 그리고 로그함수는 어떨까? 이 단계에 이르면 상황이 무척 흥미로워지지만, 또 한편으로는 매우 어리둥절해진다. 특히 로그함수의 경우가 더 그렇다.

i와 마찬가지로 복소수의 로그도 실제 문제에서 존재를 드러냈다. 1702년 요한 베르누이는 적분을 연구하면서 이차식의 역수를 다루었다. 그는 해당 이차식이 두 실수해를 가질 때 이 문제를 해결할 수 있는 영리한 기법이 있다는 것을 알아냈다. 두 실수해를 r과 s라고 하면, 이차식의 역수를 적분하기 위해 다음과 같이 '부분 분수'로 분해할 수 있다.

$$\frac{1}{ax^2+bx+c}=\frac{A}{x-r}+\frac{B}{x-s}$$

이 식을 적분하면 다음 결과가 나온다.

$$A\log(x-r)+B\log(x-s)$$

그런데 이차식이 실수해를 갖지 않으면 어떻게 될까? 가령 x^2+1의 역수는 어떻게 적분할 수 있을까? 베르누이는 복소수를 인정하고 나면 부분 분수 기법이 여전히 통함을 알아차렸다. 하지만 이때 r과 s는 복소수다. 가령,

$$\frac{1}{x^2+1}=\frac{1/2}{x+i}+\frac{1/2}{x-i}$$

이 식을 적분하면 다음 형태가 된다.

$$1/2 \log (x+i) + 1/2 \log (x-i)$$

이 최종 단계가 완전히 만족스러운 결과라고 보기는 어려웠다. 왜냐하면 우선 복소수의 로그가 어떤 의미인지를 정의해야 했기 때문이다. 복소수의 로그가 과연 타당한 개념일 수 있을까?

베르누이는 그렇다고 여기고서 이 새로운 아이디어를 발전시켜 훌륭하게 활용했다. 라이프니츠도 기본적인 사고방식은 베르누이와 같았다. 하지만 수학적으로 깊이 들어가면 둘의 생각은 일치하지 않았다. 1712년 둘은 이런 접근법의 가장 기본적인 속성에 관해 논쟁을 벌였다. 일단 복소수는 제쳐 놓고 다음 질문부터 살펴보자. 음의 실수의 로그란 무엇인가? 베르누이는 음의 실수의 로그가 실수여야 한다고 생각했지만, 라이프니츠는 복소수라고 주장했다. 베르누이는 자신의 주장에 대한 나름의 증명을 제시했다. 통상의 미적분학 공식을 이용하여 다음 방정식을 적분해보자.

$$\frac{d(-x)}{-x} = \frac{dx}{x}$$

그 결과는 다음과 같다.

$$\log (-x) = \log (x)$$

하지만 라이프니츠는 이에 동의하지 않았다. 이 적분은 오직 x가 양의 실수일 때만 성립한다고 여겼다.

1749년 오일러가 나서면서 이 논쟁에 종지부를 찍었는데, 라이프니츠가 옳았던 것으로 판명이 났다. 오일러에 따르면, 베르누이는 적분에는 상수가 뒤따른다는 사실을 깜빡했다. 베르누이가 이끌어낸 식은 다음과 같아야 했다.

$$\log(-x) = \log(x) + c$$

여기서 c는 상수다. 이 상수는 무엇일까? 이 사안의 핵심을 건드리자면, 음수(그리고 복소수)의 로그가 양수의 로그처럼 행동하려면 다음 식이 성립해야만 한다.

$$\log(-x) = \log(-1 \times x) = \log(-1) + \log x$$

따라서 $c = \log(-1)$이다. 오일러는 이어서 일련의 멋진 계산을 통해 c에 대한 더욱 명확한 식을 내놓았다. 어떤 계산인지 살펴보자. 우선, 그는 복소수가 실수와 흡사한 성질을 갖는다고 가정하여 복소수가 포함된 다양한 식을 다루는 법을 알아냈다. 그 결과 삼각함수와 지수함수 사이의 다음 관계식을 유도해냈다.

$$e^{i\theta} = cos\theta + i\, sin\theta$$

참고로 이 식은 이미 1714년 영국 수학자 로저 코츠가 발견했던 것이다. 이 식에 $\theta = \pi$를 넣어 오일러는 다음과 같은 멋진 결과를 얻었다.

$$e^{i\pi} = -1$$

이 식을 통해 수학의 기본 상수인 e와 π가 서로 관계를 맺게 되었다. 그런 관계가 존재한다는 사실도 놀라운데, 더욱 놀라운 점은 그 관계가 매우 단순하다는 것이다. 이 관계식은 '모든 시대를 통틀어 가장 아름다운 공식' 명단의 제일 윗자리에 걸핏하면 오른다.

양변에 로그를 취하면, 바로 다음 식이 나온다.

$$\log(-1) = i\pi$$

수수께끼와 같던 상수 c의 비밀이 마침내 풀린 것이다. 상수의 값은 $i\pi$였다. 따라서 이 값은 허수이므로 라이프니츠가 옳았고 베르누이는 틀렸다. 하지만 그 이상의 무언가가 숨어 있었는데, 이것이 판도라의 상자를 열고 말았다. 앞의 삼각함수와 지수함수의 관계식에 $\theta = 2\pi$를 넣으면, 다음 결과가 얻어진다.

$$e^{2i\pi} = 1$$

따라서 $\log(1) = 2i\pi$이다. 그러면 식 $x = x \times 1$은 다음 결과를 의미한다.

$$\log x = \log x + 2i\pi$$

이를 통해 우리는 n이 임의의 정수일 때 다음 결론을 도출할 수 있다.

$$\log x = \log x + 2ni\pi$$

언뜻 보기에 이 식은 말이 안 되는 것처럼 보인다. 모든 n에 대하여 $2ni\pi = 0$임을 의미하는 듯하기 때문이다. 하지만 이 식이 말이 되도록 해석하는 방법이 있다. 복소수에 대하여 로그함수는 여러 값을 갖는다. 복소수 z가 0이 아니라면, 함수 $\log z$는 무한히 많은 상이한 값을 가질 수 있다. ($z=0$일 때는 $\log 0$의 값은 정의할 수 없다.)

수학자들은 여러 상이한 값을 가질 수 있는 함수에 익숙해져 있었다. 가령 제곱근이 가장 대표적이었다. 이때는 실수조차 양수와 음수의 두 가지 상이한 제곱근을 가진다. 하지만 무한히 많은 값들이라니? 이것은 정말 아리송하기 그지없었다.

코시의 정리 ∞

정말로 수학계를 뒤흔든 사태는 복소함수로 미적분을 할 수 있다는 발견이었는데, 그 결과로 나온 이론은 아름답고 유용했다. (일반적으로 복소함수를 연구하는 것을 복소해석이라고 한다_옮긴이) 사실, 너무 유용했던 탓에 그 개념의 논리적 바탕은 더 이상 중요한 사안으로 여겨지지 않았다. 어떤 것이 쓸모가 있으면 이용하고 싶어지고, 일반적으로 그것이 타당한지 여부는 더 이상 묻지 않게 된다.

복소해석의 도입은 수학계가 내린 의식적인 결정인 듯 보인다. 이 개

그들은 복소수를 어떻게 활용했을까?

복소함수의 실수부와 허수부는 코시−리만 방정식을 만족하는데, 이 방정식은 평면상에서 중력, 전기, 자기 및 유체 흐름의 일부 유형에 대한 편미분방정식과 밀접한 관련이 있다. 이 관련성 덕분에 수리물리학의 많은 방정식이 풀릴 수 있었지만, 오직 이차원 계에만 적용되었다.

쇳가루가 보여주는 막대자석의 자기장.
복소해석을 이용하여 이런 장場을 계산할 수 있다.

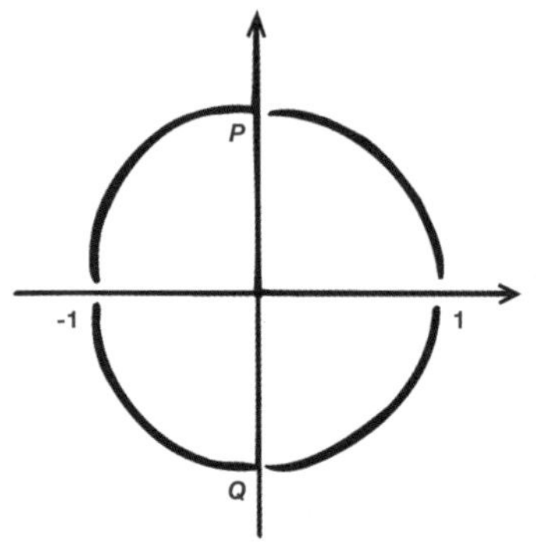

복소평면에서 −1로부터 1에 이르는 두 가지 상이한 경로 P와 Q

넘이 너무나 매력적으로 보였기에, 수학자라면 누구든 이 개념을 도입하면 어떤 일이 벌어지는지 알고 싶어 했기 때문이다. 1811년 가우스는 친구인 천문학자 프리드리히 베셀Friedrich Bessel에게 쓴 편지에서 복소수를 평면상의 점으로 표현하는 방법을 소개했다. 또한 그 방법에서 비롯되는 중요한 결과들을 언급했다. 그중 한 정리에 복소해석의 전체 내용이 의존하고 있다. 오늘날 이 정리는 코시가 먼저 발표했기 때문에 코시의 정리라고 불린다. 하지만 비록 발표는 하지 않았지만 이 정리를 훨씬 더 일찍 알아낸 사람은 분명 가우스였다.

이 정리는 복소함수의 정적분, 즉 다음 식에 관한 것이다.

$$\int_a^b f(z)\,dz$$

여기서 a와 b는 복소수다. 실수해석일 경우, 이 식의 값은 $f(z)$의 적분 $F(z)$를 찾으면 된다. 즉 $dF(z)/dz=f(z)$인 함수 $F(z)$를 찾으면 된다. 그러고 나면 정적분의 값은 $F(b)-F(a)$다. 특히 이 정적분의 값은 끝점 a와 b에만 달려 있지, a에서 b에 이를 때 어떤 경로를 지나는지는 무관하다.

하지만 가우스에 따르면 복소해석은 이와 다르다. 이제 적분 값은 변수 z가 a에서 b에 이를 때 거치는 경로에 의존할지 모른다. 복소수는 한 평면을 이루기 때문에 복소수의 기하학은 실수 직선의 기하학보다 훨씬 풍부하다. 바로 이 추가적인 풍부함이 정적분에서 중요하게 작용한다.

가령, $f(z)=1/z$을 $a=-1$에서 $b=1$까지 적분한다고 가정하자. 만약 해당 경로가 실수축 위에 놓여 있는 반원 P라면, 적분 값은 $-\pi i$다. 하지만 실수축 아래에 놓인 반원 Q라면, 적분 값은 πi다. 두 값은 서로 다르며, 차이는 $2\pi i$다.

가우스에 따르면, 이런 차이가 생기는 까닭은 함수 $1/z$이 고약한 성질을 갖기 때문이다. 이 함수는 두 경로에 둘러싸인 영역 내에서 무한대가 된다. 즉 두 경로에 의해 생기는 원의 중심인 $z=0$에서 함수 값이 무한대가 된다. 가우스는 베셀에게 보낸 편지에서 이렇게 썼다. '하지만 그런 일이 생기지 않는다면 … 확언건대 적분은 오직 한 값만을 가질 것이네. 두 경로에 의해 둘러싸인 영역 내에서 그 함수가 무한대가 되지 않는다면 경로가 달라져도 오직 한 값만을 가질 거라는 말이네. 이것은 매우 아름다운 정리인데, 그 증명은 나중에 적당한 때를 봐서 내놓겠네.' 하지만 가우스는 그러지 않았다.

대신에 이 정리는 복소해석의 진정한 선구자인 오귀스탱 루이 코시Augustin Louis Cauchy가 재발견해 발표했다. 가우스가 아이디어를 먼저 떠올렸는지는 모르지만, 아무도 보지 못했으니 전혀 쓸모가 없었다. 하지만 코시는 자신의 연구 결과를 발표했다. 코시는 이후로도 발표를 좀체 멈추지 않았다. 프랑스 과학아카데미 회보는 지금도 네 페이지가 넘는 논문을 받지 않는 규칙을 고집하고 있는데, 코시가 무지막지하게 긴 논문을 쏟아내는 것을 대놓고 막기 위한 조치였다고 한다. 하지만 그런 규칙이 나오자 코시는 짧은 논문을 많이 쓰는 방식으로 대응했다. 그가 쓴 많은 논문을 통해 복소해석의 주요 내용들이 수학계에 재빠르게 전파되었다. 그리고 여러 가지 면에서 볼 때 복소해석은 그 출발점이 되었

오귀스탱 루이 코시 1789~1857

오귀스탱 루이 코시는 정치적 격동기의 파리에서 태어났다. 라플라스와 라그랑주가 코시의 집안과 가까운 사이였기에, 어렸을 때부터 뛰어난 수학자들을 보면서 자랐다. 에콜 폴리테크니크에서 공부한 뒤 1807년 졸업했고, 1810년에는 셰르부르에서 토목공사에 참여했다. 나폴레옹의 영국 침략을 준비하는 과정이었는데, 그 와중에도 코시는 계속 수학을 연구했으며, 라플라스의 《천체역학》과 라그랑주의 《함수론》을 읽었다.

코시는 학계에 직장을 얻으려고 줄곧 시도했지만 뜻대로 되지 않았다. 하지만 수학 연구는 계속했다. 복소해석의 출발점이 되었던 복소적분에 관한 코시의 유명한 논문이 1814년 발표되면서 학계에 진출하려던 목표가 이루어졌다. 1년 후 에콜 폴리테크니크에 해석학 조교수 자리를 얻었던 것이다. 이후로도 수학 연구에 매진하였는데, 1816년 파동에 관한 논문으로 프랑스 과학아카데미에서 수여하는 상을 받았다. 코시는 복소해석을 계속 발전시켰으며, 1829년에 출간한 《미분학 강의》에서 복소함수에 대한 명시적인 정의를 처음으로 내렸다.

1830년 혁명이 발발하자 코시는 재빨리 스위스로 건너갔고, 1831년에는 이탈리아 토리노에서 이론 물리학 교수가 되었다. 그의 강의는 두서가 없는 것으로 꽤 유명했다. 1833년에는 프라하로 가서 샤를 10세의 손자를 가르치는 개인교사가 되었다. 하지만 왕자는 수학과 물리학을 싫어했던지라, 코시는 분통을 터뜨릴 때가 종종 있었다. 1838년 코시는 파리로 돌아와 과학아카데미에 다시 재직하게 되었지만, 루이 필립 국왕이 1848년 퇴위하기 전까지 교수직을 얻지는 못했다. 코시는 전부 합해 789편이라는 엄청난 양의 수학 논문을 발표했다.

던 실수해석보다 더 단순하면서도 아름답고 완벽했다.

실수해석의 경우 한 함수는 미분은 가능하더라도 적분은 가능하지 않을 수 있다. 또는 23번까지는 미분이 가능해도 24번에는 가능하지 않을 수 있다. 원하는 횟수만큼 계속 미분은 가능하지만 멱급수로 전개할 수는 없을지 모른다. 하지만 복소해석은 이런 골칫거리가 전혀 생기지 않는다. 만약 한 함수가 미분이 가능하다면 원하는 횟수만큼 계속 미분이 가능하다. 게다가 멱급수로 전개할 수도 있다. 그 까닭은 ─ 코시의 정리 그리고 증명은 알려져 있지만 가우스가 사용했을지 모를 방법과 밀접한 관련이 있는 이유 ─ 복소함수는 적분이 가능하려면 매우 엄격한 어떤 조건, 즉 코시-리만 방정식을 반드시 만족해야 하기 때문이다. 이 방정식은 곧장 가우스의 결과로 이어진다. 즉 두 점 사이의 적분은 선택된 경로에 따라 달라질 수 있다는 말이다. 그 결과, 코시에 따르면, 한 닫힌 경로 상의 적분도 꼭 0이 되라는 법은 없다. 해당 함수가 경로 내의 모든 점에서 미분 가능할 때라야(따라서 특히 무한대가 아닐 때) 적분 값이 0이 된다.

또한 유수 정리residue theorem란 것도 있는데, 이 정리는 닫힌 경로 상의 적분이 해당 함수가 무한대가 되는 점들의 위치에 그리고 그 점들 근처에서 보이는 행동에 의존함을 알려주었다. 간단히 말해, 복소함수의 전체적인 구조는 그 함수의 특이점에 의해 결정된다. 특이점이란 함수가 아주 이상하게 행동하는 점이다. 그리고 가장 중요한 특이점은 함수가 무한대가 되는 지점인 극極이다.

-1의 제곱근은 수 세기 동안 수학자들을 당혹스럽게 만들었다. 그런 수는 존재하지 않는 것 같은데도, 계산 과정에서 계속 등장했다. 그러자 그런 개념이 분명 어떤 의미가 있으리라고 여기는 분위기가 커졌다. 그런 수가 실제로 존재한다고 여겨 계산하면 결국에는 완벽하게 유효한 결과들을 얻을 수 있었기 때문이다.

이 불가능한 양이 계속 효과적으로 이용되면서 수학자들은 그것을 하

우리는 복소수를 어떻게 활용하고 있을까?

오늘날 복소수는 물리학과 공학에 널리 쓰이고 있다. 간단한 사례로, 주기적으로 반복하는 운동인 진동에 관한 연구를 들 수 있다. 구체적으로 말하자면 지진이 났을 때 건물의 흔들림, 자동차의 진동 그리고 교류전류의 전송 등이 여기에 해당된다. 가장 단순하고 가장 근본적인 유형의 진동은 $a \cos \omega t$의 형태를 띤다. 여기서 t는 시간, a는 진동의 진폭 그리고 ω는 진동의 주파수다. 이 식을 복소함수 $e^{i\omega t}$의 실수부로 표현하면 편리하다. 복소수를 사용하면 편리한 까닭은 지수함수가 코사인 함수보다 더 간단하기 때문이다. 따라서 진동을 연구하는 공학자들은 복소수가 포함된 지수를 이용하는 것을 선호하며, 계산의 마지막 단계에서 실수부만을 취한다. 복소수는 또한 역학계의 정상 상태의 안정성을 결정하며, 제어 이론에서도 널리 사용된다. 이 분야는 계를 안정화시키는 방법을 연구하는 학문이다. 한 가지 사례를 들면, 컴퓨터로 제어되는 비행 조종면을 이용해 비행 중인 우주왕복선을 안정화시키는 것이다. 복소해석이 이용되지 않았다면 우주왕복선은 날아가는 벽돌에 지나지 않았을 것이다.

나의 유용한 장치로서 받아들이기 시작했다. 그래도 한참 동안은 불안정한 지위에 머물러 있다가, 마침내 그것이 실수의 전통적인 체계와 논리적으로 일관되는 확장 개념임을 수학자들은 인식하게 되었다. 따라서 −1의 제곱근은 하나의 새로운 양이면서도 기존의 표준적인 대수 법칙들을 전부 따르는 양으로 인정되었다.

기하학적으로 보면, 실수는 한 직선을 이루고 복소수는 한 평면을 이룬다. 실수 직선은 이 평면의 두 축 가운데 하나다. 대수적으로 보면 복소수는 실수들의 쌍으로, 쌍을 더하거나 곱하는 특별한 공식을 지닌 수라고 할 수 있다.

타당한 양으로 인정을 받게 되자 복소수는 수학에 전면적으로 사용되었다. 왜냐하면 복소수를 사용하면 양수와 음수를 따로 고려하지 않아도 되어 계산이 간단해졌기 때문이다. 이런 점에서 보면 복소수는 예전에 음수를 도입했을 때의 상황과 비슷했다. 음수를 도입함으로써 더하기와 빼기를 따로 고려하지 않아도 되었으니 말이다. 오늘날 복소수 그리고 복소함수의 미적분은 거의 모든 과학, 공학 그리고 수학 분야에서 없어서는 안 되는 기법으로 자리 잡았다.

굳건한 기초

미적분학의 논리적 기초를 확립하다

1800년대에 들어서자 수학자들과 물리학자들은 미적분학을 자연을 연구하는 데 없어서는 안 될 도구로 발전시켰다. 이런 연구를 통해 수많은 새로운 개념과 방법—가령, 미분방정식을 푸는 방법—이 등장하면서 미적분학은 수학 분야 전체를 통틀어 가장 풍성하고 치열한 연구 분야 중 하나가 되었다. 미적분학의 아름다움과 힘은 더 이상 부정할 수 없게 되었다. 하지만 논리적 토대의 취약성을 비판했던 버클리 주교의 문제 제기에는 여전히 답변이 없었다. 그리고 사람들이 더욱 정교한 문제들을 공략하기 시작하자 미적분학이 통째로 흔들리는 듯 보였다. 처음에 무한급수를 의미도 모른 채 무작정 사용했던 탓에 논리성의 부족이라는 부작용이 뒤따랐다. 푸리에 해석은 그 토대가 존재하지 않았으며, 여러 수학자가 서로 상충하는 정리들에 대한 증명을 요구하고 있었다. '무한소'와 같은 단어들이 제대로 정의도 되지 않은 채 마구잡이로 쓰였다. 논리적 모순들이 흘러넘쳤다. 심지어 '함수'라는 용어의 의미조차 수렁에 빠졌다. 분명 이런 혼란한 상황이 무한정 계속되어서는 안 될 일이었다.

이 문제를 해결하려면 명석한 두뇌와 더불어, 직관을 정밀함으로 대체하려는 의지가 필요했다. 비록 이해하는 데 어려움이 뒤따르더라도 말이다. 이런 일에 앞장 선 주요 인물로는 베르나르트 볼차노Bernhard

Bolzano, 코시, 닐스 아벨Niels Abel, 페터 디리클레Peter Dirichlet 그리고 누구보다도 카를 바이어슈트라스를 꼽을 수 있다. 이들의 노력 덕분에 1900년대에 접어들어서는 급수, 극한, 도함수 및 적분에 대한 가장 복잡한 조작도 안전하고 정확하며 모순 없이 행할 수 있게 되었다. 또한 새로운 학문 분야인 해석학이 탄생했다. 미적분은 해석학의 핵심 요소 가운데 하나가 되었으며, 연속성과 극한과 같은 더욱 미묘하고 기본적인 개념들이 논리적 기초를 갖게 되어 미적분 개념의 바탕을 형성했다. 무한소라는 용어를 미적분의 엄밀한 정의에 사용하는 일은 완전히 금지되었다.

푸리에 ∞

푸리에가 등장하기 전만 해도, 수학자들은 함수라면 알만큼은 안다고 여기고들 있었다. 함수란 어떤 수 x를 받아들여 다른 수 $f(x)$를 내놓는 일종의 과정이었다. 어떤 범위의 수 x가 타당한지는 함수 f에 달려 있다. 가령, $f(x) = 1/x$이면, x는 0이 아니어야 한다. 만약 $f(x) = \sqrt{x}$라면, 실수를 다룬다고 할 때 x는 양수이어야만 한다. 하지만 정의를 내려야 할 때면, 수학자들은 살짝 갈피를 잡지 못하는 편이었다.

오늘날의 기준으로 보면, 그들이 느낀 어려움의 원인은 함수 개념의 여러 가지 상이한 속성들을 함께 붙들고 씨름했기 때문이다. 수 x를 다른 수 $f(x)$와 관련시키는 규칙이 무엇인지가 관건이 아니라 그 규칙이 지닌 속성들—연속성, 미분 가능성, 어떤 유형의 공식에 의해 표현될 수 있느냐 여부 등—이 무엇인지가 관건이었다.

특히 수학자들은 다음과 같은 불연속 함수들을 어떻게 다루어야 할지 도무지 갈피를 잡지 못했다.

$$f(x) = 0 \ \ (x \leq 0 \text{일 때}), f(x) = 1 \ \ (x > 0 \text{일 때})$$

이 함수는 x가 0을 통과할 때 갑자기 0에서 1로 도약한다. 도약하는 이유는 두 말할 것도 없이 $f(x) = 0$에서 $f(x) = 1$로 식이 변하기 때문이다. 그리고 이 함수의 정의상 도약은 오직 그러한 방식으로만 일어날 수 있다. 하지만 기존의 어떤 함수도 이런 도약은 허용하지 않는다. 이전에는 x의 작은 변화는 $f(x)$에도 언제나 작은 변화를 초래했을 뿐이었다.

또 다른 골칫거리는 복소함수였다. 앞서 보았듯이 복소함수에서는 제곱근과 같은 평범한 함수도 두 가지 값을 가지며, 로그함수는 무한히 많은 값을 가진다. 분명 로그는 함수임이 분명한데, 만약 무한히 많은 값을 갖는다면 z에서 $f(z)$를 얻을 수 있는 규칙은 무엇이란 말인가? 아마도 무한히 많은 규칙이 있고, 이 모든 규칙이 동등하게 유효한 듯하다. 이런 개념적인 어려움을 해소하기 위해 수학자들은 이 문제에 코를 박고서 도대체 어떻게 된 일인지 속속들이 파헤쳐보아야 했다. 그리고 마침내 푸리에가 코를 들어올리며 놀라운 개념을 내놓았다. 임의의 함수를 사인함수와 코사인함수의 무한급수로 전개하는 방법이었는데, 열의 흐름을 연구하면서 찾아낸 것이다.

푸리에는 물리적 직관력을 발휘해 자신의 방법이 일반적인 것임을 확신했다. 실험적으로 보았을 때도 금속막대의 온도는 길이의 절반까지는 0°C로 나머지 부분에서는 10°C나 50°C 또는 다른 어떤 값도 가질 수 있다. 물리학은 갑자기 변하는 공식으로 표현되는 불연속 함수에 개의치 않는 듯하다. 어쨌거나 물리학은 공식에 구애를 받지 않았다. 우리는 공식을 이용해 물리적 실체를 모형화하지만 그것은 단지 기법으로, 즐겨 사용하는 방법일 뿐이다. 물론 온도를 이런 관점에서 보는 것이 조금 애매하긴 하지만, 어차피 수학적 모형은 물리적 실체에 대한 근삿값일 뿐이다. 푸리에의 방법은 이런 유형의 불연속 함수에 적용해 완벽하게 타당한 결과를 내놓는 것 같았다. 금속막대는 푸리에의 열방정식을 삼각함수의 급수를 이용해 풀었을 때 드러나는 방식대로, 온도 분포가 매끄럽게 일어났다. 푸리에는《열의 해석적 이론》에서 다음과 같이 자신의 입장을 솔직하게 밝혔다. '일반적으로 함수 $f(x)$는 각각 임의의 값을 갖는 일련의 세로 좌표들을 나타낸다. 우리는 이 좌표들이 한 공통 법칙에 종속된다고 가정하지 않는다. 그것들은 임의의 방식으로 서로 이어진다.'

대담한 주장이다. 하지만 안타깝게도 이 주장을 뒷받침하기 위해 푸리에가 제시한 증거는 수학적 증명에 해당되지는 않았다. 사실 오일러나 베르누이 같은 사람들이 내놓은 추론보다 훨씬 더 엉성했다. 게다가 만약 푸리에가 옳다면, 사실상 그의 급수는 불연속 함수에 대한 하나의 공통 법칙을 이끌어낸 것이 아닌가! 0과 1의 값을 갖는 앞의 함수는 주기파인 사각파와 비슷하다. 사각파는 단일한 푸리에 급수를 갖는데, 이 멋진 급수는 함수가 0인 영역뿐 아니라 함수가 1인 영역에서도 잘 작동한다. 따라서 두 가지 상이한 법칙에 의해 표현되는 듯 보이는 함수라도 하나의 법칙으로 다시 표현될 수 있다.

19세기의 수학자들은 서서히 이 어려운 분야에서 상이한 개념적 사안들을 구분하기 시작했다. 그중 한 사안은 함수라는 용어의 의미에 관한 것이었다. 또 다른 사안은 함수를 (공식, 멱급수, 푸리에 급수 등 어떤 것으로든) 표현하는 다양한 방법에 관한 것이었다. 세 번째 사안은 함수가 어떤 성질을 지니는가 하는 것이었다. 네 번째는 어떤 표현이 어떤 성질을 보증하는가라는 것이었다. 가령, 단일한 다항식은 연속 함수를 정의한다. 하지만 단일한 푸리에 급수는 그렇지 않을지도 모른다.

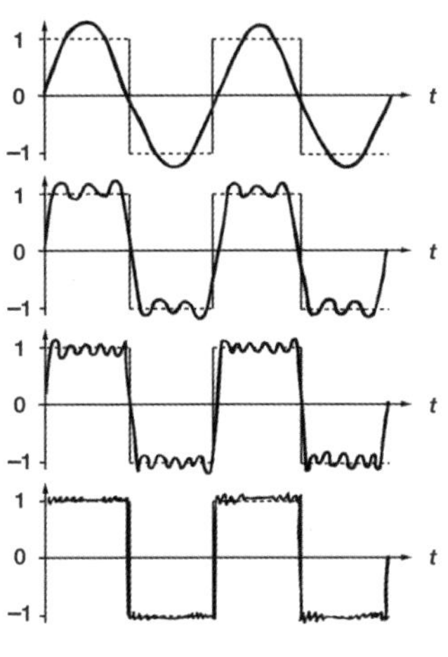

사각파 그리고 사각파의 푸리에 근사의 일부

푸리에 해석은 금세 함수 개념이 무엇인지를 정하는 기준이 되었다. 이때부터 문제점이 무언지 분명해졌고, 난해한 기술적 차이점들이 중요한 것임이 드러났다. 그리고 마침내 푸리에 급수에 관한 1837년의 논문에서 디리클레는 함수에 대한 현대적인 정의를 내놓았다. 결과적으로 디리클레는 푸리에의 견해에 동의했다. 푸리에의 견해는 다음과 같다. 변수 y는 만약 (일정한 범위의) 값 x 각각에 대해 특정한 고유한 y 값이 존재한다면, 다른 변수 x의 함수이다. 디리클레는 어떤 특별한 법칙이나 공식이 필요하지는 않다는 점을 분명히 밝혔다. y가 x에 적용되는 어떤 잘 정의된 일련의 수학적 연산에 의해 특정되기만 하면 충분했다. 당시에 분명 극단적인 사례로 보였던 것은 '그가 이전에 만들었던' 그러니까 1829년 내놓았던 한 함수였다. x가 유리수일 때에는 한 값을 갖지만, x가 무리수일 때에는 다른 한 값을 갖는 함수 $f(x)$가 그것이었다. 이 함수는 모든 점에서 불연속이다. (오늘날 기준으로 보면, 이 정도 함수는 얌전한 축에 속한다. 오늘날에는 훨씬 더 고약한 함수도 존재할 수 있다.)

디리클레가 보기에 제곱근 함수는 두 가지 값을 갖는 하나의 함수가 아니었다. 한 가지 값을 갖는 두 개의 함수였다. 실수 x의 경우 양의 제곱근을 하나의 함수로, 음의 제곱근을 또 하나의 함수로 보는 것이 자연스럽다. 하지만 반드시 그렇게 보아야 하는 것은 아니다. 하지만 복소수의 경우 특정 변수 값을 선택하면 함수 값이 비교적 쉽게 얻어지지만, 일반적으로 어떤 변수 값을 선택하는 편이 자연스러운지는 명백하지 않다.

연속 함수 ∞

그즈음 수학자들에게는 이런 생각이 들기 시작했다. 그들은 '함수'라는 용어의 정의를 줄곧 언급하면서도 정작 그 정의에서 기인하지 않은 추가적인 성질들을 습관적으로 가정한다고 말이다. 가령, 수학자들은 다항식과 같은 타당한 수식이 자동적으로 연속 함수를 정의한다고 가정했다. 하지만 그런지에 대해 증명한 적은 없었다. 사실은 증명할 수가 없었다. '연속적'이라는 것이 무언지 정의한 적이 없기 때문이다. 온통 모호한 직관만이 넘쳐 났는데, 그중 대다수는 잘못된 것이었다.

이 난감한 상황을 해결하기 위해 처음 나선 사람은 보헤미아의 성직자이자 철학자 겸 수학자였다. 그의 이름은 베르나르트 볼차노였다. 그는 미적분학의 기본 개념들 대다수를 굳건한 논리적 토대 위에 올려놓았다. 다만 한 가지 중요한 예외라면, 실수의 존재를 당연시했다는 것이다. 그는 무한소 및 무한히 큰 수는 실제로 존재하지 않으므로 아무리 솔깃해 보이더라도 사용할 수 없다고 주장했다. 볼차노는 연속 함수에 대해 최초로 유효한 정의를 내렸다. 즉 함수 f가 연속적이려면 a를 충분히 작은 값으로 선택함으로써 $f(x+a)-f(x)$를 우리가 원하는 만큼 작게 만들 수 있어야 한다. 이전의 수학자들은 'a가 무한소이면 $f(x+a)-f(x)$도 무한소다'라는 식으로 말했다. 하지만 볼차노가 보기에 a는 여느 다른 수와 마찬가지로 단지 수일뿐이었다. 볼차노의 요점은 $f(x+a)-f(x)$를 아주 작게 정하고 싶을 때마다 a의 적절한 값 또한 특정해야 한다는 것이다. 모든 경우에 대해 동일한 값일 필요는 없었다.

따라서 가령 $f(x)=2x$가 연속적인 까닭은 $2(x+a)-2x=2a$이기 때문이다. 따라서 만약 $2a$를 어떤 특정한 수, 가령 10^{-10}보다 더 작게 하고 싶으면 a를 $10^{-10}/2$보다 더 작게 하면 된다. 만약 $f(x)=x^2$처럼 더 복잡한 함수로 연속성을 검사하고 싶다면, 올바른 a값은 선택된 크기인 10^{-10}뿐 아니라 x에도 의존하기 때문에 세세한 상황이 조금 더 복잡해진다. 하지만 유능한 수학자라면 이런 문제는 몇 분이면 해결할 수 있다. 아무튼 이 정의를 이용하여 볼차노는 다항함수가 연속임을 최초로 증명했다. 하지만 50년 동안 아무도 그것을 알아차리지 못했다. 볼차노가 수학자들이 거의 읽지 않거나 구하기 어려운 학술지에 자신의 연구 결과를 발표했기 때문이다. 요즘 같은 인터넷 시대에 비하면, 180년 전의 상황은 고사하고 50년 전의 의사소통도 얼마나 열악했겠는가.

1812년 코시도 이와 비슷한 내용을 내놓았지만, 그가 쓴 용어는 조금 혼란스러웠다. 함수 f의 연속성에 대한 코시의 정의는 이렇다. a가 무한소일 때 $f(x)$와 $f(x+a)$가 무한소량만큼 차이가 나면 함수 $f(x)$는 연속이다. 이 정의는 언뜻 보기에 낡고 조악한 정의처럼 보인다. 하지만 코시의 무한소는 무한히 작은 하나의 수를 가리키는 것이 아니라 자꾸만 감소하는 수열을 말한다. 가령, 코시가 보기에는 수열 0.1, 0.01, 0.001, 0.0001, 0.00001 등이 무한소다. 0.00001과 같은 각각의 개별 수는 작기는 하지만 무한히 작다고 볼 수는 없는 통상적인 실수일 뿐이다. 이 점을 감안한다면, 코시의 연속성 개념은 볼차노의 것과 똑같음을 알 수 있다.

무한한 과정에 대해 허술한 사고방식을 비판한 또 한 명의 수학자는 아벨이었다. 아벨은 사람들이 그 총합이 의미가 있는지를 따지지 않고 무한급수를 사용한다고 불평했다. 이처럼 핵심을 꿰뚫은 비판들 덕분에 차츰 혼돈이 걷히고 질서가 자리 잡아갔다.

그들은 해석학을 어떻게 활용했을까?

19세기에는 수리물리학의 발전 덕분에 중요한 미분방정식이 많이 발견되었다. 수치 계산을 고속으로 할 수 있는 컴퓨터가 없던 시절이라 당시의 수학자들은 이런 방정식을 풀기 위한 특별한 함수들을 새로 고안해냈다. 그 가운데 하나가 바로 베셀함수다. 이 함수는 다니엘 베르누이가 처음 유도해냈고, 베셀이 일반화시켰다. 이 함수는 다음 형태를 갖는다.

$$x^2 \frac{d^2y}{dx^2} + x \frac{dy}{dx} + (x^2 - k^2)y = 0$$

지수함수, 사인함수, 코사인함수 및 로그함수와 같은 표준적인 함수들로는 이 방정식을 풀지 못한다. 하지만 멱급수 형태를 이용하면 해를 찾을 수 있다. 멱급수는 새로운 함수인 베셀함수를 결정한다. 베셀함수의 가장 단순한 유형은 $J_k(x)$로 표시되는데, 다른 유형들도 많이 존재한다. 멱급수를 이용하면 $J_k(x)$를 원하는 정밀도만큼 계산해낼 수 있다.

베셀함수는 원과 원기둥에 관한 많은 문제에서 자연스레 등장하는데, 둥근 북의 진동, 도파관 내의 전자기파의 전파, 원기둥 형태의 금속 막대의 열의 전도 그리고 레이저 물리학 등이 그러한 예다.

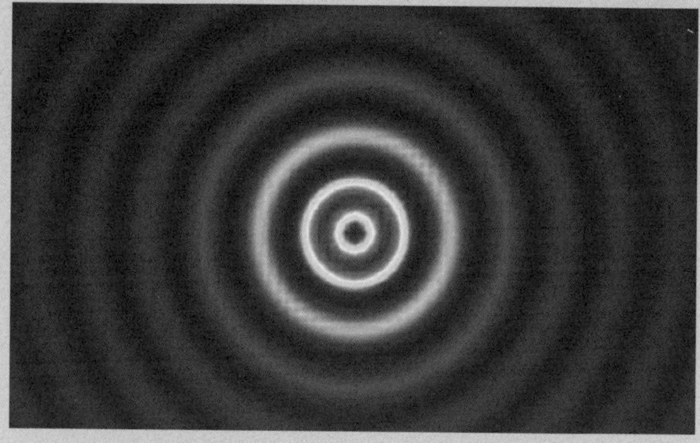

베셀함수 $J_1(x)$로 나타낸 레이저빔의 세기

극한 ∞

이런 진전이 일어나게 된 계기는 단연코 볼차노가 내놓은 개념 때문이었다. 그는 무한수열의 극한을 정의했고, 이를 통해 무한수열의 합인 무한급수의 극한을 정의할 수 있었다. 가령, 볼차노에 따르면, 다음 무한급수는 유의미한 합을 가지며 그 값은 정확히 2다.

$$1 + \frac{1}{2} + \frac{1}{4} + \frac{1}{8} + \frac{1}{16} + \cdots$$

2보다 아주 조금 작은 값도 아니며 2보다 무한소량만큼 작은 값도 아니고 정확히 2다. 어떻게 그럴 수 있는지 알아보기 위해 다음 수열이 무한히 지속된다고 가정하자.

$$a_0, \; a_1, \; a_2, \; a_3, \; \cdots$$

다음 조건을 만족하는 경우, a_n은 n이 무한대로 향할 때 극한 a에 수렴한다고 한다. 주어진 임의의 $\varepsilon > 0$에 대하여, $n > N$일 때 a_n과 a의 차가 ε보다 적게 되는 수 N이 존재한다. (기호 ε은 극한에서 전통적으로 사용되는 그리스 문자 입실론이다.) 이 정의의 모든 수가 유한한 값임에 주목하라. 무한소라든지 무한 등의 수는 없다.

앞의 무한수열을 합하기 위해, 유한한 합을 다음과 같이 살펴보자.

$$a_0 = 1$$
$$a_1 = 1 + \frac{1}{2} = \frac{3}{2}$$
$$a_2 = 1 + \frac{1}{2} + \frac{1}{4} = \frac{7}{4}$$
$$a_3 = 1 + \frac{1}{2} + \frac{1}{4} + \frac{1}{8} = \frac{15}{8}$$

a_n과 2의 차이는 $1/2^n$이다. 이 값이 ε보다 작으려면 $n > N = \log_2(1/\varepsilon)$로 택하면 된다.

어떤 수열이 유한한 극한값을 가지면 수렴한다고 말한다. 유한한 합은 항들을 계속 더하여 얻어지는 무한급수의 극한값으로 정의된다. 극한값이 존재하면 해당 수열은 수렴한다. 도함수와 적분은 다양한 유형의 극한값일 뿐이다. 극한값이 수렴할 때라야만 도함수와 적분은 존재하는—즉 수학적인 의미를 갖는—것이다. 뉴턴이 주장했듯이, 극한은 다른 수가 무한이나 0에 접근할 때 어떤 양이 어디에 접근하는지에 관한 것이다. 그 수가 무한이나 0에 도달하는 것이 아니다.

이제 미적분학 전체가 굳건한 토대 위에 올라서게 되었다. 성가신 점이라면 이제는 극한 과정을 사용할 때마다 그것이 반드시 수렴하도록 만들어야 하는 것이다. 그러기 위한 최상의 방법은 어떤 종류의 함수가 연속적인지 또는 미분가능한지, 적분가능한지를 훨씬 더 일반적인 정리로 증명하는 일이었다. 해석학이 행한 일이 바로 그것이며, 그 덕분에 우리는 푸리에 급수를 놓고서 더 이상 왈가왈부하지 않게 되었다. 푸리에 급수들이 언제 수렴하는지 언제 수렴하지 않는지 그리고 어떤 의미에서 수렴하는지를 명확하게 알게 되었기 때문이다. 기본적인 주제에 관해 여러 가지 변형이 있으며, 푸리에 급수에 대해 그중 적절한 것을 고르기만 하면 된다.

멱급수 ∞

이와 동일한 개념이 실수뿐 아니라 복소수에도 적용됨을 바이어슈트라스는 알아차렸다. 모든 복소수 $z = x + iy$는 절댓값 $|z| = \sqrt{x^2 + y^2}$을 갖는다. 이것은 피타고라스 정리에 의해 복소평면에서 0에서 z까지의

거리다. 절댓값을 이용해 복소수의 크기를 정의하고, 이어서 볼차노가 내놓은 실수에 대한 극한의 개념 등을 복소수에 적용한다면, 이는 곧장 복소해석의 영역으로 넘어가는 셈이다.

바이어슈트라스는 무한수열의 한 특정한 유형이 특히 유용함을 알아차렸다. 그 유형은 멱급수로 알려져 있으며, 다음과 같이 무한 차수의 다항식 형태를 지닌다.

$$f(z) = a_0 + a_1 z + a_2 z^2 + a_3 z^3 + \cdots$$

여기서 계수 a_n은 특정한 수들이다. 바이어슈트라스는 복소해석 전부를 멱급수라는 토대 위에 올려놓겠다는 목표를 가지고 엄청난 연구 프로그램에 착수했다. 결과는 대성공이었다.

가령, 지수함수는 다음과 같이 정의할 수 있다.

$$e^z = 1 + z + \frac{1}{2} z^2 + \frac{1}{6} z^3 + \frac{1}{24} z^4 + \frac{1}{120} z^5 + \cdots$$

여기서 수 2, 4, 6 등은 계승, 즉 연속한 정수들의 곱이며(가령 $120 = 1 \times 2 \times 3 \times 4 \times 5$) 오일러가 이미 경험을 통해 얻었던 식이었다. 바이어슈트라스는 이 식의 엄밀한 의미를 밝혀냈다. 그는 오일러의 책에 나오는 내용을 통해 삼각함수를 지수함수와 관련지으며 다음과 같이 정의했다.

$$\cos \theta = \frac{1}{2} (e^{i\theta} + e^{-i\theta})$$

$$\sin \theta = \frac{1}{2i} (e^{i\theta} - e^{-i\theta})$$

이 함수들의 표준적인 성질들은 전부 멱급수 표현에서 나왔다. 심지어 오일러가 주장했듯이, π를 정의할 수도 있고 $e^{i\pi}=-1$을 증명할 수도 있다. 이는 또한 복소로그가 오일러가 주장한 내용 그대로라는 의미기도 했다. 모든 것이 타당했다. 복소해석은 실수해석의 어떤 불가사의한 확장이 아니라 그 자체로 타당한 주제였다. 사실, 복소 영역에서 작업한 다음 마지막에 실수 결과만을 뽑아내는 것이 더 단순할 때가 많았다.

바이어슈트라스가 보기에 이 모든 것은 단지 시작이며 대규모 프로그램의 첫 번째 양상일 뿐이었다. 하지만 중요한 것은 토대를 올바르게 세우는 것이었다. 그러고 나면 더 정교한 내용들은 술술 뒤따라 나올 것이었다.

바이어슈트라스는 매우 명석했기에, 극한과 도함수와 적분의 복잡한 조합을 대상으로 하면서도 혼란을 겪지 않고 거뜬히 연구를 진행할 수 있었다. 또한 잠재적인 어려움을 짚어낼 수도 있었다. 그가 내놓은 가장 놀라운 정리 중 하나는, 모든 점에서 연속이면서도 어떤 점에서도 적분 가능하지 않은 실수 변수 x의 함수 $f(x)$가 존재함을 증명해낸 것이다. f의 그래프는 끊긴 데가 없는 단일 곡선인데도 아주 심하게 구불구불한 곡선인 탓에 어디에서도 접선을 갖지 않는다. 앞선 수학자들이라면 결코 그런 함수가 존재한다고 믿지 않았을 것이다. 그와 동시대 수학자들은 그런 함수가 무슨 쓸모가 있을지 의아해했다. 후배 수학자들은 그 정리를 발전시켜 20세기의 가장 흥미진진한 새로운 이론 하나를 내놓았는데, 그것이 바로 프랙털이다.

하지만 프랙털 이야기는 나중에 하도록 하자.

굳건한 기초 ∞

미적분학의 초기 발명자들은 꽤 무모한 방법으로 무한을 다루었다. 오일러는 멱급수가 다항식과 다를 바가 없다고 가정했는데, 이로 인해 참담한 결과를 초래하고 말았다. 보통 사람들한테도 이런 종류의 가정은 쉽사리 터무니없는 결과로 이어질 수 있다. 오일러 같은 뛰어난 수학자도 터무니없는 주장을 하곤 했다. 가령, 그는 다음 멱급수에서

$$1+x+x^2+x^3+x^4+\cdots$$

합이 $1/(1-x)$이므로, $x=-1$을 대입하여 다음 결과를 이끌어냈다.

$$1-1+1-1+1-1+\cdots=1/2$$

이 결과는 터무니없다. 이 멱급수는 x가 -1과 1 사이에 있지 않으면 수

렴하지 않는다. 이 점을 바이어슈트라스의 이론은 명확히 밝히고 있다.

버클리 주교가 가한 비판을 진지하게 받아들인 것이 결국 수학을 풍요롭게 만들었고 든든한 기초 위에 설 수 있도록 했다. 복잡한 이론일수록 기초를 굳건하게 세우는 일은 더욱 중요했다.

오늘날 대다수 수학자들은 그런 미묘한 문제에는 더 이상 신경 쓰지 않는다. 그런 문제들은 이미 해결되었으며 타당해보이는 이론들은 엄밀한 근거를 갖고 있다고 안심하고 믿는다. 이런 확신은 볼차노, 코시 그리고 바이어슈트라스 같은 사람들 덕분이다. 한편, 현직 수학자들은 무한 과정에 대해 지금도 계속하여 엄밀한 개념들을 발전시키고 있다. 무한소 개념을 부활시키자는 움직임도 있는데, 비표준 해석이라고 알려진

수를 이용하여 가우스의 추측 증명에 어느 정도 진전을 이루었다. 이 함수는 나중에 제타 함수 $\zeta(z)$라고 불리게 되었다. 이 함수의 역할은 리만의 1859년 논문《주어진 수보다 작은 소수의 개수에 관하여》에서 분명하게 드러났다. 리만이 밝혀낸 바에 의하면, 소수들의 통계적 성질은 제타함수의 영점, 즉 방정식 $\zeta(z)=0$의 해와 밀접한 관련이 있었다.

1896년 프랑스 수학자 자크 아마다르와 샤를 드 라 발레 푸생은 제타함수를 이용하여 소수 정리를 증명했다. 관건은 $\zeta(z)$가 $1+it$ 형태의 모든 z에 대하여 0이 아님을 보이는 것이었다. 제타함수의 영점의 위치를 더 잘 통제할수록 소수에 대해 더 잘 알 수 있다. 리만은 모든 영점들이 음의 짝수인 명백한 것들을 제외하고는 임계선 $z=1/2+it$ 상에 놓인다고 추측했다. 이것이 바로 리만 가설이다.

1914년에 하디는 무한한 개수의 영점들이 이 선에 놓임을 증명했다. 컴퓨터를 이용한 광범위한 증거 또한 이 추측을 뒷받침한다. 2001년과 2005년 사이에 세바스티안 베데니브스키의 제타그리드 프로그램은 처음부터 천조 개까지의 영점들이 이 임계선 상에 놓임을 확인했다. 리만 가설은 힐베르트가 제시한 23가지 위대한 미해결 수학 문제들의 목록 가운데서 여덟 번째 문제였으며, 클레이 수학 연구소가 정한 밀레니엄 문제 가운데 하나다.

우리는 해석학을 어떻게 활용하고 있을까?

해석학은 유기체 개체군의 성장을 연구하기 위해 생물학에서 이용된다. 간단한 사례로 페르헐스트–펄 모형을 들 수 있다. 여기서 개체군 x의 시간 t에 따른 변화는 다음 미분방정식으로 표현된다.

$$\frac{dx}{dt} = kx\left(1 - \frac{x}{M}\right)$$

여기서 상수 M은 수용 능력, 즉 해당 환경이 감당할 수 있는 최대 개체군이다. 해석학의 표준적인 방법에 의하면 이 방정식의 해는 다음과 같다.

$$x(t) = \frac{Mx_0}{x_0 + (M - x_0)e^{-kt}}$$

이것을 가리켜 로지스틱 곡선logistic curve이라고 한다. 이 곡선은 처음에는 급격하게(지수함수적으로) 커지다가 개체군이 수용 능력의 절반에 이르면 평평해지기 시작하고 수용 능력에서는 마침내 완전히 평평해진다. 이 곡선은 실제 상황과 완벽히 일치하지는 않지만 많은 실제 개체군에 꽤 잘 들어맞는다. 동일한 종류의 더욱 복잡한 모형들은 실제 데이터와 더 잘 들어맞는다. 인간의 천연자원 소비도 성장곡선과 비슷한 패턴을 따르므로, 장래의 수요가 얼마나 될지 그리고 자원이 얼마나 오랫동안 남아 있을지를 예측할 수 있다.

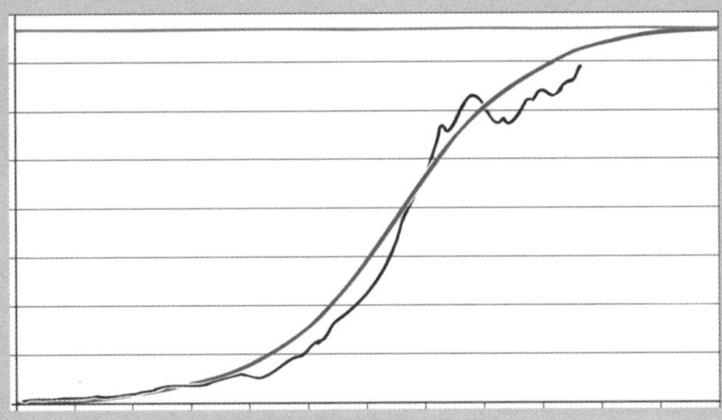

원유의 세계 소비량, 1900~2000
매끄러운 곡선이 로지스틱 곡선이고 삐뚤삐뚤한 곡선이 실제 데이터임.

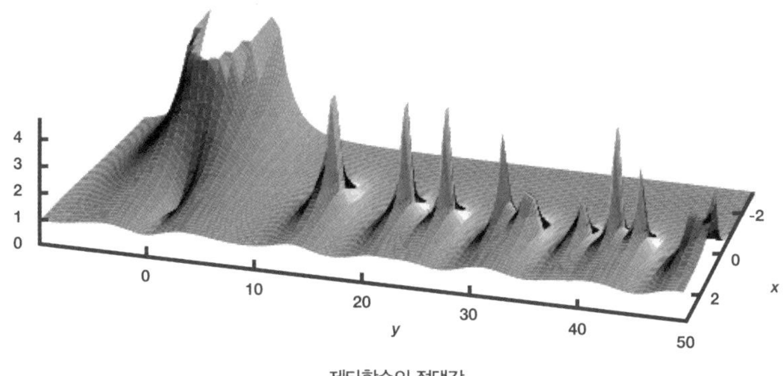

제타함수의 절댓값

이 기법은 완벽하게 엄밀하며 아울러 다른 방법으로는 해결할 수 없는 문제들에 매우 유용하다. 비표준 해석은 무한소를 통상적인 실수가 아니라 새로운 종류의 수로 만듦으로써 논리적 모순을 피한다. 이 기법은 기본 취지 면에서 코시의 사고방식과 비슷하다. 아직은 좁은 전문적인 영역에 머물러 있지만, 앞으로 유심히 지켜볼 만한 기법이다.

불가능한
삼각형

유클리드의 기하학이
유일한가?

미적분학은 기하학적 원리들에 바탕을 두고 있었다. 하지만 기하학이 기호를 이용한 계산으로 축소되면서, 해석학의 일부로 자리를 잡았다. 수학에서 시각적 사고의 역할은 새로운 — 처음에는 꽤 충격적이었던 — 방향으로 발전하고 있었다. 2천 년 넘게 유클리드라는 이름은 기하학과 동의어였다. 유클리드의 후예들이 그의 사상을 발전시켰는데, 특히 원뿔곡선에 대한 연구가 빛나는 성과로 꼽힌다. 하지만 후예들은 기하학의 개념 자체에는 어떤 급진적인 변화도 이끌어내지 못했다. 본질적으로, 오직 하나의 기하학만이 존재한다고 가정했다. 유클리드기하학만이 존재하며, 이것이야말로 물리적 공간의 참된 기하학을 수학적으로 정확히 기술한다고 여겼던 것이다. 사람들은 대안을 떠올릴 엄두조차 내지 못했다. 하지만 그런 상황이 마냥 지속될 수는 없었다.

구면기하학과 사영기하학 ∞

유클리드기하학을 벗어난 의미심장한 사례는 매우 실용적인 인류의 활동인 항해에서 처음 등장했다. 짧은 거리상에서 지구는 거의 평평하므로, 지질학적 특징들을 한 평면상에 지도로 표시할 수 있다. 하지만 배가 멀리 항해하게 되면서 지구의 실제 형태를 고려해야만 했다. 여러 고대 문명은 지구가 둥글다는 사실을 알았다. 증거는 많았다. 가령 배가 수평선 너머로 사라진다든지, 월식 때 달에 비친 지구의 그림자 모양 등이 그런 증거였다. 따라서 지구가 완벽한 구라고 일반적으로 가정했다.

실제로는 조금 평평해진 구다. 적도에서 잰 지름은 12,756km인 반면, 극에서 잰 지름은 12,714km이기 때문이다. 이 차이는 비교적 적다. 300분의 1 정도다. 항해사들이 수백 킬로미터의 오차를 곧잘 내곤 하던 시대에는 구형의 지구가 아주 만족할만한 수학적 모형이었다. 하지만 당시에는 기하학보다는 구면 삼각법에 관심이 집중되어 있었다. 구를 공간의 일종으로서 논리적으로 해석하는 것이 중요하기보다는 항해에 필요한 실용적 계산이 더 중요했기 때문이다. 구는 삼차원의 유클리드 공간 속에 자연스럽게 위치했기에, 아무도 구면기하학이 유클리드기하학과 다르다고 여기지 않았다. 차이가 난다면 그것은 지구 곡률의 결과였을 뿐이었다. 공간 자체의 기하학도 여전히 유클리드기하학이었다.

유클리드에게서 더욱 멀리 벗어난 그다음 사례는 17세기 초 사영기하학을 도입한 것이었다. 이 주제는 과학이 아니라 미술에서 처음 등장했다. 르네상스 시대 이탈리아 화가들이 원근법을 이론적 및 실제적으로 연구하면서부터다. 목적은 더욱 사실적인 그림을 그리는 것이었는데, 그 결과 기하학에 관한 새로운 사고방식이 생기게 되었다. 하지만 이번에도 이 발전은 고전적인 유클리드기하학의 틀 안에서 일어난 혁신으로 보일 수 있었다. 그것은 우리가 공간을 어떻게 보는가에 관한 것이지 공간 자체에 관한 것이 아니었기 때문이다.

유클리드기하학이 유일한 것이 아니며 유클리드의 많은 정리가 적용되지 않으면서도 논리적으로 일관된 기하학의 유형이 존재할 수 있다는 관점은 기하학의 논리적 토대에 대한 관심이 새로워지면서 등장했다. 이런 관점은 18세기 중반부터 시작해 19세기 중반까지 논의되고 발전했다. 이와 관련한 중대한 사안은 평행선의 존재를 어설프게 주장했던 유클리드의 제5공준이었다. 여러 수학자가 제5공준을 유클리드의 다른 공리들로부터 유도해내려고 시도했지만, 그런 유도가 불가능함이 밝혀졌다. 이를 계기로, 유클리드기하학과는 다르지만 논리적으로 일관된 기하학 유형이 존재함이 드러났다. 오늘날 비유클리드기하학은 순수수학과 수리물리학에서 없어서는 안 되는 수단이 되었다.

기하학과 미술 ∞

유럽에서는 기하학이 300년에서부터 1600년까지 이렇다 할 발전이 없었다. 기하학이 활기차게 되살아난 계기는 미술의 원근법에서 제기된 질문에서 비롯되었다. 즉 삼차원 세계를 이차원 화폭에 어떻게 사실적으로 담아낼 것인가라는 문제였다.

르네상스 화가들은 단지 그림만 그리지 않았다. 많은 화가가 평화적 목적이든 전쟁 목적이든 토목 공사에 동원되었다. 이 시기의 미술은 실용적인 측면이 있었고, 원근법의 기하학은 실용적인 탐구였기에 시각 예술뿐 아니라 건축에도 적용되었다. 또한 광학, 즉 빛의 수학에 대한 관심도 커졌는데, 망원경과 현미경이 발명되자 광학은 더더욱 번성했다. 원근법의 수학에 대해 궁리한 최초의 주요 화가는 필리포 브루넬리스키Fillippo Brunelleschi였다. 사실, 그의 미술은 대체로 수학을 위한 수단이었다. 한편 이 주제에 관한 기념비적인 책인 레온 바티스타 알베르티Leon Battista Alberti의 《회화론Della Pittura》이 1435년에 저술되어, 1511년에 출간되었다. 알베르티는 우선 중요하지만 비교적 무해한 단순화 과정부터 시작했는데, 이는 그가 진정한 수학자의 자세를 지녔음을 잘 보여준다. 인간의 시각은 복잡한 주제다. 예를 들면, 우리는 서로 초점이 조금 어긋나 있는 두 눈을 이용해 삼차원 영상을 생성해 입체감을 느낀다. 알베르티는 실제 과정을 단순화하기 위해, 바늘구멍 사진기처럼 작동하는 동공을 지닌 하나의 눈을 가정했다. 그는 이렇게 상상했다. 화가는 이젤을 설치한 후에 (하나의) 눈으로 인식한 풍경과 일치하는 그림을 캔버스에 그리려고 한다. 캔버스의 그림과 실제 풍경 모두 눈 뒤쪽에 있는 화가의 망막에 투영된다. (수학에서는 투영이라는 일반적 용어보다 사영射影이라는 용어가 주로 쓰인다. 가령 이와 관련된 기하학을 사영기하학이라고 한다_옮긴이) 완벽한 일치를 이루게 하는 가장 단순한 (개념적인) 방법은 캔버스를 투명하게 만들어, 한 고정된 위치의 풍경이 캔버스에 그대로 비치게 하고 이를 눈에 보이는 대로 캔버스에 그리는 것이다. 이렇게 하면 삼차원 풍경이 캔버스에 투영된다. 풍경 속의 각 형상을 눈에 직선으로 연결시켜, 이 직선이 캔버스의 평면과 어디서 만나는지 알아낸다. 바로 거기가 그 형상을 그리는 곳이다.

이 아이디어를 말 그대로 받아들이려 하면 그다지 실용적이지 않다. 하지만 일부 화가들은 투명한 재료나 유리를 캔버스 대신 사용하여 정말로 그렇게 했다. 그들은 종종 이를 예비 단계로 삼았고, 그 결과로 그린 윤곽을 실제 캔버스에 옮겨 담았다. 더 실용적인 접근법은 이 아이디어를 바탕으로 삼차원 풍경의 기하학적 구조를 이차원 영상의 기하학적 구조와 관련짓는 것이다. 통상적인 유클리드기하학은 움직이더라도 변하지 않는 성질, 가령 길이와 각도 등에 관한 것이다. 유클리드가 그렇게 설명하지는 않았지만, 합동 삼각형들을 기본적인 도구로 삼았기에 결과적으로 그렇게 말한 셈이었다. (합동 삼각형들은 크기와 모양이 서로 같지만

장면을 투영하기 – 알브레히트 뒤러

놓여 있는 위치만 다른 삼각형들이다.) 마찬가지로 원근법의 기하학은 투영을 하더라도 변하지 않고 남아 있는 성질이 핵심이다. 길이와 각도는 그렇지 않음을 쉽게 알 수 있다. 엄지손가락으로 달을 덮을 수 있는데, 그러면 길이가 달라져 보일 수 있다. 또한 각도도 마찬가지다. 건물의 모서리를 바라볼 때는 정면으로 보아야지만 직각으로 보인다.

그렇다면 투영을 하더라도 변하지 않는 기하학 도형의 성질은 무엇인가? 가장 중요한 성질들은 너무나 단순해서 그 중요성을 간과하기 쉽다. 점은 점으로 남는다. 직선은 직선으로 남는다. 한 직선 상에 놓인 한 점의 영상은 그 직선의 영상 위에 놓인다. 그러므로 만약 두 직선이 한 점에서 만나면, 투영에 의해 생긴 두 직선의 영상은 그 점에 대응하는 투영된 점과 만난다. 점과 직선의 입사 入射 관계는 투영을 하더라도 보존된다.

그다지 보존되지 않는 중요한 한 성질은 '평행' 관계다. 길고 곧은길의 한가운데 서서 앞쪽을 바라보고 있다고 상상하자. 길의 양 측면은 삼차원 공간에서 실제로는 평행이어서 결코 만나지 않지만, 우리 눈에는 평행하게 보이지 않는다. 대신에 먼 지평선에서 한 점으로 수렴한다. 하지만 이상적인 무한한 평면상에서 그렇지, 약간 둥근 지구상에서는 그렇지 않다. 사실, 오직 평면상에서만 정확히 그렇게 보인다. 구면상에서는 알아차리기에는 너무 작지만 미세한 틈이 생기며, 그 틈을 가지고 두 직선은 지평선을 넘어간다. 따라서 구면상에서 생기는 평행선 관련 문제들은 무엇이든 까다롭기 마련이다.

그렇기는 해도 평행선의 이런 성질은 원근법을 이용한 그림에서 매우 유용하다. 그 성질 덕분에 한 수평선과 두 개의 소실점을 이용해 직각인 상자를 원근법으로 그릴 수 있게 되었다. 이때 두 소실점은 상자의 평행한 모서리들이 원근법에 따라 수평선을 넘어가는 지점이다. 피에로 델라 프란체스카Piero della Francesca의 책《회화를 위한 원근법에 관하여》는 알베르티의 방법을 화가들을 위한 실제적인 기법으로 발전시켰다. 아울러 프란체스카는 그 방법을 이용하여 자신의 그림을 극적이고 매우 사실적으로 그릴 수 있었다.

르네상스 화가들의 저술은 원근법의 기하학에 관한 많은 문제들을 해결했지만, 반쯤은 경험적이었으며, 유클리드가 자신의 기하학에 적용했던 수준만큼의 논리적 기초가 부족했다. 기초에 관한 이러한 부족분은 18세기에 이르러 브룩 테일러와 요한 하인리히 램버트에 의해 해결되었다. 하지만 그 이전에는 많은 흥미로운 일들이 기하학에서 일어나고 있었다.

데자르그 ∞

사영기하학에서 최초로 유의미한 정리를 내놓은 사람은 공학자이자 건축가인 제라르 데자르그Gérard Desargues였다. 이 정리는 아브라함 보스가 쓴 책을 통해 1648년에 발표되었다. 데자르그는 다음과 같은 놀라운 정리를 증명했다. 삼각형 ABC와 $A'B'C'$가 원근법을 따른다고 하자. 무슨 뜻이냐면, 세 직선 AA', BB' 및 CC'가 동일한 점을 지난다는 말이다. 그렇다면 두 삼각형의 대응하는 변들이 만나는 세 점 P, Q 및 R은 동일 직선상에 놓인다. 오늘날 이 결과를 데자르그의 정리라고 한다. 이 정리는 길이나 각을 언급하지 않으며, 순전히 직선들과 점들 사이의 입사 관계에 관한 것이다. 따라서 온전히 사영 정리인 셈이다.

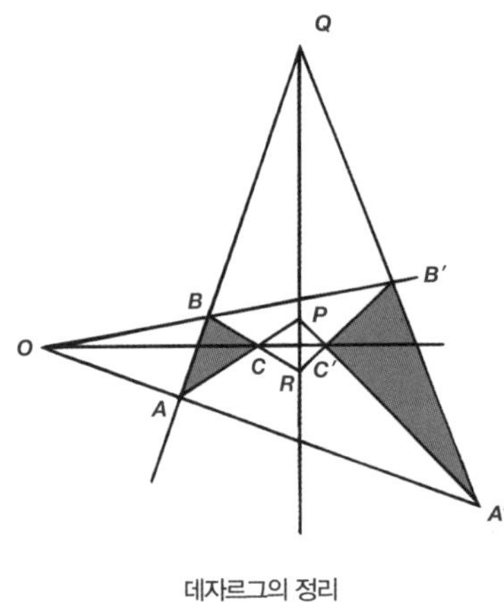

데자르그의 정리

두 삼각형이 두 평면 속에 놓인 이 그림은 삼차원 도형을 상상해 그린 것이다. 이를 통해 이 정리가 삼차원 공간에서 명백하게 유효한 것임을 알 수 있다. 그런 평면들의 서로 대응하는 두 변의 연장선이 만나서 생기는 세 점이 바로 한 직선 상에 위치한 데자르그의 세 점 P, Q 및 R이다. 조금 주의를 기울이면, 투영한 모습이 두 개의 삼각형처럼 보이는 적절한 삼차원 도형을 제작하여 이 정리를 증명할 수 있다. 따라서 유클리드기하학의 방법을 이용하여 사영 정리를 증명할 수 있는 것이다.

유클리드의 공리들 ∞

사영기하학은 (말장난을 하자면) 관점에 관한 한 유클리드기하학과 다르지만, 여전히 유클리드기하학과 연관되어 있다. 새로운 종류의 변환, 즉 투영에 관한 학문이긴 하지만 변환되는 공간의 기본적인 틀은 유클리드기하학을 따른다. 그럼에도 불구하고 수학자들은 사영기하학 덕분에 새로운 종류의 기하학적 사고가 가능할 수 있다는 발상에 더 친숙해졌다. 게다가 오랜 세기 동안 잠들어 있던 질문을 다시 깨어나게 만들었다.

유클리드의 거의 모든 기하학 공리들은 너무나 명백했기에 정신이 온전한 사람이라면 누구도 진지하게 의문을 제기할 수 없었다. 가령, 모든 직각은 서로 등가다. 만약 이 공리가 통하지 않는다면 직각의 정의 자체가 틀렸다고 보아야 한다. 하지만 평행선에 관한 다섯 번째 공준은 유독 남달랐다. 무척 복잡했다. 유클리드는 이렇게 기술했다. 만약 두 직선을 지나는 한 직선이 같은 쪽의 내각들을 두 직각보다 작게 만들면, 두 직선은 무한히 늘렸을 때 각도가 두 직각보다 작은 쪽에서 만난다.

이것은 공리라기보다 정리처럼 들린다. 정리가 아니었던 것일까? 더 단순하고 직관적인 어떤 것에서 시작해 이 다섯 번째 공준을 증명할 방법이 있지 않을까?

이 문제와 관련하여 1759년 존 플레이페어John Playfair가 한 걸음 진전을 이루었다. 그는 이 공준을 다음 명제로 대체했다. '임의의 주어진 직선 그리고 그 직선상에 있지 않는 임의의 점에 대하여, 그 점을 지나고 주어진 직선과 평행한 직선은 오직 하나만 존재한다.' 이 명제는 유클리드의 제5공준과 논리적으로 등가다. 즉 다른 공리들이 동일하게 주어져 있을 때 둘은 동일한 의미다.

1794년에 아드리앵 마리 르장드르는 또 하나의 등가 명제를 발견했다. 각도는 같지만 변의 길이는 서로 다른 닮은 삼각형의 존재에 관한 명제였다. 하지만 르장드르를 비롯해 다른 대다수 수학자는 훨씬 더 직관적인 어떤 것을 원했다. 사실, 제5공준은 굳이 따로 존재할 필요가 없었다. 다른 공리들의 결과일 뿐이기 때문이다. 따라서 다른 공리들로부터 제5공준을 증명하는 일이 관건이었다. 그래서 르장드르는 온갖 시도를 다 했다. 다른 공리들만을 이용하여, 한 삼각형의 세 각의 합이 $180°$이거나 아니면 그 미만임을 어쨌든 만족스럽게 증명했다. (구면기하학에서는 세 각의 합이 $180°$보다 더 큼을 르장드르도 물론 알았을 것이다. 하지만 그것은 구의 기하학이지 평면의 기하학이 아니다.) 만약 합이 언제나 $180°$이면, 제5공준은 성립한다. 따라서 그는 합이 $180°$보다 작을 수 있다고 가정했고, 그 가정의 의미를 파고들었다.

놀라운 결과는 삼각형의 넓이와 세 각의 합 사이의 관계였다. 구체적으로 말하면, 넓이는 세 각의 합이 $180°$에 미치지 못하는 정도에 비례한다. 여기서 물꼬가 트였다. 만약 주어진 한 삼각형보다 변의 길이가 두 배이면서 각도는 동일한 삼각형을 작도할 수 있으면, 이는 모순일 것이다. 왜냐하면 더 큰 삼각형은 더 작은 삼각형과 넓이가 동일하지 않기 때문이다. 하지만 아무리 더 큰 삼각형을 작도하려고 시도해도, 그는 제5공준에 의존하게 되고 말았다.

그는 가까스로 한 가지 긍정적인 결과를 얻어냈다. 제5공준을 가정하지 않고서도 다음 사실을 증명해냈던 것이다. 즉 어떤 삼각형들은 세 각의 합이 $180°$보다 크고 또 다른 어떤 삼각형들은 세 각의 합이 $180°$보다 작을 수는 없음을 증명했다. 만약 한 삼각형의 세 각의 합이 $180°$보

다 크면 다른 모든 삼각형도 그러하며, 한 삼각형의 세 각의 합이 180°
보다 작으면 다른 모든 삼각형도 마찬가지다. 따라서 다음 세 가지 경우
가 가능하다.

* 모든 삼각형의 세 각의 합이 정확히 180°다. (유클리드기하학)

* 모든 삼각형의 세 각의 합이 180°보다 작다.

* 모든 삼각형의 세 각의 합이 180°보다 크다. (이 경우는 르장드르가 제외시켰다. 나
중에 알고 보니, 르장드르는 이 경우를 배제하려고 암묵적으로 여러 다른 조건들을 가정했다.)

사케리 ∞

1773년 이탈리아 파비아의 예수회
신부였던 지롤라모 사케리Girolamo
Saccheri가 뛰어난 저서 《모든 결점
이 제거된 유클리드》를 출간했다.
사케리도 이 세 경우를 고찰했는
데, 다만 그는 삼각형이 아니라 사
변형을 대상으로 삼았다. 사변형
$ABCD$가 각 A와 각 B는 직각이고

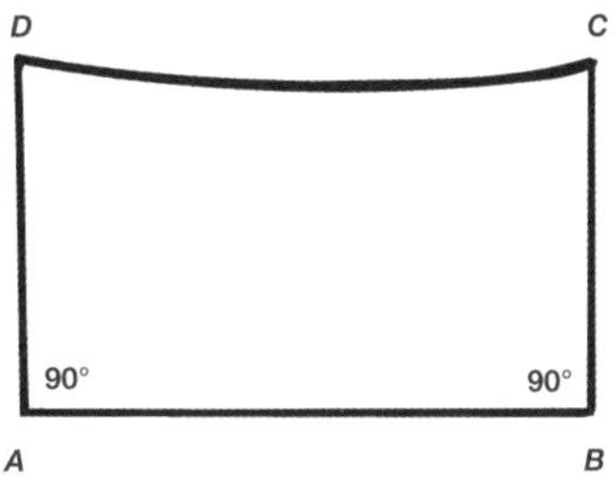

사케리의 사변형. 각 C와 각 D에 대한 유클리
드의 추측을 피하기 위해선 CD를 곡선으로
그렸다.

$AC = BD$라고 하자. 사케리는 이때를, 유클리드기하학에 따르면 각 C
와 각 D가 직각임을 의미한다고 말했다. 이보다 덜 명백한 진술이지만,
만약 C와 D가 이런 종류의 임의의 사변형에서 직각이라면, 제5공준이
성립한다.

제5공준을 이용하지 않고서 사케리는 각 C와 각 D가 동일함을 증명
했다. 따라서 다음과 같이 서로 다른 두 가지 가능성이 남았다.

* 둔각 가설: C와 D 모두 직각보다 크다.

* 예각 가설: C와 D 모두 직각보다 작다.

사케리는 이 가설들 각각을 차례로 가정하여, 논리적 모순을 이끌어 내려고 했다. 만약 둘 다 논리적 모순이 생긴다면, 유클리드기하학만이 논리적으로 가능한 유일한 기하학이 될 터였다.

우선 그는 둔각 가설부터 시작했다. 일련의 정리들을 통해 각 C와 각 D가 사실은 어쨌거나 틀림없이 직각임을 유도해냈다(또는 자신이 유도해 냈다고 여겼다). 이는 모순이었기에, 둔각 가설은 틀린 것이었다. 다음에 예각 가설을 가정했는데, 이로써 또 다른 일련의 정리들을 유도해냈 다. 이들 정리는 모두 옳았으며 저마다 각각 꽤 흥미로웠다. 마침내 그 는 모두 한 점을 통과하는 한 무리의 직선들에 관한 꽤 복잡한 정리를 증명했는데, 이 정리는 이들 직선 중 둘은 무한히 연장되면 하나의 공 통 수직선을 갖는다는 의미였다. 이것은 사실 모순이 아니었는데, 사 케리는 모순이라고 여겼다. 그래서 예각 가설도 틀렸음이 증명되었다 고 선언했다.

따라서 유클리드기하학만 남게 되었고, 사케리는 자신의 연구에서 이 사실이 증명되었다고 느꼈다. 하지만 다른 이들은 그의 예각 가설이 모 순이 아니라, 꽤 놀라운 정리임을 알아차렸다. 이런 흐름 속에서, 1759 년 달랑베르는 제5공준이 '기하학의 요소들 가운데서 골칫거리'라고 선 언하기에 이르렀다.

람베르트 ∞

독일 수학자 게오르크 클뤼겔이 사케리의 책을 읽고 나서, 비정통적이며 꽤 충격적인 의견을 내놓았다. 제5공준이 참이라고 믿는 것은 논리보다는 경험의 결과라는 의견이었다. 기본적으로 그의 말에 따르면, 공간에 대한 우리의 사고방식 때문에 우리는 유클리드가 상상한 유형의 평행선이 존재한다고 믿는다는 것이다.

1766년 스위스의 박물학자인 요한 하인리히 람베르트Johann Heinrich Lambert는 클뤼겔의 제안에 따라 사케리가 했던 것과 비슷한 연구에 착수했다. 하지만 람베르트는 세 각이 직각인 사변형을 연구 대상으로 삼았다. 나머지 한 각은 직각이거나(유클리드기하학) 예각이거나 아니면 둔각이어야 한다. 사케리처럼 그도 둔각인 경우는 모순을 낳는다고 여겼다. 더 정확히 말하자면, 그런 경우는 구면기하학으로 이어진다고 보았다. 왜냐하면 구면기하학에서는 한 삼각형의 세 각의 합이 180° 보다 크므로, 한 사변형의 네 각의 합은 360° 보다 크다는 점이 오래 전부터 알려져 있었기 때문이다. 구는 평면이 아니므로 둔각인 경우는 제외되었다.

하지만 그는 예각인 경우에 대해서는 그렇게 주장하지 않았다. 대신에 어떤 이상한 정리를 증명했는데, 이것은 n개의 변을 갖는 한 다각형의 넓이에 관한 아주 놀라운 공식이었다. 다각형의 각을 전부 합한 다음, $(2n-4)$직각에서 그 값을 뺀 결과는 다각형의 넓이와 비례한다. 이 공식은 람베르트에게 구면기하학의 이와 비슷한 다음 공식을 떠올리게 해주었다. 다각형의 각을 전부 합한 다음, 그 값에서 $(2n-4)$직각을 뺀 결과는 다각형의 넓이와 비례한다. 두 공식의 차이는 사소한 것이다. 즉 빼기가 반대 순서로 이루어질 뿐이다. 마침내 그는 선견지명이 돋보이지만 애매모호한 다음 예측을 내놓았다. '둔각인 경우의 기하학은 가상의 반지름을 갖는 구면상의 기하학과 동일하다.'

이후 그는 가상의 각의 삼각함수들에 대한 짧은 논문을 썼는데, 이 과정에서 아름답고도 완벽하게 일관된 몇몇 공식들을 얻었다. 오늘날 이 함수들은 이른바 쌍곡선함수로 알려져 있다. 쌍곡선함수는 허수를 사용하지 않고 정의할 수 있으며, 람베르트의 공식들을 전부 만족한다. 람베르트가 행한 수수께끼 같은 연구에는 분명 어떤 흥미로운 점이 깃들어 있다. 과연 그게 무엇일까?

가우스의 딜레마 ∞

이제 사정에 밝은 기하학자들은 유클리드의 제5공준이 다른 공리들로부터 증명될 수 없음을 분명하게 느끼고 있었다. 둔각 사례는 너무나 자명해 보였기에 모순이 아닌 듯했다. 한편, 가상의 반지름을 갖는 구는 그런 믿음을 입증하는 데 이용하기 적절한 수단이 아니었다.

그런 생각을 하고 있던 기하학자들 중 한 명이 가우스였다. 그는 어렸을 때부터 논리적으로 일관된 비유클리드기하학이 가능할 수 있다고 확신했으며, 그런 기하학에 관한 수많은 정리들을 증명했다. 하지만 가우스가 1829년 베셀에게 보낸 편지에서 그런 점을 밝혔을 때도 그는 자신의 이러한 연구를 발표할 의도는 전혀 없었다. 왜냐하면 자신이 명명한 이른바 '보에티우스의 소동'이 일어날까 두려워했기 때문이다. (저자는 로마의 스콜라 철학자 보에티우스가 반역죄로 처형을 당했음을 넌지시 가리키고 있는 듯하다_옮긴이) 상상력이 부족한 사람들은 이해하지 못할 테며, 전통에 대한 완고한 집착과 무지로 인해 자신의 연구를 비웃을 것이라고 가우스는 여겼다. 이에는 당시 칸트가 내세운 철학적 견해가 널리 인정되던 상황이 영향을 미쳤을지도 모른다. 일찍이 칸트는 공간의 기하학은 유클리드기하학임이 틀림없다고 주장했다.

1799년 가우스는 친구인 헝가리 수학자 볼프강 보여이에게 보낸 편지에 이렇게 썼다. 연구를 해보니 '기하학 자체가 참인지 의문이 들지 않을 수 없네. 사실 나는 [다른 공리들로부터 제5공준을] 증명한다고 대다수 사람들이 여기게 될 연구 결과를 내놓았지만, 내가 보기에 이것은 아무 쓸모가 없네.'

다른 수학자들은 가우스보다 덜 에둘러 말했다. 러시아 카잔 대학의 니콜라이 이바노비치 로바체프스키Nikolai Ivanovich Lobachevski는 비유클리드기하학을 대놓고 가르쳤다. 그는 가우스의 연구를 몰랐지만 비슷한 정리들을 자신만의 방법으로 이미 증명했으며, 이 주제에 관한 논문 두 편을 1829년과 1835년에 발표했다. 가우스가 우려한 것 같은 난리법석은 일어나지 않았고, 두 논문은 그다지 주목을 받지 못하고 잊혀졌다. 1840년 로바체프스키는 사람들의 관심 부족을 질타하는 책 한 권을 썼다. 그리고 1855년에 다시 이 주제에 관한 책을 한 권 더 내놓았다.

이와 별도로, 볼프강 보여이의 아들로서 군 장교였던 야노스가 1825년 무렵 비슷한 아이디어를 내놓았다. 이 아이디어가 담긴 26쪽짜리 논문은 아버지의 기하학 저서인 《학구적인 청년들을 위한 수학의 원론에 관한 논고》(1832년)의 부록 형태로 발표되었다. '제 스스로도 깜짝 놀란 아주 경이로운 발견을 했습니다'라고 그는 아버지에게 썼다.

가우스는 그 논문을 읽었지만, 야노스의 연구를 칭찬할 수는 없노라고 볼프강 보여이에게 설명했다. 왜냐하면 그럴 경우 결국 가우스 자신을 칭찬하는 결과가 되기 때문이라고 밝혔다. 너무 조심스러운 태도일지도 모르지만, 가우스의 성향이 그러했다.

비유클리드기하학 ∞

비유클리드기하학의 역사는 너무 복잡해서 더 자세히 설명하기는 어렵다. 대신에 앞서 소개한 선구적인 노력이 어떤 결과를 낳았는지만 요약하기로 하자. 사케리, 람베르트, 가우스, 보여이 및 로바체프스키가 주목한 세 가지 사례는 모두 공통의 관련성이 있다. 바로 곡률의 개념이다. 비유클리드기하학은 휘어진 면에 대한 자연스러운 기하학이다.

만약 면이 구처럼 볼록하게 휘어져 있다면, 둔각 사례에 해당된다. 이것은 구면기하학이 유클리드기하학과는 명백히 다르다는 이유로 배제되었다. 가령, 구면상에서는 임의의 두 직선, 즉 두 개의 큰 원(예를 들어, 중심이 지구의 중심에 놓여 있는 두 원)은 유클리드기하학의 두 직선에서 예상되는 바와 달리 한 점이 아니라 두 점에서 만난다.

사실, 지금 우리는 이러한 반대가 근거 없는 것임을 알고 있다. 만약 구면에서 대각선상으로 서로 반대편에 놓인 두 점을 동일시한다면, (즉 두 점이 같은 점이라고 본다면) 두 직선(두 큰 원)은 여전히 한 점에서 만나는 셈이다. 이렇게 본다면, 거의 모든 기하학적 성질은 바뀌지 않고 유지된다. 위상기하학적으로 보면, 그 결과로 생기는 면은 사영평면이다. 비록 해당 기하학이 정통적인 사영기하학은 아니지만 말이다. 오늘날 이는 타원기하학이라고 불리는데, 이 기하학은 유클리드기하학과 마찬가지로 타당한 것으로 여겨진다.

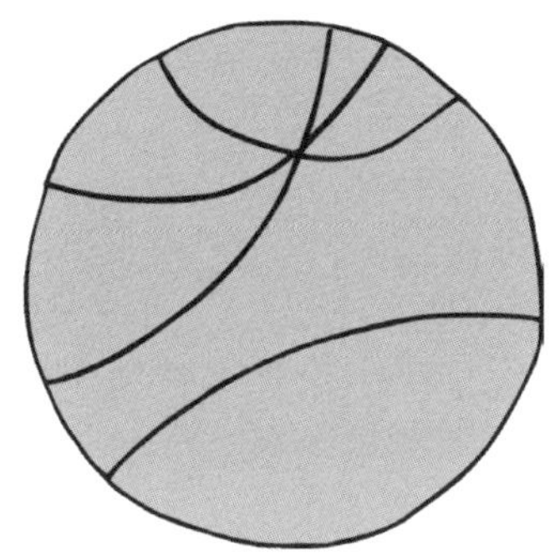

쌍곡선기하학에 관한 푸앵카레 모형에는 한 점을 지나며 주어진 한 직선과 만나지 않는 평행선들이 무한히 많음이 분명히 드러난다.

만약 면이 말안장처럼 오목하게 휘어 있다면, 이때는 예각 사례에 해당한다. 이로 인한 기하학은 쌍곡선기하학이라고 한다. 여기에는 유클리드기하학과는 딴판인 흥미진진한 성질들이 아주 많다. 만약 면이 0의 곡률을 갖는다면, 유클리드평면이다. 이 경우는 유클리드기하학에 해당한다.

세 기하학 모두 제5공준을 제외하고는 유클리드의 다른 공리들을 모두 만족한다. 유클리드가 제5공준을 포함시키기로 한 결정은 자신의 정당함을 입증했던 것이다.

이런 다양한 기하학들은 여러 가지 상이한 방식으로 모형화할 수 있다. 특히 쌍곡선기하학은 이런 점에서 돋보인다. 쌍곡선기하학의 한 모형의 경우, 해당 공간은 복소평면에서 실수축과 그 아래 모든 것을 제거한 위쪽 절반이다. 직선은 실수축과 직각으로 만나는 반원이다. 위상기하학적으로 보자면, 이 공간은 평면과 똑같으며 이 공간의 직선은 통상의 직선과 동일하다. 직선의 곡률은 이 기하학의 밑바탕이 되는 공간의 오목한 곡률을 반영한다.

푸앵카레가 도입한 쌍곡선기하학의 두 번째 모형의 경우, 공간은 (경계는 포함되지 않는) 원의 내부로 표현된다. 직선은 경계와 직각으로 만나는 원이다. 이번에도 왜곡된 기하학은 이 기하학의 밑바탕이 되는 공간의 곡률을 반영한다. 화가 마우리츠 에서Maurice Escher는 쌍곡선기하학의 이 모형을 바탕으로 많은 그림을 그렸다. 에서는 캐나다 기하학자 콕스터를 통해 관련 내용을 알게 되었다.

두 모형은 쌍곡선기하학과 복소해석의 깊은 연관성을 엿보게 해준다. 이 연관성은 복소평면에 대한 일군의 변환과 관계가 있다. 독일 수학자 펠릭스 클라인의 에를랑겐 프로그램(펠릭스 클라인이 에를랑겐 대학의 교수로 임용되면서 기하학의 제반 문제들을 해결하기 위해 제안한 연구 방법론이다_옮긴이)에 따르면, 쌍곡선기하학은 이 변환들의 불변량의 기하학이라고 한다. 뫼비우스 변환이라고 하는 또 한 부류의 변환은 타원기하학과도 관련된다.

공간의 기하학 ∞

공간의 기하학은 과연 무엇일까? 오늘날 우리는 클뤼겔에 동의하고 칸트의 견해는 무시한다. 이는 경험의 문제이기도 하며, 단지 생각만으로 이끌어낼 수 있는 것이 아니다. 아인슈타인의 일반상대성이론에 의하면 공간(그리고 시간)은 휘어질 수 있다. 그리고 곡률은 물체의 중력에 의해 생긴 효과다. 곡률은 물체가 어떻게 분포되어 있는지에 따라 위치마다 다를 수 있다. 따라서 공간의 기하학이 무엇인지를 묻는 것은 사안의 본질이 아니다. 공간은 상이한 위치에 따라 상이한 기하학을 가질 수 있다. 유클리드기하학은 인간 세계에서 인간의 규모에서 잘 작동한다. 왜냐하면 중력에 의한 곡률이 너무 작아서 우리의 일상생활에 영향을 미칠 정도가 아니기 때문이다. 하지만 광대한 우주 바깥에 나가면 비유클리드기하학이 지배한다.

고대인들과 19세기 사람들도 수학과 현실 세계가 서로 다르지 않다고 여겼다. 수학이 자연계의 기본적이고 필수적인 특징들을 드러내며 수학적 진리는 절대적이라는 믿음이 널리 퍼져 있었다. 이 가정이 고전기하학보다 더 깊게 뿌리 내린 분야는 없었다. 공간은 어느 누가 보더라도 유클리드적이었다. 그 외에 무슨 기하학이 존재할 수 있단 말인가?

하지만 점차 이런 관점은 유클리드기하학에 대해 논리적으로 일관된 대안이 나타나기 시작하면서 흔들리게 된다. 그런 대안들이 (적어도 유클리드기하학이 일관된 정도만큼은) 논리적으로 일관된다는 것을 인식하기까지 꽤 세월이 걸렸고, 우리가 살고 있는 이 공간이 완벽한 유클리드기하학 공간이 아닐지 모른다는 것을 인식하는 데는 훨씬 더 세월이 걸렸다. 언제나 그렇듯이 우물 안 개구리와 같은 우리의 태도가 문제다. 우리는 우리 자신이 우주의 아주 작은 구석에서 체험한 제한된 경험을 우주 전체에 투사했던 것이다. 우리의 상상력은 유클리드 모형을 선호하게끔 편향되어 있는 듯한데, 아마도 그 까닭은 우리가 경험하는 작은 규모 내에서 유클리드 모형이 가장 뛰어나며 가장 간단하기 때문이다.

상상력이 풍부하고 비정통적인 몇몇 사상이 상상력이 부족한 다수의 정통적인 사상을 밀어내준 덕분에 이제야 유클리드기하학의 여러 대안들이 존재하며 물리적 공간의 속성은 사고만이 아니라 관찰의 문제임을 우리는 (적어도 수학자와 물리학자들은) 이해하게 되었다. 오늘날 우리는 실체에 대한 수학적 모형과 실체 그 자체를 명확히 구분한다. 이렇게 볼 때, 수학의 많은 내용은 실체와 명백한 관련성을 띠지는 않는다. 그래도 수학이 유용하다는 사실은 마찬가지이지만.

우리는 비유클리드기하학을 어떻게 활용하고 있을까?

우주는 어떤 모양일까? 간단한 질문인 듯하지만 막상 대답하기는 어렵다. 우주가 너무 크기 때문이기도 하지만, 무엇보다도 우리가 우주 안에 있기에 한 발 물러서서 전체를 바라볼 수 없기 때문이다. 가우스의 비유적 표현에 의하면, 어떤 면 위에 사는 개미는 오로지 그 면에만 머물러 있기에 정작 그것이 평면인지, 구인지 토러스인지 또는 다른 복잡한 어떤 형태인지 알 수가 없다.

일반상대성이론에 따르면, 별과 같은 물체 근체에서 시공간은 휘어진다. 물체의 밀도와 곡률과의 관계를 결정하는 아인슈타인의 방정식은 해가 여러 가지로 나온다. 가장 단순한 해에서 우주는 전체적으로 양의 곡률이며 구의 형태다. 하지만 어쩌면 실제 우주의 전반적인 곡률은 음의 값일지 모른다. 우리는 우주가 유클리드 공간처럼 무한한지 아니면 구처럼 유한한 크기일지조차 모른다. 몇몇 물리학자는 우주가 무한하다고 주장하지만 이 주장을 뒷받침할 실험적 근거는 매우 의심스럽다. 대다수 물리학자들은 우주가 유한하다고 본다.

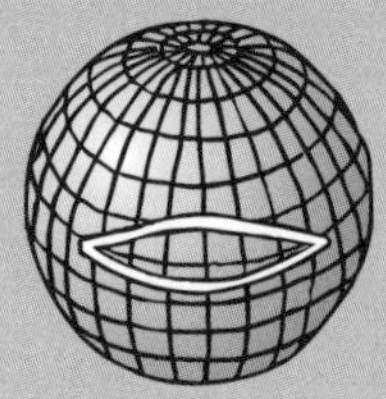

닫힌 우주는 휘어지다가 다시 움츠려든다. 서로 벌어지는 직선들은 다시 함께 모인다.
밀도 > 임계 밀도

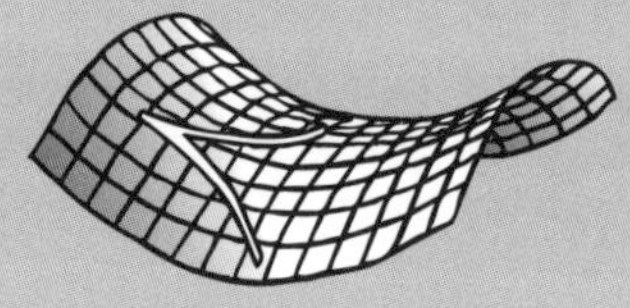

열린 우주는 휘어지면서 계속 벌어진다. 벌어지는 직선들은 서로 각도가 커지며 휘어진다.
밀도 < 임계 밀도

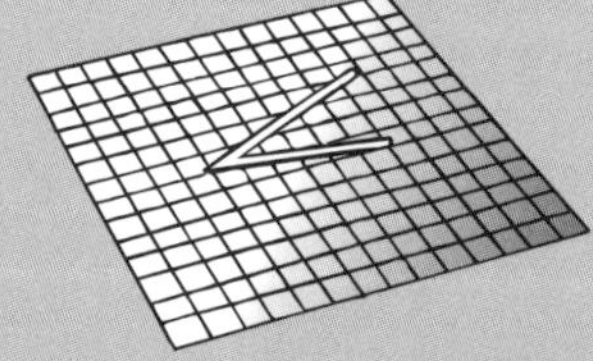

평평한 우주는 곡률이 없다. 벌어지는 직선들은 서로 일정한 각도를 유지한다.
밀도 = 임계 밀도

양의 곡률, 음의 곡률 그리고 영의 곡률을 갖는 공간

놀랍게도 유한한 우주는 경계가 없이 존재할 수 있다. 구는 이차원상에서 그러한 예이며, 토러스도 마찬가지다. 정사각형의 서로 마주보는 변을 동일시함으로써 토러스를 평면기하학으로 다룰 수도 있다. 또한 위상기하학자들은 공간이 유한하면서도 음의 곡률을 가질 수 있음을 발견했다. 그런 공간을 만드는 한 방법은 쌍곡선 공간에서 유한한 한 다면체를 택하여 여러 면들을 동일시함으로써, 한 면을 통해 다면체를 지나가는 한 직선이 다른 면으로 즉시 들어가도록 하는 것이다. 이렇게 만들어진 공간은 여러 대의 컴퓨터 게임 화면이 서로 원형을 이루며 이어져 있는 것과 같다.

만약 공간이 유한하면, 동일한 별을 서로 다른 방향에서 관찰하는 것도 가능해야 마땅하다. 물론 어느 한 방향이 다른 방향보다 별에 이르는 거리가 훨씬 멀더라도 말이다. 어쩌면 우주의 관찰 가능 영역은 매우 작을지도 모른다. 만약 유한한 우주가 쌍곡선기하학의 지배를 받는다면, 이처럼 여러 상이한 방향에서 동일한 별이 나타나는 현상은 천체의 거대한 원들로 이루어진 계를 결정하며, 이런 원들의 기하학이 어느 쌍곡선 우주가 관찰될지를 결정한다. 하지만 이 원들은 우리가 볼 수 있는 수십 억 개 별들 가운데 어딘가에 있을 수 있기에, 지금까지 별들의 겉보기 위치 사이의 통계적 상관관계를 바탕으로 그런 원들을 관찰하려는 시도는 아무런 소득이 없었다.

2003년 윌킨슨 극초단파 비등방성 탐사기WMAP에서 얻은 데이터를 통해 장 피에르 루미네와 동료 연구원들은 공간이 유한하지만 양의 곡률을 갖는다고 주장했다. 이들이 알아낸 바에 의하면, 푸앵카레의 십이면체 공간—휘어진 십이면체의 서로 마주보는 면들을 동일시하여 얻어진 공간—이 관찰 결과와 가장 잘 들어맞았다. 이 제안은 우주가 축구공처럼 생겼다는 주장으로 널리 받아들여졌다. 이 제안은 아직 확인되지 않았기에 우리는 우주의 진정한 형태를 여전히 모르고 있다. 하지만 어떻게 해야 우주의 형태를 알아낼 수 있을지는 훨씬 더 잘 이해하게 되었다.

서로 마주보는 면들을 동일시하여 푸앵카레의 십이면체 공간을 얻는다.

대칭의
등장

방정식의
불가해성

1850년 무렵 수학은 수학사를 통틀어 가장 의미심장한 변화를 겪었다. 비록 당시에는 잘 드러나지 않았지만 말이다. 1800년 이전에 수학 연구의 주요 대상은 비교적 명확했다. 수, 삼각형, 구 등이었다. 대수는 수식을 이용하여 수의 조작을 표현했지만, 수식은 그 자체로서 의미를 지니는 것이 아니라 과정의 기호적 표현으로 여겨졌을 뿐이다. 하지만 1900년이 되자 수식과 변환은 과정의 표현 수단이 아니라 그 자체로 의미 있는 것으로 여겨졌다. 그리고 대수의 대상들은 훨씬 더 추상적이면서 더욱 일반적인 것이 되었다. 사실, 대수에 관한 한 기존의 개념들은 아주 큰 변화를 겪었다. 심지어 곱셈의 가환법칙($ab=ba$)과 같은 기본적인 법칙들도 어떤 중요한 분야에서는 성립하지 않게 되었다.

군 이론 ∞

이런 변화가 생긴 주된 이유는 수학자들이 군 이론Group Theory을 발견했기 때문이다. 군 이론은 대수방정식, 특히 5차 방정식의 풀이를 찾으려다 실패하는 과정에서 뜻밖에 생겨난 대수의 한 분야다. 하지만 군 이론은 발견 이후 50년 만에 대칭의 개념을 연구하기 위한 올바른 체계임이 밝혀졌다. 새로운 방법들이 속속 제시되면서 대칭은 과학 전반, 특히 생물학 관련 분야에도 광범위하게 응용되는 심오하고 핵심적인 개념임이 분명해졌다. 오늘날 군 이론은 수학과 과학의 모든 분야에 필수불가결한 도구가 되었으며, 군 이론과 대칭의 관련성은 대다수 입문 교재에서 강조하고 있다. 하지만 이런 관점이 무르익기까지는 수십 년이 걸렸다. 1900년 무렵 앙리 푸앵카레는 말하기를, 군 이론이야말로 결과적으로 수학의 정수精髓라고 밝혔다. 어느 정도 과장이기는 하지만 일리가 있는 말이다.

　군 이론의 발전 과정에서 전환점은 젊은 프랑스 수학자 에바리스트 갈루아Évariste Galois의 연구였다. 물론 그 이전에도 오랫동안 온갖 우여곡절이 있었다. 갈루아의 연구가 진공에서 출현했던 것이 아니며, 그 이후에도 마찬가지로 꽤나 혼란스러운 기간이 있었다. 그 기간은 새로운 개념을 수학자들이 검증하면서 무엇이 중요하고 무엇이 중요하지 않은지를 알아내는 과정이었다. 하지만 군 이론의 필요성을 명확히 이해하고 몇 가지 근본적인 특징들을 알아냈으며, 이런 특징들이 수학에 어떤 가치가 있는지를 밝혀낸 사람은 누가 뭐라 해도 갈루아였다. 당연히 짐작할 수 있듯이, 갈루아의 연구는 평생 거의 주목을 받지 못했다. 아마도 너무 독창적이기 때문이었지만, 갈루아의 성품 그리고 혁명기의 정치 활동에 깊숙이 개입한 것이 한몫 거들었다. 그는 파란의 격동기를 살았던 비극적인 인물이었으며, 그의 일생은 다른 주요 수학자들 가운데서도 더욱 극적이고 또 어쩌면 낭만적이기도 했다.

방정식의 풀이 ∞

군 이론 이야기는 이차방정식에 대한 고대 바빌로니아의 연구로까지 훌쩍 거슬러 올라간다. 바빌로니아인들로서는 방정식의 해법은 실용적인 수단이었다. 즉 단지 계산 기법이었을 뿐 더 이상의 깊은 의미를 살피지는 않았던 듯하다. 제곱근을 얻는 법을 알고 있고 기본적인 산수를 마쳤다면 이차방정식을 풀 수 있다.

현존하는 찰흙 도판을 보면 바빌로니아인들이 삼차방정식, 심지어 사차방정식까지도 생각했음을 엿볼 수 있다. 그리스인들 그리고 이후 아랍인들은 원뿔곡선을 바탕으로 삼차방정식을 푸는 기하학적인 방법을 발견했다. (지금 우리가 알고 있듯이, 전통적인 유클리드식 직선과 원은 그런 문제를 정확하게 풀 수 없다. 더 정교한 어떤 것이 필요했는데, 마침 원뿔곡선이 그 역할을 해냈다.) 여기서 두드러진 인물이 바로 페르시아 인 오마르 카이얌이었다. 오마르는 체계적인 기하학적 방법으로 삼차방정식의 온갖 유형을 풀었다. 하지만 앞서 살펴보았듯이 삼차 및 사차방정식의 대수적 해법이 나오려면 르네상스 시대까지 기다려야 했다. 그제야 델 페로, 타르탈리아, 피오르, 카르다노 및 제자 페라리의 연구가 이루어졌으니 말이다.

이 모든 연구를 통해 나타난 전체적인 패턴은 단순했다. 비록 세세한 사항이 복잡해지긴 했지만 말이다. 삼차방정식은 산술 연산, 제곱근, 세제곱근만 이용하면 풀 수 있다. 사차방정식은 산술 연산, 제곱근, 세제곱근 그리고 네제곱근—제곱근을 두 번 연속해서 구하는 과정으로 환원될 수 있다—만 이용하면 풀 수 있다. 이런 패턴은 계속 이어질 수 있을 것처럼 보였다. 따라서 오차방정식은 산술 연산과 더불어 제곱근, 세제곱근, 네제곱근, 다섯제곱근을 이용해 풀 수 있을 듯했다. 그리고 임의의 차수 방정식도 계속 이런 식으로 풀 수 있을 듯했다. 물론 차수가 높아지면 공식이 매우 복잡해질 테니 해를 찾기가 어려워지긴 하겠지만 말이다. 따라서 몇몇은 그런 공식이 존재할 가능성을 의심한 것 같다.

오랜 세월이 흘러도 공식을 좀체 찾을 수 없자, 위대한 수학자들 가운데 몇몇이 이 문제를 더 자세히 살펴보기로 했다. 그래서 숨어 있는 것이 무엇인지 알아내고, 기존의 방법들을 통합하여 단순화시킴으로써 왜 그런 방법이 통하는지를 명백하게 밝혀내고자 했다. 그러면 동일한 원리를 적용해 오차방정식의 해법에 관한 비밀도 풀릴 것이라고 내다보았다.

이런 관점에서 가장 성공적이면서 체계적인 연구를 한 사람은 라그랑주였다. 그는 고전적인 공식들을 재해석하여 오차방정식의 해법을 찾으려고 시도했다. 그의 말에 따르면, 관건은 해의 어떤 특수한 대수식의 해들이 치환될 때—순서가 재배열될 때—어떻게 행동하느냐는 것이었다. 그는 완전히 대칭적인 대수식—해들이 아무리 순서를 바꾸어도 이전과 똑같이 유지되는 대수식—은 방정식의 계수들로 나타낼 수 있기에 하나의 식으로 특정된다는 것을 알아냈다. 더욱 흥미로운 것은 해들이 치환을 이룰 때 몇 가지 상이한 값을 갖는 대수식이었다. 이들 표현이 오차방정식의 해법 전체의 열쇠를 쥐고 있는 듯했다.

라그랑주는 수학적 형식과 아름다움에 예민한 감각을 지닌 사람답게, 이것이 중요한 개념임을 간파했다. 만약 삼차방정식과 사차방정식에 대해서도 이와 비슷한 것을 내놓을 수 있다면, 오차방정식의 해법을 찾아낼 수 있을지도 몰랐다.

지금까지 설명한 것과 동일한 기본적인 아이디어를 이용하여 그가 알아낸 바에 의하면, 해의 부분적으로 대칭적인 대수식은 삼차방정식을 이차방정식으로 환원시킬 수 있었다. 이차방정식은 제곱근이 관여하는데, 이 환원 과정은 세제곱근을 이용해 처리할 수 있었다. 마찬가지로 임의의 사차방정식은 삼차방정식으로 환원될 수 있는데, 그는 이것을 삼차분해방정식이라고 불렀다. 따라서 제곱근과 세제곱근을 이용해 삼차분해방정식을 다루고, 이어서 네제곱근을 이용하면 사차방정식을 풀 수 있었다. 이 방식으로 얻은 해답은 르네상스 시기에 나온 고전적인 공식과 동일했다. 정말로 그래야 마땅했다. 정답이니까 말이다. 하지만 이제 라그랑주는 그것이 왜 해답인지 그 이유를 알아냈으며, 더군다나 존재하던 해답을 왜 찾을 수 있었는지도 알게 되었다.

이 단계에서 라그랑주는 분명 잔뜩 들떠 있었을 것이다. 오차방정식으로 나아가서 동일한 기법을 적용해, 사차분해방정식을 얻기만 하면

이차방정식의 대칭성

다음과 같이 조금 단순한 형태의 이차방정식을 살펴보자.

$$x^2+px+q=0$$

방정식의 두 해가 $x=a$ 그리고 $x=b$라고 하면,

$$x^2+px+q=(x-a)(x-b)$$

여기서 다음 결과를 알 수 있다.

$$a+b=-p \quad ab=q$$

따라서 해를 모르더라도 두 해의 합과 곱은 어렵지 않게 알아낼 수 있다. 왜 그럴까? 합 $a+b$는 $b+a$와 같다. 해는 순서를 바꾸어도 값이 변하지 않는다. $ab=ba$도 마찬가지다. 알고 보니, 해의 모든 대칭함수는 언제나 계수 p와 q로 나타낼 수 있다. 바꿔 말하자면, p와 q로 나타낸 식은 언제나 a와 b의 대칭함수다. 더 넓게 말하면, 해와 계수와의 관련성은 한 대칭 성질에 의해 결정된다.

비대칭함수는 그렇지 않다. 좋은 예가 차 $a-b$다. 여기서 a와 b를 바꾸면 $b-a$가 되는데, 이것은 다른 값이다. 하지만 자세히 살펴보면 아주 다르지는 않다. $a-b$에

만사해결일 테니까 말이다. 하지만 실망스럽게도 라그랑주는 사차분해방정식을 구하지 못했다. 그가 얻은 것은 육차방정식인 육차분해방정식이었다. 그러니까 라그랑주의 방법은 오차방정식에 관한 한 문제를 단순화시키기는커녕 오히려 더 복잡하게 만들고 말았다.

라그랑주의 방법에 무슨 결점이 있었기 때문일까? 훨씬 더 영리한 방법이라면 오차방정식을 풀 수 있을까? 라그랑주는 그렇게 생각했던 것 같다. 그가 쓴 글을 보면, 자신의 새로운 방법이 오차방정식의 해법을 찾

서 부호만 바꾸면 얻을 수 있기 때문이다. 따라서 $(a-b)^2$은 완전히 대칭적이다. 하지만 해의 완전히 대칭적인 함수는 계수로 표현되는 어떤 식이어야만 한다. 이를 위해, $(a-b)^2$에 제곱근을 취하면 $a-b$를 계수로 나타낼 수 있다. 다른 특이한 연산을 할 것 없이 단지 제곱근만 취하면 된다. 이미 $a+b$의 값 $(-p)$을 알고 있으니, $a-b$도 간단히 알아낼 수 있다. 두 식의 합은 $2a$이고 차는 $2b$이므로, 2로 나누면 a와 b에 대한 식이 얻어진다.

지금까지의 설명은 대수식의 일반적인 대칭성을 바탕으로, 단지 제곱근 외에는 특이한 것이 없는 해 a와 b의 식이 존재함을 증명하기 위한 것이다. 대단히 인상적인 결과다. 왜냐하면 굳이 실제 해가 무언지를 자세히 따져보지 않고서도 방정식에 해가 있음을 증명했기 때문이다. 어떤 의미에서 우리는 바빌로니아인들이 어떤 해법을 찾아낼 수 있었던 이유를 추적해냈다. 이 사소한 이야기를 통해 우리는 '이해하다'라는 단어의 의미를 새롭게 바라볼 수 있다. 우리는 바빌로니아의 해법이 어떻게 나온 것인지를, 단계들을 살피며 논리를 확인해봄으로써 이해할 수 있다. 하지만 이제 우리는 그런 해법이 왜 존재해야 했는지를 해를 보여줌으로써가 아니라 예상되는 해의 일반적인 성질을 살펴봄으로써 이해할 수 있다. 여기서 핵심 성질로 밝혀진 것이 바로 대칭성이다.

조금 더 계산을 진행하여 $(a-b)^2$에 대한 식을 얻고 나면 이 방법은 해의 공식을 내놓는다. 그것은 우리가 학교에서 배운 공식과 똑같으며, 바빌로니아인들이 사용했던 방법에서 나온 결과와도 똑같다.

으려고 시도하는 모든 이에게 유용한 수단이 되기를 바란다고 밝혀 놓았기 때문이다. 오차방정식의 해법이 존재하지 않을지도 모른다는 생각은 라그랑주의 머릿속에서 떠오른 적이 없는 듯하다. 자신의 방법이 실패한 까닭은 일반적으로 오차방정식은 '근호' 형태의 해—산술 연산과 다양한 제곱근(가령, 다섯제곱근)으로 이루어진 해—를 갖지 않기 때문이라고는 짐작조차 하지 못했던 것이다. 하지만 혼란스러운 것은 일부 오차방정식은 그런 해를 갖는다는 점이다. 가령 $x^5-2=0$은 $x=\sqrt[5]{2}$ 라는 해를 갖는다. 하지만 이것은 꽤 단순한 경우로 결코 전형적인 예가 아니다.

한편 모든 오차방정식은 해를 갖는다. 일반적으로 이 해들은 복소수이며, 수치 계산을 통해 그 값을 아주 정확하게 알아낼 수 있다. 하지만 문제는 해를 구하는 대수적 공식이었다.

해를 찾아서 ∞

라그랑주의 방법이 더 이상 진전이 없자 아마도 이 문제는 풀 수 없는 것이라는 생각이 차츰 커져갔다. 아마도 일반적인 오차방정식은 근호를 이용해서는 풀릴 수가 없다. 가우스는 개인적으로 그렇게 생각했던 것 같다. 하지만 그는 이 문제가 공략할 가치가 없다고 본다는 견해를 내비쳤다. 무엇이 중요한지에 대한 가우스의 직관력이 실패한 몇 안 되는 사례들 중 하나였다. 다른 하나는 페르마의 마지막 정리였는데, 하지만 여기서 필요한 해법은 가우스의 능력을 훨씬 넘어서는 것으로, 2세기가 지나서야 나왔다. 그런데 역설적이게도 가우스는 오차방정식의 일반해가 존재하지 않음을 증명하는 데 쓰이게 될 연구를 이미 시작했던 터였다. 그는 자와 컴퍼스를 이용한 정다각형 작도에 자신의 연구를 도입했다. 그는 이 연구에서 일부 다각형은 그런 방식으로 작도할 수 없음을 증명할 수 있는 선례를 남겼다. 정구각형이 그러한 예였다. 가우스는 이 사실을 알아냈지만 증명을 남기지는 않았다. 증명을 내놓은 이는 피에르 반첼이었다. 따라서 가우스는 일부 문제는 특정한 방법으로 풀 수 없다는 주장에 대한 한 가지 선례를 남겼을 뿐이다.

해의 불가능성에 대한 증명을 최초로 시도한 사람은 파올로 루피니Paolo Ruffini였다. 1789년 모데나 대학의 수학교수가 되었던 이탈리아 수학자였다. 라그랑주의 대칭함수에 대한 아이디어를 탐구하면서 그는 오차방정식의 해를 구하는 공식이 존재하지 않는다고 확신하게 되었다. 1799년에 나온 그의 《방정식의 일반적인 이론》에서 '오차 이상의 일반적 방정식의 대수적 해는 언제나 불가능하다'는 증명을 내놓았다. 하지만 그 증명이 500쪽에 이를 정도로 길고, 오류가 있다는 소문까지 퍼지는 바람에 아무도 확인해보려고 하지 않았다. 1803년에 루피니는 간결한 증명을 새로 내놓았지만, 이번에도 결과는 매한가지였다. 평생 노력했지만, 루피니는 오차방정식의 일반해가 존재하지 않음을 증명해낸 사람으로 인정받지 못했다.

그럼에도 불구하고 루피니의 가장 중요한 업적은 치환들이 서로 결합될 수 있음을 알아차렸다는 것이다. 이전까지 치환들은 어떤 기호 집합의 재배열이었다. 가령, 한 오차방정식의 근들을 12345라고 번호를 매긴다면, 이 기호들은 54321이나 42153이나 23154 등 여러 가지로 재배열할 수 있다. 모두 120가지의 배열이 가능하다. 루피니는 그런 재배열을 다른 식으로 볼 수 있음을 깨달았다. 즉 다섯 기호의 임의의 다른 집합을 재배열하기 위한 방법으로 볼 수 있다는 것이다. 여기서 관건은 재배열된 순서를 표준적인 순서 12345와 비교하는 일이었다. 간단한 예를 들면 재배열된 순서가 54321이라고 가정하자. 그렇다면 원래의 표준적인 순서로부터 새로운 순서를 얻는 규칙은 단순하다. 즉 순서를 거꾸로 하면 된다. 그런데 다섯 기호의 임의의 치환 순서를 거꾸로 할 수 있다. 만약 다섯 기호가 *abcde*라면, 거꾸로 하면 *edcba*다. 만약 다섯 기호가 23451이라면, 거꾸로 하면 15432다. 치환을 바라보는 이 새로운 방식은 두 치환을 차례차례 수행—일종의 치환의 곱셈—할 수 있다는 의미였다. 이런 식으로 곱해진 치환의 대수가 오차방정식의 비밀을 풀 열쇠를 쥐고 있었다.

아벨 ∞

오늘날 우리는 루피니의 증명에 기술적인 오류가 있지만, 주요 개념은 타당하며 사소한 오류는 해소할 수 있다는 것을 안다. 어쨌거나 루피니는 소기의 성과를 이루었다. 즉 그의 책 덕분에 오차방정식을 근호를 이용해 풀 수 없다는 느낌이 막연하게나마 널리 퍼지게 된 것이다. 루피니가 이것을 증명했다고 믿는 사람은 거의 없었지만, 수학자들은 해가 존재할 수 있는지 의문을 갖기 시작했다. 하지만 안타깝게도 이런 분위기는 결과적으로 누구나 관련 연구를 꺼리는 이유가 되었다.

예외가 한 명 있다면 아벨이었다. 이 노르웨이 청년은 일찍부터 수학에 재능을 보였는데, 자신은 이미 학창 시절에 오차방정식을 풀었다고 여겼다. 그러다 그는 실수를 알아차렸고, 이후로도 계속 흥미를 잃지 않고 틈틈이 연구를 계속했다. 1823년 마침내 아벨은 오차방정식의 일반해가 존재할 수 없다는 증명을 내놓았는데, 이 증명은 완벽하게 옳았다. 아벨은 루피니와 비슷한 전략을 사용했지만 방법이 더 나았다. 우선 그는 루피니의 연구를 모르고 있었다. 나중에 가서 알게 되었지만, 아벨은 루피니의 연구가 불완전하다고 말했다. 하지만 아벨이 루피니의 증명에서 어떤 구체적인 문제점을 언급하지는 않았다. 정말 희한하게도 아벨의 증명의 한 단계는 루피니의 증명에 있는 오류를 만회하는 데 꼭 필요한 것이었다.

우리는 너무 전문적인 세부사항까지는 자세히 살피지 않고 아벨의 방법을 전반적으로 살피고자 한다. 아벨은 우선 두 종류의 대수 연산을 구별하는 데서부터 시작했다. 다양한 양들부터 살펴보자. 이 양들은 구체적인 수일 수도 있고 여러 미지수를 갖는 대수식일 수도 있다. 이런 양들로부터 우리는 많은 다른 양들을 만들어낼 수 있다. 그러기 위한 쉬운 방법은 기존의 양들을 합하거나 빼거나 곱하거나 나누어 서로 결합시키는 것이다. 따라서 단순한 하나의 미지수 x로부터 우리는 x^2, $3x+4$ 또는 $\frac{x+7}{2x-3}$과 같은 식을 만들어낼 수 있다. 대수적으로 보면, 이 식들은 전부 x 자체와 동일한 발판 위에 서 있는 셈이다.

기존의 양에서 새로운 양을 얻는 두 번째 방법은 근을 이용하는 것이다. 기존 양을 적절히 변형한 다음 근을 추출하면 된다. 그런 과정을 가리켜 '근을 첨가하기adjoining a radical'라고 한다. 만약 근이 제곱근이면 근의 차수는 2이고, 만약 세제곱근이면 근의 차수는 3이다.

이런 용어에 따르면, 카르다노의 삼차방정식 해법은 두 단계를 거치는 절차의 결과로 요약할 수 있다. 우선 삼차방정식의 계수들(또는 이들의 적절한 조합)로부터 시작한다. 차수 2의 근을 첨가한다. 그리고 나서 차수 3의 근을 첨가한다. 이것이 전부다. 이런 설명은 어떤 종류의 공식이 나오는지만 말해줄 뿐 정확히 그것이 무엇인지는 말해주지 않는다. 수학적 수수께끼의 열쇠는 자세한 세부사항에 초점을 맞추는 것이 아니라 넓은 특징을 살피는 것일 때가 종종 있다. 작은 것이 의미는 더 클 수 있는 법이다. 그런 방법이 통할 때면 굉장한 결과가 나오게 마련인데, 바로 아벨의 경우가 그랬다. 덕분에 아벨은 오차방정식을 풀기 위한 임의의 가상적인 공식을 핵심적인 단계들 — 어떤 순서에 따라 다양한 차수를 지닌 근들의 배열 순서를 추출해내는 단계들 — 로 환원시킬 수 있었다. 차수가 소수가 되도록 배열하기는 언제나 가능했다. 가령, 여섯제곱근은 제곱근의 세제곱근이다.

그런 배열 순서를 근의 탑radical tower이라고 한다. 방정식은 해들 가운데 적어도 하나가 근의 탑으로 표현될 수 있으면 근으로 풀 수 있다. 하지만 근의 탑을 찾으려고 시도하는 대신에 아벨은 근의 탑이 있다고 가정만 했을 뿐이고, 원래의 방정식이 어떤 모습이어야 하는지를 물었다.

아벨은 이제 루피니 증명의 오류를 해소했다(비록 아벨 자신은 루피니 증명의 오류를 해소하는 일인지 몰랐지만). 아벨이 밝혀낸 바에 따르면, 방정식이 근으로 풀릴 수 있다면 언제나 그 해를 낳게 하는 (원래 방정식의 계수들만으로 이루어지는) 근의 탑이 반드시 존재한다. 이를 가리켜 자연 무리성에 대한 정리Theorem on Natural Irrationalities라고 한다. 이 정리는 원래 계수와 무관한 새로운 양들을 아무리 포함시켜도 아무 것도 얻을 수 없다는 말이다. 어찌 보면 자명한 내용이긴 하지만, 아벨은 이것이 여러 면에서 증명에 결정적으로 중요한 단계임을 알아차렸다.

아벨의 불가능성 증명의 열쇠는 영리한 예비 결과다. 방정식의 해 x_1, x_2, x_3, x_4, x_5의 식을 택하여, 어떤 소수 p에 대하여 그 해의 p제곱근을 추출하자. 게다가 원래 식이 다음 두 가지 특별한 치환을 적용해도 변하지 않는다고 가정하자.

$$S:\ x_1,\ x_2,\ x_3,\ x_4,\ x_5\ \longrightarrow\ x_2,\ x_3,\ x_1,\ x_4,\ x_5$$

그리고

$$T: \ x_1, \ x_2, \ x_3, \ x_4, \ x_5 \ \longrightarrow \ x_1, \ x_2, \ x_4, \ x_5, \ x_3$$

그런 다음 아벨은 그 식의 p제곱근이 S와 T를 적용해도 바뀌지 않음을 보여주었다. 이 예비 결과는 차례차례 '탑을 올라가기'를 통해 곧장 불가능성 정리의 증명으로 이어진다. 오차방정식을 근으로 풀 수 있다고 가정하면, 계수들로부터 시작하여 어떤 해를 향해 줄곧 올라가는 근의 탑이 존재한다.

탑의 1층—계수로 이루어진 적절한 식—은 치환 S와 T를 적용해도 변하지 않는다. 왜냐하면 이 치환들은 계수들이 아니라 해들의 순서이기 때문이다. 그러므로 아벨의 예비 결과에 의해, 탑의 2층 또한 S와 T를 적용해도 변하지 않는다. 왜냐하면 어떤 소수 p에 대하여 1층의 것에 p제곱근을 수반하여 2층에 오르기 때문이다. 동일한 추론에 의해 탑의 3층도 S와 T를 적용해도 변하지 않는다. 4층도, 5층도 마찬가지며, 이렇게 줄곧 올라가 꼭대기 층에까지 이른다.

하지만 꼭대기 층에는 방정식의 어떤 해가 들어 있다. 해를 x_1이라고 하자. 그렇다면 x_1은 S를 적용해도 변하지 않아야만 한다. 그러나 S를 x_1에 적용하면 x_1이 아니라 x_2가 되어 변하고 만다. 동일한 이유로 때로는 T를 적용해도, x_2, x_3, x_4 또는 x_5는 탑에 의해 정의된 해일 수가 없다. 따라서 다섯 개 해 모두 그런 탑에서 제외된다. 따라서 가상의 탑은 사실은 해를 가질 수가 없다.

이 논리적 덫에서 빠져나갈 출구는 없다. 오차방정식은 (근에 의한) 임의의 해 각각이 자기 모순적인 성질을 가질 수밖에 없고, 따라서 해가 존재할 수 없다. 즉 오차방정식은 풀 수 없다.

갈루아 ∞

단지 오차방정식만이 아니라 모든 차수의 대수방정식에 대한 연구가 에바리스트 갈루아에 의해 진행되었다. 갈루아는 수학사에서 가장 비극적인 인물 가운데 하나다. 갈루아는 어떤 방정식은 근으로 풀 수 있고 또 어떤 방정식은 근으로 풀 수 없는지를 알아내는 일에 착수했다. 앞선 여러 수학자와 마찬가지로 갈루아도 방정식의 대수적 해법은 해들이 치환을 이룰 때 어떻게 행동하는지가 관건임을 간파했다. 문제는 대칭성이었던 것이다.

루피니와 아벨은 해의 대수식이 대칭이거나 아니거나 둘 중 하나일 필요는 없음을 알아차렸다. 부분적으로 대칭일 수도 있었던 것이다. 어떤 치환에 의해서는 불변이다가 또 다른 치환에서는 그렇지 않기도 하기 때문이다. 갈루아는 근의 어떤 대수식을 고정시키는 치환은 여러 가지 성질을 드러내지 않음을 알아냈다. 그런 치환은 단순하고 독특한 하나의 특징을 갖는다. 만약 어떤 대수식을 고정시키는 임의의 두 치환을 택하여 그 둘을 곱하면 그 결과 또한 그 대수식을 고정시킨다. 갈루아는 그러한 치환들의 체계를 군이라고 불렀다. 이것이 참임을 알고 나면 증명하기란 매우 쉽다. 관건은 그것을 알아차리고 그 중요성을 인식하는 일이다.

갈루아의 아이디어를 한 마디로 요약하자면, 오차방정식을 근호로 풀 수 없는 까닭은 오차방정식이 그릇된 종류의 대칭성을 갖기 때문이다. 일반적인 오차방정식의 군은 다섯 해들의 모든 치환으로 이루어진다. 이 군의 대수적 구조는 근호에 의한 해법과 모순된다.

갈루아는 수학의 여러 다른 분야도 연구하여 마찬가지로 심오한 발견을 내놓았다. 특히 그는 모듈 산수를 일반화하여 오늘날 이른바 갈루아

체Galois field들을 분류해냈다. 갈루아 체들은 유한한 계로서, 그 안에서 사칙연산이 정의될 수 있고 모든 통상적인 법칙들이 적용된다. 한 갈루아 체의 크기는 언제나 한 소수의 거듭제곱이며, 각각의 소수 거듭제곱에 대하여 그러한 체가 딱 하나 존재한다.

조르당 ∞

군의 개념은 갈루아의 연구에서 처음으로 명확한 형태로 등장했다. 비록 루피니의 방대한 저서와 라그랑주의 아름다운 연구에서 이미 싹을 틔우긴 했지만 말이다. 갈루아의 아이디어가 널리 퍼진 지 10년 만에 조제프 리우빌 덕분에 체계를 갖춘 군 이론이 수학의 한 장을 차지하게 되었다. 그 후로 군 이론을 주도한 사람은 카미유 조르당이었다. 1870년에 출간된 조르당의 667쪽짜리 《치환 및 대수방정식에 관한 논문》은 군 이론을 처음으로 소개한 책이다. 조르당은 군 이론의 전 분야를 체계적이고도 종합적으로 발전시켰다.

조르당이 군 이론에 관여하기 시작한 해는 1867년이었다. 이 해에 그는 유클리드 공간에서 한 강체 운동의 기본적인 유형들을 분류함으로써 군 이론과 기하학의 깊은 관련성을 확연하게 밝혀냈다. 구체적으로 말해, 그는 이런 운동들이 군의 개념을 이용해 어떻게 조합될 수 있는지를 잘 보여주었다. 연구를 하게 된 주된 동기는 오귀스트 브라베의 결정학 연구 때문이었다. 브라베는 (특히 원자 구조의 바탕을 이루는) 결정 대칭성을 수학적으로 연구한 최초의 인물이다. 조르당의 논문은 브라베의 연구를 일반화시켰다. 조르당은 자신의 분류법을 1867년 처음 알렸으며, 1868~1869년에 자세한 내용을 문서로 발표했다.

전문적인 면에서 보면, 조르당은 오직 닫힌 군들만을 다루었는데, 여

에바리스트 갈루아 1811~1832

에바리스트 갈루아는 니콜라 가브리엘 갈루아와 아델라이드 마리 드망트 사이에서 태어났다. 혁명기의 프랑스에서 자란 탓에 매우 좌파적인 정치 성향을 띠었다. 그가 수학에 기여한 위대한 업적은 사후 14년이 지나서야 세상에 알려지게 되었다.

갈루아는 1827년부터 수학에 비범한 재주(그리고 집착)를 보이기 시작했다. 권위 있는 교육기관인 에콜 폴리테크니크에 들어가려고 애썼지만 입학시험에서 떨어졌다. 1829년 당시 시장이던 그의 아버지는 정적들이 거짓 스캔들을 꾸며 음해하자 스스로 목을 맸다. 그 직후에도 갈루아는 에콜 폴리테크니크에 들어가려고 다시 한 번 시도했지만, 다시 떨어졌고 대신 에콜 노르말에 입학했다.

1830년 갈루아는 과학아카데미에서 내건 상금을 타려고 대수방정식의 해법에 대한 연구 논문을 제출했다. 하지만 심사위원이었던 푸리에가 바로 사망하는 바람에 논문은 잊히고 말았다. 수상자는 아벨(수상 당시 결핵으로 사망)과 카를 야코비였다. 그 해 샤를 10세가 폐위된 뒤 도망치자, 에콜 노르말의 교장은 학생들이 이 사태에 참여하지 못하도록 학생들을 교내에 감금시켰다. 이에 격분한 갈루아는 교장의 소심함을 비난하는 편지를 썼고, 이로 인해 곧바로 퇴학을 당했다.

루이 필리프가 왕위에 올랐고, 갈루아는 공화파 군대인 국가방위군 포병대에 가담했지만, 새 왕은 이 군대를 해산시켰다. 갈루아를 포함하여 국가방위군 포병대 장교 가운데 19명이 체포되어 선동죄로 기소되었다. 하지만 배심원단이 기소를 각하했고, 얼마 후 이를 축하하는 만찬이 열렸다. 이 자리에서 갈루아는 잔 끝에 칼을 댄 채 루이 필리프를 위해 축배를 들자고 제안했다가, 이것이 빌미가 되어 다시 체포되었다. 하지만 다행히 그 축배 제안은 왕의 생명을 위협하는 것이 아니라 상징적인 제스처일 뿐이라는 갈루아의 주장이 받아들여져 무죄 방면되었다. 그러나 갈루아는 프랑스혁명의 시발점이 된 바스티유의 날에 다시 체포되었는데, 착용이 금지되었던 국가방위군 군복을 입었다는 죄목이었다.

감옥에 있을 때 갈루아는 자신이 제출했던 논문이, 내용이 불분명하다는 이유로 푸아송이 퇴짜를 놓았다는 소식을 들었다. 격분한 갈루아는 자살하려고 했지만 다른 수감자들이 말렸다. 이로써 관료 체계를 극도로 싫어하게 되었고, 급기야는 피해망

상증을 보이기도 했다. 그 무렵 콜레라가 유행하자 죄수들은 가석방되었고, 갈루아는 이후 요양소에 머물면서 한 여인과 사랑에 빠졌다. 오랫동안 여인의 이름이 불가사의로 남아 있었는데, 알고 보니 요양소에 근무하는 의사의 딸인 스테파니 뒤 모텔이었다. 둘의 인연은 갈루아의 구애를 스테파니가 거절하면서 오래 가지 못했다. 그후 갈루아의 혁명 동지 중 한 명이 결투를 신청했는데, 분명 스테파니 때문인 듯하다. 토니 로스먼이 내놓은 그럴 듯한 이론에 따르면, 상대방은 갈루아와 함께 감옥에서 지냈던 에르네스트 뒤샤틀레였다. 결투는 러시안 룰렛 게임 형태로, 하나만 장전이 되어 있는 권총 두 자루 중 하나를 무작위로 선택해 아주 근거리에서 총을 발사하는 방식이었다. 갈루아는 권총을 잘못 골랐고, 결국 배에 총알을 맞고는 다음 날 세상을 떠났다.

결투가 있기 전 날, 갈루아는 자신의 수학 연구 성과를 자세히 설명하는 글을 남겼다. 여기에 근호를 이용해서는 오차 이상의 대수방정식을 풀 수 없음을 증명하는 내용도 담겨 있었다. 이 연구 도중에 그는 치환군의 개념을 개발했으며, 군 이론을 향한 중요한 첫걸음을 떼었다. 갈루아의 원고는 거의 잊혔다가 과학아카데미의 회원인 요제프 리우빌의 손에 들어갔다. 1843년 리우빌은 아카데미에서 강연을 하면서, 갈루아의 논문이 '더 이상 낮은 차수의 곱으로 표현할 수 없는 소수 차수의 기약방정식이 주어져 있을 때, 이 방정식의 해를 근호에 의한 방법으로 구할 수 있는가?라는 심오한 질문에 대한 정확한 해답'을 찾았노라고 밝혔다. 리우빌은 1846년 갈루아의 논문을 발표하여, 마침내 수학계에 갈루아의 연구 성과를 알렸다.

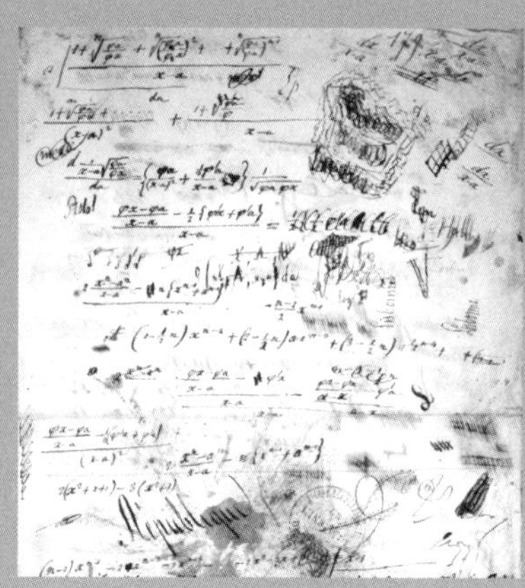

갈루아가 쓴 원고의 일부

기서는 군 내 운동들의 임의의 순서 극한 또한 동일한 군 내 운동이다. 이에는 당연히 모든 유한군과 더불어 중심 주위로 이루어지는 원의 모든 회전과 같은 군들도 포함된다. 조르당이 고려하지 않은 닫히지 않은 군의 전형적인 예는, 원을 중심 주위로 $360°$의 유리수 배로 회전시키는 모든 운동을 꼽을 수 있다. 이 군은 존재하지만, 극한 성질을 만족하지 않는다(왜냐하면, 예를 들어 $360 \times \sqrt{2}$ 도 회전하는 운동을 포함하지 못하기 때문이다. $\sqrt{2}$ 는 유리수가 아니다). 닫히지 않은 운동 군은 엄청나게 다양하므로 타당하게 분류하기가 거의 불가능하다. 닫힌 군은 추적할 수는 있지만, 어렵다.

평면상의 주된 강체 운동은 평행이동, 회전, 반사 및 미끄럼 반사다. 삼차원 공간에서는 코르크 따개 운동과 같은 비틀림 운동이 있다. 고정된 축 방향으로 평행이동을 하면서 동시에 그 축 주위로 회전하는 운동이다.

조르당은 평행이동의 군들로부터 시작하여 열 가지 유형을 열거했다. 이 유형들은 전부 어떤 방향으로 (임의의 거리만큼의) 연속적인 평행이동들과 다른 방향으로 (한 고정된 거리의 정수배만큼의) 불연속적인 평행이동들의 혼합이었다. 또한 그는 회전과 반사의 주요 유한군들(순환군, 정이면체군, 정사면체군, 정팔면체군, 정이십면체군)을 열거했다. 그는 축을 고정한 채 공간에 한 직선을 남기는 모든 회전과 반사의 군 $O(2)$와 중심을 고정한 채 공간에 한 점을 남기는 모든 회전과 반사의 군 $O(3)$를 구분했다.

나중에 조르당의 이런 목록이 불완전하다는 사실이 확연히 드러났다. 가령, 그는 삼차원 공간에서 더욱 미묘한 결정학적 군들 중 일부를 빠트렸다. 하지만 그의 연구는 순수수학에서뿐 아니라 역학에서도 중요한 유클리드식 강체 운동을 이해하는 데 중요한 역할을 했다.

조르당의 책은 범위가 정말로 방대하다. 처음에 모듈 산수와 갈루아 체에서 시작하는데, 이 내용은 군의 사례들을 제시할 뿐만 아니라 나머지 내용 전부에 대한 핵심적인 토대를 이룬다. 그는 갈루아가 오차방정식의 대칭 군이 근호에 의한 해법과 모순됨을 보이는데 이용했던 정규 부분군normal subgroup에 대한 기본 개념을 수립하고 나서, 이 부분군을 이용하여 일반적인 군을 더 단순한 조각으로 분해할 수 있음을 증명한다. 그는 이런 조각들의 크기가 해당 군이 분해되는 방식에 의존하지 않음을 증명한다. 1889년 오토 휠더는 이 결과를 더 발전시켜, 그 조각들 자체도 군으로 해석하여 단지 이들 군의 크기가 아니라 구조가 해당 군이 분해되는 방식과 무관함을 증명한다. 오늘날 이 결과를 가리켜 조르당–휠더 정리라고 한다.

이런 식으로 분해되지 않는 군을 가리켜 단순군simple group이라고 한다. 조르당–휠더 정리는 결과적으로, 단순군과 일반적인 군들의 관계는 원자와 분자들 사이의 관계와 마찬가지라는 뜻이다. 단순군은 모든 군들의 원자적 구성 요소다. 조르당이 증명한 바에 의하면, 기호의 쌍들을 짝수 번 교환하는 n 기호들의 모든 치환으로 이루어진 교대군 A_n은 $n \geq 5$일 때면 언제나 단순군이다. 바로 군 이론상의 이런 이유 때문에 오차방정식은 근으로 풀 수 없는 것이다.

조르당이 새롭게 발전시킨 중요한 이론 하나는 선형치환 이론이다. 여기서 군을 이루는 변환들은 유한집합의 치환들이 아니라 변수들의 유한한 목록에 대한 선형변환이다. 예를 들면 세 변수 x, y, z는 다음 선형방정식에 의해 새로운 변수 X, Y, Z로 변환될 수 있다.

$$X = a_1 x + a_2 y + a_3 z$$
$$Y = b_1 x + b_2 y + b_3 z$$
$$Z = c_1 x + c_2 y + c_3 z$$

여기서 a, b, c는 상수다. 군을 유한하게 만들기 위해 조르당은 이런 상수들이 '정수 mod n(n은 어떤 소수)'의 값, 즉 더 일반적으로 말해 갈루아 체의 원소가 되도록 했다.

또한 1869년 조르당은 자기 버전의 갈루아 이론을 개발하여 그 이론을 《치환 및 대수방정식에 관한 논문》 속에 넣었다. 그가 증명한 바에 의하면, 한 방정식은 그것의 군이 풀릴 수 있을 때라야만, 즉 군의 단순 구성 성분들simple components이 전부 소수 위수(위수란 체의 원소의 개수를 말한다_옮긴이)를 가질 때라야만 풀 수 있다. 그는 갈루아 이론을 기하학 문제들에 적용했다.

우리는 군 이론을 어떻게 활용하고 있을까?

군 이론은 이제 수학 전체에서 없어서는 안 되며, 과학에서도 널리 이용되고 있다. 특히 여러 가지 과학 현상의 패턴 형성에 관한 연구에서 군 이론이 자주 등장한다. 한 가지 예로 반응—확산 방정식의 이론을 들 수 있는데, 동물 무늬의 대칭 패턴을 설명하기 위해 앨런 튜링이 1952년 내놓은 이론이다. 이 이론에서는 화학물질들이 공간의 한 영역으로 확산될 수 있는데, 이때 서로 반응하여 새로운 화학물질을 생성한다는 것이다. 튜링이 제안한 바로는, 그런 과정은 발생 단계의 동물 배아에 사전 패턴을 만들 수 있는데, 이것이 나중에 색소로 변하여 성체가 된 후에 완전한 패턴으로 발현된다고 한다.

설명을 단순화하기 위해, 그 영역이 평면이라고 가정하자. 그렇다면 이 방정식은 모든 강체 운동 하에서 대칭이다. 모든 강체 운동 하에서 대칭인 방정식의 유일한 해는 어디에서나 동일한 균일 상태다. 이럴 경우 특별한 무늬가 없이 온몸의 색이 똑같은 동물이 된다. 하지만 균일 상태가 불안정할 수 있는데, 이 경우 실제 해는 어떤 강체 운동 하에서만 대칭이고 다른 강체 운동 하에서는 대칭이 아니게 된다. 이 과정을 가리켜 대칭 붕괴라고 한다. 평면상의 전형적인 대칭 붕괴 패턴은 평행한 줄무늬로 이루어진다. 또 한 가지는 점이 규칙적으로 배열된 패턴이다. 더 복잡한 패턴도 가능하다. 흥미롭게도 점과 줄은 동물 무늬의 가장 흔한 패턴이며, 더 복잡한 많은 수학적 패턴들 또한 동물에게서 나타난다. 유전적 효과를 포함한 실제 생물학적 과정은 튜링이 가정했던 것보다 분명 더 복잡하지만, 대칭 붕괴의 기본 메커니즘은 수학적으로 분명 매우 비슷하다.

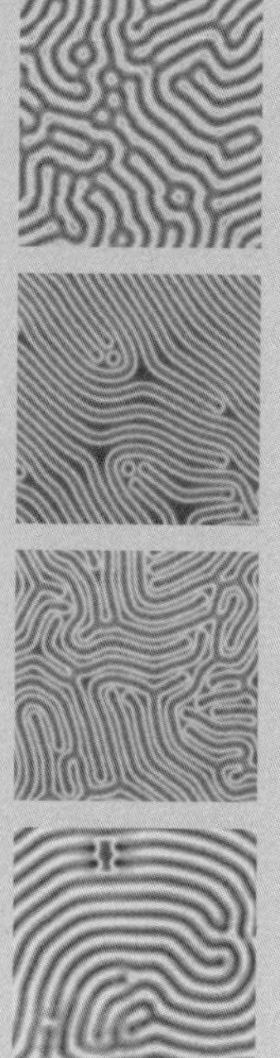

수학적 모형 그리고 튜링 패턴을 보이는 물고기

오차방정식을 풀기 위한 4천 년 묵은 탐구는 루피니, 아벨 그리고 갈루아가 근에 의한 해법이 불가능함을 증명함으로써 갑자기 중단되었다. 비록 부정적 결과이긴 했지만, 이것은 수학과 과학 모두의 추후 발전에 엄청난 영향을 미쳤다. 그렇게 된 까닭은 해의 불가능성을 증명하기 위해 도입된 방법이, 알고 보니 대칭에 대한 수학적 이해에 중요한 수단이었고, 아울러 대칭은 수학과 화학 모두에 핵심적으로 중요한 것으로 드러났기 때문이다.

그 영향은 심오했다. 군 이론은 대수의 더욱 추상적인 관점으로 이어졌고, 아울러 수학의 더욱 추상적인 관점으로까지 이어졌다. 실용을 중시하는 많은 과학자는 추상으로 쏠리는 이런 움직임에 처음에는 반대했지만, 추상적인 방법이 구체적인 방법보다 더욱 위력적일 때가 많음이 분명해지자 반대는 대체로 사라졌다. 군 이론을 통해 분명히 드러난 또한 가지는 부정적 결과도 여전히 중요할 수 있다는 것, 그리고 증명을 하려는 줄기찬 노력이 때로는 중요한 발견으로 이어질 수 있다는 것이다. 누구도 해를 구할 수 없으니 오차방정식은 풀 수 없는 것이라고 수학자들이 아무 증명도 없이 가정만 했다고 상상해보자. 그랬다면 왜 오차방정식을 풀 수 없는지를 설명해줄 군 이론을 아무도 발명하지 못했을 것이다. 만약 수학자들이 쉬운 길을 택하여 해법이 불가능하다고 가정만 하고 넘어갔다면, 수학과 과학은 오늘날의 수준에 미치지 못하고 초라한 모습으로 남았을 것이다.

수학자들이 증명에 매달리는 까닭이 바로 이 때문이다.

대수학이 무르익다

수가 구조에 밀려나다

1860년이 되자 치환군의 이론은 잘 발달되었다. 불변량—어떤 양이 변하더라도 바뀌지 않는 대수 표현—의 이론은 이미 변환들의 다양한 무한집합에 관심을 가지게 되었는데, 공간의 모든 사영들의 사영군projective group이 그러한 예다. 1868년 카미유 조르당이 삼차원 공간 내의 운동에 관한 군들을 연구하면서, 두 가닥이 합쳐지기 시작했다.

정교한 개념들 ∞

새로운 종류의 대수가 등장하기 시작했는데, 연구 대상은 미지수가 아니라 치환, 변환, 행렬 등 더욱 정교한 개념들이었다. 늦게 출현한 이 개념들은 뜨거운 관심을 받았고, 대수의 오랜 규칙들은 종종 이 새로운 구조들의 필요에 맞게끔 수정되었다. 군과 더불어 수학자들은 환環, ring과 체體, field라고 불리는 구조들을 포함해 다양한 대수를 연구하기 시작했다.

대수의 이런 관점 변화의 동기는 편미분방정식, 역학 및 기하학에서 비롯되었다. 특히 리 군Lie group과 리 대수Lie algebra 때문이었다. 또 한 가지 영감의 출처는 정수론이었는데, 대수적 수들을 이용해 디오판토스 방정식을 풀고 상호법칙을 이해하고 심지어 페르마의 마지막 정리를 공략했다. 이런 노력의 정점은 1995년 앤드루 와일스가 페르마의 마지막 정리를 증명한 것이었다.

리와 클라인 ∞

1869년 노르웨이 수학자 소푸스 리Sophus Lie는 프러시아 수학자 클라인과 친분을 맺었다. 둘은 율리우스 플뤼커Julius Plücker가 도입한 사영기하학의 한 분야인 선기하학line geometry에 관심이 있었다. 리는 매우 독창적인 아이디어를 떠올렸다. 즉 갈루아의 대수방정식 이론이 미분방정식과도 유사성을 가져야 마땅하다는 발상이었다. 한 대수방정식은 올바른 종류의 대칭을 가질 때에만, 즉 풀 수 있는 갈루아 군을 가져야만 근으로 풀 수 있다. 이와 비슷하게, 리의 제안에 따르면, 한 미분방정식은 변환들의 연속적인 집합에 의해 변하지 않을 때에만 고전적인 방법으로 풀 수 있다. 리와 클라인은 1869년부터 1870년까지 이 아이디어의 여러 변형 판들을 연구했다. 이 연구의 정점은 기하학의 특성을 한 군의 불변량으로 파악한 것으로 클라인의 에를랑겐 프로그램에서 제시된 내용이다.

이 프로그램은 대칭의 관점에서 유클리드기하학을 새롭게 바라보는 사고방식에서 비롯되었다. 조르당이 이미 지적한 것처럼, 유클리드 평면의 대칭성은 여러 종류의 강체 운동의 성질이다. 평행이동은 어떤 방향으로 평면을 따라 미끄러지는 운동이고, 회전은 어떤 고정된 점 주위로 도는 운동이고, 반사는 한 고정된 직선 너머로 뒤집는 운동이고, 조금 애매한 미끄럼 반사는 반사한 다음에 거울 선에 수직인 방향으로 평행이동 하는 운동이다. 이 변환들은 한 군, 즉 유클리드 군을 이루는데, 이 변환들은 거리를 변화시키지 않는다는 의미에서 '단단하다'. 또한 이 변환들은 각도를 변화시키지도 않는다. 이제 길이와 각도는 유클리드기하학의 기본 개념이다. 따라서 클라인이 알아차린 바에 의하면, 이런 개념들은 유클리드 군의 불변량, 즉 해당 군으로부터 변환이 가해져도 변하지 않는 양이다. 사실, 유클리드 군을 알면 그것의 불변량을 이끌어낼 수 있고 이 불변량에서 유클리드기하학이 얻어진다.

다른 종류의 기하학도 마찬가지다. 타원기하학은 양의 곡률을 갖는 공간에서 강체 운동 군의 불변량을 연구하는 것이며, 쌍곡선기하학은 음의 곡률을 갖는 공간에서 강체 운동 군의 불변량을 연구하는 것이며, 사영기하학은 사영군의 불변량을 연구하는 것이다. 좌표가 대수를 기하학과 관련시키듯이 불변량은 군 이론을 기하학과 관련시킨다. 각각의 기하학은 대응하는 군, 즉 관련된 기하학 개념들을 보존하는 모든 변환들의 군을 정의한다. 바꾸어 말하면, 변환들의 군(변환군)은 저마다 대응하는 기하학, 즉 불변량의 기하학을 정의한다.

클라인은 이러한 대응을 이용하여 어떤 기하학들이 본질적으로 다른 기하학들과 동일함을 증명했다. 왜냐하면 이런 군들은 해석만 다를 뿐 실제로는 동일했기 때문이다. 더 깊은 메시지는 어떠한 기하학이든 대칭성에 의해 정의된다는 것이다. 한 가지 예외가 있다. 바로 곡률이 점마다 달라질 수 있는 표면에 관한 리만기하학이다. 이 기하학은 클라인의 프로그램에 잘 들어맞지 않는다.

펠릭스 클라인 1849~1925

펠릭스 클라인Felix Klein은 뒤셀도르프의 상류 계층 가정에서 태어났다. 아버지는 프러시아 정부의 고위 공무원이었다. 클라인은 물리학자의 꿈을 안고 본 대학에서 공부를 하던 중에, 율리우스 플뤼커의 실험 조수가 되었다. 플뤼커는 수학과 실험 물리학을 연구할 예정이었지만, 관심은 기하학으로 더 기울었다. 클라인은 스승의 이러한 영향을 받았다. 클라인의 1868년 학위논문은 선기하학을 역학에 응용하기를 주제로 삼았다.

1870년이 되자 클라인은 리와 함께 군 이론과 미분기하학을 연구한다. 1871년에는 비유클리드기하학이 한 특별한 원뿔곡선을 갖는 사영면의 기하학임을 알아낸다. 이 사실은 유클리드기하학과 마찬가지로 비유클리드기하학도 논리적으로 일관성을 가짐을 직접적이고 명백하게 증명해주었다. 이로써 비유클리드기하학의 지위에 대한 오랜 논란에 종지부를 찍게 되었다.

1872년 클라인은 에를랑겐 대학의 교수가 되었으며, 1872년 에를랑겐 프로그램에서 알려진 거의 모든 기하학 유형들을 통합했다. 그는 기하학을 변환군의 불변량으로 간주함으로써 이 유형들 사이의 관련성을 명확히 밝혀냈다. 이로써 기하학은 군 이론의 한 분야가 되었다. 그는 이런 내용을 자신의 취임 연설용으로 쓰기는 했지만 실제로 취임식 때 발표하지는 않았다. 이후 에를랑겐 대학과 마음이 맞지 않게 되자 1875년 뮌헨으로 옮겼다. 그는 유명한 철학자의 손녀인 안네 헤겔과 결혼했다. 5년 후 라이프치히로 옮겨갔으며, 거기서 그의 수학 연구는 풍성한 결실을 맺었다. 클라인은 자신의 가장 뛰어난 연구는 복소함수 이론이라고 믿었다. 이 분야에서 그는 복소평면 변환들의 다양한 군에서 함수 불변량을 깊이 연구했다. 특히 이 분야에서 위수가 168인 단순군의 이론을 개발했다. 그는 복소함수의 균일화 문제를 푸는 과정에서 푸앵카레와 경쟁을 벌였는데, 너무 과도한 연구 탓이었는지 건강이 나빠지고 말았다.

1886년 클라인은 괴팅겐 대학의 교수가 되어 행정에 집중했다. 덕분에 괴팅겐 대학 수학과는 세계 최고 중 하나가 되었고, 그는 1913년 은퇴하기까지 이곳에 재직했다.

리 군 ∞

리는 클라인과의 공동 연구를 통해 현대수학의 가장 중요한 개념 중 하나를 내놓았다. 오늘날 리 군이라고 불리는 연속적인 변환군의 개념이다. 이 개념은 수학과 과학 두 분야 모두에 혁명적인 영향을 끼쳤다. 왜냐하면 리 군은 자연의 가장 중요한 여러 대칭성을 설명하는 개념인데, 대칭성이야말로 자연현상을 수학적으로 기술하거나 과학적인 계산을 하는 데 강력한 기본 원리이기 때문이다.

소푸스 리는 1873년 가을부터 활발한 연구를 통해 리 군의 이론을 만들어냈다. 리 군의 개념은 소푸스 리의 초기 연구 이후로 상당한 진화를 거듭했다. 현대 용어로 보면, 리 군은 대수적이고 위상기하학적인 성질을 모두 갖는 구조인데, 이 두 성질은 서로 관련되어 있다. 특히, 리 군은 군(다양한 대수적 등가성, 특히 결합법칙을 만족하는 합성 조작을 갖는 집합)이면서 위상기하학적 다양체(어떤 고정된 차원의 유클리드 공간을 국소적으로 닮은 공간이지만 전체적으로는 휘어졌거나 왜곡되어 있을지 모르는 공간)로서, 합성의 법칙은 연속적이다(합성되는 요소들의 작은 변화가 결과에도 작은 변화를 초래한다). 리의 원래 개념은 더욱 구체적이어서, 여러 변수들에 대하여 연속적인 변환군이 바로 리 군이었다. 그는 미분방정식의 해를 찾을 수 있는지 여부에 관한 이론을 찾던 중에 그러한 변환군을 연구하게 되었다. 이는 에바리스트 갈루아가 대수방정식에 관해 연구했던 경우와 비슷하다. 하지만 오늘날 리 군은 엄청나게 다양한 수학적 상황에서 등장하므로, 리의 원래 동기가 지금으로서는 그다지 중요하지 않다.

아마도 리 군의 가장 중요한 예는 원의 모든 회전들의 집합일 것이다. 각 회전은 $0°$에서부터 $360°$ 사이의 각에 의해 유일하게 결정된다. 이 집합은 군이다. 왜냐하면 두 회전의 합성 또한 회전이기 때문이다(해당 각

들을 합한 결과도 결국 회전이므로), 그리고 이 집합은 일차원의 다양체다. 왜
냐하면 각들은 원 위의 점과 일대일 대응을 하는데, 원의 작은 호들은
아주 조금 휘어진 직선 조각(선분)들이고, 직선은 일차원의 유클리드 공
간이기 때문이다. 최종적으로 합성 법칙이 연속적인데, 왜냐하면 합쳐
지는 각들의 작은 변화가 합에도 작은 변화를 일으키기 때문이다.

더 어려운 예는 선택된 한 원점을 유지하는 삼차원 공간의 모든 회전
들의 군이다. 각 회전은 한 축—그 원점을 임의의 방향으로 지나는 직
선—과 그 축 주위로 회전하는 각에 의해 결정된다. 축을 결정하려면
두 개의 변수(가령, 원점에 중심을 갖는 기준 구와 만나는 점의 위도와 경도)가 필요
하고, 회전각을 결정하려면 세 번째 변수가 필요하다. 따라서 이 군은
세 개의 차원을 갖는다. 원의 회전들의 군과 달리 이 군은 비가환적이
다. 즉 두 변환을 결합한 결과는 결합의 순서에 따라 달라진다.

리는 1873년 잠시 편미분방정식에 관심을 쏟았다가 다시 변환군 연
구로 되돌아와서 극소 변환의 성질을 연구했다. 그는 한 연속적인 군에
서 유도해낸 무한소 변환들은 합성 하에서도 닫혀 있지 않지만, 괄호 연
산이라고 불리는 새로운 연산($[x, y]$라고 적음) 하에서는 닫혀 있음을 밝혀
냈다. 여기서 $[\ ]$은 교환자라는 연산자이며, $[x,\ y] = xy - yx$이다. 그
결과 등장한 대수적 구조는 오늘날 리 대수라고 알려져 있다. 약 1930
년 이전까지 리 군과 리 대수라는 용어는 사용되지 않았고, 대신에 이런
개념들은 각각 연속군 및 무한소군이라고 불렸다.

리 군의 구조와 리 대수의 구조 사이에는 강한 상호관련성이 있는데,
이것을 리는 프리드리히 엥겔Friedrich Engel과 함께 쓴 세 권짜리 저서인
《변환군의 이론》이라는 책에서 자세히 설명했다. 두 저자는 군의 고전
적인 네 유형들을 자세히 논했는데, 그중 둘은 홀수 내지 짝수 n에 대한

n차원 공간의 회전군들이다. n이 홀수인 경우와 짝수인 경우는 꽤 다르므로 이 두 경우를 서로 구별한다. 예를 들면 홀수 차원에서는 회전이 언제나 고정된 한 축을 갖는데 반해, 짝수 차원에서는 그렇지 않다.

킬링 ∞

그다음 정말로 중요한 발전을 이룬 사람은 빌헬름 킬링Wilhelm Killing이었다. 1888년 킬링은 리 대수에 대한 구조 이론의 바탕을 마련했으며, 특히 모든 단순한 리 대수들을 분류했다. 단순 리 대수들은 다른 모든 리 대수들을 구성하는 기본적인 구성 요소들이다. 킬링은 가장 단순한 리 대수—특수 선형 리 대수 sl(n), $(n \geq 2)$—의 알려진 구조에서부터 시작했다. 복소수 항들로 이루어진 모든 $n \times n$ 행렬에서부터 시작하여, 두 행렬 A와 B의 리 괄호가 $AB - BA$가 되도록 했다. 이 리 대수는 단순하지 않지만, 대각선 항들의 합이 0이 되는 모든 행렬인 부분 대수sub-algebra인 sl(n)은 단순하다. sl(n)의 차원은 $n^2 - 1$이다.

리는 이 대수의 구조를 알아낸 다음, 단순한 리 대수들은 어떤 것이든 이것과 구조가 비슷함을 밝혀냈다. 놀랍게도 그는 리 대수가 단순하다는 지식만을 갖고서 매우 구체적인 내용을 증명할 수 있었다. 그의 방법은 각각의 단순한 리 대수를 근계根系, root system라는 기하학적 구조와 연관시키는 것이었다. 그는 선형 대수의 방법을 사용하여 근계를 연구하고 분류함으로써, 해당 리 대수의 구조를 근계의 구조에서 유도해냈다. 따라서 가능한 근계 기하학들을 분류하는 일은 결과적으로 단순한 리 대수들을 분류하는 일과 마찬가지였다.

킬링의 연구 결론은 놀라운 것이다. 그는 단순한 리 대수들이 네 개의 무한한 족family에 해당됨을 증명했다. 오늘날 이 족들은 A_n, B_n, C_n 및

D_n이라고 불린다. 게다가 다섯 가지 예외에 해당하는 G_2, F_4, E_6, E_7 및 E_8이 있다. 킬링은 여섯 가지 예외가 있다고 실제로 여겼지만 그중 둘은 알고 보니 겉모습만 다를 뿐 동일한 대수였다. 예외적인 리 대수들의 차원은 12, 56, 78, 133 및 248이다. 이들은 약간 불가사의하지만, 이 예외들이 왜 존재하는지 오늘날에는 명백히 밝혀졌다.

단순 리 군 ∞

리 군과 리 대수의 가까운 관련성 때문에, 단순한 리 대수들의 분류는 단순 리 군의 분류로 이어졌다. 특히 네 가지 족인 A_n, B_n, C_n 및 D_n은 변환군의 네 가지 고전적인 족의 리 대수이다. 이들은 각각 $(n+1)$ 차원 공간의 모든 선형 변환의 군, $(2n+1)$ 차원의 회전군, (고전역학 및 양자역학 그리고 광학에서 중요한) $2n$ 차원의 심플렉틱군symplectic group (고전적인 행렬 리 군의 하나_옮긴이) 그리고 $2n$ 차원 공간의 회전군이다. 이와 관련된 연구에는 몇 가지 마무리 작업이 나중에 추가되었다. 특히, 해럴드 스코트 맥도날드 콕스터와 유진 (예브게니) 딘킨이 도입한, 근계의 조합론에 대한 그래프적 접근법이 유명하다. 오늘날 이를 가리켜 콕스터 다이어그램 또는 딘킨 다이어그램이라고 한다.

리 군은 여러 가지 이유로 현대수학에서 중요하다. 예를 들면 역학에서는 많은 계들이 대칭을 갖는데, 이런 대칭 덕분에 역학방정식의 해를 찾을 수 있다. 대칭은 일반적으로 하나의 리 군을 형성한다. 수리물리학에서, 소립자 연구 또한 어떤 대칭 원리들 때문에 리 군이라는 수단에 크게 의존한다. 킬링의 예외적인 군 E_8은 양자역학과 일반상대성이론의 통합을 시도하는 최근의 연구 분야인 초끈이론에 중요한 역할을 한다. 1983년 영국 수학자 사이먼 도널드슨의 기념비적인 발견, 즉 사차원 유클리드 공간이 비표준적인 미분 구조를 갖는다는 발견은 사차원 공간의 모든 회전의 리 군이 갖는 한 특이한 성질에 근본적으로 바탕을 두고 있다. 이렇듯 리 군의 이론은 현대수학 전 분야에 핵심적인 역할을 한다.

추상적인 군들 ∞

클라인의 에를랑겐 프로그램에서는 본질적으로 해당 군들이 변환들로 이루어져 있다. 즉 군의 요소들이 어떤 공간에 작용한다. 군에 대한 초기 연구들은 대체로 그러한 구조를 가정했다. 하지만 후속 연구에서는 한 가지 추상성이 더 필요해졌다. 즉 군의 성질을 유지하지만 공간을 배제할 필요성이 생겼던 것이다. 한 군은 서로 결합하여 비슷한 실체들을 생성할 수 있는 수학적 실체들로 구성되었지만, 그런 실체들이 변환일 필요는 없었다.

수가 그러한 예에 해당한다. 두 수(정수, 유리수, 실수, 복소수)는 더해질 수 있는데, 그 결과는 동일한 종류의 수이다. 수들은 덧셈 연산 하에서 군을 이룬다. 하지만 수는 변환이 아니다. 따라서 군이 행하는 변환의 역할 덕분에 기하학을 통합시키기긴 했지만, 군의 바탕을 이루는 공간에 대한 가정은 군 이론을 통합시키려면 버려야 했다.

이런 단계에 가까이 다가간 첫 인물로 아서 케일리Arthur Cayley를 꼽을 수 있다. 그는 1849년과 1854년에 발간된 세 편의 논문에서, 한 그룹은 $1, a, b, c$ 등의 연산자 집합으로 구성된다고 말했다. 임의의 두 연산자 합성인 ab는 반드시 또 하나의 연산자여야 하며, 특수 연산자 1은 모든 a에 대하여 $1a = a$와 $a1 = a$를 만족하고, 마지막으로 결합법칙 $(ab)c = a(bc)$가 반드시 성립해야 한다. 하지만 그의 연산자들은 여전히 어떤 것(변수들의 집합) 상에서 작동했다. 더군다나 그는 중요한 성질 하나를 빠트렸다. 뭐냐면, 모든 a에 대해 역원 a'가 존재하여 $aa'=a'a=1$이 되도록 해야 한다는 성질이다. 따라서 케일리는 근접하기는 했지만 간발의 차이로 상을 놓친 셈이었다.

1858년 리하르트 데데킨트Richard Dedekind는 군의 원소들이 단지 변환이나 연산자들만이 아니라 임의의 실체가 되도록 허용했다. 하지만 그는 자신의 정의에서 교환법칙 $ab=ba$를 포함시켰다. 그의 발상은 의도한 목적인 정수론에는 잘 들어맞았지만, 폭넓은 수학계 전반은 말할 것도 없고 갈루아 이론의 대다수 흥미로운 군들을 배제하고 말았다. 추상적인 군의 현대적 개념은 1882~1883년 발터 폰 딕이 내놓았다. 그는 역원의 존재를 포함시켰지만 교환법칙의 필요성은 거부했다. 얼마 지나지 않아 군을 공리적으로 취급하는 관점이 본격적으로 제시되었다. 1902년 에드워드 헌팅턴과 엘리아킴 무어가 그리고 1905년 레너드 딕슨이 내놓은 관점이었다.

이제 군의 추상적 구조는 어떠한 구체적인 해석과 분리되면서 급속하게 발달했다. 초기의 연구는 주로 '나비 수집'으로 이루어졌다. 사람들은 군의 개별 사례들이나 특수한 종류를 연구하면서 공통의 패턴을 찾았다. 주요 개념들과 기법들이 비교적 재빨리 등장하면서, 이 연구 분야는 번영을 누렸다.

정수론 ∞

새로운 대수적 개념들이 흘러나온 또 한 군데 출처는 정수론이었다. 가우스가 오늘날 가우스 정수라고 불리는 수를 도입하면서부터다. 이들은 복소수 $a+bi$로서, 여기서 a와 b는 정수다. 그런 수들의 합과 곱은 또한 동일한 형태를 갖는다. 가우스는 한 소수의 개념이 가우스 정수로 일반화됨을 발견했다. 한 가우스 정수는 만약 그것이 예사롭지 않는 방식으로 다른 가우스 정수들의 곱으로 표현될 수 없다면 소수다. 가우스 정수에 대한 소인수분해는 유일하다. 3이나 7과 같은 통상적인 소수들은 가우스 정수로 고려되더라도 여전히 소수다. 하지만 다른 소수들은 그렇지 않다. 가령, $5 = (2 + i)(2 - i)$이다. 이러한 사실은 두 제곱수의 합과 소수에 관한 페르마의 정리와 깊은 관련이 있는데, 가우스 정수는 그 정리 및 관련 정리들을 다시금 부각시켜 준다.

만약 한 가우스 정수를 다른 가우스 정수로 나누면, 그 결과는 꼭 가우스 정수가 되지는 않지만, 매우 가깝게 나온다. a와 b가 유리수일 때 $a + bi$ 형태로 나오는 것이다. 이들을 가우스 수라고 한다. 더욱 일반적으로는, 정수론자들이 발견한 바에 따르면 만약 정수 계수를 갖는 임의의 다항식 $p(x)$를 택하여 그것의 해 $x_1, \cdots, x_n$의 해로 이루어진 $a_1 x_1 + \cdots a_n x_n$이라는 모든 선형 조합을 고려할 때도 비슷한 결과가 나온다고 한다. $a_1, \cdots, a_n$이 유리수라면, 덧셈, 뺄셈, 곱셈 및 나눗셈 하에서 닫혀 있는 복소수 계가 얻어진다. 닫혀 있다는 말의 의미는 그러한 연산이 이 계의 수에 가해질 때 그 결과 또한 동일한 종류의 수라는 뜻이다. 이런 계는 대수적 수체algebraic number field를 구성한다. 대신에 만약 a_1, $\cdots, a_n$이 정수라면 계는 덧셈, 뺄셈 및 곱셈 하에서는 닫혀 있지만 나눗셈에서는 그렇지 않다. 이 경우 계는 대수적 수환algebraic number ring을 구성한다.

이러한 새로운 수 체계를 가장 야심차게 적용한 대상은 페르마의 마지막 정리—n이 3 이상일 때 페르마 방정식 $x^n + y^n = z^n$이 정수해를 갖지 않는다는 정리—였다. 아무도 페르마가 슬쩍 내비친 '놀라운 증명'을 재구성할 수 없자 페르마가 정말로 그런 증명을 했는지 여부가 점점 의심스러워졌다. 하지만 일부 진전이 있었다. 페르마는 삼차와 사차에 대해서 증명을 내놓았으며, 페터 디리클레가 오차의 경우를 1828년에 다루었으며 앙리 르베그Henri Lebesgue는 1840년에 칠차의 경우에 대한 증명을 내놓았다.

1847년에 가브리엘 라메Gabriel Lame는 모든 차수에 대해 증명했노라고 주장했지만, 에른스트 에두아르트 쿰머Ernst Eduard Kummer는 오류 한 가지를 지적해냈다. 라메는 소인수분해의 유일성이 대수적 수체에 대해 유효하다고 증명 없이 가정했지만, 이는 어떤 (정말이지 대다수의) 대수적 수체에 있어서 그릇된 가정이다. 쿰머가 밝혀낸 바에 의하면, 23차에 대한 페르마의 마지막 정리의 연구에서 나온 대수적 수체에 대해 소인수 분해의 유일성이 성립하지 않았다. 하지만 쿰머는 쉽게 포기하지 않고서, 어떤 새로운 수학적 장치인 이상적인 수의 이론을 고안하여 이 장애물을 우회하는 길을 찾았다. 1847년 쿰머는 100차까지의 모든 경우에 대해 페르마의 마지막 정리를 해결했지만, 37, 59 및 67차는 예외였다. 추가적인 장치를 고안하여 쿰머와 디미트리 미리마노프는 이 예외들도 1857년 해결했다. 1980년대가 되자 비슷한 방법들이 15만 차까지의 모든 경우들을 증명해내긴 했지만, 이런 방법은 결국 한계에 봉착하고 말았다.

환, 체 그리고 대수 ∞

이상적인 수ideal number에 대한 쿰머의 개념은 번잡했다. 그래서 데데킨트는 그것을 이데알Ideal, 즉 대수적 정수의 특수한 부분군을 이용해 재구성했다. 괴팅겐 대학의 힐베르트 학파, 특히 에미 뇌터에 의해 이 분야 전체는 공리적 바탕을 마련했다. 군과 더불어 대수적 계의 세 가지 다른 유형들이 적절한 공리 목록에 의해 정의되었다. 세 가지는 환, 체 그리고 대수다.

환에서는 덧셈, 뺄셈 및 곱셈 연산이 정의되며, 이들 연산은 곱셈의 교환법칙을 제외한 대수의 통상적인 모든 법칙을 만족한다. 만약 교환법칙도 성립하면, 가환 환commutative ring이라고 한다.

체에서는 덧셈, 뺄셈, 곱셈 및 나눗셈 연산이 정의되며, 이들 연산은 곱셈의 교환법칙을 포함하여 대수의 통상적인 모든 법칙을 만족한다. 만약 교환법칙이 성립하지 않으면, 나눗셈 환division ring이 얻어진다.

대수는 환과 비슷하지만, 그것의 원소들은 또한 다양한 상수들, 실수들, 복소수들 또는 (가장 일반적인 경우로) 체에 의해 곱해질 수 있다. 덧셈의 법칙들이 통상적이지만, 곱셈도 여러 상이한 공리들을 만족시킬 수 있다. 만약 결합법칙이 성립하면 결합 대수라고 한다. 만약 교환자 $xy-yx$와 관련된 법칙들을 만족하면, 리 대수라고 한다.

대수적 구조는 수십 가지 또 어쩌면 수백 가지 상이한 종류들이 있는데, 그 각각은 저마다의 공리 목록이 있다. 어떤 종류들은 단지 흥미로운 공리들의 결과를 탐구하기 위해서 고안되었지만, 대다수는 어떤 구체적인 문제에 필요하기 때문에 생겨났다.

유한단순군 ∞

유한군에 관한 20세기의 연구 중 정점은 모든 유한단순군을 분류한 것이었다. 킬링이 리 군과 리 대수에 대해 이런 분류를 했다면, 이 연구는 전체 유한군을 대상으로 했다. 이 연구는 유한군의 모든 가능한 구성단위, 즉 단순군을 완전하게 기술했다. 만약 군이 분자라면 단순군은 분자

에미 아말리에 뇌터 1882~1935

에미 뇌터Emmy Noether는 수학자 막스 뇌터와 이다 카우프만 사이에서 태어난 딸로, 부모는 둘 다 유대인 혈통이었다. 1900년 에미 뇌터는 언어를 가르치는 교사가 될 자격을 갖추었지만, 수학에 몸을 바치기로 결정했다.

당시 독일 대학은 여성은 교수의 허락 하에 비공식적으로만 수업을 들을 수 있었고, 뇌터는 1900년부터 1902년까지 그런 식으로 공부했다. 이후에는 괴팅겐 대학으로 가서, 1903년과 1904년에 힐베르트, 클라인 그리고 민코프스키한테서 강의를 들었다.

1907년 불변량 이론가인 파울 고르단Paul Gordan의 지도로 박사학위를 받았다. 그녀의 논문 주제는 불변량들의 매우 복잡한 계를 계산하는 것이었다. 남자라면 그 다음 단계는 하빌리타치온Habilitation(박사학위 취득 후 교수가 되기 위해 밟는 과정_옮긴이)이었겠지만, 여자한테는 허용되지 않았다. 그래서 에를랑겐의 집에서 거동이 불편한 아버지를 도우며 지냈다. 하지만 연구는 계속했고, 그녀의 명성은 금세 높아졌다.

1915년 클라인과 힐베르트한테서 괴팅겐 대학으로 오라는 초청을 받았다. 그 둘은 뇌터가 교수직에 앉을 수 있도록 학칙을 바꾸려고 고군분투하고 있었다. 마침내 1919년 둘의 노력은 결실을 맺었다. 괴팅겐에 도착한 직후 뇌터는 매우 중요한 정리 하나를 증명했다. 한 물리계의 대칭성을 보존 법칙들과 관련시키는 정리인데, 종종 뇌터의 정리라고 불린다. 그녀의 연구 중 일부는 아인슈타인이 일반상대성이론을 세우는 데 이용되었다.

1921년 뇌터는 추상 공리적 관점에서 환 이론과 이데알에 관한 논문을 썼다. 그녀의 연구는 네덜란드 수학자 바르털 레인더르트 판 데 바르던의 고전적인 저서 《현대 대수학》에서 중요한 내용을 차지하고 있다.

나치가 집권하면서 뇌터는 유대인이라는 이유로 교수직에서 쫓겨났다. 그래서 독일을 떠나 미국에서 교수직을 얻었다. 판 데 바르던은 뇌터를 두고서 이렇게 말했다. "수들, 함수들 및 연산들 사이의 관계는 그것들이 일반적이고 개념적인 관계로 환원된 … 후에라야만 투명하고 일반화하기 좋고 생산적이었다."

의 구성 요소인 원자인 셈이다.

킬링은 단순 리 군들에 대한 분류를 통해, 리 군들이 네 가지 무한 족 A_n, B_n, C_n 및 D_n 중 하나에는 속해야만 하고, G_2, F_4, E_6, E_7 및 E_8 이 다섯 가지 무한 족에는 속하지 않음을 증명했다. 모든 유한단순군의 최종적인 분류는 일일이 밝히기 어려울 정도로 수많은 수학자들에 의해 이루어졌지만, 이 문제를 풀기 위한 전체 프로그램을 주도한 사람은 대니얼 고런스틴Daniel Gorenstein이었다. 1888년에서 1890년 사이에 발표된 해답은 희한하게도 킬링의 결론과 비슷했다. 즉 무한 족들의 목록과 예외들의 목록이었다. 하지만 이번에는 무한 족들이 훨씬 더 많았고, 예외도 26가지였다.

이 족들은 (갈루아가 알아낸) 교대군들 그리고 다수의 리 유형의 군들(단순 리 군과 비슷하지만 복소수보다는 다양한 유한체에 관한 군들)로 이루어져 있다. 이 주제에는 또한 어떤 흥미로운 변이들이 있다. 예외가 26가지인데, 이들은 어떤 공통적인 패턴을 엿보이면서도 통합된 구조는 보이지 않는다. 분류가 완전하게 이루어졌다는 최초의 증명은 수학자 수백 명의 공동 저술에서 나왔는데, 전체 분량이 약 1만 쪽이나 된다. 게다가 증명의 일부 결정적인 부분들은 발표되지도 않았다. 이 분야에 남아 있는 사람들의 최근 연구는 더욱 능률적인 방식으로 분류 작업을 재조정하는 것인데, 이것은 답을 이미 알고 있기에 가능한 일이다. 그 결과 일련의 교재들이 출간되었는데, 전체 분량이 약 2천 쪽에 달한다.

예외적인 단순군들 가운데 가장 불가사의하고 가장 큰 것은 괴물군monster이다. 이 군의 위수는 다음과 같다.

$$2^{46} \times 3^{20} \times 5^9 \times 7^6 \times 11^2 \times 13^3 \times 17 \times 19 \times 23 \times 29 \times 31 \times 41 \times 47 \times 59 \times 71$$

앤드루 와일스 1953~

앤드루 와일스Abdrew Wiles는 1953년에 영국 케임브리지에서 태어났다. 열 살 때 페르마의 마지막 정리를 접하고 수학자가 되어 이 정리를 증명하려고 결심했다. 하지만 정작 박사학위를 받을 무렵에는 그 꿈을 상당히 포기한 상태였다. 정리를 증명하기가 무척 어려워 보였기 때문이다. 그래서 분명 다르게 보이는 분야인 '타원 곡선'의 정수론을 연구했다. 그는 미국으로 가서 프린스턴 대학에서 교수가 되었다.

1980년대에는 페르마의 마지막 정리와 타원 곡선에 관한 한 가지 심오하고 어려운 질문이 뜻밖에도 서로 관련 있을지 모른다는 점이 명백해지고 있었다. 게르하르트 프레이는 이른바 타니야마―시무라 추측으로 이런 관련성을 명시적으로 드러냈다. 와일스는 프레이의 아이디어를 듣고 나서, 다른 연구는 전부 그만두고 페르마의 마지막 정리에 몰두했다. 그리고 7년 동안의 고독한 연구 끝에, 타니야마―시무라 추측의 특별한 사례 하나를 바탕으로 자신이 증명을 찾았다고 확신했다. 하지만 이 증명에는 오류가 한 가지 있었고, 와일스와 리처드 테일러Richard Taylor가 그 오류를 해소해 1995년 완벽한 정리를 발표했다.

곧 다른 수학자들은 타니야마―시무라 추측을 증명하기 위해 와일스의 개념을 확장시켰고 새로운 방법들을 더욱 발전시켰다. 와일스는 페르마의 마지막 정리를 증명한 공로로 울프 상을 비롯해 많은 상을 받았다. 그러나 관례상 40세 미만에게 수여하는 필즈 상을 받기에는 나이가 많았기에 1988년에 국제수학연맹으로부터 은으로 만든 특별한 명판을 받았다. 2000년에는 영국 왕실로부터 2등급 기사작위를 받았다.

이 값은 아래와 같다.

$$80801742479451287588645990496171075700575436800000000 0$$

이것은 대략 8×10^{53}이다. 이 군의 존재는 베른트 피셔와 로버트 그리스가 1973년 추측했다. 1980년 그리스는 이것이 존재함을 증명했고, 19만 6,884차원 대수의 대칭군임을 밝혀냈다. 괴물군은 정수론 및 복소해석과 뜻밖에 관련성이 있는 듯 보였는데, 존 콘웨이는 이를 가리켜 '가공할 헛소리Monstrous Moonshine' 추측이라고 불렀다. 1992년 이 추측을 증명한 공로로 리처드 보처즈는 필드 상을 받았다. 필드 상은 수학 분야에서 가장 권위 있는 상이다.

페르마의 마지막 정리 ∞

대수적 수체를 정수론에 응용하는 것은 20세기 후반에 빠르게 발전했으며, 갈루아 이론과 대수적 위상기하학을 포함하는 수학의 여러 다른 분야들과 중요하게 접촉했다. 이런 동향의 정점이 바로 페르마의 마지막 정리에 대한 증명이었다. 이 정리가 처음 발표된 지 약 350년 만에 이루어진 쾌거였다.

정말로 결정적인 아이디어는 디오판토스 방정식에 관한 현대적 연구의 중심에 놓여 있는 한 아름다운 분야에서 나왔다. 바로 타원 곡선의 이론이었다. 타원 곡선은 한 변수의 제곱이 다른 변수의 삼차다항식인 방정식으로서, 수학자들이 잘 알고 있는 디오판토스 방정식의 대표적 유형 가운데 하나다. 하지만 이 주제는 자신의 미해결 문제들을 안고 있다. 그중 가장 큰 것이 타니야마 유타카와 앙드레 베이유의 이름을 딴 타니야마─베이유 추측이다. 모든 타원 곡선은 모듈러 함수─특히 클라인이 연구한 삼각함수의 일반형─로 표현할 수 있다는 추측이다.

1980년대 초 게르하르트 프레이Gerhard Frey는 페르마의 마지막 정리와 타원 곡선의 관련성을 찾아냈다. 페르마 방정식의 한 해가 존재한다고 가정하자. 그러면 매우 특이한 성질을 지닌 한 타원 곡선을 구성할 수 있다. (그런 곡선은 도무지 존재할 수 없을 것처럼 보이는 특이한 성질을 지닌 곡선이다.) 1986년에 케네스 리벳Kenneth Ribet은 만약 타니야마-베이유 추측이 옳다면 프레이의 곡선이 존재할 수 없음을 증명함으로써 이 개념을 더욱 구체화시켰다. 따라서 페르마 방정식의 해 또한 존재할 수 없으므로, 이로써 페르마의 마지막 정리를 증명하게 될 터이다. 따라서 이제 해법은 타니야마-베이유 추측에 달려 있게 되었다. 이러한 사정은 페르마의 마지막 정리가 하나의 고립된 역사적 흥밋거리가 아님을 보여주었다. 대신에 그 정리는 현대 정수론의 한가운데에 놓이게 된 것이다.

앤드루 와일스는 어렸을 때 페르마의 마지막 정리를 증명하겠다는 꿈을 품었다. 하지만 정작 직업 수학자가 되고 나서는 그 정리가 미해결의 고립된 문제일 뿐 정말로 중요하지는 않다고 판단했다. 그런데 리벳의 연구가 그의 마음을 바꾸었다. 1993년 그는 타원 곡선의 한 특수한 유형에 대한 타니야마-베이유 추측의 증명을 발표했다. 이 증명은 페르마의 마지막 정리를 증명할 수 있을 만큼 일반적이었다. 하지만 그 논문은 발표되자 심각한 오류가 하나 발견되었다. 거의 포기 상태였던 와일스는 나중에 이렇게 적었다. '느닷없이, 완전히 뜻밖에 나는 이런 믿기지 않는 계시를 받았다. …그것은 형용할 수 없을 정도로 아름다웠으며, 너무나 단순하면서도 우아했다. 나 스스로도 믿기지 않아 어리둥절했다.' 리처드 테일러의 도움으로 그는 증명을 수정하고 오류를 고쳤다. 새로 수정된 논문은 1995년 발표되었다.

페르마가 자신의 마지막 정리를 증명했다고 주장했을 때 마음속에 어떤 생각을 품고 있었던지 간에, 그 생각은 분명 와일스가 사용한 방법과는 매우 달랐을 것이다. 페르마는 정말로 단순하고 영리한 증명을 내놓았을까? 아니면 스스로를 기만했던 것일까? 이 질문은 그의 마지막 정리와는 달리 결코 풀 수 없을지 모른다.

추상적인 수학 ∞

수학을 더욱 추상적으로 접근하는 관점은 수학의 주제들이 점점 더 다양해지면서 생겨난 자연스러운 결과였다. 수학의 주 내용이 수였을 때는 대수의 기호들은 단지 수를 위한 자릿수 표시 도구였다. 하지만 수학이 발전하면서 기호들 자체가 자신만의 생명력을 갖기 시작했다. 기호의 의미는 그런 기호를 조작하는 규칙보다 덜 중요해졌다. 심지어 규칙도 신성한 것이 아니었다. 교환법칙과 같은 산수의 전통적인 법칙들도 새로운 맥락 하에서는 성립되지 않을 때가 있었다.

추상적인 방향으로 향한 것은 대수학만이 아니었다. 해석학과 기하학도 비슷한 이유로 더욱 일반적인 사안들에 초점을 맞추었다. 관점의 주요한 변화는 19세기 중반부터 20세기 중반 사이에 일어났다. 그 후로는 수학자들이 추상적 형식주의와 과학에 수학을 응용하기라는 상충하는 요구를 조절하려고 시도하면서 통합의 시기가 도래했다. 그리하여 추상성과 구체성이 함께 손을 맞잡게 되었지만, 여전히 추상성 때문에 수학의 의미가 모호해질 수 있었다. 추상성이 유용하거나 필요하냐 여부는 더 이상 논의 사안이 아니다. 추상적 방법은 페르마의 마지막 정리와 같은 해묵은 문제들을 숱하게 해결하면서 자신의 존재 가치를 증명했다. 그리고 과거에는 형식적인 게임 진행에 불과해 보이는 것들이 언젠가는 필수적인 과학적 내지 상업적 수단이 될지도 모를 일이다.

고무판
기하학

정성적인 것이
정량적인 것을 이기다

유클리드기하학의 주요 구성 요소들—직선, 각, 원, 정사각형 등—은 전부 측량과 관련되어 있다. 선분은 길이가 있고, 각은 가령 $90°$가 $91°$나 $89°$와는 확연히 다른 값을 갖는 양이며, 원은 반지름으로 정의되고, 정사각형은 정해진 길이를 갖는 변으로 이루어진다. 유클리드기하학 전체를 작동하게 만드는 숨은 구성 요소는 길이, 즉 계측 양이다. 이것은 강체 운동을 할 때 변하지 않는 값이며 운동에 대한 유클리드의 등가 개념인 합동을 정의한다.

위상기하학 ∞

수학자들이 다른 유형의 기하학과 처음 맞닥뜨렸을 때는 그 기하학들 역시 계량적이었다. 비유클리드기하학에서도 길이와 각이 정의된다. 다만 유클리드 평면상의 길이 및 각과는 다른 성질을 가질 뿐이다. 사영기하학이 등장하면서 변화가 생겼다. 사영 변환은 길이를 바꿀 수 있고 각을 바꿀 수도 있다. 유클리드기하학 그리고 두 종류의 주요한 비유클리드기하학은 유연하지 않다. 하지만 사영기하학은 좀 더 유연한데, 그렇기는 해도 여기에서도 미묘한 불변량들이 존재한다. 그리고 클라인의 관점에서는 기하학을 정의하는 것은 변환군 및 해당 불변량들이다.

19세기가 마무리되어갈 때쯤 수학자들은 훨씬 더 유연한 종류의 기하학을 개발하기 시작했다. 사실 너무 유연해서 종종 고무판기하학이라고 불리기도 한다. 좀 더 적절한 이름으로 위상기하학이라고 하는 이 학문은 지극히 복잡한 방식으로 변형시키거나 왜곡시킬 수 있는 형태들에 관한 기하학이다. 선은 휘거나 오그라들거나 펼칠 수 있다. 원은 찌그러뜨려 삼각형이나 사각형을 만들 수 있다. 여기서 중요한 것은 연속성이다. 위상기하학에서 허용되는 변환들은 해석의 의미에서 연속적이어야 한다. 무슨 뜻이냐면, 만약 두 점이 충분히 가까이서 시작한다면, 끝나는 곳에서도 서로 가까이 있어야 한다는 말이다.

여기서도 여전히 계량적 사고의 흔적이 엿보인다. '서로 가까이'는 계량적 개념이다. 하지만 20세기 초반에 이르자 이런 흔적조차도 사라졌고 위상기하학적 변환은 그 자체의 생명력을 얻게 되었다. 위상기하학은 금세 위상이 높아졌고 급기야 수학의 중앙무대를 차지했다. 처음에는 아주 기이하고 거의 내용이 없는 것 같았던 분야였는데 말이다. 그렇게나 유연한 변환을 거치는 마당에 도대체 무엇이 불변일 수 있을까? 알고 보면, 불변인 것은 '아주 많다'. 하지만 드러나기 시작한 불변성의 유형은 기하학에서 일찍이 살펴보지 않았던 것들이었다.

연결성―어떤 대상이 얼마나 많은 조각을 갖는가?

구멍―어떤 대상이 전부 한 덩어리인가, 아니면 그 속을 관통하는 터널이 있는가?

매듭―어떤 대상이 어떻게 얽혀 있는가? 그 얽힘을 풀 수 있는가?

위상기하학자들이 보기에, 도넛과 커피 잔은 동일하다(하지만 도넛과 텀블러는 그렇지 않다). 하지만 이 둘은 둥근 공과는 다르다. 옭매듭은 팔자매듭과 다르다. 이 사실을 증명하는 데는 완전히 새로운 종류의 수단이 필요하다. 하지만 오랫동안 아무도 임의의 매듭들이 어쨌거나 존재한다는 것도 증명할 수 없었다.

매우 산만하고 기이하기 그지없는 이러한 개념들이 중요한 것일 수 있는지 의아스럽다. 하지만 겉모습은 기만적이기 쉽다. 연속성은 자연계의 기본 성질들 중 하나이기에, 어떠한 연속성이든 깊이 연구하다 보면 위상기하학으로 이어진다. 심지어 오늘날에도 우리는 대체로 위상기하학을 특히 하나의 기술로서 간접적으로 이용하고 있다. 물론 위상기하학을 우리들의 주방에서 볼 수는 없다. (하지만 카오스 이론을 적용한 식기세척기를 가끔 볼 수는 있다. 이것은 회전하는 두 봉의 기이한 역학을 이용하여 접시를 훨씬 효율적으로 닦는 장치다. 그리고 카오스 현상을 이해하게 된 것도 위상기하학 덕분이다.) 위상기하학의 실용적인 주요 소비자들은 물리학의 중요한 한 분야인 양자장 이론가들이다. 물론 이때의 '실용적'이라는 단어는 평소와 다른 뜻이다. 위상기하학적 개념들을 이용하는 또 다른 분야로 분자생물학을 들 수 있다. 위상기하학적 개념들을 이용하여 DNA 분자의 비틀림과 회전을 서술하고 분석하기 때문이다.

위상기하학은 주류 수학 전체에 은밀하게 영향을 미치며 아울러 실용적인 기술들이 발전하도록 이끈다. 위상기하학은 길이와 같은 정량적인 특징과 반대로 정성적인 기하학적 특징을 엄밀히 연구하는 분야다. 그런 까닭에 수학자들은 위상기하학이 매우 중요하다고 여기지만, 반면에 수학계 밖에서는 이 학문에 대해 거의 알려져 있지 않다.

다면체와 쾨니히스베르크 다리 ∞

위상 수학은 1900년 무렵부터 본격적으로 두각을 드러내기 시작했지만, 이전의 수학에서도 가끔씩 등장했다. 초기 단계의 위상기하학에는 오일러가 제시한 두 가지 내용이 돋보인다. 다면체에 대한 오일러의 공식과 쾨니히스베르크 다리 문제의 해법이다.

1639년 데카르트는 정다면체의 숫자 관계에 대한 흥미로운 특징 한 가지를 알아냈다. 가령 정육면체를 살펴보자. 정육면체는 면이 여섯 개이고, 모서리가 12개 그리고 꼭짓점이 여덟 개다. 6을 8에 더하면 14이고, 이 값은 12보다 2가 크다. 정십이면체는 어떤가? 면은 12개, 모서리는 30개 그리고 꼭짓점은 20개다. 그리고 12 + 20 = 32인데, 32는 30보다 2가 크다. 정사면체, 정팔면체 그리고 정이십면체도 마찬가지다. 사실, 동일한 관계가 거의 모든 다면체에서 성립하는 듯했다. 만약 한 다면체가 면이 F개이고, 모서리가 E개이고 꼭짓점이 V개이면, $F + V = E + 2$이다. 이는 다음과 같이 적을 수 있다.

$$F - E + V = 2$$

데카르트는 자신이 발견한 이 내용을 발표하지는 않고 적어두기만 했는데, 이 원고를 1675년 라이프니츠가 읽었다.

이 관계식은 1750년 오일러가 처음 발표했고, 1751년에는 증명을 내놓았다. 그가 이 관계식에 흥미를 느낀 까닭은 다면체를 분류하려고 했기 때문이다. 분류를 하려면 이 관계식과 같은

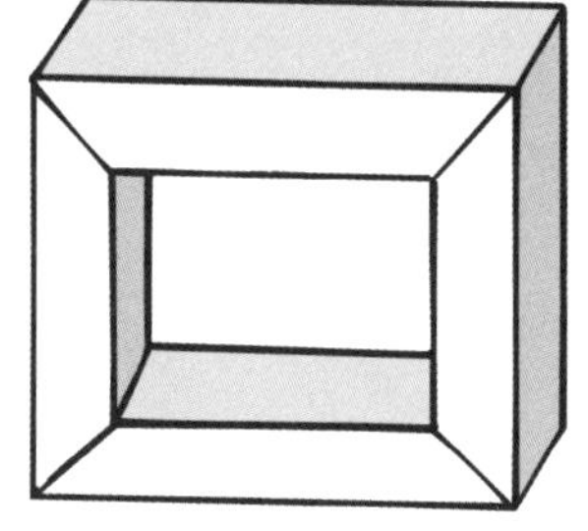

구멍이 있는 다면체

일반적인 현상을 고려하지 않을 수 없었다.

　이 공식이 모든 다면체에 성립할까? 그렇지는 않다. 액자 형태의 다면체는 사각형 단면과 연귀이음이 있는 구조로서, 면이 16개, 모서리가 32개 그리고 꼭짓점이 16개다. 따라서 여기서는 $F+V-E=0$이다. 앞의 경우와 다른 까닭은 알고 보니 구멍이 있기 때문이었다. 사실, 다면체가 g개의 구멍이 있으면, 다음 식이 성립한다.

$$F+V-E=2-2g$$

　정확히 구멍이란 무엇일까? 이 질문은 보기보다 어렵다. 그 이유는 다음과 같다. 첫째, 우리는 다면체의 내부가 아니라 면을 이야기하고 있다. 실생활에서 어떤 것에 구멍을 낼 때는 내부를 파내서 만들지만, 앞의 공식은 다면체의 내부를 언급하는 것이 아니다. 단지 다면체의 표면에 있는 면과 모서리와 꼭짓점만 언급한다. 우리가 헤아리는 것은 표면에 있는 것들뿐이다. 둘째, 숫자들 사이의 관계를 바꾸는 구멍들은 오로지 다면체를 뚫고 통과해나가는 구멍들이다. 말하자면, 일꾼들이 도로에 파놓는 구멍 같은 것이 아니라 양 끝이 뚫린 터널 같은 것이다. 셋째, 그런 구멍들은 결코 표면에 있지 않고 표면에 윤곽이 그려질 뿐이다. 가령, 우리가 도넛을 살 때 구멍도 함께 사는 셈이지만 구멍 그 자체를 살 수는 없다. 구멍은 도넛 덕분에 존재할 뿐이다. 물론 이 경우 도넛의 내부도 사게 되지만 말이다.

　'구멍이 없다'란 것이 무슨 뜻인지를 정의하기가 더 쉽다. 면과 모서리를 구부려 다면체를 연속적으로 변형시켜 구(의 면)를 만들 수 있으면 다면체는 구멍이 없다. 이런 면에 대해서는 $F+V-E$는 언제나 2다. 그리고 역도 성립한다. 즉 $F+V-E=2$이면 해당 다면체는 구로 변형시킬 수 있다. 액자 형태의 다면체는 구로 바뀔 수 있을 것처럼 보이지 않는다. 구멍이 어디로 가야 한단 말인가? 구로 바뀔 수 없음을 엄밀히 증명하려면, 이 다면체에 대하여 $F+V-E=0$이 성립한다는 사실만 살펴보면 된다. 이 관계식은 구로 변형될 수 있는 곡면에 대해서 성립할 수 없다. 따라서 다면체의 숫자 관계식은 다면체 기하학의 중요한 특징을 알려주는데, 그러한 특징이 위상기하학적 불변성(변형을 가해도 바뀌지 않는 성

데카르트-오일러 공식에 대한 코시의 증명

면을 하나 없애고 다면체를 한 평면상에 펼치자. 그러면 F가 1이 줄어든다. 따라서 이제부터는 그 결과 생긴 면, 선 및 점의 평면 구성이 $F+V-E=1$임을 증명하면 된다. 이를 위해 우선 모든 면에다 대각선을 그어 면을 삼각형으로 변환시킨다. 새 대각선이 하나 생길 때마다 V는 바뀌지 않지만 E와 F는 둘 다 1이 는다. 따라서 $F+V-E$는 이전과 같다. 이제 바깥에서부터 모서리를 지워나가자. 모서리를 하나씩 지울 때마다 F와 E가 둘 다 하나씩 줄어들기 때문에, $F+V-E$는 이번에도 달라지지 않는다. 지울 면이 더 이상 남지 않게 되면, 닫힌 고리는 없이 모서리와 꼭짓점으로 된 트리tree만 남는다. 하나씩 꼭짓점과 더불어 꼭짓점 사이를 잇는 모서리를 지우면, E와 V 둘 다 1이 줄어든다. 이번에도 $F+V-E$는 달라지지 않는다. 결국 이 과정이 끝나면 꼭짓점이 딱 하나 남는다. 이제 $F=0$, $E=0$ 그리고 $V=1$이다. 따라서 $F+V-E=1$이 되어 증명이 완료된다.

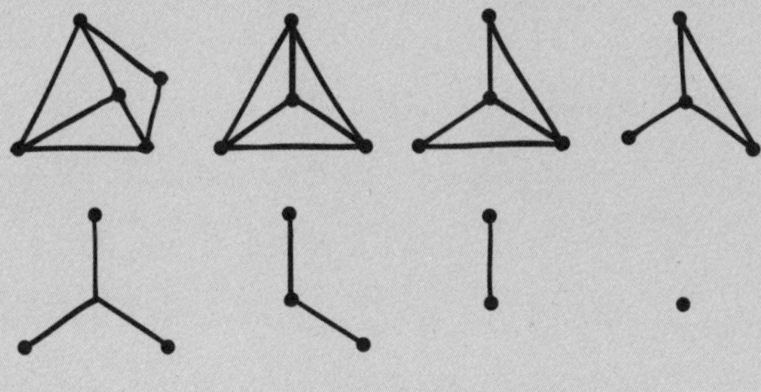

코시 증명의 예

질)일 수 있다.

오늘날 오일러의 공식은 면의 개수나 위상기하학적 측면 등 다면체의 조합론적 성질들 사이의 유용한 관련성을 드러내주는 중요한 도구다. (조합론combinatorics은 어떤 형태의 물체가 몇 개인가 또는 어떤 일을 할 수 있는 가능한 방법이 몇 가지나 되는가 등과 같이 연속적인 대상이 아니라 이산적인 대상에 관한 수학 이론이다_옮긴이) 사실, 알고 보니 이 공식은 거꾸로 이용하기가 더 쉽다. 한 다면체에 구멍이 몇 개인지 알아내려면, $F+V-E-2$를 계산한 다음, 2로 나누어 부호를 바꾸면 된다. 즉 식으로 나타내면 다음과 같다.

$$g = -(F+V-E-2)/2$$

흥미로운 결과가 아닐 수 없다. 이제 우리는 '구멍'을 정의하지 않고서도 한 다면체에 구멍이 몇 개인지를 정의할 수 있다.

이 절차의 장점은 이 관계식이 다면체의 내재적인 성질이라는 것이다. 우리의 눈이 구멍을 보는 방식과 달리, 이 절차에서는 삼차원 공간에서 다면체를 시각화하지 않아도 된다. 이 다면체의 표면에 살고 있는 아주 똑똑한 개미는 눈에 보이는 것은 표면뿐이지만 이 다면체에 구멍이 하나뿐임을 알아낼 수 있다. 이러한 내재적 관점은 위상기하학에서는 자연스럽다. 위상기하학은 다른 어떤 것의 부분으로서가 아니라 그 자체로서 대상의 형태를 연구하기 때문이다.

언뜻 보기에, 쾨니히스베르크 다리 문제는 다면체의 조합론과 아무 관계가 없는 듯하다. 당시 프러시아에 속했던 쾨니히스베르크 시는 프레겔라르메 강의 양 둑에 위치해 있었는데, 그 강에는 두 개의 섬이 있었다. 두 섬은 일곱 개의 다리로 강둑과 서로를 연결하고 있었다. 필시 쾨니히스베르크 시민들은 모든 다리를 딱 한번만 지나고서 마을을 전부

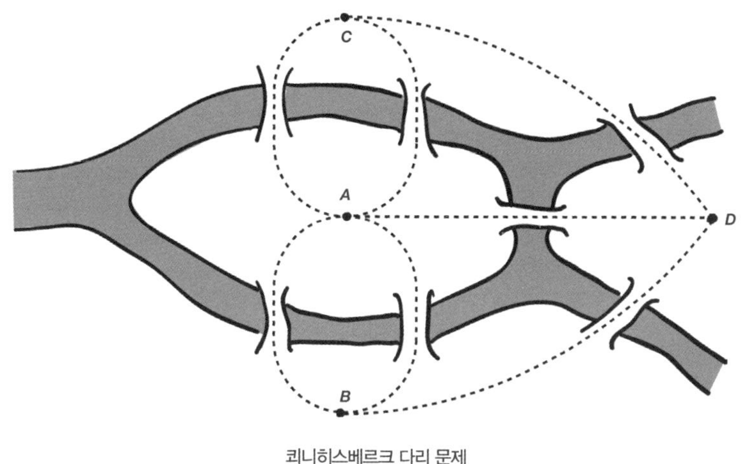

쾨니히스베르크 다리 문제

돌아다닐 수 있는지 궁금하게 여겼을 것이다.

1735년 오일러가 나서서 이 문제를 풀었다. 사실 오일러는 그런 해법이 없음을 증명했고 그 이유를 설명했다. 그는 두 가지 중요한 공헌을 했다. 이 문제를 단순화해 본질적인 내용으로 환원한 다음, 그것을 일반화시켜 비슷한 종류의 모든 문제를 다룰 수 있도록 만들었다. 그가 지적한 바에 따르면, 중요한 것은 섬의 크기나 모양이 아니라 섬, 둑 그리고 다리가 어떻게 연결되는가이다. 이 문제는 몽땅 점(꼭짓점)과 선(모서리)으로 연결된 하나의 단순한 다이어그램으로 환원할 수 있다. 그림에서 점선으로 표시된 부분이다.

이 다이어그램을 그리려면 한 꼭짓점을 각각의 땅—북쪽 강둑, 남쪽 강둑 그리고 두 개의 섬—위에 표시한다. 땅 사이를 잇는 다리가 있으면 두 꼭짓점을 하나의 모서리로 연결한다. 그러면 네 개의 꼭짓점 A, B, C, D 그리고 한 다리 당 하나씩 일곱 개의 모서리가 얻어진다.

이제 이 문제는 다이어그램에 관한 단순한 다음 문제와 동일하다. 즉

각 모서리를 딱 한 번만 지나고 전체를 잇는 경로를 찾을 수 있는가?

오일러는 두 가지 종류의 경로를 구별했다. 하나는 열린 경로로, 이것은 서로 다른 꼭짓점에서 시작하고 끝난다. 또 하나는 닫힌 경로이며, 이것은 동일한 꼭짓점에서 시작하고 끝난다. 그는 이 특정 다이어그램에 대해서는 두 가지 경로 모두 존재하지 않음을 증명했다.

이 문제의 열쇠는 각 꼭짓점의 결합가, 즉 해당 꼭짓점에 몇 개의 모서리가 만나는지를 살펴보는 것이다. 우선, 닫힌 경로를 고려해보자. 이 경우에는 한 꼭짓점으로 들어가는 모서리가 그 꼭짓점에서 나가는 모서리와 짝을 이룬다. 그러므로 만약 닫힌 경로가 존재하려면, 임의의 주어진 꼭짓점에서 모서리의 개수가 짝수여야 한다. 짧게 말해, 모든 꼭짓점이 짝수의 결합가를 가져야만 한다. 하지만 이 다이어그램에서는 세 꼭짓점이 3의 결합가를 가지며 한 꼭짓점이 5의 결합가를 갖는다. 둘 다 홀수다. 그러므로 닫힌 경로는 존재하지 않는다.

비슷한 기준이 열린 경로에도 적용되는데, 이때는 홀수 결합가를 갖는 꼭짓점이 경로의 시작에 하나 그리고 경로의 끝에 하나 이렇게 정확히 두 개가 있어야 한다. 하지만 쾨니히스베르크 다이어그램은 홀수 결합가를 갖는 꼭짓점이 네 개이므로, 역시 열린 경로도 존재하지 않는다.

오일러는 한 단계 더 나아갔다. 다이어그램이 연결되어 있다면(임의의 두 꼭짓점이 이어져 있다면), 경로의 존재에 대한 이 조건들이 필요충분조건임을 증명했다. 이것을 일반적으로 증명하기는 조금 어렵지만, 오일러는 많은 시간을 들여 증명을 내놓았다. 오늘날 우리는 몇 줄로 증명을 내놓을 수 있다.

평면의 기하학적 성질 ∞

오일러의 두 가지 발견은 수학의 전혀 다른 분야에 속하는 듯 보이지만, 더 자세히 살펴보면 공통 요소들을 갖고 있다. 둘은 모두 다면체 다이어그램의 조합론에 관한 것이다. 하나는 면, 모서리 및 꼭짓점의 개수를 세는 것이고, 다른 하나는 결합가를 세는 것이다. 하나는 세 개의 수 사이의 보편적인 관계에 관한 것이고, 다른 하나는 만약 어떤 경로가 존재할 때 반드시 뒤따라야 할 관계에 관한 것이다. 하지만 둘은 실질적으로는 비슷하다. (한 세기가 넘도록 비밀에 싸여 있었던) 더 심오한 측면을 말하면, 둘은 연속 변환 하에서 불변이다. 꼭짓점과 모서리의 위치는 중요하지 않다. 중요한 것은 서로 어떻게 연결되어 있느냐는 것이다. 다이어그램을 고무판 위에 그려놓고 고무판을 일그러뜨리면 두 문제는 똑같아 보일 것이다. 중요한 차이는 고무판을 자르거나 찢거나 조각들을 함께 붙일 때만 생긴다. 하지만 이런 조작들은 연속성을 파괴한다.

이런 사안에 관한 일반적인 이론은 가우스에게도 분명 언뜻언뜻 보였을 것이다. 가우스는 때때로 다이어그램의 기본적인 기하학적 성질에 대한 이론을 찾느라 부산을 떨었기 때문이다. 또한 그는 자기 현상을 연구하던 중에 새로운 위상기하학적 불변량을 하나 고안해냈다. 오늘날 이것은 연결수linking number라고 불린다. 이 수는 한 폐곡선이 어떻게 다른 폐곡선 주위를 감는지를 결정한다. 가우스는 곡선에 대한 해석적 표현을 통해 연결수를 계산하는 공식을 내놓았다. 비슷한 불변량으로서 감음수winding number가 있는데, 한 점에 대한 한 폐곡선의 감음수는 대수학의 기본 정리(상수가 아닌 임의의 복소계수 다항식은 적어도 하나의 복소수 근을 갖는다는 정리_옮긴이)에 관한 가우스의 증명 속에 내재되어 있다.

가우스가 위상기하학에 중요한 영향을 미치게 된 계기는 제자인 요한

리스팅Johann Listing과 조수인 아우구스투스 뫼비우스August Möbius 때문이었다. 리스팅은 1834년 가우스 밑에서 연구했는데, 그의 책《위상 기하학을 위한 예비 연구》에서 위상기하학이라는 용어가 처음 나왔다. 리스팅 자신은 이 분야를 위치의 기하학이라고 부르고 싶어 했지만, 이 표현은 카를 폰 슈타우트Karl von Staudt가 사영기하학을 나타내는 말로 미리 선점해버렸기에, 다른 단어를 찾아야 했다. 무엇보다도 이 책에서 리스팅은 다면체에 대한 오일러의 공식을 일반화했다.

연속 변환의 역할을 명백히 밝혀낸 사람은 뫼비우스였다. 뫼비우스가 풍성한 연구 결과를 내놓은 수학자는 아니었지만 모든 것을 매우 주의 깊고 철저하게 생각하는 경향이 있었다. 특히 그는 곡면이 언제나 상이한 두 면을 갖는 것이 아님을 알아차렸다. 유명한 뫼비우스 띠가 그러한 예다. 이 곡면은 뫼비우스와 리스팅이 1958년에 독자적으로 발견했다. 리스팅은 이 내용을《공간적 복잡성에 대한 조사》라는 책을 통해 발표했으며, 뫼비우스는 곡면에 관한 한 논문에서 발표했다.

오랫동안 다면체에 대한 오일러의 개념들은 수학의 변두리를 맴돌았지만, 여러 저명한 수학자들이 기하학에 대한 이 새로운 접근법에 주목하기 시작했다. 그들은 이를 '아날리시스 시투스analysis situs', 즉 위치의 해석이라고 불렀다. 그들이 염두에 둔 것은 길이, 각, 넓이 및 부피에 관한 기존의 정량적인 이론을 대체할, 형태 자체에 관한 정성적인 이론이었다. 이런 견해는 그런 유형의 사안들이 주류 수학의 전통적인 연구에서 등장하게 되자 마침내 입지가 굳어지기 시작했다. 중요한 돌파구는 복소해석과 곡면의 기하학과의 관련성이 발견되면서 마련되었는데, 이 혁명을 일으킨 사람은 리만이었다.

뫼비우스 띠

위상기하학은 깜짝 놀랄 이야기를 들려준다. 가장 유명한 것이 뫼비우스 띠다. 뫼비우스 띠는 긴 종이 띠를 한 번 비틀어서 양 끝을 붙이면 만들 수 있다. 비틀지 않고 붙이면 원기둥 형태가 된다. 이 두 곡면 사이의 차이는 색을 칠해보면 명백하게 드러난다. 원기둥일 경우, 바깥 면을 빨간색으로 칠하고 안쪽 면은 파란색으로 칠할 수 있다. 하지만 뫼비우스 띠의 경우, 한쪽 면을 빨간색으로 칠하기 시작해 계속 칠해나가면 면의 모든 부분이 서로 연결되어 있어 전부 빨간색으로 칠해진다. 비틀기 한 번을 통해 안쪽 면이 바깥쪽 면과 이어진 것이다.

또 한 가지 차이점은 뫼비우스 띠의 가운데 선을 따라 잘라 보면 드러난다. 서로 얽힌 두 개의 띠로 분리되기 때문이다.

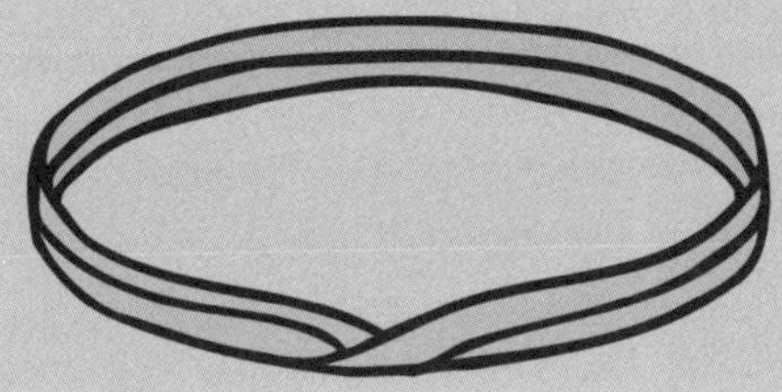

리만 곡면 ∞

한 복소평면에서 다른 복소평면으로 매핑mapping 시키는 것이라고 해석하면, 복소함수가 무언지를 가장 확실하게 이해할 수 있다. 그러한 함수에 대한 기본 식인 $w = f(z)$는 임의의 복소수 z에 대해 f를 적용하여 이 z와 관련된 또 하나의 복소수 w를 내놓는다는 뜻이다. 기하학적으로 말해, z는 한 복소평면에 속하는데, w는 결과적으로 그 복소평면의 독립적인 복사본에 속한다고 할 수 있다.

하지만 알고 보니 이런 관점이 유용하지 않을 때가 있었다. 특이점 때문이다. 복소함수에는 종종 흥미로운 점들이 있는데, 여기서는 정상적이고 익숙한 행동이 사라지고 아주 기이한 행동이 나타난다. 가령, 함수 $f(z) = 1/z$은 $z=0$을 제외하고는 지극히 정상적이다. $z=0$일 때 이 함수의 값은 1/0이어서 통상적인 복소수로서 의미가 없다. 하지만 상상력을 발휘해 무한대(기호 ∞)라고 여기면 의미를 가질 수 있다. 구체적으로 말해, 만약 z가 0에 매우 가까워지면, $1/z$은 매우 커진다. 이런 의미의 무한대는 하나의 수가 아니라 수치적 과정을 기술하는 용어다. 우리가 원하는 만큼 얼마든지 커진다는 뜻이다. 가우스는 이런 유형의 무한대가 복소적분에서 새로운 종류의 행동을 유발한다는 점을 간파했다. 이런 의미에서 무한대는 중요했다.

리만은 복소수에 ∞를 포함시키면 쓸모가 있음을 알아냈으며, 또한 무한대를 포함시킬 기하학적으로 아름다운 방법도 찾아냈다. 단위 구를 복소평면 위에 올려놓는다. 평면상의 점들을 구면상의 점들에 평사투영으로 대응시킨다. 즉 평면상의 점을 구의 북극과 이어서, 그 직선이 구와 만나는 점에 대응시킨다. (이렇게 하면 복소평면 상의 모든 점이 구에 대응되며, 특히 복소평면 상의 매우 먼 점들이 구의 북극에 대응하므로, ∞를 구의 북극이라는 하나의

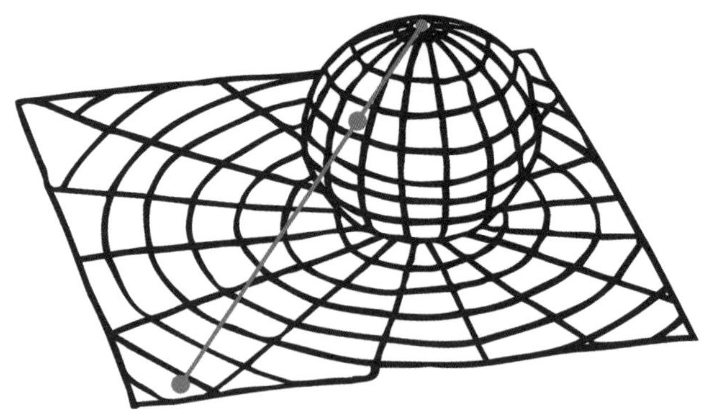

리만 구와 복소평면

값으로 정의할 수 있다. 따라서 복소수에 ∞를 마치 하나의 수처럼 포함시킬 수 있는 것이다_옮긴이)

이렇게 해서 만들어진 것이 바로 리만 구Riemann sphere다. 무한대에 있는 새로운 점은 구의 북극이다. 북극은 복소평면상의 한 점과 대응하지 않는 유일한 점이다. 놀랍게도 이 작도는 복소해석의 표준적인 계산과 멋지게 들어맞으며, 이제 $1/0 = \infty$가 완전히 의미를 갖게 된다. 한 복소함수 f가 ∞ 값을 갖는 점들을 극pole이라고 하는데, 극이 어디에 놓이는지를 알면 f에 대해 많은 것을 알 수 있음이 드러났다.

리만 구 하나만으로 복소해석에서 위상기하학적 사안들이 주목을 받게 된 것은 아니다. 분지점branch point이라고 하는 두 번째 유형의 특이점이 위상기하학을 필수적인 학문으로 만들었다. 가장 간단한 예는 복소 제곱근 함수 $f(z) = \sqrt{z}$이다. 대다수의 복소수들은 실수와 마찬가지로 두 가지 상이한 제곱근을 갖는다. 이 제곱근들은 부호만 서로 다르다. 하나는 다른 하나의 마이너스다. 예를 들면 $2i$의 제곱근은 $1+i$와 $-1-i$이다. 4의 제곱근이 2와 −2인 것과 흡사하다. 하지만 단 하나의 제곱근, 즉 0을 갖는 복소수가 하나 존재한다. 왜냐면 $+0$과 -0은 동일하기 때문이다.

0이 제곱근 함수의 분지점인 이유를 알아보려면, 복소평면의 점 1에서부터 시작하여 두 제곱근 중 하나를 선택하자. 그러면 당연히 1을 선택할 수 있다. 이제 그 점을 단위원 주위로 조금씩 움직여보자. 이렇게 움직이면서, 모든 것을 연속적으로 변하게 하는 두 제곱근 중 아무것이나 선택하자. −1까지, 즉 원의 절반을 돌았을 때 제곱근은 $+i$까지, 즉 원의 4분의 1만큼 돌았을 뿐이다. 왜냐하면 $\sqrt{-1} = +i$ 또는 $-i$이기 때문이다. 원을 계속 돌아서 시작점 1로 되돌아오자. 하지만 제곱근은 절반

의 속력으로 돌기 때문에 -1에서 멈춘다. 제곱근이 원래의 값으로 되돌아오려면, 점이 원을 두 바퀴 돌아야 한다.

리만은 이런 종류의 특이점과 친숙해질 방법을 찾아냈다. 리만 구를 두 층layer으로 늘이는 것이다. 이 층들은 0과 ∞ (두 번째 분기점) 두 점을 제외하고는 분리되어 있다. 이 두 점에서 층들은 합쳐진다. (또는 달리 생각하면, 두 층들은 0과 -∞에 있는 단일 층에서 각각 분기되어 나온다.) 이 특수한 점들 근처에서 층의 기하학은 (두 번 감아 올라가면 시작점으로 되돌아오는 특이한 성질을 가진) 나선형 계단과 비슷하다. 이런 곡면의 기하학은 제곱근 함수에 관해 많은 내용을 알려주며, 이런 개념은 다른 복소함수에까지 확장시킬 수 있다.

곡면에 대한 이러한 설명은 간접적이기에, 우리는 그것이 어떤 모양인지 궁금해진다. 바로 여기서 위상기하학이 중요한 역할을 한다. 우리는 나선형 계단을 연속적으로 변형시켜 시각화하기 더 쉬운 것으로 바꿀 수 있다. 복소해석을 통해 알아낸 바로는, 위상기하학적으로 말해 모든 리만 곡면은 구이거나 토러스이거나 두 개의 구멍을 지닌 토러스이거나 세 개의 구멍을 지닌 토러스 등 중 하나다. 곡면에 난 구멍의 개수 g는 종수genus라고 한다. 이 g는 다면체에 대한 오일러 공식의 일반화 과정에서 등장한 g와 동일한 것이다.

가향 곡면 ∞

종수는 복소해석의 여러 심오한 사안들에 중요한 개념임이 드러났는데, 이러한 점이 곡면의 위상기하학에 대한 관심을 더욱 높였다. 이어서 드러난 바에 따르면, 두 번째 부류의 곡면이 있는데, 이것은 g개의 구멍을 가진 토러스와는 다르지만 밀접한 관련이 있다. 둘의 차이라면, g개의 구멍을 지닌 토러스는 가향 곡면orientable surface(방향을 가질 수 있는 곡면)이라는 것이다. 직관적으로 말해 두 개의 상이한 면을 가질 수 있다는 뜻이다. g개의 구멍을 지닌 토러스는 이런 성질을 복소평면한테서 물려받았다. 복소평면에는 윗면과 아랫면이 있는데, 나선형 계단은 이런 차이를 보존하게끔 결합되어 있기 때문이다. 대신에 만약 한 층을 위아래가 뒤집히도록 비틀어서 계단의 두 층계를 잇는다면, 분명 별도의 두 면은 하나로 합쳐질 것이다.

이런 유형의 연결이 존재할 가능성은 뫼비우스가 주목했다. 뫼비우스 띠 역시 하나의 면과 하나의 모서리만 있는 곡면의 예다. 클라인은 한 걸음 더 나가서 뫼비우스 띠 모서리를 따라 원반을 개념적으로 붙여 모서리를 완전히 없어지게 만들었다. 그 결과 생긴 곡면은 장난삼아 클라인 병이라고 불리는데, 면이 하나이며 모서리는 아예 존재하지 않는다. 만약 클라인 병을 정상적인 삼차원 공간 내부에 존재하는 모습으로 그리려면, 이 병은 자기 자신을 관통해야 한다. 하

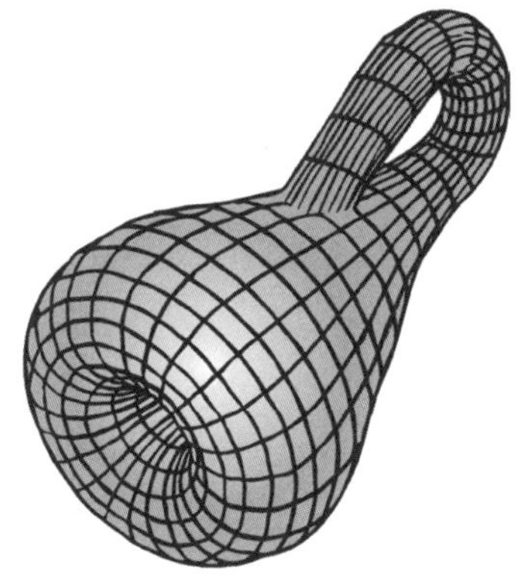

클라인 병. 자기 교차처럼 보이는 것은 삼차원 공간에서 클라인 병을 표현하자니 어쩔 수 없이 생기는 효과일 뿐이다.

지만 사차원 공간 내부에 존재하는 곡면으로 표현할 수 있으면, 이런 자기 교차는 일어나지 않는다.

g개의 구멍을 지닌 토러스에 관한 정리는 이렇게 다시 진술할 수 있다. 즉 (모서리가 없으며 유한한 크기의) 임의의 가향 곡면은 g개의 추가적인 고리를 갖는 구와 위상기하학적으로 등가다(여기서 g는 0일 수 있다). (한 면만을 갖는) 비가향 곡면의 비슷한 부류도 있다. 이들은 사영평면이라고 하는 곡면에 g개의 손잡이를 붙여서 만들 수 있다. 클라인 병은 하나의 손잡이를 갖는 사영평면이다.

이 두 결과의 조합을 가리켜 곡면에 대한 분류 정리라고 한다. 이 정리는 위상기하학적으로 서로 등가인 모든 가능한 곡면들(모서리가 없고 크기가 유한한 곡면들)을 알려준다. 이 정리가 증명되면서 이차원 공간—곡면—의 위상기하학이 알려질 수 있게 되었다. 그렇다고 해서 곡면에 관한 모든 문제가 더 이상 노력 없이도 풀릴 수 있다는 뜻은 아니다. 다만 이 정리는 더욱 복잡한 사안들을 고려할 때 탐구를 시작할 타당한 출발점을 제시해주었다. 곡면에 대한 분류 정리는 이차원 위상기하학의 매우 강력한 도구다.

위상기하학에 대해 생각할 때는, 해당 공간이 존재하는 모든 것이라고 가정하면 종종 유용하다. 그것을 주위 공간 속에 끼워 넣을 필요가 없다. 그래야만 그 공간의 내재적인 성질에 관심을 집중할 수 있다. 가령, 아주 작은 생명체가 한 위상기하학적 공간상에 살고 있다고 상상하면 생생한 비유가 될 것이다. 주위 공간을 전혀 모르는 그런 생명체는 자신이 거주하고 있는 곡면을 어떻게 파악할 수 있을까? 우리는 그런 곡면을 어떻게 내재적으로 특성을 파악할 수 있을까?

1900년에 이르자, 이 질문에 대답하려면 곡면 내의 폐곡선을 살펴보아서 이런 폐곡선이 어떻게 변형될 수 있는지를 알아보면 된다는 것이 알려졌다. 가령, 구면상에서 임의의 폐곡선은 연속적으로 변형되어 하나의 점이 될 수 있다. 즉 점으로 찌그러들 수 있다. 또한 적도 주위를 따라 이루어진 원은 차츰 북극을 향해 움직일 수 있는데, 그럴수록 더욱 작아져 마침내 북극 자체와 일치될 수 있다.

이와 대조적으로, 구와 등가이지 않는 모든 곡면은 점으로 변형될 수 없는 폐곡선을 포함한다. 그런 폐곡선은 한 구멍을 통과하는데, 이 구멍에 가로막혀 폐곡선은 점으로 축소되지 못한다. 따라서 구는 임의의 폐곡선이 한 점으로 축소될 수 있는 유일한 곡면이라고 할 수 있다.

삼차원의 위상기하학 ∞

곡면, 즉 이차원의 위상기하학적 공간 다음에 자연스럽게 탐구할 영역은 삼차원이다. 이제 연구 대상들은, 거리의 개념이 무시된다는 점을 제외하고는, 리만의 의미에서 다양체다. 1904년 수학의 역사상 가장 위대한 인물 중 하나인 앙리 푸앵카레는 삼차원 다양체를 이해하려고 애썼다. 그는 이 목표를 달성하기 위해 많은 기법을 도입했다. 그중 하나인 호몰로지homology는 다양체 내의 영역들과 영역들 사이의 경계를 연구한다. 또 하나의 개념인 호모토피homotopy는 다양체 내의 폐곡선이 변형될 때 폐곡선에 어떤 일이 생기는지를 살핀다.

호모토피는 이차원 곡면에도 잘 통했던 방법들과 가까운 관련이 있었기에, 푸앵카레는 삼차원에서도 비슷한 결과들을 찾았다. 이 과정에서 그는 수학의 역사를 통틀어 가장 유명한 질문 중 하나를 내놓았다.

그가 알기로, 구는 임의의 폐곡선이 점으로 축소될 수 있는 유일한 곡면이었다. 그런데 삼차원에서도 비슷한 일이 일어날 수 있을까? 한동안

쥘 앙리 푸앵카레 1854~1912

앙리 푸앵카레|Henri Poincaré는 프랑스 낭시에서 태어났다. 아버지 레옹은 낭시 대학의 의과대학 교수였고, 어머니 이름은 유지니였다. 그의 삼촌 레이몽 푸앵카레는 프랑스의 수상을 지냈으며, 제1차 세계 대전 중에는 프랑스공화국의 대통령이 되었다. 앙리 푸앵카레는 학교에서 모든 과목의 성적이 우수했으며 수학 성적은 특히 뛰어났다. 그는 기억력이 남달랐으며 복잡한 형태를 입체적으로 시각화하는데 능했다. 그 덕분에 칠판 글씨는 고사하고 칠판 자체도 제대로 보기 어려울 정도로 시력이 나빴던 단점을 보완할 수 있었다.

첫 대학 교수직은 1879년 캉에서 시작되었지만, 1881년 파리 대학에서 훨씬 더 권위 있는 교수직에 올랐다. 이 대학에서 동시대의 가장 선구적인 수학자들 중 한 명이 되었다. 그는 하루에 아침과 늦은 오후 두 번으로 나누어 두 시간씩 총 네 시간을 연구했다. 하지만 사고과정이 덜 조직적이었던 터라, 어떤 연구가 어떻게 끝날지 또는 어디로 이어질지도 모른 채 연구 논문부터 쓰기 시작할 때가 종종 있었다. 그는 직관력이 매우 뛰어났는데, 최상의 아이디어들은 종종 다른 주제를 생각하고 있을 때 나오곤 했다. 푸앵카레의 연구 분야는 당대의 대부분의 수학 분야를 아울렀다. 복소함수론, 미분방정식, 비유클리드기하학 그리고 위상기하학 등으로, 위상기하학은 사실상 푸앵카레가 토대를 마련한 셈이다. 그는 또한 전기학, 탄성학, 광학, 열역학, 상대성이론, 양자론, 천체역학 및 우주론 등 응용 분야도 연구했다.

그는 스웨덴과 노르웨이의 공동 국왕이었던 오스카 2세가 1887년부터 실시한 수학 공모에서 수상했다. 주제는 '삼체문제'였다. 삼체문제란 중력 하에서 세 물체의 운동을 연구하는 것이다. 그는 제출한 연구에 한 가지 큰 실수가 들어 있었음을 알아차리고는 재빨리 이를 고쳤다. 그 결과 우리가 오늘날 카오스라고 알고 있는 현상의 가능성을 발견했다. 카오스란 결정론적인 법칙들에 의해 지배되는 계 내에서 일어나는 비규칙적이고 예측 불가능한 운동이다. 그는 또한 베스트셀러 대중과학서도 여러 권 썼다. 《과학과 가설》(1901년), 《과학의 가치》(1905년), 《과학과 방법》(1908년)이 대표적이다.

그는 그렇다고 가정했다. 사실은 너무 명백해 보여서 자신이 가정을 하고 있음을 알아차리지도 못했다. 나중에 그는 이런 진술의 한 가지 버전은 실제로 틀렸음을 깨달았는데, 이와 밀접한 관련이 있는 또 하나의 버전은 비록 증명은 어려워 보이지만 참일 수 있다고 내다보았다. 그는 한 가지 추측을 내놓았다. 나중에 이것은 푸앵카레의 추측이라고 불리게 되는데, 이런 내용이다. 만약 (경계가 없고 크기가 유한한) 한 삼차원 다양체가 그 안의 임의의 폐곡선이 한 점으로 축소될 수 있다면, 그 다양체는 3-구(이차원 곡면인 구와 유사한 삼차원 다양체)와 위상기하학적으로 등가임이 틀림없다. (위상기하학에서 구는 이차원 다양체다. 구의 표면만을 따라가면 좁은 영역에서 평면처럼 보이므로 구를 이차원 다양체라고 한다. 도넛이나 토러스도 마찬가지 이유로 이차원 다양체다. 하지만 실제로 구는 삼차원 공간 속에 공처럼 경계를 갖는다. 마찬가지로 삼차원 다양체인 3-구는 사차원 공간에서 공처럼 경계를 갖는다. 우리가 실제로 살고 있는 삼차원 공간에서는 3-구를 시각화할 수 없다_옮긴이)

이 추측을 증명하기 위한 후속 연구들은 사차 이상의 공간에서 일반화 작업에 성공했다. 위상기하학자들은 삼차에서 원래의 푸앵카레 추측과 계속 씨름했지만 성공하지 못했다.

1980년대 윌리엄 서스턴은 더욱 야심차게 푸앵카레 추측을 공략할 수 있을 듯 보이는 아이디어를 하나 내놓았다. 그의 기화화 추측 geometrization conjecture 은 훨씬 더 나아가 폐곡선이 점으로 축소될 수 있는 것뿐 아니라 모든 삼차원 다양체에 적용된다. 그 출발점은 곡면의 분류를 비유클리드기하학의 관점에서 해석하는 것이다.

토러스는 유클리드 평면에서 사각형을 취해서 맞은편 모서리들을 동일시하면 얻을 수 있다. 그러니까 토러스는 평평하며 곡률이 0이다. 구는 일정한 양의 곡률을 갖는다. 두 개 이상의 구멍을 지닌 토러스는 일정한 음의 곡률 곡면으로 표현될 수 있다. 따라서 곡면의 위상기하학은 세 가지 유형의 기하학—즉 유클리드기하학 그리고 비유클리드기하학인 타원기하학(양의 곡률) 및 쌍곡선기하학(음의 곡률)—으로 재해석될 수 있다.

비슷한 것이 삼차원에서도 통할 수 있을까? 서스턴은 이번에는 사정이 복잡함을 지적했다. 고려해야 할 기하학의 유형이 셋이 아니라 여덟 가지라는 것이다. 더군다나 주어진 하나의 다양체에서 단 하나의 기하학을 더 이상 이용할 수 없다. 대신에 각 다양체에서 하나의 기하학을 이용하여 다양체를 여러 조각으로 잘라야 한다. 그는 자신의 기화화 추측을 이렇게 공식적으로 표현했다. 즉 한 삼차원 다양체를 여러 조각으로 분할하는 체계적인 방법이 언제나 존재하며, 각각의 조각은 여덟 가지 기하학 중 어느 하나에 대응한다.

푸앵카레 추측은 필연적인 결과다. 왜냐하면 모든 폐곡선이 점으로 축소될 수 있다는 조건 때문에 일정한 양의 곡률의 기하학—3-구의 기하학—만이 남게 되었기 때문이다.

한 대안적인 접근법이 리만기하학에서 나왔다. 1982년 리처드 해밀턴Richard Hamilton은 이 분야에 새로운 기법을 하나 도입했는데, 이 기법은 알베르트 아인슈타인Albert Einstein이 일반상대성이론에 썼던 수학적 개념을 바탕으로 한 것이다. 아인슈타인에 따르면, 시공간은 중력에 의해 휘어진 것으로 볼 수 있으며, 시공간의 곡률이 중력의 크기를 말해준다. 곡률은 이른바 곡률 텐서라는 양으로 측정되는데, 이것은 (그레고리오 리치-쿠바스트로가 고안해낸) 리치 텐서와 유사하지만 그보다는 더 단순한 양이다. 시간의 흐름에 따라 우주의 기하학이 변화하는 양상은 아인슈타인 방정식에 의해 지배를 받는데, 이 방정식에 의하면 응력 텐서

그들은 위상기하학을 어떻게 활용했을까?

가장 단순한 위상기하학적 불변량 중 하나는 가우스가 알아낸 것이다. 전기장과 자기장을 연구하던 중에 그는 어떻게 두 폐곡선이 서로 연결되는지 관심이 생겼다. 그는 연결수를 고안해냈는데, 이것은 한 폐곡선이 다른 폐곡선을 몇 번 감는지를 나타낸다. 만약 연결수가 0이 아니면, 폐곡선들은 위상기하학적 변환에 의해 분리될 수 없다. 하지만 이 불변량만으로는 연결된 두 폐곡선이 언제 분리될 수 없는지를 완벽하게 알아낼 수 없다. 왜냐하면 때때로 연결수가 0이면서도 연결이 분리될 수 없는 경우가 있기 때문이다.

가우스는 해당 곡선을 따라 적절한 한 양을 적분함으로써 이 수에 대한 해석학적 공식까지 개발해냈다. 가우스의 발견은 오늘날 수학의 한 거대 분야로 자리 잡은 대수적 위상기하학의 단초를 마련했다.

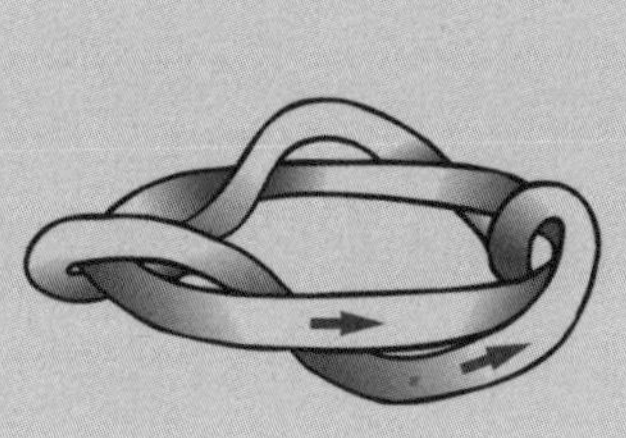

연결수가 3인 폐곡선

이 연결은 위상기하학적으로 분리될 수 없다. 하지만 연결수는 0이다.

stress tensor는 곡률에 비례한다. 결과적으로, 중력에 의한 우주의 휘어짐은 시간이 지나면서 평평해지는데, 아인슈타인 방정식은 이 개념을 정량적으로 나타내준다.

곡률의 리치 버전을 사용해도 동일한 일이 벌어질 수 있으며, 그 결과 동일한 유형의 행동으로 이어진다. 리치 흐름(열의 확산과 비슷한 방식으로 다양체가 변하는 과정으로서, 미분기하학의 전문적인 개념이다_옮긴이) 방정식을 따르는 곡면은 곡률을 더욱 균등하게 재분배함으로써 자신의 기하학을 자연스럽게 단순화시키는 경향이 있다. 해밀턴이 밝혀낸 바에 의하면, 이차원 푸앵카레 추측은 리치 흐름을 이용해 증명할 수 있다. 기본적으로 모든 폐곡선이 수축하는 곡면은 리치 흐름을 따르면서 자신을 단순화시켜 결국에는 완전한 구로 바뀐다. 해밀턴은 또한 이 접근법을 삼차원에 대해 일반화시키는 방법을 제안했는데, 이런 사고노선을 따라 얼마간 진전을 이루었지만 어려운 장애물과 맞부딪혔다.

페렐만 ∞

2002년 그리고리 페렐만Grigori Perelman은 arXiv라는 웹사이트에 여러 편의 논문을 올려 세상을 깜짝 놀라게 했다. 이 사이트는 물리학과 수학 연구자들이 아직 검토를 마치지 않았거나 진행 중인 연구를 알려주는 곳이다. 웹사이트의 목표는 논문의 공식 발간에 필요한 검토가 진행되느라 공개가 오랫동안 지연되는 것을 막는 데 있다. 예전에는 이런 역할을 비공식적인 견본 인쇄본이 대신했다. 겉보기에 그의 논문들은 리치 흐름에 관한 것이었지만, 만약 연구 결과가 옳다면, 기하화 추측 그러므로 푸앵카레 추측을 증명하게 될 터였다.

기본적인 발상은 해밀턴이 제시한 것이다. 임의의 한 삼차원 다양체에서 시작하여, 그것에 거리의 개념을 부가하여 리치 흐름이 적용되게 한다. 그런 다음 다양체가 리치 흐름을 따르게 하여 자기 자신을 단순화시키도록 한다. 여기서 아주 복잡한 문제는 특이점이 발생하여, 이 특이점에서 다양체가 찌부러져 더 이상 평평한 상태를 유지하지 못하게 될 때다. 특이점에서는 제시된 방법이 통하지 않는다. 이를 해결할 새로운

페렐만은 1966년 소련에서 태어났다. 학생일 때 그는 국제수학올림피아드에 참여한 소련 팀의 일원이었으며, 100점 만점으로 금메달을 받았다. 그는 미국에서 그리고 상트페테르부르크에 있는 스테클로프 수학연구소에서 일했지만, 최근에는 학계에서 특정한 직위를 갖고 있지 않다. 세상과 점점 더 담을 쌓는 성격 때문에 그를 둘러싼 수학 이야기는 더욱 특별해졌다. 하지만 이런 이야기가 별난 수학자의 전형적 면모를 부추기는 것은 안타까운 일이다.

아이디어는 특이점 근처에서 다양체를 자른 다음, 이때 생긴 구멍을 메워 다시 흐름이 지속되게 만드는 것이다. 만약 다양체가 유한개의 많은 특이점이 생긴 후에 완전히 스스로를 단순화시키면, 각 조각은 여덟 가지 기하학 가운데 단 하나를 지지하게 될 것이다. 그리고 자르기 과정(수술)을 거꾸로 하면 잘렸던 조각들을 다시 붙여 원래 다양체를 재구성할 수 있을 것이다.

푸앵카레 추측이 유명해진 또 다른 이유가 있다. 이 추측은 미국의 클레이 수학연구소에서 뽑은 여덟 개의 밀레니엄 수학 문제 중 하나였다. 따라서 이 문제를 풀면, 즉 적절하게 증명하면 백만 달러의 상금을 받을 수 있었다. 하지만 프렐만은 오직 문제를 푸는 것 말고는 다른 보상을 바라지 않는다는 이유로 상금을 원치 않았다. 따라서 자신의 비밀스러운 논문을 arXiv에만 투고했을 뿐 다른 매체를 통해 발표할 생각이 없었다.

그러므로 이 분야의 전문가들은 페렐만의 아이디어를 바탕으로 논리상 명백한 실수들을 손보았다. 진정한 증명으로 인정될 만큼 페렐만의 아이디어를 깔끔하게 다듬으려 했던 것이다. 그런 여러 시도에서 나온 연구 결과가 발표되면서, 마침내 페렐만 증명의 종합적이고 결정적인 버전이 위상기하학 학계에서 받아들여졌다. 2006년 그는 이 분야에 대한 연구 업적으로 필즈 상 수상자로 선정되었지만, 이 수상 역시 거부했다. 세상에는 세속적인 성공에 초연한 사람도 있는 법이다.

우리는 위상기하학을 어떻게 활용하고 있을까?

1955년에 제임스 왓슨과 프란시스 크릭은 유전 정보를 저장하고 조작하는 중추인 DNA 분자의 이중나선 구조의 비밀을 발견했다. 오늘날 이중나선 두 가닥이 어떤 식으로 풀리면서 생명체의 발생을 유전적으로 제어하는지를 이해하는 데 매듭의 위상기하학이 쓰이고 있다.

DNA 나선은 두 가닥의 밧줄처럼 생겼는데, 한 가닥이 다른 가닥을 연속적으로 휘감고 있다. 세포가 분열할 때 이 가닥들을 분리시켜 복제한 다음 새로운 가닥을 옛 가닥과 쌍으로 결합시켜 유전 정보를 새로운 세포로 전달한다. 얽힌 긴 밧줄 가닥들을 풀려고 시도해본 사람은 누구나 이 과정이 얼마나 어려운지 잘 알 것이다. 풀려고 하면 할수록 가닥들이 한 덩어리로 엉겨 붙기 때문이다. 사실, 그 정도 복잡성은 다음 내용에 비하면 약과다. 나선 가닥들은 밧줄 자체가 코일에 감겨 있는 것처럼 초나선꼬임supercoiling이라는 형태로 꼬여 있다. 수 킬로미터의 가느다란 실이 테니스 공 속에 채워져 있다고 상상해보라. 그러면 세포 속의 DNA가 얼마나 복잡하게 얽혀 있는지 짐작이 될 것이다.

유전자 속의 생화학적 과정은 이 엉킨 실을 반복적이고 오류 없이 꼬았다 풀었다 해야 한다. 생명의 사슬이 이 과정에 달려 있기 때문이다. 어떻게 그럴 수 있을까? 생물학자들은 이 문제를 공략하기 위해 효소를 이용하여 DNA 사슬을 작은 조각들로 분해한다. 자세히 조사할 수 있을 만큼 작은 단위로 나누는 것이다. DNA 조각은 복잡한 분자 매듭으로서, 동일한 매듭이라도 몇 번 잡아당기거나 비틀어 겉모

위상기하학과 현실 세계 ∞

위상기하학이 발명된 까닭은 복소해석처럼 이 분야의 숱한 문제들이 제기될 때 위상기하학 없이는 수학이 제 기능을 할 수 없기 때문이다. 위상기하학은 '이것은 어떤 모양인가?'라는 문제를 매우 단순하면서도 심오한 방식으로 파고든다. 길이와 같은 기존의 기하학 개념들은 위상기하학이 포착한 기본 정보에 세부사항을 덧붙여주는 요소로 볼 수 있다.

위상기하학의 몇몇 초기 선구자들이 존재하긴 하지만, 이 학문이 자

습을 변형시키고 나면 전혀 달라 보일 수 있다.

매듭을 연구하기 위한 새로운 기법들 덕분에 분자유전학을 공략할 새로운 방법이 나왔다. 더 이상 순수수학의 장난감이 아니라 매듭의 위상기하학은 이제 생물학의 중요하고도 실질적인 문제들을 해결하고 있다. 최근의 사례로, DNA 나선의 비틀린 정도와 초나선꼬임의 정도 사이의 수학적 관련성이 발견되기도 했다.

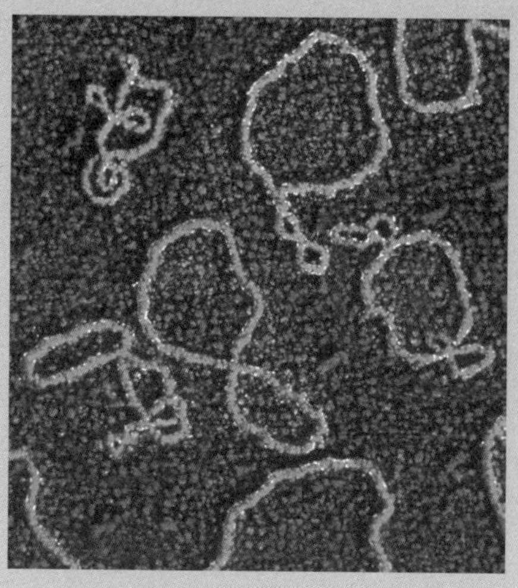

DNA 매듭 가닥들

신만의 정체성과 힘을 지닌 수학 분야가 된 때는 19세기 중반 이후였다. 즉 수학자들이 이차원 형태인 곡면의 위상기하학을 완벽히 이해하게 되면서부터였다. 이후 고차원으로 주제를 확장시키면서 19세기 후반과 20세기 초반에 큰 발전을 이루게 되었다. 앙리 푸앵카레의 연구가 대표적이다. 추가적인 발전은 1920년대에 일어났고, 이 학문이 그야말로 날아오른 때는 1960년대다. 응용과학과 꽤 무관한 학문이던 위상기하학이었지만 역설적이게도 이때부터는 다른 학문에도 큰 영향을 미친다.

20세기 순수수학의 추상성을 비판하는 사람들을 어리둥절하게 만들 정도로, 위상기하학이 내놓은 이론들은 수리물리학의 여러 영역에 핵심적인 역할을 한다. 심지어 푸앵카레의 추측처럼 가장 난해한 장애물도 치워졌다. 뒤돌아보면, 위상기하학 발달의 주된 어려움은 내부적인 것이었는데 이 또한 추상적 수단에 의해 해결되었다. 이처럼 내부적으로 문젯거리들을 적절히 해소하고 나자, 위상기하학과 현실 세계와의 관련성이 여실하게 드러났다.

사차원

이 세계를
벗어난 기하학

과학소설 《타임머신》에서 허버트 조지 웰스가 그려낸 시간과 공간의 기본 성질은 지금 우리들한테는 낯익다. 하지만 당시 빅토리아 시대 사람들은 분명 눈이 똥그래졌을 것이다. '사차원은 정말로 존재합니다. 세 차원은 우리가 공간의 세 평면이라고 부르는 것이고, 네 번째 차원은 시간입니다.' 웰스는 소설 속 주인공을 통해 이렇게 말한다. 배경지식을 소개하는 차원에서 그는 이렇게 덧붙였다. '하지만 이전의 삼차원과 네 번째 차원을 비현실적으로 구별하려는 경향이 존재합니다. 왜냐하면 공교롭게도 우리의 의식은 일생의 시작부터 끝까지 네 번째 차원을 따라 한쪽 방향으로만 띄엄띄엄 나아가기 때문이지요. 하지만 일부 철학적인 사람들은 줄곧 왜 유독 세 차원만 존재하는지 물었습니다. 세 차원에 직각인 다른 방향의 차원이 없냐는 것입니다. 또한 그들은 사차원 기하학을 수립하려고 시도하기까지 했답니다.' 그가 내세운 주인공은 인간 의식의 한계를 훌쩍 뛰어넘어 사차원 세계를 여행한다. 마치 그것이 정상적인 공간의 차원이기라도 한 듯이.

사차원 ∞

과학소설 작가의 기법은 이른바 불신의 유예suspension of disbelief(지어낸 이야기의 불가능한 상황이 마치 실제로 가능한 듯이 독자가 믿는 태도_옮긴이)인데, 웰스는 이를 위해 독자들에게 다음과 같이 알려준다. '사이먼 뉴컴 교수가 고작 한 달 전쯤에 이 이론을 뉴욕 수학협회에서 설명하고 있었다.' 웰스의 말은 실제 사건을 가리키고 있었던 듯하다. 뉴컴이라는 저명한 천문학자가 그 무렵 사차원 공간에 대해 강의를 했으니 말이다. 뉴컴의 강의는 수학과 과학에서 사고방식의 중요한 변화를 드러내 주었다. 공간이 언제나 삼차원이어야 한다는 전통적인 가정에서 벗어나자는 인식이었다. 그렇다고 시간여행이 가능하다는 뜻은 아니다. 하지만 어쨌든 웰스는 그런 새로운 관점을 구실 삼아 주인공을 혼란스러운 미래로 보냄으로써, 현대인의 본성을 예리하게 통찰했다.

《타임머신》은 1895년에 출간되었는데, 당시 빅토리아 인들의 사차원에 대한 집착과 맞물려 큰 반향을 일으켰다. 당시 사람들은 보이지 않는 이 추가적인 공간 차원이 귀신이나 영혼 또는 심지어 하나님이 사는 장소가 아닐까 여겼던 것이다. 사차원은 사기꾼들이 열광했고, 소설가들이 작품 소재로 써먹었으며, 과학자들이 곰곰이 사색했으며, 수학자들이 정식화해냈다. 몇십 년 만에 사차원 공간은 수학의 표준이 되었다. 그뿐 아니라 더 높은 차원, 가령 오차원, 십차원, 십억차원 심지어 무한차원 공간도 마찬가지였다. 다차원 기하학의 기법과 사고 패턴은 과학의 모든 분야에 일상적으로 사용되고 있다. 심지어 생물학과 경제학에까지.

고차원 공간은 과학계 바깥에는 거의 알려지지 않았다. 하지만 이런 개념 없이는 오늘날 웬만한 인간의 고차원적인 사상은 제대로 발휘될 수가 없다. 비록 보통의 인간사와 동떨어져 보이는 개념인데도 말이다. 물리적 우주에 관한 위대한 두 가지 이론인 일반상대성이론과 양자역학을 통합시키려고 시도하는 과학자들은 우리가 보통 인식하는 삼차원이 아니라 공간이 실제로는 아홉 개 내지 열 개의 차원을 갖고 있을지 모른다고 생각하고 있다. 비유클리드기하학에 소동이 다시 일어난 것처럼, 오늘날 삼차원 공간은 단지 수많은 차원 가운데 하나의 가능성일 뿐이라는 견해가 점점 더 설득력을 얻어가고 있다. 삼차원 공간이 우주에 존재할 수 있는 유일한 종류의 공간이 아니라는 말이다.

이런 변화가 생긴 까닭은 공간이나 차원과 같은 용어들이 이제는 더욱 일반적으로 해석되기 때문이다. TV 화면이나 우리 주변에서 흔히 보이는 익숙한 상황에서 그런 단어들의 사전적 의미가 일반화되었다는 뜻이다. 하지만 이런 변화는 새로운 가능성을 열어준다. 수학자들이 보기에, 공간은 임의의 두 물체 사이의 거리 개념과 더불어 그러한 물체들의 모음이다. 데카르트의 좌표 개념을 바탕으로, 우리는 한 물체를 특정하려면 몇 개의 수가 필요한가로 그러한 공간의 차원을 정의할 수 있다. 물체를 점으로 보고 평면이나 공간의 거리에 대한 일상적인 개념을 통해, 우리는 평면은 두 개의 차원을 갖고 공간은 세 개의 차원을 가짐을 알 수 있다. 하지만 물체들의 다른 모음은 그 물체들이 무엇인지에 따라 네 개 또는 그 이상의 차원을 가질지 모른다.

가령, 물체들이 삼차원 공간 내의 구라고 가정하자. 구를 특정하려면 네 개의 수 (x, y, z, r)이 필요하다. 중심을 나타내는 세 좌표 (x, y, z)와 더불어 반지름 r이 필요한 것이다. 따라서 통상적인 공간에 있는 모든 구들의 모음은 네 개의 차원을 갖는다. 이런 사례들은 자연스러운 수학적 질문들이 고차원 공간으로 쉽게 이어질 수 있음을 보여준다.

현대수학은 더욱 깊게 들어간다. 추상적으로, 사차원 공간은 네 개의 수 (x_1, x_2, x_3, x_4)의 모든 집합으로 정의된다. 더 일반적으로 말해, (임의의 정수 n에 대하여) n차원 공간은 n개의 수 $(x_1, x_2, \cdots, x_n)$의 모든 집합으로 정의된다. 어떤 의미에서 보자면 이것이 이야기의 전부다. 고차원에 대한 온갖 당혹스럽고도 난해한 개념이 사소한 한 가지, 즉 숫자들의 긴 목록으로 축소되고 마는 것이다.

이런 관점이 오늘날에는 명백하지만, 역사적으로 확립되기까지는 오랜 시간이 걸렸다. 수학자들은 고차원 공간의 의미와 실제 존재 여부를 놓고서 열띤 논의를 벌였고, 이 개념이 널리 받아들여지기까지 약 한 세기가 걸렸다. 하지만 그런 공간의 응용 및 이에 수반되는 기하학적 이미지들이 매우 유용하다는 사실이 밝혀지자, 그 밑바탕이 되는 수학적 사안들에 관한 논란은 종지부를 찍었다.

삼차원 또는 사차원 공간 ∞

역설적이게도 고차원 공간에 대한 오늘날의 개념은 기하학이 아니라 대수학에서 나왔다. 복소수의 이차원 체계와 유사하게 삼차원의 수 체계를 개발하려다가 실패한 부산물이다. 이차원과 삼차원 간의 차이는 유클리드의 《원론》까지 거슬러 올라간다. 이 책의 첫 번째 부분은 평면, 즉 이차원 공간의 기하학에 관한 내용이다. 두 번째 부분은 입체 기하학, 즉 삼차원 공간의 기하학에 관한 내용이다. 19세기까지 차원이라는 단어는 이런 익숙한 맥락에 국한되어 있었다.

그리스 기하학은 인간의 시각과 감각을 공식화한 것인데, 이 덕분에 우리 뇌는 외부 세계와의 위치적 관계를 다룬 내적인 모형을 세울 수 있다. 하지만 이런 과정은 우리의 감각과 더불어 우리가 살고 있는 세계의 한계에 의해 제약을 받는다. 그리스인들은 기하학이 우리가 사는 실제 공간을 기술한다고 여겼고, 물리적 우주가 유클리드적이라고 가정했다. '개념적 의미에서 사차원 공간이 존재할 수 있는가?'라는 수학적 질문

은 '사차원을 갖는 실제 공간이 존재할 수 있는가?'라는 물리적 질문과
혼동을 일으켰다. 더군다나 이런 질문은 '우리에게 익숙한 공간 내부에
사차원이 존재할 수 있는가?'라는 질문과는 더욱 큰 혼동을 일으켰다.
이 질문에 대한 답은 '아니요'였다. 따라서 사차원 공간이 불가능하다는
것이 일반적인 믿음이었다.

하지만 어느새 기하학은 이런 꽉 막힌 관점에서 벗어나기 시작했다.
르네상스 이탈리아의 대수학자들이 우연찮게도 −1의 제곱근의 존재
를 받아들여 수의 개념을 심오하게 확장시키면서부터였다. 월리스, 베
셀, 아르강 그리고 가우스는 그 결과 생긴 복소수를 평면상의 점으로 해
석하는 방법을 알아내, 수를 실수 직선이라는 일차원적 족쇄로부터 해
방시켰다. 1837년 아일랜드 수학자 윌리엄 로완 해밀턴William Rowan
Hamilton은 복소수 $x+iy$를 실수 (x, y)의 쌍으로 정의함으로써, 전체
주제를 대수학으로 환원시켰다. 나아가 그는 아래 규칙에 따라 실수 쌍
의 덧셈과 곱셈도 정의했다.

$$(x, y) + (u, v) = (x+u, y+v)$$
$$(x, y)(u, v) = (xu-yv, xv+yu)$$

이 접근법에 따르면, $(x, 0)$ 형태의 쌍은 실수 x와 똑같이 행동하며,
특수한 쌍 $(0, 1)$은 i와 똑같이 행동한다. 발상은 단순하지만, 이를 이해
하려면 수학적 존재에 대한 정교한 개념이 필요하다.

이어서 해밀턴은 더 야심차게 어떤 것에 눈길을 던졌다. 이미 알려졌
던 대로, 평면 계의 수리물리학에 관한 많은 문제는 복소수를 이용한 단
순하고 아름다운 방법으로 풀 수 있다. 만약 삼차원 공간에 대해서도 비
슷한 기법들이 존재한다면 더할 나위 없이 소중할 것이다. 그래서 해밀

윌리엄 로완 해밀턴 1805~1865

해밀턴은 어렸을 때부터 수학에 남다른 재능을 보였으며, 더블린의 트리니티 칼리지에서 학부 과정을 채 마치기도 전인 21세의 어린 나이로 천문학교수가 되었다. 이 교수직 임명으로 그는 아일랜드의 왕실 천문학자가 되었다.

그는 수학에 수많은 업적을 남겼지만, 그 스스로 가장 중요한 업적이라고 여긴 것은 사원수quaternion의 발명이었다. 그의 말에 따르면, '사원수는 … 1843년 10월 16일에 태어나기 시작해 성장해나갔다. 그날 나는 레이디 해밀턴과 함께 더블린으로 산책을 가는 중에 브로엄 다리에 이르렀다. 바로 그때 마치 전류가 흐르듯이 생각이 떠올랐는데, 그 사고의 불꽃이 내게 i, j, k에 대한 기본 방정식을 알려주었다. 이후로 나는 줄곧 그 표현을 사용하고 있다. 나는 그 자리에 서서, 지금도 갖고 있는 수첩을 꺼내 그 방정식을 적었다. 바로 그 순간 나는 그것이 앞으로 10년(또는 어쩌면 15년) 동안 연구를 계속할 가치가 있으리라고 느꼈다. 그때 나는 적어도 15년 전에 어렴풋이 떠올랐던 한 가지 문제가 풀렸으며, 지적인 갈망이 해소되었다고 느꼈다.'

해밀턴은 그 방정식을 즉시 다리 위의 돌에다 새겼다.

$$i^2=j^2=k^2=ijk-1$$

턴은 삼차원 수 체계를 고안하려고 시도했다. 그러한 수 체계와 관련된 계산법이 삼차원 공간의 수리물리학의 중요한 문제들을 해결하리라는 희망을 품었기 때문이다. 그는 이 체계가 대수학의 모든 일반적인 법칙들을 만족할 것이라고 암묵적으로 가정했다. 하지만 온갖 노력에도 불구하고 그런 계를 찾을 수가 없었다.

마침내 왜 그런지 이유를 알게 되었다. 애초에 불가능했던 것이다.

대수학의 일반적 법칙들 가운데는 곱셈의 교환법칙이 존재한다. 이것은 간단히 말해 $ab=ba$라는 말이다. 해밀턴은 삼차원에서 효과적인 대수학을 고안해내려고 오랫동안 노력을 기울여왔다. 마침내 그가 찾아낸 것은 이른바 사원수라는 수 체계였다. 하지만 그것은 삼차원이 아니라 사차원의 대수학이었고, 이 수 체계에서는 곱셈의 교환법칙이 성립하지 않았다.

사원수는 복소수와 닮았지만, 하나의 새로운 수 i 대신에 i, j, k 세 수가 나온다. 사원수는 이들 세 수의 조합이다. 가령, $7+8i-2j+4k$다. 복소수가 두 가지 독립적인 양인 1과 i로 만들어진 이차원 수 체계인 것과 마찬가지로, 사원수는 네 가지 독립적인 양인 1, i, j, k에서 만들어진 사차원 수 체계다. 사원수는 실수로 이루어진 네 개의 요소 형태로서 대수적으로 다루어질 수 있는데, 다만 덧셈과 곱셈에는 특별한 규칙이 적용된다.

고차원 공간 ∞

해밀턴이 이러한 성과를 올렸을 때 수학자들은 이미 고차원 공간이 자연스럽게 등장하며, 공간의 기본적 요소들이 점 이외의 다른 것이더라도 이에 대한 타당한 물리적 해석이 가능함을 알고 있었다. 1846년 율리우스 플뤼커는 공간에서 한 직선을 특정하려면 네 개의 수가 필요함을 지적했다. 네 개의 수 가운데 둘은 직선이 어떤 고정된 평면과 어디에서 만나는지를 결정하고, 나머지 둘은 그 평면에 대한 직선의 방향을 결정한다. 따라서 직선들의 모음으로 간주할 때 우리에게 익숙한 공간은 삼차원이 아니라 이미 사차원이다. 하지만 이런 구성은 꽤 인위적이며 이런 식의 네 차원으로 공간을 구성하는 게 부자연스럽다는 느낌은 피할 수 없다. 이에 반해 해밀턴의 사원수는 회전으로 간주하면 자연스럽게 해석할 수 있기에, 이를 이용한 대수는 설득력이 있다. 사원수는 복소수와 마찬가지로 자연스럽다. 따라서 사차원 공간은 평면과 마찬가지로 자연스럽다.

이런 발상은 금세 사차원을 훌쩍 넘어버렸다. 해밀턴이 애지중지하던 사원수를 널리 알리자, 헤르만 귄터 그라스만Hermann Günther Graßmann이라는 한 수학 교사는 그 수 체계를 임의의 차원의 공간에까지 확장시키는 방법을 발견하고, 이를 자신의 저서《선형 확장 이론》을 통해 발표했다. 하지만 그라스만이 이 개념을 아리송하고 꽤나 추상적으로 표현했기 때문에 별로 관심을 끌지는 못했다. 1862년에 이러한 관심 부족을 해소하기 위해 책의 개정판을 냈다.《체계적이고 엄밀하게 해설한 확장 이론》이라는 책으로 독자들이 더 쉽게 이해하도록 썼지만, 안타깝게도 역시 외면당했다.

비록 냉대를 받긴 했지만 그라스만의 연구는 매우 중요한 것이었다. 그는 네 가지 단위인 사원수 1, i, j, k를 임의의 개수 단위로 대체할 수 있음을 알아차렸다. 그는 이런 단위들의 조합을 초수hypernumber라고 명명했다. 그는 자신의 방법이 한계가 있음을 잘 알고 있었기에 초수의 연산을 통해 너무 많은 것을 기대하지 않도록 유의해야 했다. 대수의 전통적인 법칙들을 무작정 따르다가는 헛걸음만 하기 쉬웠다.

한편, 물리학자들은 고차원 공간에 대한 자신들만의 개념을 발전시키고 있었다. 하지만 이는 기하학에서 자극을 받은 것이 아니라 맥스웰의 전자기방정식 때문이었다. 여기서 전기장과 자기장은 둘 다 벡터다. 즉 삼차원 공간 내에서 크기와 더불어 방향을 갖는 양이다. 말하자면, 벡터는 전기장이나 자기장의 세기와 방향을 나타내는 화살표다. 화살표의 길이는 장의 세기를 나타내고, 그 방향은 장이 가리키는 방향을 나타낸다.

당시의 표기법으로, 맥스웰의 방정식은 총 여덟 개였다. 이 여덟 개에는 두 개씩 묶인 세 개의 방정식이 포함되어 있었는데, 묶음은 세 방향 공간 각각에 대한 전기장이나 자기장의 각 성분에 관한 방정식이었다. 그런 세 성분을 하나의 단일 벡터방정식으로 모으는 공식을 고안해내면 방정식의 표현은 훨씬 쉬워질 것이다. 맥스웰은 사원수를 이용하여 그렇게 했지만, 그의 방법은 서툴렀다. 맥스웰과 별도로 물리학자 조시아 윌러드 깁스Josiah Willard Gibbs와 공학자 올리버 헤비사이드Oliver Heaviside는 벡터를 대수적으로 표현하는 간단한 방법을 찾아냈다. 1881년 깁스는 제자들에게 도움을 주려고 《벡터 해석의 기본 원리》라는 소책자를 펴냈다. 이 소책자에서 깁스는, 자신의 개념은 수학적 아름다움보다는 사용의 편의성을 위해 개발되었다고 설명한다. 그가 강의한 내용을 에드윈 윌슨이 받아적었는데, 이후 1901년 둘은 《벡터 해석》이라는 공저를 출간했다. 헤비사이드는 1893년 자신의 《전자기 이론》의 제1권에 깁스의 개념과 동일한 일반적인 개념들을 설명했다(나머지 두 권은 1899년과 1912년에 나왔다).

해밀턴의 사원수, 그라스만의 초수 그리고 깁스의 벡터라는 이 세 가지 상이한 체계들은 재빠르게 벡터라는 동일한 수학적 표현으로 수렴되었다. 벡터는 세 수 (x, y, z)로 표현된다. 250년 만에 전 세계의 수학자와 물리학자들은 다시 데카르트로 되돌아간 셈이었지만, 좌표 표기는 이야기의 일부에 불과하다. 벡터는 단지 크기만을 나타내는 점이 아니라, 방향을 가진 크기를 나타낸다. 이것은 엄청난 차이이다. 형식적 표기만 다른 것이 아니라 그것의 해석, 그것의 물리적 의미가 딴판인 것이다.

수학자들은 복소수를 확장한 다원수hypercomplex number 체계가 얼마나 많이 존재할 수 있을지 궁금해했다. 수학자들에게는 그런 체계들이 '유용한가?'보다는 '흥미로운가?'가 관심거리였다. 따라서 수학자들은 임의의 n에 대한 n 다원수 체계의 대수적 성질에 주로 초점을 맞추었다. 사실 이 체계들은 n차원 공간으로 볼 수 있고, 여기에 대수적 조작을 더한 것이었다. 하지만 처음에는 모두들 대수적 측면에 중점을 두었고, 기하학적 측면은 중요하게 여기지 않았다.

미분기하학 ∞

기하학자들은 자신들의 영역에 대수학자들이 침입해 들어오자, 맞대응으로써 다원수를 기하학적으로 해석했다. 여기서의 핵심 인물은 리만이었다. 그는 '하빌리타치온' 과정을 밟고 있었는데, 이 과정의 후보자는 반드시 자신의 연구에 대해 특별 강연을 해야 했다. 당시의 관례대로 가우스는 리만에게 여러 가지 주제들을 제시하도록 요청했고, 최종 선택은 가우스가 할 예정이었다. 리만이 제출한 주제 중 하나로 '기하학의 토대에 놓인 가설들에 관하여'가 있었는데, 이는 가우스도 줄곧 생각하고 있었던 주제였다. 따라서 이것이 특별 강연 주제로 선정되었다.

리만은 노심초사하고 있었다. 공개적인 강연을 싫어하는 성격인데다 연구가 완전히 무르익지 않았기 때문이다. 하지만 마음속에 품고 있는 발상은 가히 혁명적인 것이었다. 바로 n차원의 기하학이었는데, 이웃한 점들 사이의 거리 개념이 포함된 $(x_1, x_2, \cdots, x_n)$ 좌표계를 의미했다. 그는 그러한 공간을 다양체라고 명명했다. 이 제안만으로도 매우 급진적이었는데, 한 가지 훨씬 더 급진적인 특징이 있었다. 즉 다양체가 휘어질 수 있다는 것이다. 가우스는 일찍이 곡면의 곡률을 연구하여 곡률을 내재적으로 표현하는 아름다운 공식 하나를 얻었다. (여기서 '내재적으로'라는 말은 그 곡면만으로 표현되지 그것이 속한 공간과는 무관하다는 뜻이다.)

리만은 다양체의 곡률에 대해서도 비슷한 공식을 개발하려는 의도로 가우스의 공식을 n차원으로 일반화시켰다. 이 공식 또한 다양체에 내재적일 것이다. 즉 다양체를 감싸고 있는 공간을 명시적으로 이용하지 않는다. 리만은 n차원의 공간에서 곡률의 개념을 개발하려고 애쓰다가 신경쇠약에 걸리기 직전이었다. 설상가상으로, 당시 리만은 가우스의 동료인 빌헬름 에두아르트 베버의 연구를 돕고 있었다. 베버는 전기 현상을 연구하는 물리학자였다. 리만은 전기력과 자기력 사이의 상호작용을 고찰함으로써 기하학에 바탕을 둔 힘에 대한 새로운 개념을 파악하게 되었다. 그는 수십 년 후 아인슈타인이 상대성이론을 통해 알아낸 것과 동일한 결론을 얻었다. 즉 힘을 공간의 곡률로 대체할 수 있음을 간파한 것이다.

전통적인 역학에 의하면, 물체는 힘에 의해 방향이 바뀌지 않으면 직선 방향으로 계속 운동한다. 휘어진 기하학에서는 직선이 존재할 필요가 없으며 경로는 휘어져 있다. 만약 곡선이 휘어져 있다면, 직선 방향으로 움직이는 물체라도 직선에서 벗어날 수밖에 없고 이때 마치 그 물체에 힘이 가해지는 듯 느낄 것이다. 마침내 리만은 자신의 강의를 발전시키는 데 필요한 통찰력을 얻어, 1854년 이 개념을 발표했다. 대단한 성공이었다. 이 개념은 금세 널리 퍼졌으며, 점점 더 환호를 받았다. 과학자들은 금세 새로운 기하학에 관한 대중 강연을 하고 있었다. 이들 과학자 가운데 헤르만 폰 헬름홀츠Hermann von Helmholtz가 있었는데, 그는 구면 내지는 어떤 다른 휘어진 곡면에 사는 존재들을 주제로 삼아 강연하기까지 했다.

다양체에 관한 리만기하학의 기술적인 측면을 가리켜 오늘날에는 미분기하학이라고 한다. 미분기하학을 더욱 발전시킨 사람은 에우제니오 벨트라미Eugenio Beltrami, 엘빈 브루노 크리스토펠Elwin Bruno Christoffel 그리고 그레고리오 리치Gregorio Ricci와 툴리오 레비치비타Tullio Levi-Civita 휘하의 이탈리아 학파였다. 나중에 드러난 바에 의하면, 이들의 연구는 아인슈타인의 일반상대성이론에 필요한 것과 동일한 내용이었다.

행렬 대수

대수학자들 또한 바빠졌다. n차원 공간의 기호 체계인 n변수 대수를 위한 계산 기법들을 개발하고 있었던 것이다. 이런 기법들 중 하나가 수의 직사각형 배열인 행렬 대수였다. 행렬 대수는 1855년에 케일리가 처음 도입했다. 이 형식은 좌표를 달리 표현하자는 발상에서 자연스레 등장했다. 이미 x 및 y와 같은 변수들을 선형 조합으로 대체하여 대수식을 단순화시키는 일은 흔했다. 가령,

$$u = ax + by$$
$$v = cx + dy$$

여기서 a, b, c 및 d는 상수다. 케일리는 쌍 (x, y)를 하나의 열 벡터로 그리고 계수들을 2×2 배열, 즉 행렬로 표현했다. 그는 행렬의 곱셈을 적절하게 정의하면서, 이 좌표들을 다음과 같이 표시했다.

$$\begin{bmatrix} u \\ v \end{bmatrix} = \begin{bmatrix} a & b \\ c & d \end{bmatrix} \begin{bmatrix} x \\ y \end{bmatrix}$$

이 방법은 임의의 행과 열을 지닌 배열로 쉽게 확장되어, 임의의 개수

좌표에 대한 선형 변환을 표현했다.

행렬 대수 덕분에 n차원 공간을 계산할 수 있게 되었다. 새로운 개념들이 등장하자 n차원 공간에 대한 기하학적인 언어가 등장하여 공식적인 대수 계산 체계의 뒷받침을 받았다. 케일리는 자신의 개념이 표기상 편리할 뿐이라고 여겨, 다른 곳에 응용되지는 못하리라고 내다보았다. 하지만 오늘날 행렬은 과학의 전 분야, 특히 통계학과 같은 분야에 없어서는 안 될 도구가 되었다. 행렬의 주요 소비자로써 임상실험을 들 수 있다. 임상실험에서는 원인과 결과 사이의 어떠한 관련성이 통계적으로 중요한지를 행렬을 이용하여 계산하기 때문이다.

행렬과 같은 기하학적 이미지를 이용하자 정리를 증명하기가 용이해졌다. 반대론자들은 신출내기 기하학이 존재하지도 않는 공간을 다루려 한다고 비난했다. 이에 맞서 대수학자들은 n변수의 대수는 확실히 존재하며, 수학의 여러 분야에 도움을 주는 개념은 분명 흥미로운 것이라고 반박했다. 조지 샐먼은 이렇게 썼다. '나는 세 변수로 된 세 방정식이 주어졌을 때, [방정식들의 어떤 계를 풀이하는] 이 문제를 이미 충분히 논의했다. 이제 우리들 앞에 놓인 질문은 p차원 공간에서 대응하는 문제들로 다루어질 수 있다. 하지만 우리는 어떤 기하학적 고려와는 무관하게 그것을 순전히 대수적인 질문으로 다룬다. 그럼에도 우리는 기하학적 언어를 조금은 남겨둘 것이다. …왜냐하면 그렇게 함으로써, 우리가 세 방정식의 계에서 도입했던 것과 비슷한 절차를 p개 방정식들의 계에 적용하는 법을 훨씬 쉽게 이해할 수 있기 때문이다.'

현실 공간 ∞

고차원 공간은 존재하는가? 물론 그 대답은 '존재한다'가 무슨 뜻이냐

그들은 고차원 기하학을 어떻게 활용했을까?

1907년경 독일 수학자 헤르만 민코프스키Hermann Minkowski는 아인슈타인의 특수상대성이론을 사차원 시공간의 관점에서 정식화했다. 사차원 시공간은 일차원의 시간과 삼차원의 공간을 하나의 단일한 수학적 대상으로 통합시킨 개념이다. 이를 가리켜 민코프스키 시공간이라고 한다.

상대성이론에서는 민코프스키 시공간 상의 거리가 피타고라스 정리에 의해 결정되지 않는다. 따라서 한 점 (x, t)에서 원점까지의 거리 제곱은 x^2+t^2이 아니라, 간격 $x^2-c^2t^2$으로 대체된다. 여기서 c는 빛의 속력이다. 이때 중요한 변화는 마이너스 부호다. 이는 시공간의 사건이 두 개의 원뿔과 관련됨을 의미한다. 한 원뿔(다음 그림에서 삼각형으로 표현되는 까닭은 공간이 일차원을 축소해 표현하기 때문이다)은 사건의 미래를 나타내고 다른 한 원뿔은 사건의 과거를 나타낸다. 이 기하학적 표현은 현대의 물리학자들이 거의 보편적으로 받아들였다.

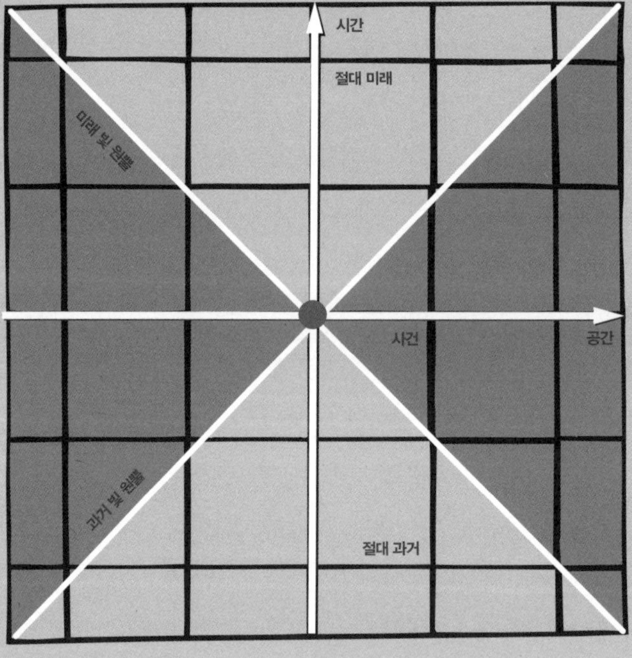

에 따라 달라진다. 하지만 사람들은 이런 사안을 잘 이해하지 못하는 편이며, 특히 감정이 개입될 때는 더욱 그렇다. 이러한 분위기가 팽배한 가운데 1869년 한 유명한 연설이 영국협회에서 있었다. 나중에 《수학자들을 위한 호소》라는 제목의 글로도 발행된 이 연설에서 제임스 조지프 실베스터James Joseph Sylvester는 일반화야말로 수학을 발전시키는 중요한 방법임을 지적했다. 실베스터는 중요한 것은 상상 가능한 것이지 물리적 경험에 직접 대응하는 것이 아니라고 말했다. 덧붙여서 조금만 연습해보면 사차원을 완벽하게 상상할 수 있으므로, 사차원 공간은 상상 가능한 것이라고 했다.

이에 격분한 셰익스피어 학자 클레멘트 잉글비는 위대한 철학자 임마누엘 칸트Immanuel Kant더러 삼차원이 공간의 본질적 특징임을 증명하도록 부추겼다. 이는 실베스터의 관점과 완전히 어긋난 것이다. 현실 공간의 성질은 수학적 사안과는 무관하다. 그럼에도 불구하고 한동안 대다수의 영국 수학자는 잉글비에게 동조했다. 하지만 일부 대륙 수학자는 그렇지 않았다. 그라스만은 이렇게 말했다. '확장의 미적분학의 정리들은 다만 기하학적 결과들을 대수적 언어로 옮기는 것이 아니라 훨씬더 일반적인 중요성을 갖는다. 왜냐하면 통상적인 기하학은 삼차원의〔물리적〕 공간에 속박되어 있지만, 추상적 과학은 이런 한계에서 자유롭기 때문이다.'

실베스터는 자신의 입장을 이렇게 옹호했다. '많은 이들이 일반화된 공간의 개념을 단지 대수적 정식화의 위장된 형태로 여긴다. 하지만 대수학의 무한이라든지 0의 각도를 이루며 만나는 불가능한 직선들에 대한 우리의 개념도 한때는 그러했다. 이런 개념들의 유용성을 다투는 이는 지금 어디에도 없다. 샐먼 박사는 샤를 미셸의 곡면 이론에 대한 확장 연구에서, 클리포드 씨는 확률에 대한 탐구에서, 그리고 나 자신은 분할 이론 및 무게중심 사영에 관한 논문에서 모두 다 사차원 공간을 상상 가능한 공간으로 다룸으로써 얻는 실질적인 유용성을 느꼈고, 이에 대한 증거를 내놓았다.'

다차원 공간 ∞

결국 실베스터가 논쟁에서 승리했다. 오늘날 수학자들은 어떤 것이 논리적으로 모순되지 않는다면, 존재한다고 여긴다. 그것이 물리적 경험과 상충될 수도 있지만, 수학적 존재와는 무관하다. 이런 의미에서 보자면, 다차원 공간은 우리에게 익숙한 삼차원 공간만큼이나 실제로 존재하는 셈이다. 왜냐하면 삼차원 공간에 대한 정의만큼이나 다차원 공간에 대한 공식적인 정의를 내리기가 쉽기 때문이다.

오늘날 다차원 공간의 수학은 순전히 대수적이며, 낮은 차원의 공간 대수학에서 나온 내용을 일반화시킨 결과임이 분명하다. 가령, 평면(이차원 공간) 내의 모든 점은 두 좌표로 특정할 수 있으며, 삼차원 공간의 모든 점은 세 좌표로 특정할 수 있다. 마찬가지로 한 걸음 더 나아가면, 사차원 공간의 모든 점은 네 좌표로 특정할 수 있다. 일반적으로 n차원 공간의 점은 n개 좌표의 한 목록으로 정의할 수 있다. 그렇다면 n차원 공간(줄여서 n-공간)은 그러한 공간들의 집합일 뿐이다.

비슷한 대수적 책략을 통해 n-공간 내의 임의의 두 점 사이의 거리, 두 직선 사이의 각 등을 알아낼 수 있다. 이제부터는 상상력이 관건이다. 이차원 내지 삼차원 공간에서 타당한 기하학적 형태들은 n차원 공간에서도 유사 형태를 갖는다. 이들 형태를 찾는 방법은 좌표의 대수를 이용하여 익숙한 형태를 기술한 다음, 그런 기술을 n개의 좌표로 확장하는 것이다.

가령, 평면 내의 원이나 3차원 공간 내의 구는 정해진 한 점에서 부터 고정된 거리(반지름)에 놓여 있는 모든 점들로 이루어진다. n-공간에서 이와 유사 형태는 두 말할 것도 없이 정해진 한 점에서 고정된 거리에 놓여 있는 모든 점을 찾

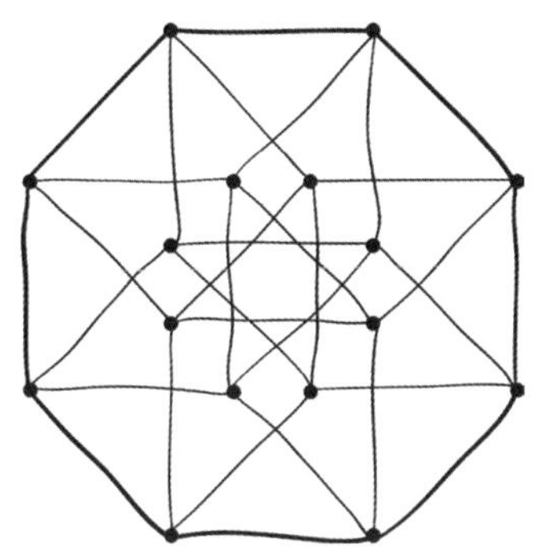

평면에 투영시킨 사차원 초입방체(hypercube)

으면 된다. 거리에 대한 공식을 사용하면 이 유사 형태는 순전히 대수적인 표현이 된다. 그 결과 생긴 대상은 $(n-1)$-차원 초구, 간단히 $(n-1)$-구라고 한다. 차원이 n에서 $n-1$로 낮아진 까닭은, 가령 2-공간에서 원은 곡선인데 곡선은 일차원 대상이고, 마찬가지로 3-공간의 구는 이차원 곡면이기 때문이다. n차원의 입체 초구를 가리켜 n-공 ball이라고 한다. 따라서 지구는 3-공이며, 그 곡면은 2-구다.

오늘날 이런 관점을 가리켜 선형 대수라고 한다. 이것은 수학과 과학의 모든 분야에서 사용되는데, 특히 공학과 통계학에서 유용하다. 또한 경제학에서도 표준적인 기법이다. 케일리는 자신의 행렬이 결코 실용적으로 응용되지는 못하리라고 내다보았다. 잘못 보아도 한참 잘못 본 것이다.

1900년이 되자 실베스터의 예측은 현실이 되었다. 바야흐로 수학과 물리학의 수많은 분야에서 다차원 공간의 개념이 엄청난 영향을 끼치게 되었다. 그런 분야 중 하나가 아인슈타인의 상대성이론이었다. 상대성이론은 사차원 시공간 기하학의 한 특별한 유형이라고 보면 알맞다. 1908년에 헤르만 민코프스키는 통상적인 공간의 세 좌표에다가 시간의 한 좌표를 더하면 사차원 시공간이 형성됨을 알아차렸다. 시공간 내의

임의의 점을 가리켜 사건이라고 한다. 사건은 시간의 흐름 속에서 딱 한 순간 반짝 존재했다가 사라지는 점 입자인 셈이다. 상대성은 정말이지 사건의 물리학에 관한 것이다. 전통적인 역학에 의하면, 공간 속을 움직이는 한 입자는 시간 t에서 좌표 $(x(t),\ y(t),\ z(t))$를 차지하며, 이 위치는 시간이 흐르면서 변한다. 민코프스키의 시공간 개념에서 보면, 그런 모든 점들의 집합은 시공간의 한 곡선, 즉 입자의 세계선world line을 이루는데, 세계선은 모든 시간에 걸쳐 존재하며 그 자체로서 의미를 갖는 단일한 대상이다. 그리고 상대성이론에서 보면, 네 번째 차원인 시간은 하나의 고유한 실체로 해석된다.

나중에 특수상대성에다 중력을 통합시킨 일반상대성이론은 리만의 혁신적인 기하학을 많이 사용했지만, 적절한 수정을 통해 평평한 시공간의 기하학에 대한 민코프스키의 표현―즉 질량을 가진 물체가 존재하지 않을 때 중력 왜곡(곡률)을 발생시키기 위해 시간과 공간이 행동하는 방식―에 맞도록 했다.

수학자들은 차원과 공간에 대한 더욱 유연한 개념을 선호했는데, 19세기 후반이 끝나고 20세기로 접어들면서 수학은 훨씬 더 다차원 기하학을 폭넓게 받아들였다. 복소해석이 자연스레 확장되면서 등장한, 두 복소 변수의 함수에 대한 이론은 두 복소 차원의 공간에 대한 고찰을 요구했다. 하지만 각각의 복소 차원은 두 실수 차원으로 환원되기에, 싫든 좋든 사차원 공간을 말하고 있는 셈이다. 리만의 다양체와 다변수 대수학은 다차원 공간 개념을 더욱 부추겼다.

일반화 좌표 ∞

다차원 기하학을 발전시킨 또 한 가지 자극은 해밀턴이 1835년 일반화 좌표 generalized coordinate를 통해 역학을 재구성한 것이다. 일반화 좌표는 라그랑주가 1788년에 쓴 책《해석 역학》에서 처음 사용한 개념이다. 한 역학계는 자유도—즉 계의 상태를 변화시키는 방법—만큼 이런 좌표들을 갖는다. 사실 자유도는 용어만 다를 뿐 차원과 같은 개념이다.

가령, 기본적인 자전거의 구성을 나타내려면 여섯 개의 일반화 좌표가 필요하다. 핸들이 자전거 동체와 이루는 각을 나타내는 데 한 좌표, 두 바퀴의 회전 위치를 나타내는 데 두 좌표, 페달 축을 나타내는 데 한 좌표, 페달 자체의 회전 위치를 나타내는 데 두 좌표가 필요하기 때문이다. 물론 자전거는 삼차원 물체다. 하지만 자전거가 가질 수 있는 구성들의 공간은 육차원이다. 그렇기 때문에 자전거 타기는 요령을 터득하기 전까지는 어려운 법이다. 우리의 뇌는 이 여섯 개의 변수들이 어떻게 상호작용하는지를 파악해야 한다. 즉 육차원 기하학인 자전거 공간 내에서 조종하는 법을 배워야 하는 것이다. 자전거가 일단 움직이면, 이 여섯 좌표에 대응하는 여섯 개의 속도를 신경 써야 한다. 따라서 자전거의 역학은 본질적으로 십이차원인 셈이다.

1920년이 되자 이처럼 물리학, 수학 및 역학이 혼연일체가 되어 다변수 문제들에 대한 기하학적 언어—즉 다차원 기하학—을 사용하는 일은 그다지 놀랄 일이 아니게 되었다. 예외가 있다면, 일부 철학자들이 눈살을 찌푸렸을 뿐이다. 1950년이 되자 이런 경향이 더욱 깊어져 이제 모든 것을 처음부터 n차원 공간에서 다루는 것이 수학자들의 자연스러운 성향으로 자리 잡았다. 이론을 이차 내지 삼차원 공간에 국한시키는 것은 케케묵고 협소한 관점으로 조롱을 받을 지경이었다.

고차원 공간의 언어는 이제 급속도로 과학의 모든 분야로 퍼져나갔고, 심지어 경제학과 유전학 같은 학문에도 침입했다. 가령, 오늘날의

우리는 고차원 기하학을 어떻게 활용하고 있을까?

휴대전화는 다차원 공간을 핵심 개념으로 사용한다. 인터넷 접속, 위성 TV나 케이블 TV 그리고 메시지를 송수신하는 다른 거의 모든 기술도 마찬가지다. 현대의 통신은 디지털로 이루어진다. 모든 메시지, 심지어 전화 음성통화도 이진수 0과 1의 패턴으로 변환된다.

통신은 신뢰도가 담보되지 않으면 많이 사용되지 않는다. 수신 메시지가 송신 메시지와 똑같아야 한다. 전자장치는 이런 유형의 정확도를 보장할 수 없다. 왜냐하면 전파방해나 심지어 지나는 우주선cosmic ray이 오류를 일으키기 때문이다. 따라서 전기공학자들은 수학적 기술을 이용해 신호를 암호로 만든다. 이로써 오류를 찾아내 고칠 수 있다. 암호의 기반이 바로 다차원 공간의 수학이다.

다차원 공간이 암호에 등장하는 까닭은, 가령 1001011100과 같은 10개의 이진수(비트) 배열을 0 또는 1에만 국한된 좌표를 갖는 십차원 공간의 한 점으로 간주하면 유용하기 때문이다. 암호 오류 발견 및 교정에 관한 중요한 여러 문제는 이런 공간의 기하학으로 가장 잘 해결할 수 있다.

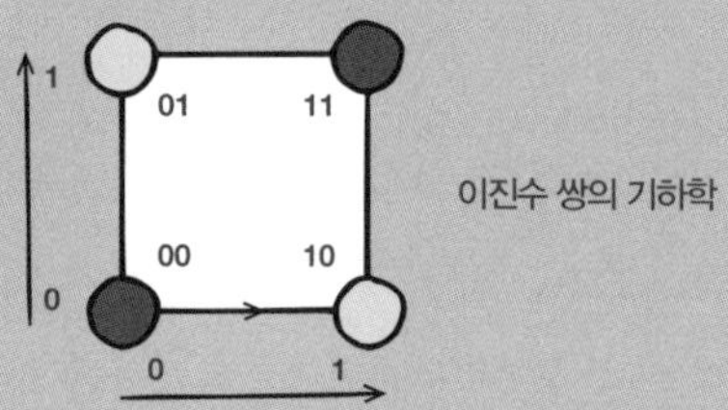

예를 들어, 모든 0을 00으로 모든 1을 11로 대체하여 메시지를 암호화하면 단일 오류를 찾아낼 수 있다(하지만 오류를 수정하지는 못한다). 그러면 110100이라는 메시지는 111100110000으로 부호화된다. 만약 이 메시지를 네 번째 비트에 오류가 하나 있는 **111000110000으로 수신하면, 무언가 잘못되었음을 금세 알아차릴 수 있

바이러스 학자들은 바이러스를 수백 차원을 거뜬히 가지는 DNA 염기서열 공간의 점으로 여긴다. 수백 차원이라는 말의 의미는 본질적으로 바이러스 게놈의 DNA 염기가 수백 개로 이루어져 있다는 것이다. 하지

다. 왜냐하면 굵은 글씨로 표현한 1**0**은 나타나지 않아야 할 비트이기 때문이다. 하지만 그것이 원래 00인지 11인지는 모르기에 오류를 수정할 수는 없다. 아무튼 이러한 기법은 [부호 단어(code word, 암호를 이루는 한 요소_옮긴이) 00과 11로 이루어진 길이 2에 대응] 한 이차원 도형으로 깔끔하게 설명할 수 있다. 비트들을 두 축(00-10의 축과 00-01의 축)에 대한 좌표라고 여기면, 우리는 00과 11이 정사각형의 반대편 꼭짓점에 대각선으로 놓여 있는 그림을 그릴 수 있다.

단 한 개의 오류가 생기면 00과 11은 다른 두 꼭짓점에 있는 부호 단어(01 또는 10)로 바뀐다. 이 둘은 유효하지 않은 부호 단어다. 하지만 이들 꼭짓점은 유효한 부호 단어의 두 꼭짓점 바로 옆에 있기 때문에, 오류가 서로 달라도 그 차이를 알아낼 수 없다. 오류를 고칠 수 있으려면, 0을 000으로 1을 111로 부호화하는 길이 3의 부호 단어를 사용하면 된다. 이제 두 부호 단어는 삼차원 공간 내 정육면체의 꼭짓점에 위치한다. 하나의 오류는 인접한 한 꼭짓점의 부호 단어를 발생시킨다. 게다가 무효인 그런 부호 단어들은 유효한 부호 단어 000과 111 중 어느 하나와만 인접한다.

디지털 메시지를 암호화하는 이 방법은 1947년 리처드 해밍턴이 처음 내놓았다. 기하학적 해석이 곧이어 나왔는데, 그것은 더욱 효과적인 암호 개발에 핵심적으로 중요한 수단이 되었다.

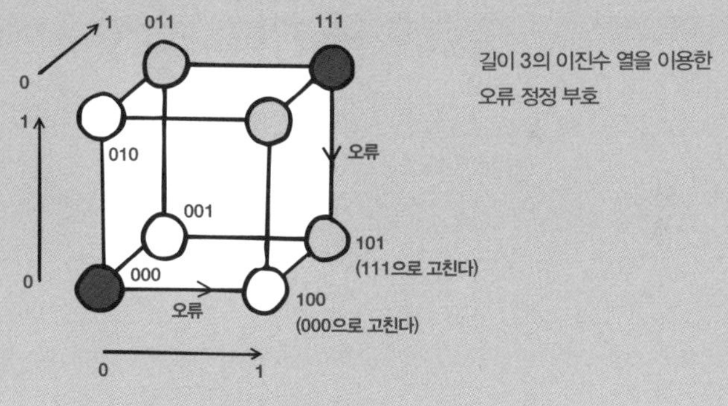

길이 3의 이진수 열을 이용한 오류 정정 부호

만 기하학적 이미지는 단지 비유에 그치지 않는다. 그것은 문제를 고찰하는 효과적인 방법이다.

하지만 고차원 공간이 존재한다고 해서 영적인 세계가 존재한다거나 유령이 실재한다거나 우리가 (에드윈 애봇의 《평면 나라》에서처럼) 어느 날 초구에서 온 방문자를 맞이할지 모른다는 뜻은 아니다. (초구에서 온 방문자는 사차원 공간에서 온 생명체로서 우리에게는 구의 형태로 자신의 존재를 드러낼 것인데, 그 크기는 불가사의하게 계속 바뀌고 한 점으로 축소될 수도 우주에서 감쪽같이 사라질 수도 있을 것이다.) 하지만 초끈이론을 연구하는 물리학자들은 우리 우주가 사차원이 아니라 실제로 십차원일지 모른다고 여긴다. 이들에 의하면, 지금 우리가 나머지 여섯 개의 차원을 알아차리지 못하는 까닭은 그 차원들이 우리가 감지해내기에는 너무 촘촘하게 접혀 있기 때문이라고 한다.

다차원 기하학은 아주 극적인 분야로, 여기서 수학은 현실과 완전히 손을 놓아버리는 것처럼 보인다. 물리적 공간이 삼차원인 마당에, 사차 또는 그 이상의 차원이 어떤 형태로 존재할 수 있다는 것인가? 설령 수학적으로야 정의될 수 있다 하더라도 무슨 쓸모가 있다는 말인가?

이런 질문에 깃든 한 가지 오류는 수학이라는 학문이 우리에게 직접적으로 관찰되는 현실 세계를 있는 그대로 나타낸다고 기대하는 것이다. 사실 우리는 수많은 변수들로 기술할 수 있는 대상들, 즉 그러한 대상들의 '자유도'에 둘러싸여 있다. 가령, 인간 골격의 위치를 나타내는 데는 적어도 100개의 변수가 필요하다. 수학적으로 말해, 그런 대상은 하나의 변수가 하나의 차원을 나타내는 고차원 공간을 이용해야지만 자연스레 기술된다.

수학자들이 그러한 기술을 정식화하는 데는 오랜 세월이 거렸으며, 고차원 공간 개념이 유용하다는 점을 다른 이들에게 설득시키는 데는 더 오랜 세월이 걸렸다. 오늘날 고차원 공간 개념은 과학적 사고에 너무나도 깊숙이 자리 잡고 있기에, 이제는 어디에나 이용된다. 경제학, 생물학, 물리학, 공학, 천문학 등등 이루 헤아릴 수 없이 많은 분야에 표준적인 도구가 되었다.

고차원 기하학의 이점은 원래는 시각적인 대상이 아니었던 문제들을 인간의 시각 능력으로 다룰 수 있게 해준다는 것이다. 우리의 뇌는 시각적 사고에 익숙하기 때문에 이런 접근법은 다른 방법들로는 쉽게 얻을 수 없는 뜻밖의 통찰을 낳을 수 있다. 현실 세계와 직접적인 관련성이 없는 수학적 개념들이 때로는 간접적이지만 더 심오한 관련성을 갖는다. 수학이 그토록 유용한 까닭은 바로 이러한 관련성 때문이다.

논리의
형태

수학을 굳건한 기초
위에 올려놓기

수학의 상부 구조가 점점 더 커지자 소수의 수학자들은 기초가 그 상부 구조의 무게를 지탱할 수 있을지 묻기 시작했다. 일련의 근본적인 위기—특히 미적분학의 기본 개념에 대한 논쟁 그리고 푸리에 급수에 관한 일반적인 혼동—를 겪고 나자 수학적 개념들은 논리적 오류를 피하기 위해 매우 주의 깊고 정확하게 정의되어야 한다는 점이 분명해졌다. 그렇지 않으면 수학의 연역 체계는 그 밑바탕에 놓인 모호성 때문에 논리적 모순에 가로막혀 쉽사리 붕괴될 수 있었다.

처음에 그런 우려들은 푸리에 급수와 같은 복잡하고 정교한 개념에 집중되었다. 하지만 차츰 수학계는 가장 기본적인 개념들도 의심스러울 수 있음을 깨달았다. 가장 중대한 것은 무엇보다도 수의 개념이었다. 무서운 진실이 한 가지 도사리고 있었는데, 그건 바로 수학자들이 수의 심오한 성질들을 발견하느라 온갖 노력을 기울였건만 정작 수 자체가 무엇인지를 물어보지 않았다는 것이다. 그리고 수를 논리적으로 정의하는 문제에 대해서는 아는 바가 없었다.

데데킨트 ∞

1858년 미적분학 과목을 가르치면서 데데킨트는 미적분학의 기반이 우려스럽다는 것을 느꼈다. 미적분학에서 사용하는 극한 개념이 아니라 실수 체계가 문제였다. 1872년 그는 자기 생각을 담은 저서《연속과 무리수》를 발표하면서, 명백해 보이는 실수의 성질들이 엄밀하게 정의된 적이 없음을 지적했다. 한 가지 예로서 그는 $\sqrt{2}\,\sqrt{3}=\sqrt{6}$을 들었다. 분명 양변을 제곱해보면 이 결과가 나온다. 하지만 무리수의 제곱은 일찍이 정의된 적이 없었다. 1888년 발간된《수란 무엇이며 무슨 의미인가?》에서는 실수 체계의 논리적 기초의 심각한 허점들을 자세히 설명했다. 어느 누구도 실수의 존재를 증명한 적이 없었다.

그는 이 허점을 메울 방법을 제시했는데, 오늘날 '데데킨트 절단'이라고 불린다. 요지를 말하면, 우선 확립된 하나의 수 체계인 유리수에서 시작하여 이 체계를 확장시켜 더욱 풍부한 실수 체계를 얻는 것이다. 그의 접근법은 실수에 필요한 성질들에서 시작하여 그런 성질들을 순전히 유리수의 관점으로 바꾸어 표현한 다음 그 과정을 거꾸로 하여, 유리수의 특징을 실수의 정의로서 해석하는 것이다. 옛것에서 새로운 개념을 얻는 이런 종류의 뒤집기 기법은 이후로 널리 사용되었다.

당분간 실수가 존재한다고 일단 가정하자. 실수는 유리수와 어떤 관계가 있을까? 일부 실수들은 유리수가 아니다. 그 명백한 예가 $\sqrt{2}$ 다. 자 그러면, 이 수는 무리수이긴 하지만 유리수를 이용해 우리가 원하는 만큼 근접한 값으로 근사할 수 있다. 모든 가능한 유리수들의 배열 사이 어느 특정한 자리에 위치할 수 있다. 하지만 그 자리를 어떻게 정할까? 데데킨트가 알아내기로, $\sqrt{2}$ 는 실수 집합을 두 조각으로 깔끔하게 분리한다. 즉 $\sqrt{2}$ 보다 작은 실수 집합과 $\sqrt{2}$ 보다 큰 실수 집합으로 분리한다. 어떤 의미에서 보면, 이 분리—또는 절단—는 $\sqrt{2}$를 유리수의 관점에서 정의한다. 유일한 문제점이라면 우리가 두 조각으로 절단한 실수 집합을 정의하기 위해 $\sqrt{2}$를 이용한다는 것뿐이다.

하지만 해결책이 있다. $\sqrt{2}$보다 큰 유리수들은 전부 양수이며, 그 제곱은 2보다 크다. $\sqrt{2}$보다 작은 유리수들은 그 이외의 수들이다. 이 두 유리수 집합은 이제 $\sqrt{2}$를 명시적으로 이용하지 않고서 정의되며, 이 두 집합은 실수 직선상에 정확히 그 위치가 정해진다.

데데킨트는 만약 실수가 존재한다고 가정한다면, 이 두 성질을 만족하는 절단은 그 실수보다 큰 모든 유리수 집합 R과 그 실수보다 작거나 같은 모든 유리수 집합 L을 구성함으로써, 임의의 실수에 적용될 수 있음을 보여주었다. ('같은'이라는 조건은 절단을 임의의 유리수에 적용하기 위해 필요하다. 그 조건에 해당하는 유리수를 제외해서는 안 된다.) 여기서 L과 R은 일상적인 실수 직선의 왼쪽과 오른쪽으로 볼 수 있다.

이 두 집합 L과 R은 꽤 엄격한 조건들을 따른다. 첫째, 모든 유리수는 두 집합 중 하나에 반드시 속한다. 둘째, R에 속하는 모든 수는 L에 속하는 모든 수보다 크다. 마지막으로, 유리수 자체에 관한 전문적인 조건이 하나 있다. L은 최댓값이 있을 수도 있고 없을 수도 있지만, R은 최솟값이 결코 없다. 이런 유리수 부분집합의 임의의 쌍을 절단이라고 부르도록 하자.

뒤집기 기법에서는 실수가 존재함을 가정할 필요가 없다. 대신에 우리는 절단을 이용하여 실수를 정의할 수 있다. 그러면 결과적으로 한 실수는 한 절단이다. 우리는 대체로 실수를 그런 식으로 여기지 않지만 데데킨트는 우리가 원한다면 그렇게 할 수 있음을 알아차렸다. 관건은 절단을 더하고 곱하는 방법을 정의함으로써 실수의 산수가 성립하도록 하는 일이었다. 알고 보니 쉬운 일이었다. 두 절단 (L_1, R_1)과 (L_2, R_2)를 더하기 위해, L_1에 속한 수와 L_2에 속한 수를 더하여 생길 수 있는 모든 수의 집합을 $L_1 + L_2$라고 정의하고, 똑같은 방식으로 $R_1 + R_2$를 정의하자. 곱셈도 비슷한 방식이지만, 양수와 음수는 서로 조금 다르게 행동한다.

마지막으로 절단의 산수가 우리가 실수에서 기대하는 모든 성질을 갖는지를 증명해야 한다. 이런 성질에는 대수의 표준적 법칙들이 포함되는데, 그 모두는 유리수의 유사한 성질들에서 도출된다. 실수와 유리수를 구분하는 결정적인 성질은 (어떤 특정한 기술적 조건에서) 절단들로 이루어진 무한수열의 극한이 존재한다는 것이다. 마찬가지로, 임의의 무한소수에 대응하는 절단이 존재한다. 이 또한 자명하다.

이런 성질이 전부 성립한다고 가정하고서, 데데킨트가 $\sqrt{2}\,\sqrt{3} = \sqrt{6}$을 어떻게 증명했는지 알아보자. 앞서 보았듯이, $\sqrt{2}$는 절단 (L_1, R_1)에 대응하는데, 여기서 R_1은 제곱을 했을 때 값이 2보다 큰 모든 양의 유리수들로 이루어진다. 마찬가지로 $\sqrt{3}$은 (L_2, R_2)에 대응하는데, 여기서 R_2는 제곱을 했을 때 값이 3보다 큰 모든 양의 유리수들로 이루어진다. 두 절단의 곱을 (L_3, R_3)라고 하면, 여기서 R_3는 제곱을 했을 때 값이 6보다 큰 모든 양의 유리수들로 이루어짐을 쉽게 증명할 수 있다. 이 절단 (L_3, R_3)는 $\sqrt{6}$에 대응한다. 따라서 증명 완료!

데데킨트의 방법이 지닌 아름다움은 실수에 관한 모든 사안들을 대응하는 유리수 관련 사안들 ─구체적으로 말해, 유리수 집합의 쌍─로 환원시킨다는 것이다. 따라서 이 접근법은 실수를 순전히 유리수 및 유리수에 대한 연산으로 정의한다. 결론적으로, (수학적인 의미에서) 유리수가 존재한다면 실수도 존재하는 것이다.

하지만 치러야 할 사소한 대가가 있다. 실수가 유리수의 집합 쌍으로 정의되는데, 이는 실수에 대한 우리의 일반적 인식과 맞지 않는다. 만약 이 말이 이상하게 들린다면, 실수를 무한소수로 표현하기 위해 십진수 0~9로 이루어진 무한수열이 필요하다는 점을 떠올리기 바란다. 개념적으로 이것은 적어도 데데킨트 절단만큼이나 복잡하다. 하지만 두 무한소수의 합이나 곱을 정의하기는 실제로 매우 까다롭다. 왜냐하면 소수를 더하거나 곱하는 산술 방법은 보통 오른쪽 끝에서 시작하는데, 소수가 무한소수이면 오른쪽 끝이 존재하지 않기 때문이다.

정수를 위한 공리들 ∞

데데킨트의 책은 기초적인 연습으로서는 아주 좋았다. 하지만 용어 정의에 관한 일반론을 묻자면, 단지 관심을 실수에서 유리수로 옮겨놓았을 뿐임이 금세 드러났다. 그런데 우리는 유리수가 존재하는지는 어떻게 아는가? 만약 정수가 존재한다고 가정한다면, 쉽게 알 수 있다. 즉 정수 (p, q)의 쌍으로서 유리수 p/q를 정의하여 이들의 합과 곱에 대한 공식을 알아내면 된다. 만약 정수가 존재하면, 정수들의 이러한 쌍도 존재한다.

옳은 이야기다. 하지만 정수가 존재하는지는 어떻게 아는가? 양의 부호나 음의 부호를 논외로 치면, 정수는 일상적인 자연수다. (0은 정의에 따라 자연수에 포함될 수도 있고 안 될 수도 있다_옮긴이) 부호를 적용시키기는 쉬운 일이다. 따라서 정수는 자연수가 존재한다면 존재한다.

이것이 끝은 아니다. 우리는 자연수에 너무나 익숙해져 있기 때문에 0, 1, 2, 3 등의 낯익은 수들이 실제로 존재하는지 묻는 일이 결코 없다.

그리고 설령 자연수가 존재한다면, 과연 자연수란 무엇인가?

1889년 주세페 페아노는 유클리드를 본받아 이러한 존재 문제를 슬쩍 비켜갔다. 유클리드는 점, 선, 삼각형 등의 존재 여부를 논의하는 대신에 단지 공리—더 이상의 질문 없이 참이라고 가정하는 성질—들의 한 목록을 적었을 뿐이다. 점이나 선 등이 존재하는지는 신경 쓰지 마라. 더 흥미로운 질문이란 이렇다. 만약 그러한 것들이 존재한다면 어떤 성질을 가지는가? 페아노 역시 자연수에 대한 공리의 한 목록을 적었다. 주요 성질은 아래와 같다.

* 수 0이 존재한다.
* 모든 수 n은 '다음 수 successor' $S(n)$을 갖는다. (이 값을 우리는 $n+1$이라고 여긴다.)
* 만약 $P(n)$이 자연수의 한 성질일 때, $P(0)$이 참이고 $P(n)$이 참일 때마다 $P(S(n))$이 참이라면, $P(n)$은 모든 n에 대해 참이다(수학적 귀납의 원리).

이어서 그는 이 공리들에 따라 수 1, 2… 등을 정의했는데, 기본적으로 다음과 같은 과정이었다.

$$1 = s(0)$$
$$2 = s(s(0)) \ \text{등등.}$$

또한 그는 기본적인 산수 연산들을 정의했으며, 이 연산들이 통상의 법칙들을 따른다는 것을 증명했다. 그의 체계에서 $2+2=4$는 $s(s(0))+s(s(0))=s(s(s(s(0))))$과 같이 증명할 수 있는 하나의 정리다.

이러한 공리적 접근법의 큰 장점은 우리가 이러저러한 방법으로 정수가 존재함을 보여주고 싶을 때 정확히 우리가 증명해야 할 것을 정해준다는 데 있다. 우리는 페아노의 공리들 전부를 만족하는 어떤 계를 구성하기만 하면 된다.

여기서 심오한 질문은 수학에서 '존재한다'의 의미다. 현실 세계에서 어떤 것은 만약 우리가 그것을 관찰할 수 있으면 존재한다. 또는 만약 관찰하지 못하더라도 관찰할 수 있는 것들로부터 그것이 존재하는 데 필요한 성질을 추론해낼 수 있으면 존재한다. 우리는 중력이 존재함을 알고 있다. 왜냐하면 아무도 중력을 볼 수는 없지만 그 효과를 관찰할 수는 있기 때문이다. 따라서 현실 세계에서 우리는 고양이 두 마리, 자전거 두 대 또는 빵 두 덩이가 존재한다고 타당하게 말할 수 있다. 하지만 수 2는 그렇지 않다. 수 2는 물건이 아니며 개념적으로 구성된 것이다. 우리는 현실 세계에서 수 2를 결코 만나지 못한다. 우리가 얻는 것은 종이에 적혀 있거나 컴퓨터 화면에 표시되어 있는 기호 2일 뿐이다. 하지만 어느 누구도 기호가 그것이 나타내는 것과 똑같다고는 여기지 않는다. 잉크로 쓰인 '고양이'라는 단어는 고양이가 아니다. 마찬가지로 기호 2는 수 2가 아니다.

'수'의 의미는 놀랍게도 매우 어렵고 개념적이며 철학적인 문제다. 더군다나 우리가 수를 이용하는 방법을 너무나 잘 알고 있는 터라 이 문제는 더욱 절망스럽다. 우리는 수가 어떻게 행동하는지는 알지만 정작 수가 무엇인지는 모르는 셈이다.

집합과 클래스 ∞

1880년대에 고틀로프 프레게Gottlob Frege는 자연수를 훨씬 더 간단한 대상들—즉 집합—로부터 구성함으로써 이런 개념적인 문제를 해결하기로 했다. 그의 출발점은 수를 셈과 연관시키는 표준적인 과정이었다.

프레게에 따르면, 수 2는 상이한 원소 a와 b를 갖는 표준적인 집합 $\{a,$ $b\}$와 일대일로 대응할 수 있는 집합들 — 오직 그런 집합들 — 의 한 성질이다.

{한 고양이, 또 하나의 고양이}

{한 자전거, 또 하나의 자전거}

{한 빵 덩이, 또 하나의 빵 덩이}

이들은 전부 $\{a, b\}$와 일대일로 대응될 수 있다. 따라서 이들은 동일한 수를 결정한다('결정한다'가 무슨 뜻이든지 간에).

안타깝게도 표준적인 집합들의 한 목록을 수라고 여기는 것은 무작정 단정 짓는 느낌이 든다. 어떤 기호를 그 기호가 나타내는 대상과 혼동하는 것과 흡사하다. 하지만 그렇다면 우리는 '표준적인 집합과 일대일로 대응할 수 있는 집합들의 성질'을 어떻게 나타낼 수 있는가? 성질이란 무엇인가? 이 질문에 대해 프레게는 놀라운 통찰을 얻었다. 임의의 성질과 관련되는 잘 정의된 한 집합이 존재한다는 것이다. 가령, '소수' 성질은 모든 소수들의 집합과 관련된다거나 '이등변삼각형' 성질은 모든 이등변 삼각형의 집합과 관련된다 등이다.

따라서 프레게의 제안에 따르면, 수라는 것은 표준 집합 $\{a, b\}$와 일대일로 대응할 수 있는 모든 집합들로 이루어진 집합이다. 더 일반적으로 말해, 한 수는 임의의 주어진 집합과 일대일로 대응할 수 있는 모든 집합들의 집합이다. 그러므로 수 3은 다음과 같은 집합이다.

$\{\cdots\{a, b, c\},$ {한 고양이, 다른 고양이, 또 다른 고양이}, $\{X, Y, Z\}, \cdots\}$

고양이나 문자 대신에 수학적 대상을 사용하는 편이 아마도 더 낫긴 하겠지만 말이다.

이런 기반 위에서 자연수의 산수를 전부 논리적 토대 위에 올려놓을 수 있음을 프레게는 알아냈다. 이제 그것은 전부 집합의 명백한 성질로 환원되었다. 그는 1884년에 출간된 《산수의 기초》라는 역작에 이 모든 내용을 담았다. 하지만 실망스럽기 그지없게도 당대의 선구적인 수리논리학자인 게오르그 칸토어Georg Cantor는 쓸모없다며 그 책을 무시했다. 하지만 이에 굴하지 않고 1893년 프레게는 또 하나의 책 제1권을 출간했다. 《산수의 기본 법칙》이란 제목의 이 책은 산수를 위한 공리들의 직관적으로 타당한 체계를 제시했다. 페아노만이 그 책을 검토했을 뿐 다른 모든 이들은 무시했다. 10년 후 프레게는 마지막으로 제2권을 출간할 준비를 하던 중에 자신의 공리들에서 한 가지 기본적인 오류를 발견했다. 다른 이들도 이 오류를 알아차렸다. 제2권이 인쇄되었을 때 재앙이 닥쳤다. 프레게는 철학자 겸 수학자인 버트런드 러셀Bertrand Russell에게서 편지 한 통을 받았다. 이전에 프레게가 자기 책의 신간 견본을 러셀에게 보냈는데, 그 답장으로 보내온 편지였다. 편지 내용은 대강 이러했다. '존경하는 고틀로프 씨, 자기 자신을 원소로 포함하지 않는 모든 집합들로 이루어진 집합을 고려해보시기 바랍니다. 버트런드 러셀 드림.'

프레게는 뛰어난 논리학자였기에 러셀의 요지를 금세 간파했다. 그 역시 이미 그런 곤경이 생길 가능성을 짐작하고 있었다. 프레게의 접근법은 임의의 타당한 성질은 한 유의미한 집합을 정의하며, 이 집합은 해당 성질을 갖는 대상들로 이루어진다고 아무 증명도 없이 가정했던 것이다. 하지만 분명히 자기 자신을 원소로 갖지 않기에 한 집합에 대응하지 않는 타당한 성질이 존재했다.

침울해진 프레게는 자신의 대작에 부록을 달아서 러셀의 반박에 대해 논의했다. 그는 단기적인 해결책으로서, 자기 자신을 원소로 포함하는 집합을 집합의 영역에서 제외하는 방안을 내놓았다. 하지만 자신도 결코 만족스럽지 못한 미봉책에 불과했다.

한편 러셀도 집합으로부터 자연수를 구성한 프레게의 방법에 깃든 오류를 고치려고 시도했다. 그의 발상은 집합을 정의하는 데 이용할 수 있는 성질의 종류를 제한하자는 것이었다. 물론 그는 이런 제한된 유형의 성질이 모순으로 이어지지 않음을 증명해야 했다. 알프레드 화이트헤드Alfred Whitehead와 손을 잡고서 러셀은 복잡하고 전문적인 유형 이론theory of types을 내놓았다. 이 이론은 적어도 둘로서는 만족스러울 정도로 그 목적을 달성시켜 주었다. 둘은 자신들의 방법을 세 권짜리 대작인 《수학 원리》(1910~1913년)에 담았다. 수 2의 정의는 제1권이 끝날 즈음 나오며, 정리 1 + 1 = 2는 제2권의 86쪽에서 증명하고 있다. 하지만 《수학 원리》는 수학의 기초에 대한 논의를 마무리 짓지 못했다. 유형 이론 자체가 논쟁적이었다. 수학자들은 더 단순하고 더 직관적인 것을 원했다.

칸토어 ∞

이처럼 셈하기를 기반으로 수의 본질을 탐구하려는 노력은 마침내 수학 전체를 통틀어 대담하기 이를 데 없는 발견으로 이어졌다. 그것이 바로 여러 가지 무한의 상이한 크기를 다루는 칸토어의 초한수 이론이다.

여러 가지 위장된 모습을 하고 있는 무한은 수학에서 피할 수 없는 것인 듯하다. 가장 큰 자연수는 존재하지 않는다. 왜냐하면 하나를 더 하면 언제나 더 큰 자연수가 나오기 때문이다. 따라서 자연수의 개수는 무한히 많다. 유클리드의 기하학은 무한한 평면에서 발생한다. 또한 유클리드는 소수가 무한히 많음을 증명했다. 미적분학으로 이어지는 준비 과정에서 많은 사람, 그중 특히 아르키메데스는 넓이나 부피를 무한히 많은 얇은 조각의 합으로 여기며 유용함을 알아냈다. 나중에 미적분학이 본격적으로 발달하자, 넓이와 부피에 대한 그러한 관점은 실질적으로 유용하게 쓰였다. 비록 실제 증명은 상이한 형태를 띠었지만 말이다.

여러 철학적 곤란을 피하기 위해 무한은 유한의 관점에서 표현될 수 있었다. 가령, '자연수가 무한히 많이 존재한다'고 말하는 대신에 우리는 '가장 큰 자연수가 존재하지 않는다'라고 말할 수 있다. 이렇게 말하면 무한을 명시적으로 언급하지 않고서도 앞의 말과 논리적으로 등가다. 본질적으로 무한은 여기서 한 과정으로 여겨지는데, 이 과정은 어떤 특정한 한계 없이 계속될 수 있지만 실제로 완료되지는 않는다. 철학자들은 이런 종류의 무한을 잠재적 무한이라고 부른다. 반대로, 수학적인 대상으로서 명시적으로 사용되는 무한을 실제적 무한이라고 한다.

칸토어 이전의 수학자들은 실제적 무한이 모순을 낳게 됨을 알아차렸다. 1632년 갈릴레오는 《두 가지 주요 세계관에 관한 대화》를 썼는데, 이 책에는 두 명의 가공인물, 즉 현명한 살비아티와 지적인 사그레도가 지구 중심설과 태양 중심설 두 관점에서 조수의 원인에 대해 논의한다. 조수에 관해 언급한 모든 내용이 교회 당국의 요청으로 삭제되는 바람에 알맹이가 빠졌는데도, 어쨌거나 코페르니쿠스의 태양 중심설을 강력히 옹호하는 책이 되었다. 한편 두 인물은 무한의 역설에 대해서도 논의한다. 사그레도는 이렇게 묻는다. '자연수가 제곱수보다 더 많은가요?' 그러고는 대다수 자연수는 제곱수가 아니므로 이 질문의 답은 '예'임이 분명하다고 말한다. 그런데 살비아티는 대답하기를, 모든 자연수는 다음과 같이 자신의 제곱과 유일하게 짝을 지을 수 있다.

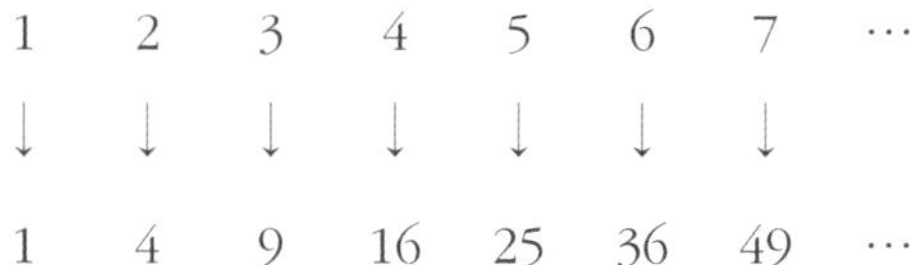

그러므로 자연수의 개수는 제곱수의 개수와 똑같을 수밖에 없으며, 질문의 대답은 '아니요'다.

칸토어는 이 어려운 문제를 해결하는 과정에서, 둘의 대화에서 '더 많은'이란 말이 두 가지 서로 다른 방식으로 사용되고 있음을 알아차렸다. 사그레도는 모든 제곱수의 집합이 모든 자연수 집합의 부분집합임을 지적하고 있다. 살비아티의 입장은 더 정교하다. 그는 제곱수의 집합과 자연수의 집합 사이에 일대일 대응이 존재한다고 주장하고 있다. 두 주장은 서로 다르며, 둘 다 전혀 모순을 일으키지 않고 참일 수 있다.

이런 사고노선을 따라 칸토어는 초한수의 산수를 고안했는데, 이것은 어떤 새로운 개념을 끌어들여 이 역설을 설명했다. 사실 이 연구는 더욱 광범위한 연구인 집합론Mengenlehre의 일부였다. (Menge는 독일어로 집합 또는 모음을 의미한다.) 칸토어는 푸리에 해석의 어떤 어려운 문제 때문에 집합에 대해 생각하기 시작했기에, 그 개념은 전통적인 수학 이론에 바탕을 두고 있었다. 하지만 그가 발견한 해답은 너무나 이상했던지라 당대의 많은 수학자가 무턱대고 그의 이론을 거부했다. 하지만 그 가치를 알아본 사람들도 있었는데, 다비트 힐베르트가 대표적이다. 그는 이렇게 선언했다. '아무도 우리를 칸토어가 창조한 천국에서 내쫓지 못할 것이다.'

집합의 크기 ∞

칸토어의 출발점은 집합이란 대상, 즉 원소의 모음이라는 순진한 개념이었다. 한 집합을 특정하는 방법은 중괄호를 이용하여 그 원소들을 나열하는 것이다. 가령, 1과 6 사이의 모든 자연수의 집합은 다음과 같이 적는다.

$$\{1, 2, 3, 4, 5, 6\}$$

대안적인 방법으로서, 집합은 원소가 될 자격에 대한 규칙을 서술하여 특정할 수 있다. 다음과 같은 방식이다.

$$\{n : 1 \leq n \leq 6 \text{ 그리고 } n \text{은 정수}\}$$

이 두 집합은 동일하다. 첫 번째 표기는 유한집합에 국한되지만, 두 번째는 그런 제한이 없다. 그러므로 다음의 두 집합은 둘 다 정확하게 특정되었으며, 둘 다 무한하다.

$$\{n : n \text{은 자연수}\}$$
$$\{n : n \text{은 제곱수}\}$$

집합을 가지고서 할 수 있는 가장 단순한 일은 그 원소를 세는 것이다. 집합은 얼마나 클까? 집합 {1, 2, 3, 4, 5, 6}은 원소가 여섯 개다. 따라서 이에 대응하는 제곱수들로 이루어진 집합 {1, 4, 9, 16, 25, 36}도 마찬가지다. 이때 우리는 이 두 집합의 크기cardinality가 6이라고 말하고, 6을 기수cardinal number라고 한다. (또 다른 개념인 서수ordinal number라고 부르기도 한다. 서수는 수를 순서대로 배열한다는 의미다. 그런 까닭에 형용사 'cardinal'이 여기서 필요한 것이다.) 모든 자연수의 집합을 이런 식으로 셀 수는 없다. 그렇지만 칸토어가 알아내기로, 모든 자연수의 집합과 모든 제곱수의 집합은 갈릴레오의 방법대로 일대일로 대응시킬 수 있다. 각각의 자연수 n은 그것의 제곱수 n^2과 짝을 이룬다.

칸토어는 두 집합 사이에 서로 일대일 대응이 존재하면 두 집합이 동수同數, equinumerous(칸토어가 사용한 용어는 아님)라고 정의했다. 만약 두 집합이 유한집합이면, 이 성질은 '원소의 개수가 서로 동일하다'라는 뜻이다. 하지만 만약 두 집합이 무한집합이면, 원소의 개수를 말한다는 것은 타당하지 않는 것 같다. 그럼에도 불구하고 동수성의 개념은 유효하다. 하지만 칸토어는 한 걸음 더 나아갔다. 초한수, 즉 무한한 기수 체계를 도입했는데, 이 체계는 한 무한집합이 얼마나 많은 원소를 갖고 있는가라고 물을 수 있게 해준다. 게다가 두 집합은 오직 둘 다 동일한 원소의 개수, 즉 동일한 기수를 가질 때에만 동수다.

칸토어는 먼저 새로운 종류의 수를 고안해, 이 수를 기호 $\aleph_0$로 표시했다. 이것은 히브리어 알파벳인 알레프에 첨자 0을 붙인 것으로서 알레프 제로라고 부른다. 이 수는 모든 자연수 집합의 기수로 정의된다. 동수 집합들은 기수가 동일하다는 주장을 바탕으로 칸토어는 자연수 집합과 일대일로 대응할 수 있는 집합은 어떤 것이든 기수가 $\aleph_0$가 되어야 한다고 보았다. 가령, 모든 제곱수의 집합은 기수가 $\aleph_0$이다. 모든 짝수의 집합도 마찬가지다.

$$
\begin{array}{cccccccc}
1 & 2 & 3 & 4 & 5 & 6 & 7 & \cdots \\
\downarrow & \downarrow & \downarrow & \downarrow & \downarrow & \downarrow & \downarrow & \\
2 & 4 & 6 & 8 & 10 & 12 & 14 & \cdots
\end{array}
$$

그리고 모든 홀수의 집합도 마찬가지다.

$$
\begin{array}{cccccccc}
1 & 2 & 3 & 4 & 5 & 6 & 7 & \cdots \\
\downarrow & \downarrow & \downarrow & \downarrow & \downarrow & \downarrow & \downarrow & \\
1 & 3 & 5 & 7 & 9 & 11 & 13 & \cdots
\end{array}
$$

이러한 정의에 따라, 작은 집합이라도 큰 집합과 기수가 동일할 수 있다. 하지만 칸토어의 정의에는 어떠한 논리적 모순도 없기에 그는 이러한 특징이 자신의 정의에 따른 자연스럽고도 소중한 결과라고 여겼다. 다만 무한집합의 기수가 유한집합의 기수와 똑같이 행동한다고 가정하지 않도록 주의하면 된다. 하지만 왜 그래야만 할까? 무한집합은 유한

집합과는 전혀 다르기 때문이다!

정수는 자연수보다 많을까? 두 배 더 많지 않을까? 아니다. 왜냐하면 두 집합을 다음과 같이 짝을 지을 수 있기 때문이다.

$$
\begin{array}{ccccccc}
1 & 2 & 3 & 4 & 5 & 6 & 7 & \cdots \\
\downarrow & \downarrow & \downarrow & \downarrow & \downarrow & \downarrow & \downarrow \\
0 & 1 & -1 & 2 & -2 & 3 & -3 & \cdots
\end{array}
$$

무한집합의 산수는 이상하기 그지없다. 가령, 앞서 살펴보았듯이 짝수 집합과 홀수 집합은 기수가 $\aleph_0$이다. 이들 집합은 공통 원소가 없기 때문에 둘의 합집합—두 집합을 합쳐서 얻은 집합—의 기수는 유한집합의 경우를 유추하여 $\aleph_0 + \aleph_0$임이 분명하다. 하지만 여기서, 우리가 이미 알고 있듯이, 합집합은 기수가 $\aleph_0$인 자연수의 집합이다. 따라서 분명 다음과 같이 추론할 수밖에 없다.

$$\aleph_0 + \aleph_0 = \aleph_0$$

하지만 이 역시도 모순이 아니다. 이 식의 양변을 $\aleph_0$로 나누어 $1 + 1 = 1$을 이끌어낼 수는 없다. 왜냐하면 $\aleph_0$는 자연수가 아니며 이 수에 대한 나눗셈이 정의조차 되어 있지 않기 때문이다. 게다가 이 수에 나눗셈이 가능한 지조차 밝혀지지 않았다. 정말이지, 이 식은 $\aleph_0$로 나누는 것이 늘 타당하지는 않음을 잘 보여준다. 결과적으로 앞의 식을 그 자체로 받아들일 수밖에 없다.

그렇기는 한데, 이쯤에서 어쩐지 $\aleph_0$는 오래된 옛 기호인 ∞와 똑같아 보이며, 아무 새로운 내용이 없지 않나 하는 의심이 든다. 모든 무한집합은 기수가 $\aleph_0$라는 말일 뿐이지 않는가? 모든 무한집합이 전부 똑같다는 말인가?

$\aleph_0$보다 기수가 더 큰, 자연수의 집합과 일대일로 대응할 수 없는 무한집합 후보로 일단 모든 유리수의 집합을 들 수 있다. 유리수 집합은 보통 기호 $\mathbb{Q}$로 나타낸다. 어쨌든 임의의 이웃한 두 정수 사이에는 무한히 많은 유리수가 존재하므로, 우리가 정수와 자연수에 대해서 사용했던 종류의 기법은 더 이상 통하지 않는다.

하지만 1873년 칸토어는 $\mathbb{Q}$도 기수가 $\aleph_0$임을 증명해냈다. 모든 유리수가 모든 정수와 일대일 대응을 이룸을 밝혀냈던 것이다. 이제 바야흐로 모든 무한집합은 기수가 $\aleph_0$인 것처럼 보이기 시작했다.

하지만 같은 해에 칸토어는 한 가지 돌파구를 마련했다. 그는 모든 실수집합인 $\mathbb{R}$의 기수가 $\aleph_0$가 아님을 증명했고, 이 놀라운 결과를 1874년 발표했다. 따라서 칸토어의 특수한 정의에서도 실수는 정수보다 개수가 많다. 어떤 무한은 다른 무한보다 더 클 수 있다.

실수의 무한집합은 얼마나 클까? 칸토어는 실수집합의 기수가 $\aleph_1$이기를 바랐다. 즉 $\aleph_0$ 다음으로 큰 기수이기를 희망했던 것이다. 하지만 그는 이를 증명할 수가 없었기에, 새로운 기수를 c라고 이름 붙였다. c는 연속체continuum란 단어의 머리글자다. 칸토어가 희망한 $c = \aleph_1$을 가리켜 연속체 가설이라고 한다. 1960년이 되어서야 수학자들은 c와 $\aleph_1$ 사이의 관계를 짐작해냈다. 이 해에 폴 코헨이 연속체 가설의 답은 집합론에 대해 어떤 공리를 선택하느냐에 따라 달라짐을 증명했던 것이다. 어떤 타당한 공리를 선택하면 두 무한집합은 기수가 동일하다. 하지만 마찬가지로 타당하지만 다른 공리를 선택할 경우, 기수가 달라진다.

비록 $c = \aleph_1$이 옳은지 여부가 선택된 공리에 따라 달라지기는 하지만, c가 지닌 다음 등식은 그렇지 않다. $c = 2^{\aleph_0}$. 기수가 A인 한 집합에 대하여, 그 집합의 모든 부분집합들로 이루어진 집합의 기수를 2^A로 정의할 수 있다. 그리고 2^A는 A보다 크다는 점 또한 쉽게 증명할 수 있다. 이를 통해 알 수 있듯이, 한 무한집합이 다른 무한집합보다 클 수 있을 뿐 아니라, 무한집합들의 가장 큰 기수는 존재하지 않는다.

모순 ∞

하지만 수학의 기초에 관한 가장 큰 문제는 수학적 개념들이 존재하는 지를 증명하는 일이 아니었다. 대신 수학이 논리적으로 일관된 지 증명하는 일이었다. 모든 수학자는 특히 오늘날의 모든 수학자가 알고 있듯이, 각각 완벽하게 옳은 일련의 논리적 단계들이 터무니없는 모순으로 이어질지 모른다. 가령 어쩌면 여러분도 $2+2=5$나 $1=0$을 증명할 수도 있다. 또 어쩌면 6이 소수라거나 $\pi=3$임을 증명할 수 있을지 모른다.

하지만 아주 사소한 모순이 생겨도 결과에는 큰 영향을 미치지 않을지 모른다. 가령, 일상생활에서 사람들은 모순적인 상황에서도 마냥 즐겁게 살아간다. 한때는 지구온난화가 지구를 파멸로 몰아가고 있다고 우려하다가도, 또 다른 순간에는 저가의 항공기가 위대한 발명품이라고 법석을 떤다. 하지만 수학에서는 사소한 모순이 결과에 큰 영향을 미친다. 단지 외면한다고 해서 논리적 모순을 피해갈 수는 없다. 수학에서는 일단 어떤 것이 증명되고 나면, 그것을 다른 증명에 이용할 수 있다. $0=1$이 증명되었다면, 훨씬 더 고약한 일들이 뒤따른다. 예를 들면 모든 수가 동일해진다. 왜냐하면, 만약 x가 임의의 수라고 할 때, $0=1$에서 양변에 x를 곱하면 $0=x$가 된다. 마찬가지로 y가 임의의 수라고 할 때, 식의 양변에 y를 곱하면 $0=y$가 된다. 따라서 이제 $x=y$다.

설상가상으로, 모순을 이용한 증명이라는 표준적인 방법에 의하면 일단 0＝1임을 증명하고 나면 어떤 것이든 증명할 수 있다는 뜻이 된다. 가령 페르마의 마지막 정리를 증명하기 위해 우리는 이렇게 주장할 수 있다.

> 페르마의 마지막 정리가 거짓이라고 가정하자.
> 그런데 0＝1이다.
> 이는 모순이다.
> 따라서 페르마의 마지막 정리는 참이다.

만족스럽지 않는 주장일 뿐 아니라, 이 방법은 페르마의 마지막 정리가 거짓임을 증명한다.

> 페르마의 마지막 정리가 참이라고 가정하자.
> 그런데 0＝1이다.
> 이는 모순이다.
> 따라서 페르마의 마지막 정리는 거짓이다.

모든 것이 참—또는 마찬가지로 거짓—이라면, 모든 것이 아무 의미가 없다. 수학의 전부가 아무 내용이 없는 어리석은 짓으로 전락하고 만다.

힐베르트 ∞

수학의 기초에 관한 그다음 중요한 단계를 밟은 사람은 아마도 당대의 가장 뛰어난 수학자였던 다비트 힐베르트David Hilbert일 것이다. 힐베르트는 수학의 한 분야에 약 10년 동안 머물며 주요한 문제들을 파고든 다음 다른 새로운 분야로 옮기는 습관이 있었다. 힐베르트는 수학이 논리적 모순으로 이어질 리가 없음을 증명할 수 있다고 확신했다. 또한 그는 물리적 통찰이 그런 프로젝트에는 유용하지 않음을 알아차렸다. 만약 수학이 모순을 안고 있다면, 0=1임을 증명하는 것이 분명 가능할 것이며, 만약 그렇다면 이를 물리적으로도 해석할 수 있을 것이다. 가령, 0마리의 소=1마리의 소이므로, 소는 눈 깜짝할 사이에 사라져버릴 수 있을 테다. 이런 일은 일어나지 않을 듯하다. 하지만 자연수에 관한 수학은 소의 물리학과 실제로 일치하리라는 보장이 없으며, 또는 소가 갑자기 사라지는 일이 가능하다고 상상해볼 수는 있다. (양자역학에서는 이런 일이 생길 수 있지만, 확률이 매우 낮다.) 유한한 우주에서는 소의 개수에 한계가 있지만, 정수의 크기에는 한계가 없다. 따라서 물리적 직관은 오류를 낳을 수 있기에, 귀담아 들어서는 안 된다.

힐베르트는 유클리드기하학의 공리적 기초에 관한 연구에서 이러한 관점에 이르렀다. 그는 유클리드의 공리 체계에 논리적 결함들을 발견했으며, 이런 결함들은 유클리드가 자신의 시각적 이미지 때문에 그릇된 판단을 내렸기 때문임을 알아차렸다. 유클리드는 직선이 아주 길고 얇으며, 원은 둥글고 점은 넓이가 없다고 알았기 때문에, 이 대상들을 공리를 이용해 기술하지 않고서, 부주의하게 이들의 어떤 성질을 정의했던 것이다. 여러 시도 끝에 힐베르트는 1899년 발간한 책 《기하학의 기초》에서 21개의 공리들을 제시하고, 유클리드기하학에서 이 공리들이 행한 역할을 논의했다.

힐베르트는 주장하기를, 논리적 추론은 그것에 가해진 해석과 무관하게 타당해야 한다고 보았다. 공리에 대한 어떤 해석에서는 옳고, 다른 해석에서는 그른 추론이라면 논리적 오류가 깃들어 있는 것이다. 힐베르트가 수학의 기초에 가장 중요한 영향을 끼친 것은 기하학의 구체적인 응

다비트 힐베르트 1862~1943

다비트 힐베르트는 1885년 불변량 이론을 주제로 학위를 얻고서 쾨니히스베르크 대학을 졸업했다. 그는 이 대학의 직원으로 재직하다가 1895년 괴팅겐 대학에서 교수직을 얻었다.

그는 불변량 이론을 계속 연구하여 1888년 유한 기저 정리를 증명했다. 그의 방법은 당시의 유행보다 더 추상적이었는데, 해당 분야의 선구적인 인물인 파울 고르단은 힐베르트의 연구를 불만족스럽게 여겼다. 힐베르트는 자신의 논문을 수정하여 《수학 연보》에 실었는데, 클라인은 이를 가리켜 다음과 같이 평했다.

'이제껏 이 학술지가 발표한 것 중에서 일반 대수학에 관한 가장 중요한 연구.'

1893년 힐베르트는 정수론에 관한 광범위한 보고서 《정수론 연구》를 쓰기 시작했다. 이 보고서는 정수론에 관해 이미 알려진 내용을 요약하려는 의도였지만 독창적인 내용도 다수 포함되었다. 이것이 오늘날 유체론class field theory의 바탕이 되었다.

1899년 그는 분야를 다시 바꾸어 유클리드기하학의 공리적 기초를 연구하기 시작했다. 1923년 파리에서 열린 제2차 세계수학대회에서 그는 23개의 주요 미해결 문제들을 제시했다. 힐베르트가 내놓은 문제들은 수학 연구의 향후 방향에 지대한 영향을 미쳤다.

1909년 무렵 그는 적분방정식의 연구를 통해 힐베르트 공간을 정식화했다. 힐베르트 공간은 오늘날 양자역학의 바탕이 되는 개념이다. 그는 또한 1915년 발표한 논문에서 아인슈타인의 일반상대성이론에 관한 방정식과 매우 근접한 결과를 내놓았다. 그는 자신의 논문이 아인슈타인의 방정식과 일치한다는 취지의 주석을 첨부했다. 이로 인해 힐베르트가 아인슈타인을 앞섰을지 모른다는 잘못된 믿음이 퍼지기도 했다.

1930년 은퇴한 후 힐베르트는 쾨니히스베르크의 명예시민으로 선정되었다. 그가 한 명예시민 수락 연설의 마지막은 이러했다. '우리는 알아야만 한다. 우리는 알게 될 것이다.' 이 말은 수학에 대한 그의 믿음 그리고 가장 어려운 문제라도 풀려는 그의 결심을 압축하고 있다.

용이 아니라 바로 이와 같은 공리에 대한 관점이다. 사실, 이런 관점은 수학의 내용에도 영향을 미쳤는데, 훨씬 쉽고 더 훌륭하게 관점을 적용하여 공리들을 나열함으로써 새로운 개념들을 고안해냈기 때문이다.

힐베르트가 수학이 기호를 가지고 진행하는 무의미한 놀이라는 견해를 옹호했다는 말이 종종 들리지만, 이 말은 그의 입장을 지나치게 부풀린 것이었다. 그의 요지는 이렇다. 만약 수학을 굳건한 논리적 기초 위에 올려 두려면 수학이 마치 기호를 가지고 진행하는 무의미한 놀이인 것처럼 여겨야 한다는 뜻이다. 이 관점 이외의 다른 모든 것은 논리적 구조와는 무관하다. 하지만 힐베르트의 수학적 발견 및 학문에 바친 열정적인 헌신을 진지하게 여기는 사람이라면 누구든, 그가 자신이 무의미한 놀이를 한다고 생각했으리라고 볼 수는 없을 것이다.

기하학에서 성공을 거둔 후 힐베르트는 이제 훨씬 더 야심 찬 프로젝트에 눈길을 돌렸다. 즉 수학의 전부를 굳건한 토대 위에 올려두는 프로젝트에 주목한 것이다. 그는 뛰어난 선배 논리학자들의 연구를 면밀히 검토한 다음, 수학의 기초를 확고하게 마련할 명시적인 프로그램을 개발했다. 수학이 모순이 없는 체계임을 증명하려는 노력과 더불어 그는 원리적으로 모든 문제를 풀 수 있다고, 즉 모든 수학 명제는 참 또는 거짓임이 증명될 수 있다고 믿었다. 초기의 여러 가지 성공을 통해 그는 자신이 옳은 길로 가고 있으며, 최종적인 성공이 멀지 않았다고 확신했다.

괴델 ∞

하지만 수학이 논리적으로 일관됨을 증명하려는 힐베르트의 제안을 미심쩍게 여긴 한 논리학자가 있었다. 그 사람이 바로 쿠르트 괴델Kurt Gödel이었는데, 힐베르트의 프로그램에 대한 괴델의 우려는 수학적 진리에 대한 우리의 관점을 완전히 바꾸어놓았다.

괴델 이전에 수학은 그냥 참인 것으로 여겨졌다. 수학은 진리의 최고 예였다. 왜냐하면 $2+2=4$와 같은 진술은 우리의 물리적 세계와 무관하게 순수한 사고의 영역에서 참인 것으로 여겨졌기 때문이다. 수학적 진리는 실험으로 부정될 수 없었다. 이런 점에서 수학적 진리는 뉴턴의 중력법칙과 같은 물리적 진리보다 우월했다. 실제로, 중력이 거리 제곱에 반비례한다는 중력법칙은 수성의 근일점 운동이 관찰되자 부정되었다. 이는 나중에 아인슈타인이 제시할 새로운 중력 이론을 뒷받침하게 된다.

괴델이 등장함으로써 수학적 진리는 환상임이 밝혀졌다. 존재했던 것은 수학적 증명들이었으며, 이런 증명들의 내적 논리는 오류일 수 있었다. 또한 더 넓은 맥락─수학의 토대─에서 보면 그런 증명들이 수학 전체가 의미 있다는 보장을 하는 것도 아니었다. 괴델은 이런 내용을 단지 주장만 한 것이 아니라 증명해냈다. 사실 그는 두 가지를 해냈는데, 이 두 가지는 힐베르트의 조심스럽지만 낙관적인 프로그램을 일거에 물거품으로 만들었다.

괴델은 수학이 논리적으로 일관되더라도 그러함을 증명하는 것이 불가능함을 증명했다. 단지 증명을 찾을 수 없다는 것이 아니라 증명이 아예 존재하지 않는다는 것이다. 따라서 놀랍게도 만약 수학이 일관됨을 증명하는 데 성공한다면, 즉시 그렇지 않다는 증명이 뒤따른다. 또한 그는 어떤 수학적 명제들은 참인지 거짓인지 둘 다 밝혀낼 수 없음을 증명했다. 이번에도 그는 자신이 그렇게 할 수 없음을 말한 것이 아니라 그렇게 하기가 아예 불가능함을 증명했다. 이런 유형의 명제들을 가리켜 결정불가능undecidable한 명제라고 한다.

그는 처음에 이러한 명제들을 (러셀과 화이트헤드가 《수학 원리》에서 도입한) 수학의 한 특정한 논리적 구성 내에서 증명했다. 우선 힐베르트는 탈출구가 있을지 모른다고 여겼다. 더 나은 기초를 찾을 수 있으리라고 여겼던 것이다. 하지만 논리학자들이 괴델의 연구를 살펴보았더니 괴델이 사용한 것과 동일한 개념은 (산수의 기본 개념들을 표현하기에 충분히 강력한) 수학의 임의의 논리적 구성에도 성립한다는 것이 분명하게 드러났다.

괴델의 발견이 야기한 한 가지 흥미로운 결과는 수학의 어느 공리 체계도 불완전할 수밖에 없다는 것이다. 모든 참인 명제와 거짓인 명제를 유일하게 결정할 공리들의 유한한 목록을 작성할 수 없다는 것이다. 탈출구는 없었다. 힐베르트의 프로그램은 성공할 수 없었다. 들리는 말로, 괴델의 연구 결과를 처음 들었을 때 힐베르트는 분통을 터뜨렸다고 한다. 그의 분노는 자기 자신을 향한 것이었을 수도 있다. 왜냐하면 괴델 연구의 기본 발상은 매우 단순하기 때문이다. (그 발상을 전문적으로 구현하기는 매우 어려웠지만, 힐베르트는 그런 전문적 구현에는 매우 능했다.) 힐베르트는 어쩌면 자신이 괴델의 정리를 내다보지 못한 것을 뼈저리게 후회했을지 모른다.

일찍이 러셀은 논리적 역설 하나로 프레게의 논리 체계를 무너뜨렸다. 자기 자신을 면도하지 않는 모든 사람을 면도하는 이발사의 역설, 즉 자기 자신을 원소로 갖지 않는 모든 집합들의 집합으로 말이다. 이번에 괴델은 또 하나의 논리적 역설, 즉 '내 말은 거짓말이다'라고 말하는 사람의 역설로 힐베르트의 프로그램을 무너뜨렸다. 왜냐하면 결과적으로 괴델의 결정불가능 명제— 다른 모든 것이 의존하고 있는 명제—는 '이 정리는 증명될 수 없다'고 말하는 정리 T인 셈이기 때문이다.

만약 모든 정리가 (참이라고) 증명될 수 있거나 (반증을 통해) 거짓이라고 증명될 수 있다면, 괴델의 명제 T는 두 경우 모두 모순이다. 우선, T가 참임을 증명할 수 있다고 가정하자. 그런데 T는 T가 증명될 수 없다고 진술한다. 따라서 모순이다. 한편 T가 거짓임을 증명할 수 있다고 가정하자. 그러면 명제 T는 거짓이다. 따라서 T는 증명될 수 없다고 말하는 것은 틀렸다. 그러므로 T는 증명될 수 있으므로, 이번에도 모순이 생긴다. 따라서 모든 정리가 (참이라고) 증명될 수 있거나 (반증을 통해) 거짓이라고 증명될 수 있다는 가정은 결과적으로 T가 증명될 수 없어야만 T가 증명될 수 있다는 말이 되고 만다.

우리는 지금 어디에 있는가? ∞

괴델의 정리는 우리가 수학의 논리적 기초를 바라보는 방식을 바꾸어

쿠르트 괴델 1906~1978

1923년 빈 대학에 갔을 때만 해도 괴델은 수학을 연구할지 물리학을 연구할지 확신이 서 있지 않았다. 그의 결정에 영향을 미친 사람은 필립 푸르트벵글러라는 중증 장애를 앓던 수학자였다. 괴델도 건강이 좋지 않아서, 장애를 극복하려고 애쓰는 푸르트벵글러의 모습이 큰 인상을 남겼다. 모리츠 슐리크가 열었던 세미나에서 괴델은 러셀의 《수리철학 입문》을 공부하기 시작했고, 이를 계기로 자신의 미래를 수리논리학에 걸기로 결심했다.

그의 1929년 박사학위 주제는 한 제한된 논리 체계, 즉 1차 명제 논리가 완벽함을 증명했다. 즉 모든 참인 정리는 참이라고 증명될 수 있고, 모든 거짓 명제는 거짓이라고 증명될 수 있다는 것이었다. 그는 '괴델의 불완전성 정리'를 증명한 것으로 가장 유명하다. 1931년 괴델은 기념비적인 논문 《《수학 원리》 및 관련 체계에서 형식적으로 결정될 수 없는 명제에 관하여》를 발간했다. 여기서 그는 수학을 정식화하기에 충분히 풍부한 공리들로 이루어진 어떤 계도 논리적으로 완전하지 않음을 증명했다. 1931년 논리학자 에른스트 체르멜로와 함께 자신의 연구를 논의했지만, 별 성과가 없었다. 아마도 체르멜로도 이미 비슷한 발견을 했지만 발표를 하지 않았기 때문인 듯하다.

1936년 슐리크가 나치 학생에게 살해당하자 괴델은 (두 번째로) 정신쇠약에 걸렸다. 회복한 후에 미국의 프린스턴 대학을 방문했다. 1938년 어머니의 반대에도 불구하고 아델레 포르케트와 결혼했다. 오스트리아가 독일에 합병된 직후의 일이었다. 제2차 세계대전이 발발하자 그는 독일 군대에 소집될까 봐, 러시아와 일본을 거쳐 미국으로 이주하여 프린스턴 대학에서 연구했다. 1940년 두 번째 기념비적인 연구를 내놓았다. 칸토어의 연속체 가설이 수학의 통상적인 공리들과 일관됨을 증명한 것이었다.

그는 1948년 미국 시민이 되었으며 여생을 프린스턴 대학에서 보냈다. 인생의 말년에 이르자 그는 자신의 건강을 점점 더 걱정하게 되었으며, 급기야 누군가가 자신을 독살하려 한다고 확신했다. 그래서 음식을 거부하다, 결국 병원에서 숨졌다. 생의 마지막 시기에 그는 방문객들과 철학을 즐겨 토론했다.

놓았다. 괴델의 정리에 의하면, 현재 미해결인 문제들은 아예 해가 없는 것인지도 모른다. 참인지 거짓인지 알 수 없는 결정불가능성의 연옥에 갇힌 셈이다. 그리고 많은 흥미로운 문제들이 결정불가능임이 밝혀졌다. 하지만 괴델의 연구가 미친 영향은 실제로는 그것이 생겨난 수학의 기초 분야를 훌쩍 넘어서지는 않았다. 옳든 그르든 간에, 푸앵카레의 추측이나 리만 가설을 연구하는 수학자들은 지금도 증명이나 반증을 찾는 데 여념이 없다. 그들은 해당 문제가 결정불가능일지 모른다는 점 그리고 심지어 결정불가능인지 여부를 먼저 증명해야 할지도 모른다는 점을 알고 있다. 하지만 알려진 대다수의 결정불가능 문제들은 자기 참조적

우리는 논리를 어떻게 활용하고 있을까?

괴델의 불완전성 정리의 또 하나 중요한 버전이 앨런 튜링에 의해 발견되었다. 어떤 계산이 실현가능한지에 관한 분석과 관련된 이 내용은 〈결정 문제를 응용한, 계산 가능한 숫자들에 관하여〉라는 논문을 통해 1936년 발표되었다. 튜링은 우선 한 알고리듬 계산—미리 정해진 절차를 따르는 계산—을 이른바 튜링 기계의 관점에서 정식화했다. 튜링 기계는 기호 0과 1을 움직이는 테이프 위에 정해진 규칙에 따라 적는 수학적으로 이상화된 장치다. 그는 튜링 기계의 정지 문제—계산이 한 특정한 입력에 대해 멈출 것인가?—가 결정불가능임을 증명했다. 따라서 그 계산이 멈출지 여부를 예측할 수 있는 알고리듬이 존재하지 않는다는 뜻이다.

튜링은 우선 정지 문제가 결정될 수 있다고 가정하고서 어떤 계산을 구성했더니, 이 계산은 멈추지 않을 때에만 멈춘다는 모순이 생겼다. 이로써 그 계산이 결정불가능임을 증명했다. 그의 결과는 계산가능성에 한계가 있음을 입증한 것이다. 어떤 철학자는 이성적 사고에 대한 한계를 결정하는데, 이 개념을 확장시켜 인간의 마음이 알고리듬처럼 작동할 수 없다는 주장을 내놓기도 했다. 하지만 이에 관한 논의는 현재 결론이 나지 않은 상태다. 인간의 두뇌가 현대 컴퓨터와 흡사하게 작동한다는 생각은 순진한 발상이라고 하더라도, 그렇다고 해서 컴퓨터가 두뇌를 모방할 수 없다는 의미는 아니다.

인 낌새가 있는데, 설령 그런 점이 없더라도 어쨌든 결정불가능성에 대한 증명은 달성될 수 없을 듯하다.

수학자들이 이전의 이론들 위에 훨씬 더 복잡한 이론들을 쌓아 올리자, 수학의 상부 구조는 무심코 세워놓은 가정들이 거짓으로 밝혀지면서 금이 가기 시작했다. 수학의 전당을 온전히 떠받치려면 그 기초에 관한 전면적인 공사가 필요했다.

이렇게 하여 추진된 연구들은 거꾸로 복소수에서부터 시작해 실수로, 유리수로 이어서 자연수까지 수의 진정한 본질을 깊이 파고들었다. 하지만 이 과정은 거기서 끝나지 않았다. 대신에, 수 체계 자체가 더 단순한 구성 요소인 집합의 관점에서 재해석되었다.

집합론은 중요한 업적을 내놓았는데, 대표적인 예가 타당하긴 하지만 비정통적인 초한수 체계다. 이 체계는 집합의 개념과 관련된 어떤 근본적인 역설들을 드러냈다. 이 역설들을 해결하려는 노력은, 힐베르트의 바람과 달리, 공리적 수학 체계가 완벽하게 참이고 수학이 논리적으로 일관적임을 증명해주지 않았다. 대신에 수학이 내재적 한계를 지니고 있으며, 어떤 문제들은 해가 아예 없음을 드러내주었다. 결론적으로, 우리가 수학적 진리와 확실성에 대해 생각하는 방식이 완전히 달라지고 말았다. 바보의 낙원에서 살기보다는 우리의 한계를 아는 편이 더 나은 법이다.

가능성이
얼마일까?

확률에 대한
합리적 접근법

20세기와 21세기 초반 수학의 성장은 가히 폭발적이었다. 지난 100년 동안 인류 역사를 통틀어 그 어느 때보다도 수많은 새로운 수학적 발견이 이루어졌다. 이런 발견을 간단히 소개하려면 수천 페이지짜리 책도 모자랄 것이기에, 어쩔 수 없이 우리는 수많은 자료 중에서 몇 가지 사례만을 살펴보기로 하자.

특별히 새로운 수학 분야로 확률에 관한 이론을 들 수 있다. 무작위적인 사건들과 관련된 확률을 연구하는 분야다. 한마디로 불확실성의 수학인 셈이다. 예전에는 수박 겉핥기식으로 이 문제를 다루었는데, 도박에서 경우의 수를 계산하거나 관찰 오류에도 불구하고 천문 관측의 정확도를 향상하기 위한 방법 등에서 확률 이론이 초보적으로 쓰였다. 하지만 20세기 초에 이르러 확률론은 그 자체의 의미가 있는 어엿한 수학 분야로 자리 잡았다.

확률과 통계 ∞

오늘날 확률론은 수학의 주요 분야이며, 그 응용 학문인 통계학은 우리의 일상생활에 중요한 영향을 미친다. 아마도 수학의 다른 어떤 주요한 단일 분야보다 더 중요한 영향을 미칠 것이다. 통계학은 의료 직종에서도 주요한 분석 기법 중 하나다. 어떤 약품도 어떤 치료법도 임상실험을 거쳐 안전성과 효과가 충분히 입증되지 않고서는 시장에 나오거나 병원에서 사용이 허용되지 않는다. 여기서 안전성은 상대적 개념이다. 성공 확률이 너무 낮아서 별로 심각하지 않은 병에는 사용할 수 없는 치료법이라도 치명적인 병에 걸린 환자한테는 사용할 수도 있다.

한편 확률론은 가장 널리 오해를 받고 남용되는 수학 분야이기도 하다. 하지만 적절하고 현명하게 사용하면 인류의 복지에 크게 기여하는 학문임이 틀림없다.

확률의 게임 ∞

몇 가지 확률론적 질문들은 옛날로 거슬러 올라간다. 중세 시대에는 주사위 두 개를 던져 다양한 수가 나올 확률에 대한 논의가 있었다. 어떤 논의였는지 알아보려면 일단 주사위 한 개부터 시작하자. 그 주사위가 공정하다고 가정하면(사실, 알고 보니 정확하게 정의하기 매우 어려운 개념이지만), 여섯 숫자들 1, 2, 3, 4, 5, 6의 각각은 오랫동안 주사위를 던지다 보면 동일한 빈도로 나온다. 하지만 단기적으로는 동일한 빈도가 나올 수 없다. 가령 처음 던지면 여섯 개의 수 가운데 어느 하나가 나온다. 사실 여섯 번만 던져서는 각각의 수가 동일한 빈도로 나오기는 실제로 매우 어렵다. 하지만 오랫동안 계속 던지다 보면, 각 수는 거의 여섯 번에 한 번 꼴로, 즉 1/6의 확률로 나온다고 기대할 수 있다. 만약 그렇지 않다면 주사위가 공정하지 않거나 편향되어 있을 가능성이 매우 높다.

확률이 1인 사건은 반드시 일어나며, 확률이 0인 사건은 결코 발생할 수 없다. 또한 모든 확률은 0과 1 사이에 놓여 있으며, 한 사건의 확률은 총 시도 횟수와 그 사건이 발생한 횟수의 비율이다.

중세 시대의 질문으로 되돌아가서 주사위 두 개를 동시에 던진다고 가정하자(크랩스craps나 모노폴리Monopoly™처럼 수많은 게임이 이런 방식으로 진행된다). 눈금의 합이 5일 확률은 얼마인가? 이에 대한 숱한 논의와 몇 가지 실험의 결론은 1/9이라는 것이다. 왜일까? 두 주사위를 구별해서 하나는 파란색, 다른 하나는 빨간색으로 칠하자. 각 주사위는 독립적으로 여섯 가지의 서로 다른 수를 내놓기에, 나올 수 있는 수들의 쌍 총 개수는 36이며 이들 각각이 나올 확률은 동일하다. 5를 내놓는 (파란 주사위+빨간 주사위) 조합은 1+4, 2+3, 3+2, 4+1이다. 이 조합 각각은 서로 다르다. 푸른 주사위는 푸른 주사위대로 빨간 주사위는 빨간 주사위대로 매번 서로 다른 결과를 내놓기 때문이다. 따라서 오래 주사위를 던지면 합이 5인 경우는 36번에 네 번꼴로, 즉 $4/36 = 1/9$의 확률로 나온다고 기대할 수 있다.

옛날부터 내려온 또 하나의 문제는 실제 상황에 분명 적용되는 것인데, 게임이 어떤 이유로 중단되면 확률 게임의 판돈을 어떻게 나눌 것인가라는 문제였다. 르네상스 시대의 대수학자인 파치올리Pacioli, 카르다노 및 타르탈리아 모두 이 질문을 다루었다. 나중에 슈발리에 드 메레 Chevalier de Mere와 파스칼Pascal도 이 문제를 다루었으며, 파스칼과 페르마는 이 주제에 관해 여러 통의 편지를 주고받았다.

이런 초기의 연구를 통해, 확률이 무엇인지 그리고 확률을 어떻게 계산하는지 어렴풋이 이해가 되었다. 하지만 아직 확률은 제대로 정의되지 않은 불분명한 개념이었다.

조합 ∞

어떤 사건의 확률에 대한 기본적인 정의는 모든 경우의 수에 대해 그 사건이 일어날 경우의 수의 비율이다. 주사위 하나를 굴릴 때, 여섯 면이 나올 가능성은 저마다 같다. 따라서 임의의 특정한 면이 나올 확률은 1/6이다. 확률에 대한 초창기의 연구는 어떤 사건이 일어나는 횟수가 얼마인지 계산하여 그 값을 일어날 수 있는 모든 경우의 수로 나누는 방법에 의존했다.

여기서 기본적인 문제로서 조합을 들 수 있다. 가령, 여섯 장의 카드 한 벌이 있다고 할 때, 네 장의 카드로 이루어진 서로 다른 부분집합({1, 2, 3, 4, 5, 6}의 부분집합)은 몇 개인가? 한 가지 방법은 그러한 부분집합들을 전부 나열하는 것이다. 만약 여섯 장의 카드를 1~6까지 번호를 붙이면, 나올 수 있는 부분집합들은 다음과 같다.

$$1234 \quad 1235 \quad 1236 \quad 1245 \quad 1246$$
$$1256 \quad 1345 \quad 1346 \quad 1356 \quad 1456$$
$$2345 \quad 2346 \quad 2356 \quad 2456 \quad 3456$$

총 15가지다. 하지만 이 방법은 카드 수가 많아지면 너무 번거롭다. 따라서 좀 더 체계적인 방법이 필요하다.

부분집합의 원소들을 한 번에 하나씩 고른다고 상상하자. 첫 번째 원소는 여섯 가지로 고를 수 있고, 두 번째 원소는 오직 다섯 가지로(하나는 이미 골랐기 때문이다), 세 번째 원소는 네 가지로, 네 번째 원소는 세 가지로 고를 수 있다. 이런 식으로 하면, 선택할 수 있는 총 개수는 $6 \times 5 \times 4 \times 3 = 360$이다. 하지만 모든 부분집합은 각각 24번 헤아려진다. 1234뿐 아니라 1243, 2143 등의 부분집합도 전부 동일해, 네 가지 대상을 배열하는 방법은 $4 \times 3 \times 2 = 24$가지다. 따라서 정확한 답은 360/24, 즉 15이다. 이런 논증에 따라 총 n개의 대상에서 m개를 선택하는 방법의 가지 수는 다음과 같다.

$$\binom{n}{m} = \frac{n(n-1)\cdots(n-m+1)}{1 \times 2 \times 3 \times \cdots \times m}$$

이 수식을 가리켜 이항계수라고 한다. 왜냐하면 이것은 대수에서도 등장하기 때문이다. 이를 도표로 배열하면 n번째 열에는 이러한 이항계수가 포함된다.

$$\binom{n}{0}\binom{n}{1}\binom{n}{2}\cdots\binom{n}{n}$$

그러면 결과는 다음 그림과 같다.

여섯 번째 열에는 수 1, 6, 15, 20, 15, 6, 1이 나온다. 이를 다음 대수식과 비교해보라.

$$(x+1)^6 = x^6 + 6x^5 + 15x^4 + 20x^3 + 15x^2 + 6x + 1$$

여섯 번째 열에 나온 수와 동일한 수들이 계수에 나타난다. 이것은 우연이 아니다.

그림에 나오는 수의 삼각형을 가리켜 파스칼 삼각형이라고 하는데, 이는 파스칼이 1655년에 이 삼각형을 논했기 때문이다. 하지만 이 삼각형은 훨씬 오래 전부터 알려져 있었다. 약 950년경 《찬다스 샤스트라》라는 고대 인도 책의 한

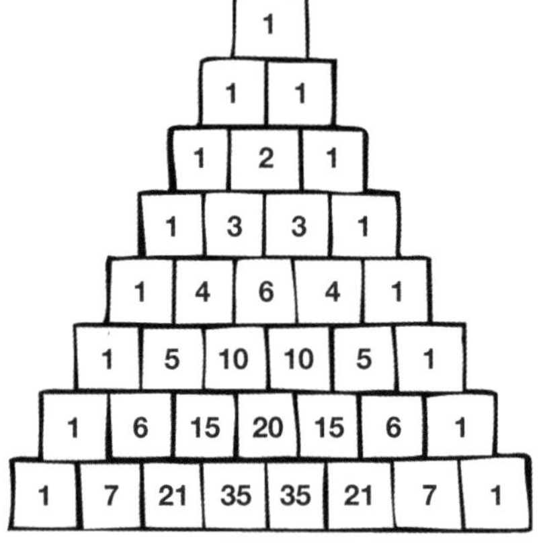

파스칼 삼각형

주석에도 나와 있다. 페르시아의 수학자인 알 카라지al-Karaji와 오마르
카이얌도 이 삼각형을 알고 있었으며, 현대 이란에서는 이것을 가리켜
카이얌 삼각형이라고 부른다.

확률론 ∞

이항계수는 확률을 다룬 최초의 책에서 효과적으로 사용되었다. 1713
년 자코브 베르누이가 쓴 《추측술》이라는 책이었는데, 이 제목에 대해
저자는 다음과 같이 설명한다.

'우리는 추측의 기술, 즉 추측술을 사물의 확률을 가능한 한 정확하게 알아냄
으로써, 가장 적절하며 가장 확실하며 가장 권고할 만하다고 알려진 최상의
것에 우리의 판단과 행동을 맡기도록 하는 기술이라고 정의한다. 이것은 철
학자의 지혜와 정치가의 신중함이 추구하는 유일한 목적이다.'

베르누이는 더 많이 시도를 할수록 확률의 추정치가 더 나아진다고
당연하게 여겼다.

'여러분은 항아리에 흰 조약돌 3,000개와 검은 조약돌 2,000개가 숨겨져 있
는 줄 모른다고 가정하자. 조약돌의 개수를 알아내기 위해 조약돌을 하나씩
꺼내면서(매번 조약돌을 대체하면서) 흰 조약돌과 검은 조약돌이 얼마나 자주 나
오는지 관찰한다. …이렇게 계속하여 열 번, 백 번, 천 번 등 더 많이 꺼낼수
록… 항아리에서 흰 조약돌과 검은 조약돌이 나올 빈도는 3:2의 비율이 될
가능성이 더욱 커지지 않겠는가?'

여기서 베르누이는 근본적인 질문 하나를 던졌고, 항아리에 든 조약돌이라는 고전적인 사례 하나를 고안해냈다. 그는 분명 3:2 비율이 타당한 결과라고 믿었지만, 실제 실험은 이 비율에 근접할 뿐임도 알아차렸다. 하지만 충분히 시도하면 이 추측치가 더욱 더 나아질 것이 분명하다고 그는 믿었다.

여기서 한 가지 어려움이 있는데, 이것은 오랫동안 이 분야 전체를 가로막았다. 이 실험에서 순전히 우연에 의해 조약돌을 꺼내다 보면 모조리 흰색인 경우가 분명 있을 수 있다. 따라서 비율이 언제나 반드시 3:2가 된다는 확실한 보장이 없다. 기껏해야 우리는 충분히 시도하면 매우 높은 확률로 그런 비율에 접근한다고 말할 수 있을 뿐이다. 하지만 여기서 순환논리에 빠질 위험이 있다. 우리는 시도하여 얻은 비율을 이용하여 확률을 추론하면서도, 또한 확률을 이용하여 그런 추론을 실시한다. 조약돌이 전부 흰색이 나올 확률이 매우 작은지를 우리가 어떻게 관찰할 수 있을까? 시도를 많이 해서 그렇게 한다고 해도 마찬가지 이유로 그 결과가 오류일 가능성에 직면할 수 있다. 그리고 유일한 탈출구는 그러한 경우는 매우 가능성이 희박함을 보여주기 위해 더욱 더 많은 시도를 하는 것뿐이다. 우리는 무한 후퇴처럼 보이는 끔찍한 상황에 갇혀버린 셈이다.

다행히 초기의 확률론 연구자들은 이런 논리적 어려움에 굴복하지 않았다. 미적분학의 경우와 마찬가지로 그들은 자신들이 무엇을 하고 싶은지 그리고 어떻게 할지 알고 있었다. 철학적 정당성은 해답 찾기보다는 흥미가 덜했다.

베르누이의 책은 중요한 개념과 결과를 풍부하게 담았다. 일례로 큰 수의 법칙은 시도를 오랫동안 많이 할 때의 비율이 정확히 어떤 의미에서 확률에 해당하는지를 밝힌다. 기본적으로 베르누이는 그 비율이 정확한 확률에 매우 가까워지지 않을 확률이 시도 횟수가 무한정 증가함에 따라 0에 접근함을 증명한다.

또 하나의 기본적인 정리는 편향성이 있는 동전 하나를 반복적으로 던지는 경우에 관한 것이다. 이때 앞면이 나올 확률이 p이고, 뒷면이 나올 확률이 q이면, $q=1-p$다. 만약 그 동전을 두 번 던진다면, 앞면이 두 번 나올 확률, 한 번 나올 확률 그리고 나오지 않을 확률은 각각 무엇일까? 베르누이의 답은 p^2, $2pq$ 그리고 q^2이었다. 이들은 $(p+q)^2$을 $p^2+2pq+q^2$으로 전개했을 때 나오는 항들이다. 마찬가지로 그 동전을 세 번 던지면, 앞면이 3, 2, 1, 0번 나올 확률은 각각 다음 전개식의 각 항들이다.

$$(p+q)^3 = p^3 + 3p^2q + 3pq^2 + q^3$$

더 일반적으로, 만약 동전을 n번 던진다면, 앞면이 m번 나올 확률은 다음과 같다.

$$\binom{m}{n} p^m q^{n-m}$$

이것은 $(p+q)^n$의 전개식에서 해당 항이다.

1730년과 1738년 사이에 아브라함 드무아브르는 편향된 동전에 대한 베르누이의 연구를 확장시켰다. m과 n이 크면 이항계수를 정확히 알아내기가 어렵다. 드무아브르는 한 근사식을 유도해냈다. 이것은 베르누이의 이항분포를 이른바 오차함수 내지 정규 분포와 관련시키는 공식이다.

$$\frac{1}{\sqrt{2\pi}} e^{-x^2}$$

드무아브르는 단언컨대 이 관계식을 명시적으로 나타낸 최초의 인물이었다. 이 식은 확률론과 통계학의 발전에 근본적으로 중요한 것임이 밝혀졌다.

확률을 정의하기 ∞

확률론에서 한 가지 중요한 개념적 문제는 확률을 정의하는 일이다. 누구나 답을 아는 단순한 사례들도 논리적으로 곤란한 점이 깃들어 있다.

만약 동전을 하나 던지면, 장기적으로는 앞면과 뒷면이 나오는 횟수가 동일하며, 각각의 확률이 1/2이라고 우리는 기대할 수 있다. 더 정확히 말하면, 이는 동전이 공정할 때의 확률이다. 편향된 동전은 늘 앞면이 나올지도 모른다. 하지만 '공정'이란 무슨 의미인가? 아마도, 앞면과 뒷면이 나올 가능성이 같다는 뜻일 것이다. 하지만 '가능성이 같다'는 말 자체가 확률을 언급하고 있다. 따라서 이는 순환논리처럼 보인다. 확률을 정의하려면 확률이 무엇인지 알아야 한다.

이 난관을 돌파할 방법은 유클리드로 되돌아가는 것인데, 19세기 후반과 20세기의 대수학자들이 이 일을 완벽하게 해냈다. 그들은 확률이 무엇인지 고민하지 않고 공리를 세웠다. 그리고 확률이 지녔으면 하고 원하는 성질들을 적은 다음, 그런 성질들을 공리라고 여기도록 했다. 다른 모든 것들은 이 공리에서 유도해내면 되었다.

여기서 질문은 이것이다. 무엇이 올바른 공리인가? 확률이 사건들의 유한한 집합에 관한 것이라면 이 질문의 답은 비교적 쉽다. 하지만 확률론은 종종 잠재적으로 무한할 수 있는 경우의 수들에서 선택하는 문제가 끼어들기도 한다. 가령, 두 별 사이의 각을 측정하려면, 원리적으로 각은 $0°$와 $180°$ 사이의 임의의 실수가 될 수 있다. 그리고 실수는 무한히 많다. 만약 판에다 다트를 던진다면, 장기적으로는 판 위의 임의의 점에 다트가 꽂힐 확률은 동일하므로 어떤 특정 영역에 꽂힐 확률은 그 영역의 넓이를 판의 전체 넓이로 나눈 값이다. 하지만 판에는 점들의 개수가 무한하므로, 영역도 무한히 많이 존재한다.

이러한 어려움이 모든 문제점과 모든 역설을 야기했다. 하지만 이 어려움들은 해석학에서 나온 새로운 발상, 즉 측정의 개념 덕분에 최종적으로 해결되었다.

적분 이론을 연구하던 해석학자들은 뉴턴의 개념에서 벗어나, 무엇이 적분 가능한 함수를 구성하는지 그리고 그런 함수의 적분이 무엇인지를 더욱 정교하게 정의해야 한다고 여겼다. 여러 수학자들이 일련의 시도를 한 끝에 앙리 르베그는 매우 일반적인 유형의 적분을 정의하는 데 성공했다. 오늘날 르베그 적분이라고 불리는 이 적분은 흥미 있고도 유용한 해석학적 성질들을 많이 지니고 있다.

르베그가 내린 정의의 핵심은 르베그 측도Lebesgue measure이다. 이것은 길이의 개념을 실수선 상의 매우 복잡한 부분집합에 할당하는 한 방법이다. 그 집합이 1, 1/2, 1/4, 1/8 등 겹치지 않는 길이의 구간들로 이루어져 있다고 가정하자. 이 수들은 수렴하는 무한급수를 구성하며, 그 합은 2다. 따라서 르베그는 이 집합이 측도 2를 갖는다고 주장했다. 르베그의 개념은 한 가지 새로운 특징이 있다. 그것은 가산가법적countably additive이다. 무슨 말이냐면, 만약 서로 겹치지 않는 집합들의 무한한 한 모음을 합치면, 그리고 이 모음이 칸토어의 의미에서 기수 $\aleph_0$를 가지며 가산적이면, 전체 집합의 측도는 개별 집합들의 측도에 의해 구성된 무한급수의 합이다.

여러 가지 면에서 척도의 개념은 이 개념이 낳게 되는 적분보다 더 중요했다. 특히, 확률이 척도의 하나였다. 이 성질은 1930년대에 안드레이 콜모고로프Andrei Kolmogorov가 명시적으로 밝혀냈으며, 확률에 관한 공리들을 작성했다. 더 구체적으로 말하면, 그는 확률 공간을 정의했다. 이 공간은 집합 X, 사건이라고 불리는 X의 부분집합들의 모음 B 그리고 B 상의 척도 m으로 구성된다. 공리에 의하면, m은 척도이며 $m(X) = 1$이다(즉 무언가 일어날 확률은 언제나 1이다). 또한 모음 B는 척도를 뒷받침해주는 어떤 집합론적 성질들을 가져야 한다.

주사위 한 개를 예로 들어 확률 공간을 살펴보자. 집합 X는 눈금 1~6으로 이루어지며, 집합 B는 X의 모든 부분집합을 포함한다. B 안의 임의의 집합 Y의 척도는 Y의 원소들의 개수를 6으로 나눈 값이다. 이 척도는 주사위의 각 면이 나올 확률이 1/6이라는 직관적 개념과 일치한다. 하지만 척도를 이용하면 단지 주사위의 면들뿐 아니라 면들의 집합을 고려해야 한다. 그런 집합 Y와 관련된 확률은 Y의 어떤 면이 나올 확률이다. 직관적으로 이것은 Y의 크기를 6으로 나눈 값이다.

이런 단순한 개념을 통해 콜모고로프는 수 세기 동안 이어진 열띤 논란을 해결하고 확률론에 관한 엄밀한 이론을 구성해냈다.

통계 데이터 ∞

확률론을 응용한 학문이 통계학이다. 통계학은 확률을 이용하여 현실 세계의 데이터를 분석한다. 관측 오차를 고려해야 할 필요성 때문에 18세기 천문학에서 처음 등장했다. 경험적으로 그리고 이론적으로 그런 오차는 오차함수 내지 (그 형태로 인해 종형곡선bell curve이라고도 종종 불리는) 정규 분포에 따라 분포한다. 오차함수에서 오차는 수평선을 따라 표시되며, 가운데 지점이 오차가 0인 곳이다. 그리고 곡선의 높이는 특정한 크기의 오차가 일어날 확률을 나타낸다. 작은 오차는 꽤 일어나기 쉬운 반면, 큰 오차는 일어나기가 매우 어렵다.

1835년 아돌프 케틀레Adolphe Quételet는 종형곡선을 이용해 사회적 데이터—출생, 사망, 이혼, 범죄 및 자살—를 모형화하는 것에 동조했다. 그가 알아내기로, 그러한 사건들은 개인한테는 예측이 불가능하지만, 전체 인구를 관찰해보면 통계적 패턴이 나타났다. 그는 모든 면에서 평균적인 가상의 개인인 '평균인'이라는 관점에서 이러한 개념을 의인

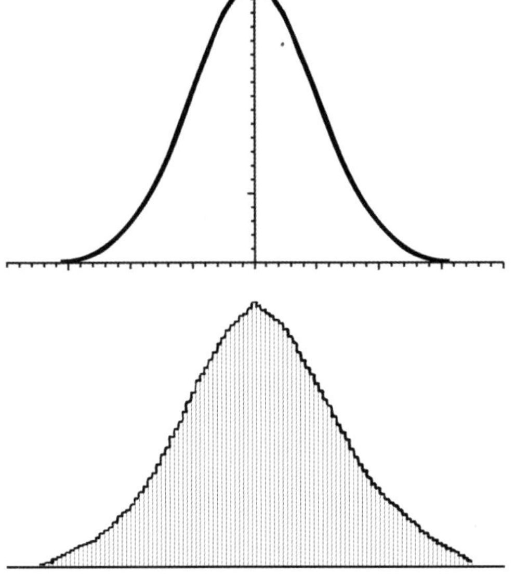

사람들의 키 분포를 보여주는 케틀레의 그래프. 키는 수평으로 표시되고 사람들의 수는 수직으로 표시되어 있다.

화시켰다. 케틀레가 보기에, 평균인은 단지 수학적 개념이 아니라 사회적 정의의 목표였다.

1880년경부터 사회과학은 통계학적 개념을 광범위하게 사용하기 시작했다. 특히 종형곡선을 실험의 대체물로서 많이 이용했다. 1865년 프랜시스 갤턴Francis Galton은 인간의 유전에 관한 연구를 시행했다. 어린아이의 키는 부모와 어떤 관련이 있는가? 몸무게나 지적 능력은 어떤가? 그는 케틀레의 종형곡선을 채택했지만, 그것을 도덕적 의무를 강조하기 위한 수단으로서가 아니라 상이한 인구를 구별하기 위한 방법으로 여겼다. 만약 어떤 데이터가 종형곡선의 단일한 정점이 아니라 두 개의 정점을 보인다면, 그 인구는 각각 자신만의 종형곡선을 갖는 두 개의 상이한 하위 집단으로 이루어져 있음이 분명하다. 이러한 연구를 통해 갤턴은 1877년 회귀분석을 고안했다. 회귀분석은 한 데이터 집합을 다른 데이터 집합과 관련지음으로써 가장 가능성이 높은 관계를 찾아내는 방법이다.

또 하나의 중요한 인물은 이시드로 에지워스Ysidro Edgeworth였다. 에지워스는 갤턴과 같은 통찰력은 부족했지만 전문적인 이론 구성에는 더 밝았다. 따라서 갤턴의 개념들을 굳건한 수학적 바탕 위에 올려놓는 데 큰 역할을 했다. 세 번째 인물은 칼 피어슨Karl Pearson으로 통계학의 발전에 상당한 이바지를 했다. 하지만 피어슨의 가장 큰 역할은 통계학이 유용한 학문임을 세상 사람들에게 알리는 데 일조한 것이다.

뉴턴과 그의 후예들은 수학이 자연의 규칙성을 이해하는 매우 효과적인 방법임을 증명했다. 이와 비슷하게, 확률론과 더불어 그 응용 분야인 통계학은 자연의 불규칙성을 효과적으로 이해하는 수단이다. 놀랍게도 우연한 사건에도 수학적 패턴은 존재한다. 하지만 이들 패턴은 장기적

우리는 확률을 어떻게 활용하고 있을까?

확률론이 활용되는 매우 중요한 분야로 신약의 임상실험을 들 수 있다. 임상실험은 신약의 효과에 대한 데이터를 수집한다. 특정 질병을 치료하는지 혹은 뜻밖의 부작용을 가져오지는 않는지 등의 자료를 모으는 것이다. 수치가 어떤 내용을 가리키든, 여기서 중요한 질문은 그런 데이터가 통계적으로 유의미한지 여부다. 즉 데이터가 신약의 진정한 효과에서 나온 것인지 아니면 순전히 우연의 결과인지가 중요한 것이다. 이 문제는 가설 검증이라는 통계적 방법을 이용하여 해결한다. 이 방법은 데이터를 통계 모형과 비교하여, 우연에 의해 생기는 결과의 확률을 알아낸다. 가령, 만약 그 확률이 0.01보다 작으면, 0.99 이상의 확률로 데이터는 우연에 의한 것이 아니다. 즉 그 효과는 99%의 수준으로 유의미하다. 이 방법 덕분에 어떤 치료법이 효과적인지 또는 어떤 치료법이 부작용을 낳으므로 사용을 금지해야 하는지를 상당히 믿을 만하게 결정할 수 있다.

인 경향과 평균치와 같은 통계적인 양으로만 드러난다. 이런 패턴을 통해 예측이 가능하지만, 이는 단지 어떤 사건이 일어나거나 일어나지 않을 가능성에 관한 예측일 뿐이다. 언제 일어날지를 예측하지는 못한다. 그럼에도 불구하고 확률은 이제 가장 광범위하게 이용되는 수학적 기법으로 자리 잡아, 과학과 의학의 모든 분야에서 이용되고 있다. 관찰 자료에서 내린 추론이 우연한 연관성 때문에 생긴 결과가 아니라 유의미한 결과임이 보장되는 것도 확률 덕분이다.

대량의 수들을
고속으로 계산하다

계산기의 등장과
계산 수학

수학자들은 자질구레한 일상적인 계산들을 처리해줄 기계를 늘 꿈꾸어왔다. 계산에 시간을 덜 들일수록 생각에 시간을 더 사용할 수 있기 때문이다. 선사시대부터 나무막대와 조약돌이 셈의 보조 수단으로 쓰였고 돌무더기는 마침내 주판셈으로 발전했다. 주판셈은 주판알이 막대를 따라 움직이며 수의 자릿수를 나타낸다. 특히 일본인들에 의해 고도로 발전한 주판셈은 전문가의 손으로 기본적인 산수를 재빠르고 정확하게 실행할 수 있었다. 1950년 무렵까지도 일본 주판셈은 기계적인 손 계산기보다 성능이 뛰어났다.

꿈이 실현되다? ∞

21세기가 도래하자 전자컴퓨터의 출현과 집적회로ic의 광범위한 사용으로 인해 기계의 계산 능력은 크게 높아졌다. 이러한 전자 장치는 인간의 두뇌나 기계적 장치보다 훨씬 빨랐다. 오늘날에는 매초에 수십억 또는 수조 번의 산수 연산 실행은 흔한 일이다. 내가 아무리 빠르게 계산해본들 IBM의 블루 진/L은 초당 천조 번의 계산(부동소수점 연산)을 수행할 수 있다. 게다가 오늘날의 컴퓨터는 기억 용량이 방대해 책 수백 권에 달하는 정보를 저장할 수 있다. 컬러그래픽도 컴퓨터의 성능 덕분에 최상의 수준에 도달했다.

컴퓨터의 등장 ∞

초기의 기계는 그다지 대단하지는 않았지만 그래도 엄청난 시간과 수고를 아끼게 해주었다. 주판 다음으로 가장 먼저 개발된 것은 네이피어의 뼈 내지 네이피어의 막대다. 이것은 네이피어가 로그를 발명하기 전에 고안한, 눈금이 표시된 막대 계산 장치로서, 긴 자릿수의 숫자를 곱하는 데 쓰인 보편적인 계산 장치였다. 이제 종이와 연필 대신에 막대를 사용하게 되자 숫자를 적는 데 드는 시간이 절약되었다. 하지만 여전히 손 계산을 모방한 것에 불과했다.

1642년 파스칼이 최초라고 불릴만한 기계적 계산기를 발명했다. 산수 기계라고 불린 이 장치는, 파스칼이 아버지의 계산을 돕기 위해 만든 것이었다. 덧셈과 뺄셈을 할 수 있었지만 곱셈과 나눗셈은 할 수 없었다. 여덟 개의 회전 눈금판이 있었기에, 여덟 자리의 수를 다루기에 효과적이었다. 10여 년 후에 파스칼은 비슷한 장치를 50개 만들었는데, 대다수는 오늘날까지도 박물관에 보관되어 있다.

1671년 라이프니츠는 곱셈용 계산기를 설계했고, 1694년 실제로 제작한 다음 이렇게 말했다. '뛰어난 사람이 노예처럼 장시간 힘겹게 계산하는 것은 무가치하다. 기계를 사용한다면 그런 일은 아무한테나 맡겨도 안전하게 된다.' 그는 자신의 기계를 독일어로 슈타펠발체Staffelwalze라고 명명했다. 단계별 계산기라는 뜻이다. 그의 기본 아이디어는 후계자들한테도 널리 이용되었다.

계산 장치를 위한 가장 야심찬 제안을 내놓은 사람은 찰스 배비지Charles Babbage였다. 1812년 그는 이렇게 말했다.

나는 케임브리지에 있는 해석학 협회의 연구실에 앉아 있었다. 책상에 앉아 반쯤 졸고 있었고, 내 앞에는 로그 도표가 펼쳐져 있었다. 어떤 회원이 내 연구실로 와서 꾸벅꾸벅 졸고 있는 내 모습을 보고서 이렇게 외쳤다. "이런, 지금 무슨 꿈을 꾸고 있습니까?" 나는 이렇게 대답했다. (로그 도표를 가리키며) "이런 도표들을 전부 기계로 계산할 수는 없나 생각하고 있었습니다."

배비지는 평생 이 꿈을 좇았는데, 마침내 시제품을 만들고 차분 기관 difference engine이라고 명명했다. 그는 더 정교한 기계를 만들 수 있도록 정부에 지원금을 요청했다. 그의 가장 야심찬 프로젝트인, 해석 기관 analytical engine은 사실상 프로그램이 가능한 기계적 컴퓨터였다. 이 기계들이 실제로 제작되지는 않았지만 여러 구성 요소들은 만들어졌다. 현대에 와서 재구성된 차등 기관이 런던의 과학협회에 소장되어 있으며, 실제로 작동된다. 어거스타 에이다 러브레이스는 최초의 컴퓨터 프로그램을 작성하여 배비지의 연구에 일조했다.

최초의 대량생산 계산기인 아리스모미터Arithmometer는 1820년에 토머스 드 콜마가 제작했다. 계단형 드럼 기계장치를 장착한 이 계산기는 1920년까지 제작되었다. 그다음 중요한 단계는 스웨덴 발명가 윌고트 T. 오드너의 바람개비형 계산기였다. 그의 계산기는 여러 제작자들이 만든 수십 가지 (비록 수백 가지는 아니지만) 모델의 바탕이 되었다. 장치의 동력은 사람이 제공했는데, 사람이 손잡이를 돌리면 0~9의 숫자가 표시되어 있는 일련의 원반이 회전하는 방식으로 작동했다. 능숙해지면 복잡한 계산도 매우 빨리 처리할 수 있었다. 제2차 세계대전 중에 원자폭탄을 만들기 위한 맨해튼 프로젝트에서 과학 및 공학 계산도 그런 장치를 이용해 수행되었다. 이 장치들은 주로 젊은 여성들로 이루어진 '계산원' 분대가 조작했다. 1980년대에 들어서자 저렴하면서도 성능이 뛰어난 전자식 컴퓨터가 도입되었고, 기계적 계산기는 쓸모가 없어졌다. 하지만 그 이전까지만 해도 경제 및 과학 분야에 이러한 계산기가 널리 쓰였다.

계산기는 단순한 산수 이상의 역할을 한다. 왜냐하면 많은 과학 계산은 일련의 긴 산수 연산을 통해 수치적으로 구현될 수 있기 때문이다. 가장 초기의 수치적 방법은 방정식을 매우 정확하게 푸는 것으로서 뉴턴이 고안했다. 따라서 그의 이름을 따서 뉴턴의 방법이라고 불린다. 이 방법은 방정식 $f(x)=0$을 풀기 위해 일련의 연속적인 근사치를 계산하는데, 그 각각은 이전 근사치를 바탕으로 하여 값을 개선해나간다. 어떤 초기의 추측치 x_1에서 시작하여 향상된 근사치 x_2, x_3, $\cdots$, x_n, x_{n+1}을 아래 공식으로 얻는다.

$$x_{n+1}=x_n-\frac{f(x_n)}{f'(x_n)}$$

여기서 f'는 f의 도함수다. 이 방법은 해 근처의 곡선 $y=f(x)$의 기

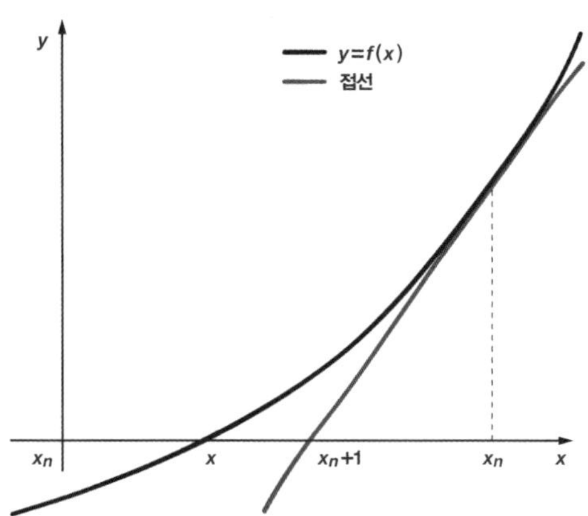

방정식을 수치적으로 풀기 위한
뉴턴의 방법

하학적 성질에 바탕을 두고 있다. 점 x_{n+1}은 x_n에서 곡선의 접선이 x축과 만나는 교점이다. 그림에서 보이듯이, 이 점은 원래의 점 x_n보다 x에 더 가깝다.

수치적 방법의 두 번째로 중요한 응용 사례는 미분방정식이다. 다음 미분방정식을 푼다고 하자.

$$\frac{dx}{dt} = f(x)$$

여기서 시간 $t=0$에서 $x=x_0$이다. 오일러가 내놓은 가장 단순한 방법은 dx/dt를 $[x(t+3)-x(t)]/\varepsilon$로 근사하는 것이다. 여기서 ε은 매우 작은 값이다. 그러면 이 미분방정식의 근사치는 다음 형태를 띤다.

$$x(t+\varepsilon) = x(t) + \varepsilon f(x(t))$$

$x(0) = x_0$부터 시작하여 차례차례 $f(\varepsilon), f(2\varepsilon), f(3\varepsilon)$ 등을 구해나가고, 결국에는 일반적으로 임의의 정수 $n(n>0)$에 대하여 $f(n\varepsilon)$를 구한다. ε에 대한 전형적인 값으로 가령 10^{-6}을 대입할 수 있다. 그러면 위의 식을 백만 번 반복하면 $x(1)$이 얻어지며 다시 백만 번을 반복하면 $x(2)$가 얻어진다. 이런 방식으로 $x(3), x(4)$ 등이 계속 얻어진다. 오늘날의 컴퓨터로 백만 번 계산은 사소한 일이기에 이 정도 문제는 거뜬히 해결할 수 있다.

하지만 오일러 방법은 충분히 만족스럽기에는 너무 단순한 발상이다. 따라서 더 나은 방법들이 수없이 많이 개발되었다. 그중 최상의 방법으로 알려진 것이 룽게-쿠타 방법이다. 독일 수학자 카를 룽게Carl Runge 와 마르틴 쿠타Martin Kutta의 이름을 딴 명칭이다. 둘은 이 방법을 1901년 처음 고안했다. 그중에서 가장 유명한 이른바 사차 룽게-쿠타 방법은 공학, 과학 그리고 이론적인 수학에 매우 널리 쓰이고 있다.

현대에는 비선형 역학의 필요성이 대두되면서 여러 정교한 방법들이 고안되었다. 이들 방법은 정확한 해와 관련된 어떤 구조를 보존함으로써 긴 시간 동안 오류가 축적되는 것을 방지한다. 예를 들면 마찰이 없는 역학계에서는 총 에너지가 보존된다. 각 단계별로 에너지가 정확히 보존되도록 해주는 수치적 방법을 고안할 수 있다. 이런 절차는 계산된 해가 (마치 시계추가 에너지를 잃으면서 서서히 멈추는 것처럼) 정확한 해에서 서서히 멀어질 가능성을 방지한다.

하지만 더욱 정교한 방법은 심플렉틱 적분기인데, 이것은 해밀턴 방정식의 심플렉틱 구조를 명시적이고도 정확히 보존함으로써 미분방정식의 역학계를 푼다. 해밀턴 방정식의 심플렉틱 구조란 두 가지 유형의 변수, 위치 및 운동량에 적합하게끔 만들어진 흥미로우면서도 매우 중요한 유형의 기하학이다. 심플렉틱 적분기는 특히 천체역학에 중요한 역할을 한다. 가령 천문학자들은 수십억 년의 태양계에서 행성들의 운동을 추적하기를 원할 것이다. 심플렉틱 적분기를 사용하여 잭 위즈덤과 자크 라스카 등의 천문학자들은 다음 사실을 밝혀냈다. 즉 태양계에서 장기적인 행동은 카오스적이고, 천왕성과 해왕성은 예전에는 지금보다 태양에 훨씬 더 가까이 있었으며, 수성의 궤도가 차츰 금성의 궤도 쪽으로 이동하고 있기에 결국에는 한두 개 정도의 행성이 태양계 밖으로 완전히 나가버릴 수도 있다. (수성은 태양에서 제일 가까운 궤도를 돌고 금성이 그 다음 가까운 궤도를 돌고 있다. 따라서 차츰 행성의 궤도가 바깥으로 향하니 태양계 제일 바깥쪽의 한두 개 행성이 태양계를 빠져나갈지 모른다는 말이다_옮긴이). 그런 장시간에 걸친 결과를 정확하게 알아낼 수 있는 방법은 오직 심플렉틱 적분기뿐이다.

컴퓨터는 수학이 필요하다 ∞

컴퓨터를 이용하여 수학에 도움을 줄 수 있듯이 수학을 이용하여 컴퓨터에 도움을 줄 수도 있다. 사실, 수학적 원리들은 초기의 컴퓨터를 설계하는 데 개념을 증명하는 역할로서든 또는 설계의 핵심적인 측면으로서든 전적으로 중요했다.

오늘날 사용되는 모든 디지털 컴퓨터는 이진 표기로 작동한다. 0과 1로 된 이진수의 열들로 모든 수가 표시되는 것이다. 이진법의 주요 장점

그들은 수치해석을 어떻게 활용했을까?

뉴턴은 자연의 법칙만을 탐구하지는 않았다. 그는 효과적인 계산 방법을 개발해야 했다. 그는 멱급수를 많이 사용하여 함수를 표현했는데, 왜냐하면 멱급수를 사용함으로써 그런 급수를 항끼리 미분하거나 적분할 수 있었기 때문이다. 또한 그는 멱급수를 사용하여 함수의 값도 알아냈는데, 이 초기의 수치 해석은 오늘날에도 여전히 사용되고 있다. 1665년 쓰인 그의 원고 한 페이지를 보면 한 쌍곡선 아래에 놓인 넓이를 구하는 수치적 방법이 설명되어 있다. 이 면적은 곧 쌍곡선 함수의 적분이므로, 결국 로그함수가 됨을 오늘날 우리는 알고 있다. 뉴턴은 무한급수의 항들을 더해 소수점 아래 55자리까지 정확한 값을 알아냈다.

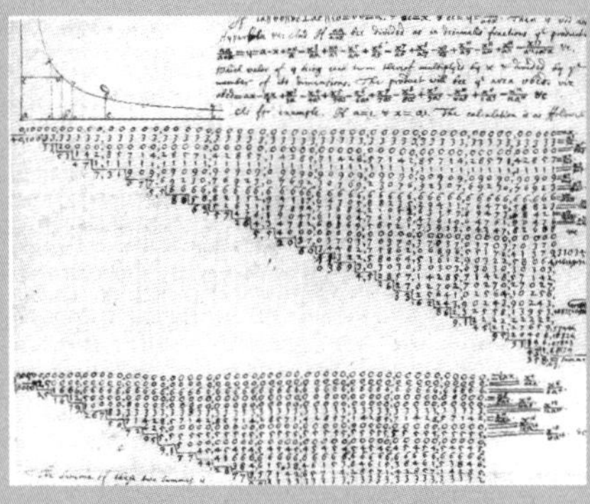

뉴턴이 쌍곡선 아래 넓이를 계산한 과정

은 이 표기법이 스위칭에 대응한다는 것이다. 즉 0은 꺼짐이고 1은 켜짐이다. 또는 0은 전압이 없는 상태, 1은 5볼트의 상태를 나타낼 수 있으며, 이외에도 회로 설계에서 쓰이는 어떠한 표준적인 상태를 나타낼 수 있다. 기호 0과 1은 또한 수학적 논리 안에서 진릿값으로 해석될 수도 있다. 즉 0은 거짓을 의미하고 1은 참을 의미한다. 따라서 컴퓨터는 산수 계산과 더불어 논리 계산을 수행할 수 있다. 논리 연산이 더 기본적이며, 산수 연산은 논리 연산의 연속으로 볼 수 있다. 《사고의 법칙》

에서 설명한 0과 1의 수학에 대한 불의 대수적 방법은 컴퓨터 계산의 논리를 위한 효과적인 체계를 마련해주었다. 인터넷 검색 엔진은 불 검색을 수행한다. 즉 논리적 범주의 어떤 조합(가령 '고양이'라는 단어는 포함하되 '개'는 포함하지 않는 식)으로 정의된 항목들을 검색하는 것이다.

알고리듬 ∞

수학은 컴퓨터 과학이 발전하는 데 도움을 주었다. 반대로 컴퓨터 과학은 몇 가지 흥미진진한 수학 분야의 발전을 촉진했다. 알고리듬 — 문제를 해결하기 위한 체계적인 절차 — 의 개념이 그중 하나다. (알고리듬은 아랍 대수학자인 알-콰리즈미에서 따온 이름이다.) 여기서 특별히 흥미로운 질문을 하나 던질 수 있다. 알고리듬의 실행시간은 입력 데이터의 크기에 얼마만큼 의존하는가? 예를 들면 두 자연수 m과 $n(m \leq n)$의 최대공약수를 찾는 유클리드의 알고리듬은 다음과 같다.

* n을 m으로 나누어 나머지 r을 얻는다.
* 만약 $r=0$이면, 최대공약수는 m이다. 멈춤.
* 만약 $r>0$이면, n을 m으로 대체하고 m을 r로 대체한 다음 처음으로 되돌아간다.

밝혀진 바에 의하면, 만약 n이 d 자릿수(알고리듬의 입력 데이터의 크기 척도)의 수라면, 알고리듬은 최대 $5d$ 단계 후에 멈춘다. 무슨 뜻이냐면, 만약 두 수가 1,000자릿수라면, 최대공약수는 최대 5,000단계 내에서 계산할 수 있다는 말이다. 현대 컴퓨터로는 몇 분의 1초밖에 걸리지 않는다.

유클리드의 알고리듬은 실행시간이 선형적이다. 즉 계산의 길이는 입력 데이터의 (자릿수) 크기에 비례한다. 더 일반적으로 말해, 실행시간이 입력 데이터 크기의 어떤 고정된 거듭제곱(가령. 제곱 내지 세제곱)에 비례하면 그 알고리듬은 다항식 실행시간을 갖는다고 하며, 또는 클래스 P class P라고 한다. 이와 반대로, 어떤 수의 소인수를 찾기 위한 모든 알고리듬은 지수적 실행시간을 갖는다. 이때는 실행시간이 어떤 고정된 상수에 대한 입력 데이터 크기의 거듭제곱에 비례한다. 이런 알고리듬은 not-P라고 한다. (가령. 고정된 상수가 3이고 입력 데이터 크기가 s라면, 실행시간이 $3s$에 비례한다_옮긴이) 이런 까닭에 RSA 암호 체계가 안전한 것이다.

대략적으로 말해서, 다항식 실행시간을 갖는 알고리듬은 오늘날의 컴퓨터에서 계산에 쓸모가 있다. 반면에 지수적 실행시간을 갖는 알고리듬은 그렇지 않기에, 설령 초기 데이터의 크기가 매우 작더라도 이 알고리듬에 의한 계산은 실제로 그다지 실행되지 않는다. 하지만 이런 차이는 어림짐작일 뿐이다. 다항식 실행시간을 갖는 알고리듬도 큰 거듭제곱이 관여하는 바람에 실용적이지 않을 수도 있으며, 반면에 다항식 실행시간을 갖는 알고리듬보다 더 나쁜 일부 알고리듬도 알고 보면 유용한 것일 수도 있다.

그런데 여기서 중요한 이론적 문제점이 하나 등장한다. 특정한 알고리듬이 주어져 있을 때, 실행시간이 입력 데이터의 크기에 얼마나 의존하는지 알아내어 그것이 클래스 P인지 여부를 결정하기란 꽤나 쉽다. 하지만 동일한 문제를 더 빠르게 푸는 더욱 효과적인 알고리듬이 존재하는지 여부를 알아내기란 매우 어렵다. 따라서 설령 우리가 많은 문제를 클래스 P의 알고리듬으로 풀 수 있음을 안다고 해도 임의의 타당한 문제가 not-P인지 여부는 알 도리가 없다.

여기서 '타당한'이란 전문적인 의미다. 어떤 문제들은 반드시 not-P

여야 한다. 왜냐하면 단지 해답을 출력하는데도 not-P 실행시간이 들기 때문이다. 예를 들면 n개의 기호들을 순서대로 배열하는 모든 경우의 수를 나열하자. 명백한 not-P 문제를 제외하려면 또 다른 개념이 필요하다. 비결정론적 다항식 알고리듬의 클래스 NP가 바로 그것이다. 입력 데이터 크기의 어떤 고정된 거듭제곱에 비례하는 시간 안에 해답의 임의의 추측값을 확인할 수 있으면 그 알고리듬은 NP다. 가령, 어떤 큰 수의 소인수에 대한 추측값이 주어져 있으면, 그것은 한 번의 나눗셈에 의해 해답인지 여부를 재빨리 확인할 수 있다.

클래스 P인 문제는 자동적으로 NP다. P의 알고리듬이 알려져 있지 않은 다수의 중요한 문제들이 NP인 것으로 알려져 있다. 이제 우리는 이 분야의 가장 어려운 미해결 문제에 이르렀는데, 이 문제를 푼 사람에게는 클레이 수학연구소에서 백만 달러의 상금을 지급하기로 되어 있다. 문제는 이렇다. P와 NP는 동일한가? 언뜻 보기에 답은 '아니요'인 듯하다. 왜냐하면 $P=NP$라면 아주 어려워 보이는 많은 계산들이 실제로는 쉽다는, 즉 우리가 아직 생각해보지 않은 어떤 지름길이 존재한다는 말이 되기 때문이다.

'$P=NP$?' 문제는 NP 완전성이라는 흥미로운 현상 때문에 더욱 어려워진다. 모든 NP 문제를 다항식 시간 내에 어떤 문제로 환원할 수 있으면 그 문제는 NP-난해$NP\text{-}hard$ 문제라고 부르며, NP-문제들 중에서 NP-난해 문제인 것을 가리켜 NP-완전 문제라고 부른다. 여기서 중요한 요점은 NP-완전 문제를 풀 수 있으면 모든 NP 문제를 풀 수 있다는 것이다. 만약 임의의 특정한 NP-완전 문제가 P임을 증명할 수 있다면, $P=NP$다. 한편 임의의 특정한 NP-완전 문제가 not-P 임을 증명할 수 있다면, P는 NP가 아니다. 최근에 관심을 끈 한 NP-완전 문제는 컴퓨

우리는 수치해석을 어떻게 활용하고 있을까?

수치해석은 현대적인 항공기의 설계에 핵심적인 역할을 한다. 비교적 근래에 공학자들은 풍동(비행기 등에 공기의 흐름이 미치는 영향을 시험하기 위한 터널형 인공 장치_옮긴이)을 이용하여 공기가 어떻게 날개와 동체를 지나 흐르는지 알아냈다. 항공기 모형을 터널 속에 놓아두고서 풍동 시스템을 이용해 강제로 바람을 일으켜 공기의 흐름 패턴을 관찰했던 것이다. 나비에-스토크스 방정식 등의 여러 방정식들이 이론적인 통찰을 주기는 했지만, 실제 비행기에 대해서는 복잡한 형태로 인해 그런 방정식을 풀기란 불가능했다.

오늘날의 컴퓨터는 성능이 막강한데다, 편미분방정식을 컴퓨터상에서 풀기 위한 수치적 방법들이 매우 효과적이다. 따라서 많은 경우에 실제 풍동을 이용한 연구 대신에 비행기를 컴퓨터로 모델링하여 수치 계산을 이용하는 방법이 선호되고 있다. 나비에-스토크스 방정식은 매우 정확해서 이런 방식으로 거뜬하게 이용될 수 있다. 컴퓨터를 이용한 방법의 장점은 어떠한 공기 흐름 패턴이라도 분석하고 시각화할 수 있다는 것이다.

항공기를 지나는 공기 흐름을 수치 계산을 통해 표현한 그림

터 게임 마인스위퍼Minesweeper와 관련된 것이다. 더욱 수학적인 문제는 불 만족도 문제Boolean Satisfiability Problem다. 한 수학 논리 명제가 주어져 있을 때, 해당 변수에 진릿값(참 또는 거짓)이 할당될 때 그 명제가 참

일 수 있는지를 다루는 문제다.

수치해석 ∞

수학은 계산 이상의 것이지만, 계산은 더욱 개념적인 연구에 어쩔 수 없이 수반되는 일이다. 고대로부터 수학자들은 계산이라는 허드렛일에서 벗어날 수 있도록 도와주면서도 정확한 결과를 내놓을 가능성을 높일 기계적 장치를 찾았다. 과거의 수학자들이 지금의 전자 컴퓨터를 본다면 우리를 한없이 부러워할 것이다. 컴퓨터의 속도와 정확성에 감탄하면서 말이다.

계산기는 단지 하인 역할보다 훨씬 더 중요한 역할을 해왔다. 계산기의 설계와 기능은 수학자들이 답해야 할 새로운 이론적 질문들을 제기했다. 이런 질문들은 근사를 이용해 방정식을 푸는 수치적 방법이 옳은지 증명하는 것에서부터 계산 자체의 기초에 관한 심오한 사안들까지 매우 다양하다.

21세기가 도래하자 수학자들은 강력한 소프트웨어를 이용할 수 있게 되었다. 덕분에 이제 컴퓨터로 단지 수치 계산을 실행하는 것에서 그치지 않고 대수학적 및 해석학적 계산도 실행한다. 이런 도구들은 새로운 분야를 열었으며, 오랜 문제들을 푸는 데 일조했고, 개념적인 사고를 위한 시간을 벌어주었다. 수학의 결과들은 훨씬 더 풍부해졌고 더욱 실제적인 많은 문제에 수학을 응용할 수 있게 되었다. 비행기는 발명되지 않았지만 물 위를 다니는 배에 관한 흥미로운 질문이 많던 시절에 오일러는 복잡한 형태 주위의 유체 흐름을 개념적인 도구들로 연구했다. 하지만 그런 기법을 구현할 실용적인 방법이 당시로서는 없었다.

이제껏 다루지 않은 새로운 발전 분야는 컴퓨터를 증명의 보조 수단으로 이용하는 것이다. 최근에 증명된 여러 중요한 정리들은 컴퓨터로 실행되는 방대하면서도 반복적인 계산에 의존하고 있다. 일설에 의하면, 컴퓨터의 도움을 받는 증명이 증명의 근본적인 본질을 변화시키고 있다고 한다. 증명은 인간의 두뇌에 의해 이루어진다는 고정관념이 깨지는 셈이다. 이런 주장에는 논란의 요지가 있지만, 비록 옳은 주장이더라도 그러한 변화로 인해 수학이 인간의 사고를 확장시키는 더욱 강력한 보조 수단이 된다는 점은 부인할 수 없다.

카오스와
복잡성

불규칙성에도
패턴이 있다

20세기 중반 무렵 수학은 급격한 성장 단계로 접어들고 있었다. 여러 분야에 수학이 응용되기 시작했고 새로운 강력한 방법들이 도입되었기 때문이다. 현대수학의 종합적인 역사는 적어도 그 이전까지의 모든 수학사와 맞먹을 것이다. 우리가 다룰 수 있는 것은 고작 몇 가지 대표적인 사례들이지만, 이를 통해 수학의 독창성과 창의성이 여전히 굳건히 살아 있음을 여실히 보여줄 수 있다. 그중 하나가 바로 1970년대와 1980년대에 대중들에게 널리 알려진 카오스 이론이다. 이 이론은 언론이 비선형 동역학에 붙인 이름이다. 이 주제는 미적분학을 이용한 전통적인 모형에서부터 자연스레 진화해왔다. 또 하나의 사례로 비정통적인 사고방식에 바탕을 둔 복잡계 이론을 들 수 있다. 새로운 과학뿐 아니라 새로운 수학을 촉진하는 데 기여하고 있는 이론이다.

카오스 ∞

1960년대 이전에 카오스라는 말은 오직 한 가지를 뜻했다. 형태가 없는 무질서라는 뜻이었다. 하지만 60년대 이후로 과학과 수학의 근본적인 발견들이 이루어지면서 이 단어에는 미묘한 두 번째 뜻이 생겼다. 무질서의 여러 측면들을 형태 내지 패턴과 결합시킨다는 뜻이 그것이다. 뉴턴의 《자연철학의 수학적 원리》는 자연계를 미분방정식으로 환원시켰는데, 이 미분방정식은 결정론적이다. 즉 계의 초기 상태가 알려지면 계의 미래가 영원히 유일하게 결정된다. 뉴턴이 바라본 세계는 시계장치 우주였다. 창조주의 손에 의해 운동이 시작되고 나면 이후로는 단일 경로를 숙명적으로 따르게 된다. 자유의지의 가능성은 전혀 남기지 않는 관점이기에, 과학이 차갑고 비인간적이라는 인식이 생기게 된 것도 이때문이다. 하지만 우리 인류가 라디오, 텔레비전, 레이더, 휴대전화, 여객기, 통신위성, 인조섬유, 플라스틱 및 컴퓨터 등을 갖게 된 까닭 또한 이런 관점 덕분이다.

과학적 결정론이 굳건하게 자리를 잡아가면서, 아울러 복잡성의 보전에 대한 모호하지만 뿌리 깊은 믿음 또한 뒤따랐다. 이것은 단순한 원인은 틀림없이 단순한 결과를 낳는다는 가정이다. 달리 말해, 복잡한 결과는 복잡한 원인에서 생긴다는 생각이다. 이런 관점에 따라 우리는 복잡한 물체나 현상과 마주치면 그런 복잡성이 어디서 나왔는지 궁금해한다. 가령, 생명이라는 복잡한 현상이 무생물의 행성에서 어떻게 비롯되었는가? 복잡성이 저절로 생겨났다고는 우리는 좀체 여기지 않는다. 하지만 최신의 수학적 기법들은 그럴 가능성을 슬쩍 내비치고 있다.

단일한 해? ∞

물리법칙의 결정성은 단순한 수학적 사실에서 비롯된다. 즉 초기 조건이 주어져 있을 때 한 미분방정식의 해는 기껏해야 하나 존재한다는 것이다. 더글러스 애덤스의 《은하수를 여행하는 히치하이커를 위한 안내서》에서 슈퍼컴퓨터 딥 소트Deep Thought는 500만 년에 걸쳐 생명, 우주 그리고 삼라만상의 위대한 질문에 대한 답을 찾는다. 그 결과 42라

는 유명한 해답을 내놓는다. 이 상황은 라플라스가 결정론에 대한 수학
적 관점을 요약한 다음 인용문을 패러디한 것이다.

어떤 지적인 존재가 어떤 특정한 순간에 자연을 움직이게 하는 모든 힘과 더
불어 자연을 구성하는 존재들의 상호 위치를 알고 있고, 그런 데이터를 해석
할 수 있을 만큼 똑똑하다면, 우주의 가장 큰 물체들의 운동과 가장 작은 원
자들의 운동도 하나의 단일한 공식에 넣을 수 있을 것이다. 그러한 지적인 존
재에게는 어떤 불확실성도 없을 것이며, 미래도 마치 과거처럼 그의 눈앞에
드러날 것이다.

이어서 그는 독자들을 울퉁불퉁한 지상의 현실로 데려오면서 다음과
같이 덧붙인다.

천문학을 완벽하게 파악할 수 있는 이런 지적인 존재를 인간의 마음은 희미
하게나마 그려낸다.

그런데 역설적이게도 물리학의 가장 명백한 결정론적인 부분인 라
플라스적 결정론이 위기에 봉착한 것은 바로 천체역학 분야에서였다.
1886년 (노르웨이의 국왕을 겸했던) 스웨덴의 오스카 2세는 태양계의 안전성
문제를 푸는 사람에게 상을 주겠노라 제안했다. 다음과 같은 문제였다.
시계 우주의 작은 구석에 위치한 우리 행성이 영원히 작동을 계속할 것
인가, 아니면 태양 속으로 빨려들어 가거나 머나먼 우주 밖으로 벗어날
것인가? 놀랍게도 에너지 및 운동량 보존의 물리법칙은 언젠가 두 가지
경우가 생길 가능성을 배제하지 않는다. 이런 상황에서, 태양계의 세부

적인 동역학이 이 문제에 해결의 빛을 던져줄 것인가?

푸앵카레는 상을 타기로 결심하고서 준비 작업을 할 겸 이보다 단순한 문제를 살펴보았다. 세 가지 천체로 이루어진 계를 연구했던 것이다. 이러한 삼체문제에 대한 방정식은 대체로 두 물체에 대한 방정식보다 고약할 정도로 어렵지는 않았으며, 거의 동일한 일반적 형태로 되어 있었다. 하지만 준비 작업용으로 연구한 푸앵카레의 삼체문제는 알고 보니 매우 어려웠으며, 그가 발견한 결과는 혼란스러운 것이었다. 이 방정식의 해들은 두 물체의 경우와는 완전히 달랐다. 사실 그 해들은 너무나 복잡해서 수식의 형태로 적을 수도 없었다. 더군다나 기하학 — 더 정확히 말해서 위상기하학 — 을 훤히 꿰뚫고 있던 푸앵카레가 보기에도 그 해들로 표현되는 운동들은 때로는 매우 무질서하고 불규칙적이었다. 푸앵카레는 이렇게 적었다. '나조차도 그려낼 엄두를 못내는 이 그림의 복잡성과 마주하는 사람은 충격을 받을 것이다. 삼체문제의 복잡성을 더 잘 이해할 수 있는 방법은 어디에도 없다.' 이런 복잡성은 오늘날 카오스의 한 고전적인 사례로 여겨진다.

그가 제출한 연구는 문제를 완전하게 풀지 못했는데도 오스카 2세가 주는 상을 받았다. 그런데 약 60년 후 그것은 우주에 대한 우리의 관점과 더불어 우주와 수학의 관련성에 대한 관점에 혁명을 초래했다.

1926~1927년에 네덜란드 공학자 발타자르 반 데르 폴은 심장의 수학적 모형을 시뮬레이션하기 위한 전자회로를 구성했다. 이를 이용하여 그는 어떤 조건 하에서 생긴 진동은 정상적인 심장박동처럼 주기적이 아니며 불규칙적임을 발견했다. 그의 연구는 제2차 세계대전 동안 존 리틀우드와 메리 카트라이트가 행한 레이더 연구를 통해 탄탄한 수학적 근거를 지니게 되었다. 그리고 40년이 더 지나서야 이 연구가 폭넓은

분야에 중요한 역할을 한다는 사실이 명백해졌다.

비선형 동역학 ∞

1960년대 초반에 미국 수학자 스티븐 스메일Stephen Smale은 전자회로의 전형적 행동 유형들을 완벽하게 구분하는 방법을 탐구하면서 동역학계 이론이라는 현대적 분야를 출발시켰다. 원래는 그 답이 주기 운동의 조합일 것으로 예상했지만, 훨씬 더 복잡한 운동이 가능함을 금세 알아차렸다. 특히 그는 제한된 삼체문제에서 복잡한 운동을 발견한 푸앵카레의 연구를 더욱 발전시켰는데, 그 일환으로 기하학을 단순화시켜 오늘날 '스메일의 말발굽'이라고 불리는 계를 내놓았다. 그는 말발굽 계가 비록 결정론적이지만 무작위적 특성을 보임을 증명했다. 그런 현상의 다른 사례들은 미국과 소련의 동역학 학파들이 발진시켰는데, 특히 큰 역할을 한 인물은 올렉산드르 샤르코프스키와 블라디미르 아르놀트였다. 덕분에 이 분야의 일반적인 이론이 등장하기 시작했다. '카오스'라는 용어는 1975년 제임스 요크와 티엔 위안 리가 처음 소개했다. 러시아 학파의 결과 중 하나—1964년의 샤르코프스키 정리—를 단순화시킨 짧은 논문에서 나온 용어다. 이 정리는 이산 역학계의 주기해가 보이는 흥미로운 한 패턴을 기술하고 있는데, 이 패턴은 연속적이지 않고 시간이 정수 단계를 이루며 흐른다.

한편, 카오스 계는 응용 학문의 문헌에 간헐적으로 등장하고 있었다. 하지만 역시 과학계 전반은 이 개념을 대체로 이해하지 못했다. 그런 예 중 가장 유명한 것은 1963년 기상학자 에드워드 로렌츠Edward Lorenz가 소개한 내용이다. 로렌츠는 대기의 대류 현상을 모형화하면서 이 현상의 아주 복잡한 방정식들을 세 가지 변수로 이루어진 훨씬 더 단순한 방정식들로 근사했다. 그 방정식들을 컴퓨터상에서 수치적 방법으로 풀던 도중에 그는 해가 불규칙적으로, 거의 무작위적인 방식으로, 진동함을 알아냈다. 그리고 만약 이 방정식들의 변수에 대한 초기 조건이 아주 조금 달라지더라도 그 차이가 크게 증폭되어 원래 해와는 전혀 다른 해가 얻어졌다. 이후 그가 잇따른 강연에서 이 현상을 설명하면서 사용한 나비 효과라는 용어는 유행어가 되었다. 나비 효과란 나비의 날갯짓이 한 달 후 지구 반대편에서 허리케인을 일으킬 수도 있음을 가리키는 말이다.

이 기이한 시나리오가 참이긴 하지만, 그렇다고 그런 일이 무턱대고 일어나지는 않는다. 지구의 기후를 두 번 실행하는데, 한 번은 나비 효과를 포함시키고 또 한 번은 포함시키지 않는다고 하자. 그렇다면 정말로 중대한 차이가 생길 텐데, 아마도 첫 번째는 허리케인이 생기고 다른 두 번째는 생기지 않을 수 있다. 정확히 이런 효과는 일반적으로 날씨 예측에 사용되는 방정식의 컴퓨터 시뮬레이션에서 일어나며, 일기예보에 큰 골칫거리를 일으킨다. 하지만 나비가 허리케인을 일으켰다고 결론 내리기는 무리다. 현실 세계에서 기후는 나비 한 마리가 아니라 수조 마리 나비들의 통계적 특성 및 다른 사소한 방해 요인들로 인해 영향을 받기 때문이다. 집합적으로 이 요소들은 언제 그리고 어디서 허리케인이 생겨나 어디로 이동할지에 결정적인 영향을 미친다.

위상기하학적 방법을 이용하여 스메일, 아르놀트 및 이들의 동료 연구자들은 푸앵카레가 이상한 해라고 불렀던 것이 방정식의 기이한 끌개로 인한 피할 수 없는 결과임을 증명했다. 기이한 끌개는 계가 필연적으로 향하게 되는 복잡한 운동이다. 그것은 계를 기술하는 변수들에 의해 형성된 상태 공간 내의 형태로 시각화할 수 있다. 로렌츠 끌개는 이런 방식으로 로렌츠 방정식을 기술하는 것인데, 마치 쾌걸 조로의 가면처럼 보이지만 각 면은 무한히 많은 겹들로 이루어져 있다.

끌개의 구조는 카오스 계의 흥미로운 한 특징을 설명해준다. 무슨 특징이냐면, 카오스 계는 (가령. 주사위 던지기와 달리) 단기적으로는 예측할

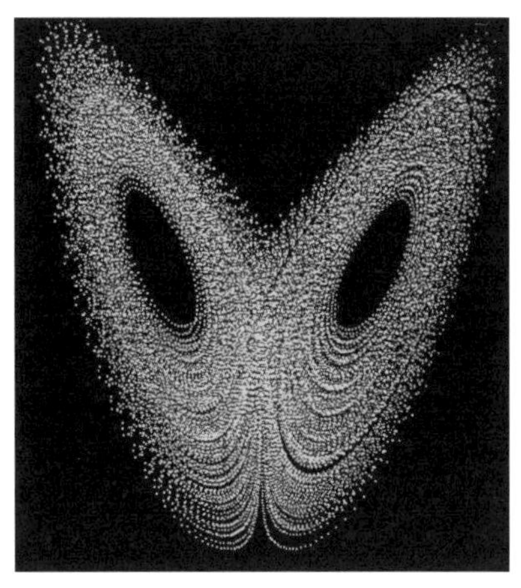

로렌츠 끌개

메리 루시 카트라이트 1900~1998

메리 루시 카트라이트Mary Lucy Cartwright는 1923년 옥스퍼드 대학을 졸업했는데, 이 대학에서 수학을 공부한 단 다섯 명의 여학생 중 한 명이었다. 잠깐 교사생활을 거친 후 케임브리지 대학에서 박사 학위를 받았다. 명목상으로는 고드프리 하디 밑에서 연구했다고 되어 있지만 실제로는 에드워드 티치마시 밑에서 연구했다. 당시 하디는 미국의 프린스턴 대학에 있었기 때문이다. 논문 주제는 복소해석이었다. 1934년 케임브리지 대학에서 조교수로 임명되었고, 1936년에는 거튼 칼리지의 연구소장을 맡았다.

1938년에 존 리틀우드와의 협동 연구를 통해 레이더와 관련된 미분방정식에 대한 영국의 과학산업기술부의 연구에 참여했다. 둘은 이 방정식들의 해가 매우 복잡함을 알아냈다. 카오스 현상을 내다본 초기의 연구인 셈이다. 이 연구로 그녀는 1947년 왕립협회의 회원으로 선출되는 최초의 여성 수학자가 되었다. 1948년 거튼 칼리지의 여학장이 되었으며, 1959년부터 1968년까지 케임브리지 대학의 부교수가 되었다. 많은 상을 수상했으며, 1969년에는 여성에게 내리는 대영제국의 작위를 받았다.

수 있지만 장기적으로는 그렇지 않다는 것이다. 왜 단기적 예측들을 여러 가지 엮어서 장기적 예측을 내놓을 수 없는 것일까? 왜냐하면 한 카오스 계를 기술하는 정밀도가 시간이 지나면 점점 더 나빠지기 때문이다. 따라서 더 이상 넘어설 수 없는 예측의 한계에 봉착하고 만다. 그럼에도 불구하고, 계는 동일한 기이한 끌개 상에서 유지된다. (하지만 끌개 상에서 계의 경로는 상당히 달라져 버린다.)

이 결과는 나비 효과에 대한 우리의 관점을 바꾼다. 나비들이 할 수 있는 일이란 고작 날씨를 동일한 기이한 끌개 주위로 움직이게 밀어내는 것이므로, 언제나 날씨는 마땅히 있을 법한 상태를 유지한다. 나비가 없을 때에 비해 아주 조금 달라질 뿐이다.

다비드 뤼엘David Ruelle과 플로리스 타켄스Floris Takens는 기이한 끌개를 물리학에 응용할 수 있음을 금세 알아차렸다. 바로, 유체의 난류 현상이라는 골치 아픈 문제에 응용할 수 있었던 것이다. 유체의 흐름에 대한 표준적인 방정식인 나비에-스토크스 방정식은 편미분방정식이기에 따라서 결정론적이다. 유체 흐름의 한 가지 흔한 유형인 층류層流. laminar flow는 완만하고 규칙적이다. 결정론적인 이론에서 예상할 수 있는 그대로다. 하지만 이와 다른 흐름인 난류는 난잡하고 불규칙적이며 거의 무작위적이다. 이전의 이론들에 따르면 난류는 개별적으로는 매우 단순하고 규칙적인 패턴들의 매우 복잡한 조합이거나 아니면 나비에-스토크스 방정식이 난류 문제에서는 속수무책이라고 주장했다. 하지만 뤼엘과 타켄스는 제삼의 이론을 내놓았다. 난류는 기이한 끌개의 물리적 사례라고 주장했던 것이다.

처음에 이 이론은 미심쩍은 눈길을 받았지만 이제는 기본 취지에서는 옳다고 인정받고 있다. 비록 일부 세부사항들은 꽤 의심스럽긴 하지만 말이다. 다른 훌륭한 응용 사례들이 뒤따르면서 카오스라는 단어는 그런 행동들을 나타내는 편리한 이름으로 자리 잡았다.

이론적 괴물들 ∞

이제 두 번째 주제가 이야기에 등장한다. 1870년과 1930년 사이에 개성이 강한 일군의 수학자들이 일련의 이상야릇한 모양을 발명했다. 그렇게 한 유일한 목적은 고전적인 해석의 한계를 드러내주기 위해서였다. 미적분학의 발생 초기에 수학자들은 연속적으로 변하는 양은 반드

힐베르트 공간을 구성하는 단계들. 곡선과 시에르핀스키 삼각형을 채워 넣어서 만듦.

시 거의 어디에서나 잘 정의된 변화율을 가져야 한다고 가정했다. 가령, 공간 속을 움직이는 물체는 속력이 급격하게 변하는 비교적 드문 순간을 제외하고는 명확하게 정의되는 속력을 갖는다. 하지만 1872년 바이어슈트라스는 이런 오랜 가정이 틀렸음을 밝혀냈다. 어떤 물체가 연속적으로 움직이면서도, 속력이 모든 순간에 대해 갑작스럽게 변하는 불규칙적인 운동을 보였던 것이다. 이것은, 결과적으로 이 물체는 어떤 합리적인 속력을 전혀 갖고 있지 않다는 의미다.

눈송이 곡선

이런 기이한 변칙의 도가니에는 공간의 한 영역 전체를 채우는 곡선(1890년 페아노가 그런 곡선을 하나 찾아냈고, 또 다른 곡선을 힐베르트가 1891년에 찾아냈다), 모든 지점에서 자기 자신과 교차하는 곡선(1915년 바츠와프 시에르핀스키가 발견했다) 그리고 유한한 넓이를 에워싸는 무한한 길이의 곡선 등이 포함되었다. 여기서 희한

한 기하학의 세 번째 사례는 1906년 헬리에 본 코크Helge von Koch가 고안한 눈송이 곡선이다. 이 곡선을 그리는 방법은 다음과 같다. 우선 정삼각형을 하나 그린다. 각 변의 가운데에 삼각뿔을 그려 꼭짓점이 여섯 개인 별 모양을 만든다. 별의 12개 변 각각의 가운데에 이전보다 작은 삼각뿔을 그린다. 이런 과정을 무한히 반복한다. 여섯 겹의 대칭성 때문에 최종 결과는 복잡 미묘한 눈송이처럼 보인다. 실제 눈송이는 이와는 다른 규칙으로 자라지만, 그것은 이 문제와는 별개다.

주류 수학의 신봉자들은 이 기이한 형태를 '병리적'이라거나 '괴물들의 갤러리'라며 즉각 부정했다. 하지만 시간이 흐르면서 이를 부정하려는 여러 번의 시도는 당혹스럽게도 실패하고 말았고, 이런 개성적인 시각이 차츰 지지를 얻어갔다. 이런 현상의 배후에 깃든 논리는 너무나 미묘하기에 성급한 결론은 위험하다. 괴물들은 우리에게 자칫하다간 낭패가 뒤따르리라 경고한다. 그래서 다음 세기가 올 때쯤 수학자들은 이 요지경 같은 신제품을 있는 그대로 인정했다. 어떻게 응용할까 고민하는 대신 단지 이론으로 받아들였던 것이다. 1900년 힐베르트가 이 분야의 이론 전체를 가리켜 소란 없는 낙원이라고 일컬었을 정도다.

1960년대에 이르자 이 모든 예상을 깨고, 이 이론적 괴물들이 응용과학 분야 전면에 등장했다. 브누아 망델브로Benoit Mandelbrot는 이 괴물 곡선들이 자연의 불규칙성을 밝혀낼 중요한 단서임을 알아차렸다. 그는 이 곡선들을 프랙털이라고 명명했다. 그 이전까지 과학은 직사각형이나 구와 같은 전통적인 기하학 형태들에 만족하고 있었지만, 망델브로는 이런 시각이 너무 제한적이라고 주장했다. 자연계는 복잡하고 불규칙적인 구조들로 가득 차 있다. 해안선, 산, 구름, 나무, 빙하, 하천, 바다의 파도, 분화구, 콜리플라워(꽃양배추) 등이 그런 예다. 이런 형태 앞에서 전통적인 기하학은 입을 꾹 다물고 있었다. 자연에 관한 새로운 기하학이 필요한 것이다.

오늘날 과학자들은 프랙털을 일상적인 대상인 것처럼 여긴다. 이는 마치 19세기 말 수학자들이 이론적 괴물 곡선들을 대할 때와 흡사한 반응이다. 루이스 프라이 리처드슨Lewis Fry Richardson의 1926년 논문 〈거리-인접 그래프에 나타난 대기 확산〉의 후반부 제목은 '바람은 속도가 있는가?'다. 오늘날에는 지극히 합리적이라고 여기는 질문이다. 대기의 흐름은 난류며, 난류는 프랙털이고 프랙털은 바이어슈트라스의 괴물 곡선들처럼 행동한다. 연속적으로 움직이긴 하지만 명확한 속력을 갖지 않는다. 망델브로는 과학 안팎의 수많은 영역에서 프랙털의 사례들을 찾아냈다. 나무의 형태, 강의 분기 패턴, 주식시장의 동향 등이 그런 예다.

카오스는 어디에나 있다! ∞

기이한 끌개는 기하학적으로 보자면 프랙털임이 드러났다. 그리하여 두 가지 사고노선이 서로 합쳐져 오늘날 카오스 이론이라고 불리는 유명한 이론을 낳았다.

카오스는 과학의 거의 모든 영역에서 등장한다. 잭 위즈덤과 자크 라스카는 태양계의 동역학이 카오스적임을 알아냈다. 우리는 모든 방정식은 물론이고 장래의 운동을 영원히 예측하는 데 필요한 천체들의 질량과 속도도 알고 있다. 하지만 동역학적 카오스 때문에 약 1천만 년 후에는 예측 지평선이 존재한다. 따라서 만약 여러분이 1천만 년에 명왕성이 태양의 어느 편에 있을지 알고 싶더라도 포기하는 게 낫다. 천문학자들이 또한 알아낸 바로는, 달로 인한 조수는 지구가 카오스 운동을 일으키지 않도록 막아준다고 한다. 온화한 기후 시대에서 빙하 시대로 그리고 다시 반대 방향으로 급격히 변화할 가능성을 차단한다는 것이다. 따라서 카오스 이론은 달이 없다면 지구는 살기에 그리 즐거운 곳이 아님을 증명해주고 있다.

카오스는 생물 개체군에 대한 거의 모든 수학적 모형에도 등장한다. 최근의 실험(통제된 조건하에서 딱정벌레가 번식되도록 하는 실험)에 의하면, 카오스는 모형만이 아니라 실제 생물 개체군에서도 일어난다. 생태계는 대체로 정적인 균형 상태로 안정화되기보다는 기이한 끌개 상에서 이리저리 떠도는데, 겉으로는 일정한 모습처럼 보여도 실제로는 언제나 변하고 있다. 전 세계의 어업이 재앙에 가까워지고 있는 까닭도 생태계의 미묘한 동역학을 제대로 이해하지 못하기 때문이다.

복잡성 ∞

이제 카오스에서 벗어나 복잡성으로 돌아가자. 오늘날의 과학이 당면한 많은 문제는 매우 복잡하다. 산호초, 숲 또는 어업을 관리하려면 매우 복잡한 생태계를 이해할 필요가 있는데, 이런 생태계에서는 분명 무해한 듯 보이는 변화들이 예기치 못한 문제들을 초래할 수 있다. 현실 세계는 너무 복잡하여 측정하기가 매우 어렵기 때문에 기존의 모형화 방법들을 적용하기 어렵고 검증하기는 더더욱 어렵다. 이런 난관에 맞닥뜨리자, 점점 더 많은 과학자가 이 세계를 모형화하는 방식에 근본적인 변화가 필요하다고 믿는다.

1980년대 초 로스 알라모스 연구소의 전직 연구소장인 조지 코원은 이런 난관을 뚫고나갈 선봉장은 새로 개발된 비선형 동역학 이론이라고 내다보았다. 여기서는 작은 원인이 엄청난 결과를 일으킬 수 있고, 견고

한 규칙들이 무정부주의 상태로 이어질 수 있으며, 부분들의 합이 모여 전체를 이룰 때 각 부분과는 전혀 부관한 새로운 기능이 출현할 수도 있다. 일반적으로 말해, 이런 특성들이야말로 현실 세계에서 관찰되는 참모습이다. 하지만 이런 유사성이 더 깊어질 수 있을까? 즉 세계의 실상을 온전히 파악할 수 있을 만큼 심오해질 수 있을까?

코원은 학제 간 응용연구를 통해 비선형 동역학의 발전에 헌신하기로

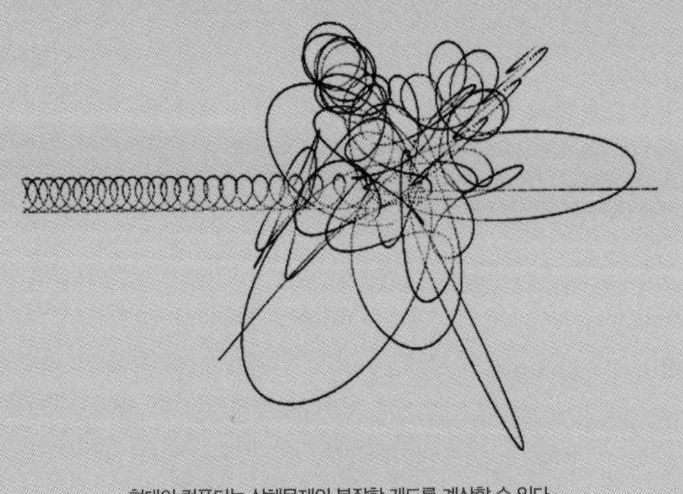

그들은 비선형 동역학을 어떻게 활용했을까?

비선형 동역학은 과학적 모형화 작업의 핵심 수단이 되기 전까지는 주로 이론적인 역할을 맡았다. 가장 대표적인 사례로 천체 역학 분야의 삼체문제에 대한 푸앵카레의 연구를 들 수 있다. 이 연구는 매우 복잡한 궤도의 존재를 예측하기는 했지만, 실제로 어떤 모습일지는 거의 알아내지 못했다. 이 연구의 중요한 교훈은 단순한 방정식이 단순한 해를 갖지 않을지 모른다는—즉 복잡성이란 보존되는 것이 아니기에, 복잡한 현상에도 더 단순한 원인이 있을 수 있다는—점을 알려준 데 있다.

현대의 컴퓨터는 삼체문제의 복잡한 궤도를 계산할 수 있다.

마음먹었다. 그래서 노벨상 수상 입자물리학자인 머리 겔만Murray Gell-Mann과 손을 잡고서 1984년 리오그란데 연구소를 설립했다. 오늘날 그곳은 산타페 연구소란 이름으로 바뀌었는데, 복잡계를 연구하는 국제적인 센터가 되었다. 복잡계 이론은 컴퓨터를 이용하여 자연에 대한 디지털 모형을 제작함으로써 참신한 수학적 방법과 관점을 내놓는 데 크게 기여했다. 이 이론은 컴퓨터의 능력을 십분 활용하여 그런 모형들을 분석하고 복잡계의 흥미진진한 특성들을 뽑아낸다. 또한 비선형 동역학 및 다른 수학 분야를 이용하여 컴퓨터가 밝혀낸 결과들을 이해한다.

세포 자동자 ∞

새로운 수학적 모형의 한 유형인 세포 자동자에서 나무나 새 및 다람쥐와 같은 대상들은 아주 작은 색점으로 변환된다. 이들은 수학적인 컴퓨터 게임 안에서 이웃들과 경쟁한다. 단순해 보이지만, 겉모습에 속아서는 안 된다. 이 게임은 현대과학의 최첨단 영역에 속하니 말이다.

　세포 자동자는 1950년대에 주목을 받았다. 생명체가 자신을 복제하는 능력을 이해하려고 시도한 존 폰 노이만John von Neumann의 연구에서 처음 비롯되었다. 또한 스타니슬라프 울람Stanislaw Ulam은 1940년대에 컴퓨터 선구자인 콘라드 추제Konrad Zuse가 도입한 계를 이용해보자고 제안했다. 우주가 세포라는 정사각형들로 이루어진 큰 격자로 이루어져 있다고 가정하자. 우주를 마치 거대한 체스판처럼 여기자는 말이다. 임의의 순간에 특정한 정사각형이 어떤 상태로 존재할 수 있다. 이 체스판 우주는 자기 자신의 자연법칙을 갖추고 있는데, 한 순간에서 다음 순간으로 시간이 흘러갈 때 각 세포의 상태가 어떻게 변하는지를 그 법칙으로 기술할 수 있다. 그 상태를 색으로 표현하면 유용하다. 그렇다면 이

체스판 우주의 법칙은 가령 다음과 같을 것이다. '만약
한 세포가 빨간색인데, 바로 옆에 두 개의 푸른색 세포
가 있으면 노란색으로 변해야만 한다.' 이러한 계를 가
리켜 세포 자동자라고 한다. 여기서 세포는 격자를 의
미하며, 자동자란 정해진 규칙을 맹목적으로 따른다는
의미이다.

생명체의 가장 근본적인 특징들을 모형화하기 위해
폰 노이만은 번식할 수 있는, 즉 자신을 복제할 수 있
는 세포들로 이루어진 집단을 창조했다. 이 집단은 세
포가 200,000개이며 29가지 색깔을 이용하여 자신에
대한 암호화된 설명을 지니고 있었다. 이 설명은 맹목
적으로 복제될 수 있었고, 동일한 종류의 더 발전된
집단을 만드는 청사진 역할을 했다. 폰 노이만은 1966
년까지 이 연구를 발표하지 않고 있었는데, 바로 그
해에 크릭과 왓슨이 DNA의 구조를 발견하자 실제 생

세포 자동자

명이 어떻게 복제를 수행하는지가 명백히 밝혀지고 말았다. 이런 여파
에 휩싸여 세포 자동자는 이후 30년 동안이나 주목받지 못했다.

하지만 1980년대에 이르자 단순한 부분들이 많이 모여 이루어진 계
가 차츰 관심을 받게 되었다. 그런 부분들은 서로 상호작용을 통해 복잡
한 전체를 만들어냈다. 전통적으로 한 계를 수학적으로 모형화하는 최
상의 방법은 가능한 한 세부사항들을 많이 포함시키는 것이다. 모형이
실제 대상에 더 가까워질수록 더 나아지는 법이다. 하지만 이런 세부적
접근법은 매우 복잡한 계에는 통하지 않는다. 가령, 여러분이 토끼 개체
군의 성장을 이해하고 싶어 한다고 하자. 그러면 토끼의 털 길이라든지

토끼의 귀가 얼마나 큰지 내지는 토끼의 면역계가 어떻게 작동하는지 등을 모형화할 필요는 없다. 나이, 성별 및 임신 여부 등 각 토끼의 몇 가지 기본적 사실만 필요할 뿐이다. 그러면 정말로 중요한 것에 컴퓨터 자원을 집중시킬 수 있다.

이런 종류의 계에는 세포 자동자가 매우 효과적이다. 세포 자동자를 이용하면 개별 요소들의 자질구레한 세부사항을 신경 쓰지 않아도 되며 대신에 그 요소들이 어떻게 상호작용하는지에 초점을 맞출 수 있다. 알고 보니 세포 자동자는 어떤 요소들이 중요한지 그리고 복잡계의 작동 방식에 대한 일반적인 통찰을 얻는 데 훌륭한 수단이었던 것이다.

지질학과 생물학 ∞

전통적인 모형화 기법들로는 해석이 불가능한 복잡계는 강 유역과 삼각주를 형성시키기도 한다. 피터 버로우는 세포 자동자를 이용하여 이런 지역이 독특한 형태를 갖는 이유를 설명했다. 세포 자동자는 하천과 육지 그리고 침전물의 상호작용을 모형화한다. 이로써 토양 침식의 상이한 비율들이 어떻게 강의 형태를 만들며, 강이 어떻게 토양을 쓸어내리는지를 설명한다. 이 두 가지는 하천공학 및 하천관리에 중요한 탐구 분야다. 이와 관련된 개념들은 석유 회사와도 이해관계가 있다. 왜냐하면 석유와 가스는 원래 침전물이 쌓였던 지층에서 종종 발견되기 때문이다.

세포 자동자를 응용한 또 한 가지 사례는 생물학 분야에서 등장한다. 한스 마인하르트는 세포 자동자를 이용하여 조개껍데기에서부터 얼룩말에 이르기까지 여러 동물들의 무늬 형성 과정을 모형화했다. 관건이 된 것은 화학물질의 농도였다. 화학물질들이 한 세포 안에서 화학반응 카오스계는 불규칙적이고 예측불가인데다 작은 방해에도 매우 민감하기 때문에 실용적인 용도가 전혀 없을 듯했다. 하지만 카오스는 결정론적인 법칙에 바탕을 두고 있는데, 알고 보니 바로 그러한 특징들 때문에 유용하다는 점이 드러났다.

잠재적으로 가장 중요한 응용 사례 한 가지는 카오스 제어다. 1950년경 수학자 존 폰 노이만은 기후의 불안전성이 언젠가는 장점이 될지도 모른다고 주장했다. 왜냐하면 기후가 불안정하다는 것은 아주 작은 방해를 통해서도 원하는 효과를 대규모로 생기게 할 수 있다는 뜻이기 때문이다. 1979년 에드워드 벨브루노는 항공역학에 이 효과를 이용하여 아주 적은 연료만 가지고도 항공기를 멀리까지 날려 보낼 수 있음을 알아차렸다. 하지만 그 결과 생긴 궤도는 너무 긴 시간—가령, 지구에서 달까지 보내는 데 2년의 시간—이 걸렸기에 NASA는 이 아이디어에 흥미를 잃었다.

1990년 일본은 소형 달 탐사선을 발사했다. 하고로모라는 이 탐사선은 지구 궤도에 진입해 모선 히텐과 분리했다. 하지만 하고로모는 무선통신이 고장 나버려, 지구 궤도에 히텐만 덩그러니 남게 되었다. 일본은 이 임무를 어떻게든 성공시키고 싶었다. 하지만 히텐은 기존의 방법으로는 달까지 가는데 필요한 연료의 10%밖에 남아 있지 않았다. 그런데 이 프로젝트에 참여한 엔지니어 한 명이 벨브루노의 아이디어를 기억해내고는 그에게 도와달라고 부탁했다. 10개월이 걸려 히텐은 달 궤도에 이르렀고 성간 먼지 입자를 찾아냈다. 이 기술은 첫 성공 이후 반복적으로 이용되었는데, 특히 제네시스 탐사선의 태양풍 수집 및 ESA의 과학 기술 검증 프로

을 일으키거나 이웃 세포들끼리의 확산이 무늬 생성의 주요인이었다. 이 두 가지가 결합하여 다음 상태를 결정할 규칙을 마련했다. 그의 연구 덕분에, 동물이 성장하는 동안 안료 제조 유전자들이 역동적으로 켜지고 꺼짐으로써 무늬가 생기는 영역과 생기지 않는 영역을 만드는 메커니즘을 이해할 수 있게 되었다.

스튜어트 카우프만은 다양한 복잡도 이론 기법들을 이용하여 생물학

젝트인 스마트-1Smart One이 대표적이다.

카오스 기술은 우주에서뿐 아니라 지구에서도 이용된다. 1990년 켈소 그레보기, 에드워드 오트 그리고 제임스 요크는 카오스계의 제어에 나비 효과를 활용할 이론 적인 계획을 발표했다. 구체적으로는 레이저 동기화라는 기법을 이용해 이를 실현 시키려는 계획이었다. 다음과 같은 여러 응용 사례를 들 수 있다.

불규칙한 심장박동을 제어하여 지능적인 맥박 조정기의 가능성 열기, 두뇌의 뇌파 를 제어하여 간질 발작 억제하기, 난류 운동을 완만하게 하여 장래에 더 효율적인 항공기 제작하기.

제네시스 탐사선

의 주요 난제 가운데 하나인 유기체의 발생 문제를 깊이 파고들었다. 유 기체의 발생과 성장은 상당한 동역학적 과정이 개입되는데, 이는 단지 DNA에 저장된 유전 정보를 유기체 속으로 전사하는 문제에 그치지 않 는다. 이 문제를 해결할 유망한 접근법은 유기체의 발생 과정을 복잡한 비선형계의 동역학으로 정식화하는 것이다.

세포 자동자는 이제 충분히 무르익어 생명의 기원에 관한 새로운 관점을 제시해주었다. 폰노이만의 자기복제 자동자는 매우 복잡한 초기 구성을 복제하도록 섬세하게 고안된 매우 특수한 결과물이었다. 이런 설정은 세포 자동자의 보편적 특징일까 아니면 매우 특수한 구성에서 출발하지 않고서도 복제가 일어나게 할 수 있을까? 1993년 처우 후이-셴과 제임스 레지아는 29가지 상태를 갖는 세포 자동자를 개발했는데, 이 자동자는 무작위로 선택된 초기 상태, 즉 원시 수프로부터 시행 횟수의 98% 이상의 확률로 자기복제 구조를 발생시켰다. 이 자동자는 자기복제 능력이 거의 확실했다.

따라서 복잡계 이론 덕분에 무생물의 행성에서도 충분히 복잡한 화학 작용을 갖추면 생명이 저절로 발생하여 스스로를 더욱 복잡하고 정교한 형태로 조직화해나갈 수 있다는 견해가 설득력을 얻었다. 앞으로 남은 과제는 어떤 종류의 규칙을 통해 자기복제 능력이 있는 구성물이 저절로 생겨날 수 있는지 이해하는 일이다. 달리 말해, 어떤 종류의 물리법칙이 필연적으로 생명을 낳을 수 있는 최초의 결정적 단계를 마련했는지 알아내는 일이다.

수학은 어떻게 생겨났는가? ∞

수학 이야기는 장대하고 복잡하다. 수학의 선구자들은 놀라운 돌파구를 찾아내기도 했지만 가끔씩은 수백 년 동안 막다른 골목과 맞닥뜨리기도 했다. 하지만 선구자의 길이란 그런 것이다. 만약 다음에 어디로 나아갈지가 명백하다면, 그 길로 가지 못할 사람이 누가 있겠는가? 이런 과정을 겪으며 오늘날 우리가 수학이라고 부르는 정교하고 아름다운 체계가 지난 4천 년에 걸쳐 형성된 것이다. 처음에는 폭발적인 활동이 뒤따르며 격정적으로 시작했다가 정체기를 겪기도 했다. 또한 인류 문화의 흥망성쇠를 따라 지구의 여러 곳으로 활동 중심지가 이동했다. 때때로 수학은 실용적 필요성 때문에 성장했고 또 어떨 때는 자신만의 독자적인 길을 걷기도 했다. 다른 이들이 보기에는 지적인 게임처럼 보이는 작업을 수학자들이 줄기차게 수행해온 결과다. 때로는 놀랄 정도로 이 게임은 현실 세계에서 진가를 발휘하여 신기술의 발전과 새로운 세계관을 촉진하였다.

수학은 멈추지 않았다. 새로운 응용 사례들은 새로운 수학을 요구하며 수학자들은 이에 응답한다. 특히 생물학은 수학적 모형화와 자연계 이해와 관련하여 새로운 도전을 제기한다. 본질적으로 수학은 새로운 개념과 새로운 이론을 촉진한다. 중요한 추측들이 아직도 다수가 미해결 상태이지만 수학자들은 여전히 도전에 도전을 거듭하고 있다.

장구한 수학사 내내 수학은 다음 두 가지 원천에서 영감을 얻었다. 즉 현실 세계 그리고 인간의 상상력. 가장 중요한 것은 무얼까? 어느 쪽도 아니다. 중요한 것은 둘의 결합이다. 역사를 통해 명백히 드러났듯이, 수학은 이 두 원천에서 자신의 능력과 아름다움을 길러냈다. 고대 그리스 시대는 종종 역사상 황금시대로 여겨진다. 논리학, 수학 그리고 철학이 총동원되어 지적인 문화를 발전시켰기 때문이다. 하지만 그리스인들이 이룬 발전은 진행 중인 이야기의 일부에 지나지 않는다. 현 시대 이전에 수학은 결코 활기찼던 적도 다양했던 적도 사회의 핵심 요소였던 적도 없다.

수학의 황금시대를 진심으로 환영한다.

p.17 ©Museum of Natural History Belgium

p.21 ©Visual Arts Library (London)/Alamy

p.31 ©Bill Casselman, courtesy of the Yale Babylonian Collection, holders of theYBC7289 tablet

p.43 Painting of Euclid Greek mathematician by Justus von Ghent/©Bettmann/Corbis

p.49 ©Hulton-Deutsch Collection/Corbis, b ©Time Life Pictures/Getty Images

p.51 ©Maiman Rick/Corbis Sygma

p.54 ©Charles Bowman/Alamy

p.55 ©Bettmann/Corbis

p.57 ©RubberBall/Alamy

p.66 ©Hulton-Deutsch/Corbis

p.71 ©Bettmann/Corbis

p.79 ©David Lees/Corbis

p.91 ©Bettmann/Corbis

p.94 ©Science Source/Science Photo Library

p.126 ©Bettmann/Corbis, r Reproduced with the permission of the Brotherton Collection, Leeds University Library

p.147 ©Bettmann/Corbis

p.150 ©Bettmann/Corbis

p.154 ©National Archaeological Museum, Athens

317~325, 328~330, 414, 417

위즈덤, 잭 403, 422

유체역학 200~201

유클리드 32, 38~40, 42~46, 48, 52, 57,
 102, 138, 140~142, 145, 153, 209,
 242~245, 247~260, 264, 275, 285,
 287~288, 291, 304, 323, 334, 359,
 364, 373, 391, 405

음수 72~74, 79, 81, 88, 90, 125, 127,
 208~212, 217~218, 224~225, 357

이진수 75~76, 302, 350~351, 403

일반상대성이론 258, 260, 324, 332, 342,
 348, 374

ㅈ

정다면체 39, 41, 43, 45~46, 168~170,
 172, 307

제르맹, 마리 소피 156~157

주판셈 62, 69, 397

지질학 242, 427

직교좌표 127, 129, 131, 213

ㅊ

처우, 후이-센 430

체르멜로, 에른스트 379

추상 대수 300, 302

추제, 콘라드 425

ㅋ

카르다노, 지롤라모 90~95, 97~98, 210,
 264, 271

카오스 이론 13, 306, 411, 422~423

카우프만, 스튜어트 428

카이얌, 오마르 89, 91, 264, 387

카트라이트, 메리 루시 414, 418

칸토어, 게오르그 362, 364, 366~368,
 370, 379, 392

칸트, 임마누엘 345

캐럴, 루이스 376

케일리, 아서 291~292, 342~343, 347

케플러, 요하네스 168~171, 173,
 178~179, 186, 203

코시, 오귀스탱 루이 219, 220~223, 227,
 232, 239, 241, 309

코시-리만 방정식 219, 223

코원, 조지 423~424

코츠, 로저 217

코페르니쿠스, 니콜라스 166~168, 172,
 174~175, 186, 365

코헨, 폴 370

콘웨이, 존 299

콜마, 토머스 드 399

콜모고로프, 안드레이 392~393

쾨니히스베르크 다리 307, 310~312

쿠타, 마르틴 402

크레이그, 제임스 114

크리스토펠, 엘빈 브루노 342

크릭, 프란시스 328, 426

클라인, 펠릭스 258, 284~287, 291, 296,
 304, 319, 374

클라인 병 319~320

킨디, 알 68

킬링, 빌헬름 289, 290, 295, 297

ㅌ

타니야마-베이유 추측 299~301

타니야마-시무라 추측 298

타르탈리아 90~93, 210, 384

타켄스, 플로리스 419

테일러, 리처드 298, 301

통계학 150, 343, 347, 382, 390,
 393~395

튜링, 앨런 281, 381

교양인을 위한 수학사 강의

1판 1쇄 인쇄 2026년 3월 9일
1판 1쇄 발행 2026년 3월 20일

—

지은이 이언 스튜어트
옮긴이 노태복

—

펴낸이 백성빈
펴낸곳 반니출판
주소 서울 서초구 서초중앙로 69 806호
전화 02-6204-0491
전자우편 banni@banni.co.kr
출판등록 2025년 10월 13일 (제2025-000266호)

—

ISBN 979-11-24280-50-8   03410

—

책값은 뒤표지에 있습니다.
잘못된 책은 구입하신 곳에서 교환해드립니다.